After Effects

全套影视特效制作

（第2版）

典型实例

水木居士◎编著

人民邮电出版社

北 京

图书在版编目（CIP）数据

After Effects全套影视特效制作典型实例 / 水木居
士编著. -- 2版. -- 北京 : 人民邮电出版社, 2017.6 (2023.12重印)
ISBN 978-7-115-45483-6

Ⅰ. ①A… Ⅱ. ①水… Ⅲ. ①图象处理软件 Ⅳ.
①TP391.41

中国版本图书馆CIP数据核字 (2017) 第090813号

内 容 提 要

　　本书是一本专为影视动画后期制作人员编写的全实例型图书，根据多位业界资深设计师的教学与实践经验，为想在较短时间内学习并掌握 After Effects 软件在影视制作中的使用方法和技巧的读者量身打造，所有案例都是作者多年设计工作的积累。本书的最大特点是实用性强，理论与实践结合紧密，通过精选常用且实用的影视动画案例进行技术剖析和操作详解。

　　全书按照由浅入深的写作方法，从基础内容开始，以全实例为主，详细讲解了在影视制作中应用较为普遍的非线性编辑基础、基础动画入门、合成与三维空间、遮罩与轨道跟踪、调色及键控抠像、音频特效的应用、运动跟踪与画面稳定、绚丽的文字特效、插件炫彩动画、自然特效、光线特效、影视特效、ID演绎及宣传片、动漫合成、电视栏目包装、常见格式的输出与渲染等内容，全面详细地讲解了影视后期动画的制作技法。

　　本书配套教学资源，提供了所有案例的素材文件、结果源文件和制作过程的多媒体语音教学视频。适合想要从事影视制作、栏目包装、电视广告、后期编缉与合成的人员参考，也可作为培训学校、大中专院校相关专业的配套教材或上机实践指导用书。

　◆　编　　著　水木居士
　　　责任编辑　张丹阳
　　　责任印制　陈　犇
　◆　人民邮电出版社出版发行　　北京市丰台区成寿寺路 11 号
　　　邮编　100164　　电子邮件　315@ptpress.com.cn
　　　网址　http://www.ptpress.com.cn
　　　北京九天鸿程印刷有限责任公司印刷
　◆　开本：787×1092　1/16
　　　印张：26.75　　　　　　　　　　2017 年 6 月第 2 版
　　　字数：834 千字　　　　　　　2023 年 12 月北京第 16 次印刷

定价：99.00 元
读者服务热线：(010)81055410　印装质量热线：(010)81055316
反盗版热线：(010)81055315
广告经营许可证：京东市监广登字 20170147 号

2.1 位移动画

难易程度：★☆☆☆☆
实例说明：通过修改素材的位置，可以很轻松地制作出精彩的位移动画效果。本例讲解位移动画的制作。通过该实例的制作，学习帧时间的调整方法，了解关键帧的使用，掌握路径的修改技巧。
工程文件：第2章\位移动画
视频位置：movie\2.1 位移动画.avi

2.2 缩放动画

难易程度：★☆☆☆☆
实例说明：本例讲解缩放动画的制作方法，通过本例的学习，掌握关键帧的复制和粘贴方法，以及缩放动画的制作技巧。
工程文件：第2章\缩放动画
视频位置：movie\2.2 缩放动画.avi

2.3 旋转动画

难易程度：★☆☆☆☆
实例说明：本例讲解利用旋转属性制作旋转动画的方法。通过本例的制作，掌握旋转属性的设置技巧。
工程文件：第2章\旋转动画
视频位置：movie\2.3 旋转动画.avi

2.5 文字缩放动画

难易程度：★★☆☆☆
实例说明：本例主要讲解利用Scale（缩放）制作文字缩放效果。
工程文件：第2章\文字缩放动画
视频位置：movie\2.5 文字缩放动画.avi

2.6 跳动音符

难易程度：★★☆☆☆
实例说明：本例主要讲解利用Scale（缩放）动画制作跳动音符效果。
工程文件：第2章\跳动音符
视频位置：movie\2.6 跳动音符.avi

2.7 梦幻汇集

难易程度：★★☆☆☆
实例说明：本例主要讲解利用Card Dance（卡片舞蹈）特效制作梦幻汇集效果。
工程文件：第2章\梦幻汇集
视频位置：movie\2.7 梦幻汇集.avi

2.8 风沙汇集

难易程度：★★☆☆☆
实例说明：本例主要讲解利用CC Pixel Polly（CC像素多边形）制作风沙汇集效果。
工程文件：第2章\风沙汇集
视频位置：movie\2.8 风沙汇集.avi

2.10 手绘效果

难易程度：★★☆☆☆
实例说明：本例主要讲解利用Scribble（乱写）特效制作手绘效果。
工程文件：第2章\手绘效果
视频位置：movie\2.10 手绘效果.avi

2.11 心电图效果

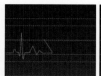

难易程度： ★ ☆ ☆ ☆ ☆

实例说明： 本例主要讲解利用Vegas（勾画）特效制作心电图效果。

工程文件： 第2章\心电图效果

视频位置： movie\2.11 心电图效果.avi

2.12 穿越时空

  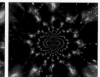

难易程度： ★ ★ ☆ ☆ ☆

实例说明： 本例主要讲解利用CC Flo Motion（CC 两点扭曲）特效制作穿越时空效果。

工程文件： 第2章\穿越时空

视频位置： movie\2.12 穿越时空.avi

3.1 魔方旋转动画

难易程度： ★ ★ ★ ☆ ☆

实例说明： 本例主要讲解利用三维层制作魔方旋转动画效果。

工程文件： 第3章\魔方旋转动画

视频位置： movie\3.1 魔方旋转动画.avi

3.2 穿梭云层效果

难易程度： ★ ★ ★ ☆ ☆

实例说明： 本例主要讲解利用摄像机制作穿梭云层效果。

工程文件： 第3章\穿梭云层

视频位置： movie\3.2 穿梭云层效果.avi

3.3 上升的粒子

难易程度： ★ ★ ☆ ☆ ☆

实例说明： 本例主要讲解利用CC Particle World（CC粒子仿真世界）特效制作上升的粒子效果。

工程文件： 第3章\上升的粒子

视频位置： movie\3.3 上升的粒子.avi

3.4 摄像机动画

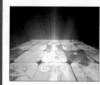

难易程度： ★ ★ ☆ ☆ ☆

实例说明： 本例首先应用Camera（摄像机）命令创建一台摄像机，然后通过三维属性设置摄像机动画，并使用Light（灯光）命令制作出层次感，最后利用Shine（光）特效制作出流光效果。

工程文件： 第3章\摄像机动画

视频位置： movie\3.4 摄像机动画.avi

4.1 电视屏幕效果

难易程度： ★ ★ ☆ ☆ ☆

实例说明： 本例主要讲解利用Mask Path（蒙版路径）制作数字7的擦除动画效果。

工程文件： 第4章\电视屏幕效果

视频位置： movie\4.1 电视屏幕效果.avi

4.3 光晕文字

难易程度： ★ ★ ☆ ☆ ☆

实例说明： 本例主要讲解利用Lens Flare（光晕）特效制作光晕文字效果。

工程文件： 第4章\光晕文字

视频位置： movie\4.3 光晕文字.avi

4.5 手写字

难易程度：★★★☆☆

实例说明：本例主要讲解利用Write-on（书写）特效制作手写字效果。

工程文件：第4章\手写字

视频位置：movie\4.5 手写字.avi

4.10 打开的折扇

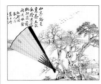

难易程度：★★★☆☆

实例说明：本例主要讲解打开的折扇动画的制作。本例主要用到了蒙版属性的多种修改方法，以及路径节点的添加及调整方法，制作出一把慢慢打开的折扇动画。

工程文件：第4章\打开的折扇

视频位置：movie\4.10 打开的折扇.avi

5.1 改变影片颜色

难易程度：★☆☆☆☆

实例说明：本例主要讲解利用Change to Color（改变到颜色）特效制作改变影片颜色效果。

工程文件：第5章\改变影片颜色

视频位置：movie\5.1 改变影片颜色.avi

5.3 色彩键抠像

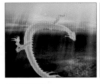

难易程度：★★☆☆☆

实例说明：本例主要讲解Color Key（色彩键）特效键抠像的方法及操作技巧。

工程文件：第5章\色彩键抠像

视频位置：movie\5.3 色彩键抠像.avi

5.5 彩色光环

难易程度：★★★☆☆

实例说明：本例主要讲解利用Hue/Saturation（色相/饱和度）特效制作彩色光环效果。

工程文件：第5章\彩色光环

视频位置：movie\5.5 彩色光环.avi

6.2 跳动的声波

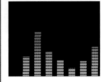

难易程度：★★☆☆☆

实例说明：本例主要讲解利用Audio Spectrum（声谱）特效制作跳动的声波效果。

工程文件：第6章\跳动的声波

视频位置：movie\6.2 跳动的声波.avi

6.4 制作水波浪

难易程度：★★☆☆☆

实例说明：本例主要讲解利用Radio Waves（无线电波）特效制作水波浪效果。

工程文件：第6章\水波浪

视频位置：movie\6.4 制作水波浪.avi

7.3 位置跟踪动画

难易程度：★★★☆☆

实例说明：本例主要讲解利用Track Motion（运动跟踪）制作位置跟踪动画。

工程文件：第7章\跟踪动画

视频位置：movie\7.3 位置跟踪动画.avi

7.4 旋转跟踪动画

难易程度：★★★☆☆

实例说明：本例制作一个标志跟踪动画，让其跟踪一个镜头作旋转跟踪。通过本实例的制作，学习旋转跟踪的设置方法。

工程文件：第7章\旋转跟踪动画

视频位置：movie\7.4 旋转跟踪动画.avi

8.1 机打字效果

难易程度：★★☆☆☆

实例说明：本例主要讲解利用Character Offset（字符偏移）属性制作机打字效果。

工程文件：第8章\机打字效果

视频位置：movie\8.1 机打字效果.avi

8.2 清新文字

难易程度：★★★☆☆

实例说明：本例主要讲解利用Scale（缩放）属性制作清新文字效果。

工程文件：第8章\清新文字

视频位置：movie\8.2 清新文字.avi

8.3 卡片翻转文字

难易程度：★★☆☆☆

实例说明：本例主要讲解利用Scale（缩放）文本属性制作卡片翻转文字效果。

工程文件：第8章\卡片翻转文字

视频位置：movie\8.3 卡片翻转文字.avi

8.4 飘洒纷飞文字

难易程度：★★★☆☆

实例说明：本例主要讲解利用CC Particle World（CC 粒子仿真世界）特效制作飘洒纷飞文字效果。

工程文件：第8章\飘洒纷飞文字

视频位置：movie\8.4 飘洒纷飞文字.avi

8.6 缥缈出字

难易程度：★★☆☆☆

实例说明：本例主要讲解利用Turbulent Displace（动荡置换）特效制作缥缈出字效果。

工程文件：第8章\缥缈出字

视频位置：movie\8.6 缥缈出字.avi

8.9 飞舞文字

难易程度：★★★☆☆

实例说明：本例主要讲解飞舞文字动画的制作。本例利用文字自带的动画功能制作飞舞的文字，并配合Bevel Alpha（Alpha斜角）及Drop Shadow（阴影）特效使文字产生立体效果。

工程文件：第8章\飞舞文字

视频位置：movie\8.9 飞舞文字.avi

9.1 Shine（光）——炫丽扫光文字

难易程度：★☆☆☆☆

实例说明：本例主要讲解利用Shine（光）特效制作炫丽扫光文字动画效果。

工程文件：第9章\扫光文字动画

视频位置：movie\9.1 Shine（光）——炫丽扫光文字.avi

9.2 Particular（粒子）——飞舞的彩色粒子

难易程度：★★☆☆☆

实例说明：本例主要讲解利用第三方插件Particular（粒子）特效制作出彩色粒子效果，然后通过绘制路径，制作出彩色粒子的跟随动画。

工程文件：第9章\飞舞的彩色粒子

视频位置：movie\9.2 Particular（粒子）——飞舞的彩色粒子.avi

9.3 Particular（粒子）——旋转空间

难易程度：★★★☆☆

实例说明：本例主要讲解利用Particular（粒子）特效制作旋转空间效果。

工程文件：第9章\旋转空间

视频位置：movie\9.3 Particular（粒子）——旋转空间.avi

9.4 Particular（粒子）——炫丽光带

难易程度：★★★☆☆

实例说明：本例主要讲解利用Particular（粒子）特效制作炫丽光带的效果。

工程文件：第9章\炫丽光带

视频位置：movie\9.4 Particular（粒子）——炫丽光带.avi

10.1 下雪效果

难易程度：★☆☆☆☆

实例说明：本例主要讲解利用CC Snowfall（CC下雪）特效制作下雪动画效果。

工程文件：第10章\下雪效果

视频位置：movie\10.1 下雪效果.avi

10.4 万花筒效果

难易程度：★☆☆☆☆

实例说明：本例主要讲解利用CC Kaleida（CC万花筒）特效制作万花筒动画效果。

工程文件：第10章\万花筒效果

视频位置：movie\10.4 万花筒效果.avi

10.5 闪电动画

难易程度：★★☆☆☆

实例说明：本例主要讲解利用Advanced Lightning（高级闪电）特效制作闪电动画效果。

工程文件：第10章\闪电动画

视频位置：movie\10.5 闪电动画.avi

10.8 生长动画

难易程度：★★☆☆☆

实例说明：本例主要讲解利用Shape Layer（形状层）制作生长动画效果。

工程文件：第10章\生长动画

视频位置：movie\10.8 生长动画.avi

10.14 爆炸冲击波

难易程度：★★☆☆☆

实例说明：本例主要讲解利用Roughen Edges（粗糙边缘）特效制作爆炸冲击波效果。

工程文件：第10章\爆炸冲击波

视频位置：movie\10.14 爆炸冲击波.avi

10.15 云彩字效果

难易程度：★★★☆☆

实例说明： 本例首先创建文字层，然后使用第三方粒子插件，完成云彩字动画的整体制作。

工程文件： 第10章\云彩字效果

视频位置： movie\10.15 云彩字效果.avi

10.17 涌动的火山熔岩

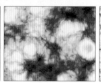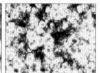

难易程度：★★★☆☆

实例说明： 本例主要讲解应用Fractal Noise（分形噪波）特效制作出熔岩涌动效果。通过运用Colorama（彩光）特效，调节出熔岩内外焰的颜色变化，完成火山熔岩涌动的整体制作。

工程文件： 第10章\涌动的火山熔岩

视频位置： movie\10.17 涌动的火山熔岩.avi

11.2 延时光线

难易程度：★★☆☆☆

实例说明： 本例主要讲解利用Stroke（描边）特效制作延时光线效果。

工程文件： 第11章\延时光线

视频位置： movie\11.2 延时光线.avi

11.3 流光线条

难易程度：★★★☆☆

实例说明： 本例主要讲解流光线条动画的制作。首先利用Fractal Noise（分形噪波）特效制作出线条效果，通过调节Bezier Warp（贝塞尔曲线变形）特效制作出光线的变形，然后添加第三方插件Particular（粒子）特效，制作出上升的圆环从而完成动画。

工程文件： 第11章\流光线条

视频位置： movie\11.3 流光线条.avi

11.4 舞动的精灵

难易程度：★★★☆☆

实例说明： 本例主要讲解舞动的精灵动画的制作。利用Vegas（描绘）特效和钢笔路径绘制光线，配合Turbulent Displace（动荡置换）特效使线条达到蜿蜒的效果，完成舞动的精灵的动画制作。

工程文件： 第11章\舞动的精灵

视频位置： movie\11.4 舞动的精灵.avi

11.7 连动光线

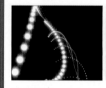

难易程度：★★☆☆☆

实例说明： 本例主要讲解连动光线动画的制作。首先利用Ellipse Tool（椭圆工具）绘制椭圆形路径，然后通过添加3D Storke（3D笔触）特效并设置相关参数，制作出连动光线效果，最后添加Starglow（星光）特效为光线添加光效，完成连动光线动画的制作。

工程文件： 第11章\连动光线

视频位置： movie\11.7 连动光线.avi

12.1 流星雨效果

难易程度：★★☆☆☆

实例说明： 本例主要讲解利用Particle Playground（粒子运动场）特效制作流星雨效果。

工程文件： 第12章\流星雨效果

视频位置： movie\12.1 流星雨效果.avi

12.2 滴血文字

难易程度：★★☆☆☆

实例说明： 本例主要讲解利用Liquify（液化）特效制作滴血文字的效果。

工程文件： 第12章\滴血文字

视频位置： movie\12.2 滴血文字.avi

前 言

● **软件简介**

After Effects CS6是非常高端的视频特效处理软件,如电影《钢铁侠》、《幽灵骑士》、《加勒比海盗》和《绿灯侠》等都使用After Effects制作特效。After Effects CS6的使用技能已成为影视后期编辑人员必备的技能之一。

现在,After Effects已经被广泛应用于数字和电影的后期制作中,而新兴的多媒体和互联网也为After Effects软件提供了广阔的发展空间。After Effects CS6使用业界的动画和构图标准呈现电影般的视觉效果和细腻动态图形,并同时提供前所未见的出色效能。

● **本书内容介绍**

本书首先对After Effects CS6软件的基础动画进行了讲解,然后按照由浅入深的写作方法,从基础内容开始,以全实例为主,详细讲解了在影视制作中应用最为普遍的合成与三维空间、遮罩与轨道跟踪、调色及键控抠像、音频特效的应用、运动跟踪与画面稳定、绚丽的文字特效、插件炫彩动画、自然特效、光线特效、影视特效、ID演绎及宣传片、动漫合成、电视栏目包装、常见格式的输出与渲染等,并对影视后期动画的制作技法也进行了详细的说明。对读者迅速掌握After Effects 的使用方法以及影视特效的专业制作技术非常有益。

本书各章的主要内容介绍如下。

第1章主要讲解非线性编辑基础入门。本章主要对影视后期制作的基础知识进行讲解,其中先对帧、场、电视制式及视频编码进行介绍;然后对色彩模式的种类和含义,色彩深度与图像分辨率,视频编辑的镜头表现手法,电影蒙太奇的表现手法,非线性编辑操作流程及视频采集基础进行讲解。

第2章主要讲解基础动画轻松入门。首先讲解关键帧的操作及Position(位置)、Scale(缩放)、Rotation(旋转)和Opacity(不透明度)4大基础属性参数及动画制作;然后通过一些简单的实例,讲解基础动画的入门制作技巧。本章从基础入手,让零起点读者轻松起步,迅速掌握动画制作核心技术及After Effects动画制作的技巧。

第3章主要讲解合成与三维空间动画。本章通过几个实例,详细讲解合成与三维空间动画的制作,通过本章的学习,能掌握多合成及三维空间动画的制作技巧。

第4章主要讲解遮罩与轨道跟踪。本章主要讲解蒙版和遮罩的使用方法,蒙版图层的创建,图层模式的应用技巧,矩形蒙版工具的使用,蒙版图形的羽化设置,蒙版节点的添加、移动及修改技巧,另外讲解了轨道跟踪的使用技巧。通过本章的学习,可以学习蒙版与遮罩的制作方法与使用技巧。

第5章主要讲解调色及强大键控抠像。在影视制作中,图像的处理经常需要对图像色彩进行调整,色彩的调整主要是通过对图像的明暗、对比度、饱和度及色相的调整,来达到改善图像质量的目的,以更好地控制影片的色彩信息,制作出理想的视频画面效果。在特效及栏目包装制作中,抠像是经常用到的,本章详细讲解了几种常见的键控抠像功能。

第6章主要讲解音频特效的应用。本章主要讲解音频特效的使用方法，包括Audio Spectrum（声谱）、Audio Waveform（声波）和Radio Waves（无线电波）特效的应用，通过固态层创建音乐波形图，音频参数的修改及设置。

第7章主要讲解运动跟踪及画面稳定。本章主要讲解摇摆器与运动草图的使用，以及运动跟踪与稳定的使用。合理地运用动画辅助工具可以有效地提高动画的制作效率并达到预期的动画效果。

第8章主要讲解绚丽的文字特效。本章主要讲解与文字相关的内容，包括文字工具的使用，字符面板的使用，创建基础文字和路径文字的方法，文字的编辑与修改及机打字、路径字、清新文字等各种特效文字的制作方法和技巧。

第9章主要讲解常见插件炫彩动画。本章通过多个实例，详细讲解了几个常用插件的动画制作方法，通过本章的学习，可以掌握常见插件动画的制作技巧。

第10章主要讲解常见仿真自然特效。在影片当中会经常需要些自然景观效果，但拍摄却不一定能得到需要的效果，所以就需要在后期处理时制作逼真的自然效果，而After Effects就拥有许多优秀的特效可以帮助制作出这种逼真的效果。

第11章主要讲解璀璨的动感光线特效。本章主要讲解运用软件自带的特效来制作各种光线，通过本章的学习，可以掌握几种光线的制作方法，可使整个动画更加华丽且更富有灵动感。

第12章主要讲解影视特效的完美表现。本章讲解影视特效中几个常见特效的制作方法和技巧。

第13章主要讲解ID演绎及宣传片表现。本章通过两个具体的实例，详细讲解了公司ID及公益宣传片的制作方法和技巧，让读者可以快速掌握宣传片的制作精髓。

第14章主要讲解动漫合成特效表现。本章通过3个具体的案例，详细讲解了动漫特效合成及场景合成的制作技巧。

第15章主要讲解电视栏目包装精彩呈现。本章通过理财指南、时尚音乐、京港融智和浙江卫视4个电视栏目包装专业动画，全面、细致地讲解了电视栏目包装的制作过程，再现全程制作技法。

第16章主要讲解常见格式的输出与渲染。在影视动画制作过程中，渲染是经常要用到的，一部制作完成的动画要按照需要的格式渲染输出，才可制作成电影作品。渲染及输出的时间长度与影片的长度、内容的复杂、画面的大小等方面有关，不同的影片输出有时需要的时间相差很大，本章主要讲解影片渲染和输出的相关设置。

本章中每个实例都添加了特效解析和知识点等，对所用到的知识点进行了比较详细的说明。当然，对于制作过程中需要注意之处或使用的技巧等，都在文中及时给予了指出，以提醒读者注意。

对于初学者来说，本书是一本图文并茂、通俗易懂、细致全面的学习操作手册。对计算机动画制作、影视动画设计和专业创作人士来说，本书是一本最佳的参考资料。

本书提供学习资源，读者扫描"资源下载"二维码即可获得文件下载方式。内容包括本书中所有实例的素材文件、效果文件，以及长达940分钟的教学视频。

● 创作团队

资源下载

本书由水木居士主编，在创作的过程中，由于时间仓促，错误在所难免，希望广大读者批评指正。

如果在学习过程中发现问题，或有更好的建议，欢迎发邮件到bookshelp@163.com与我们联系。

编　者

目　录

第❶章

非线性编辑基础入门

内容摘要

　　本章主要对影视后期制作的基础知识进行讲解，其中先对帧、场、电视制式及视频编码进行介绍，然后对色彩模式的种类和含义，色彩深度与图像分辨率，视频编辑的镜头表现手法，电影蒙太奇的表现手法，非线性编辑操作流程及视频采集基础进行讲解。

教学目标

- 了解帧、频率和场的概念
- 了解色彩模式的种类和含义
- 了解色彩深度与图像分辨率
- 掌握影视镜头的表现手法
- 了解电影蒙太奇表现手法
- 掌握非线性编辑操作流程

1.1 影视制作必备常识

1.1.1 图像的分辨率

　　分辨率是指在单位长度内所含有的像素点的多少，可以分为以下几种类型。

▌屏幕分辨率

　　屏幕分辨率又称为屏幕频率，是指打印灰度级图像和分色所用的网屏上每英寸的点数，用每英寸上有多少行来测量。

▌图像分辨率

　　图像分辨率指每英寸图形含有多少点或像素。分辨率的单位为dpi时，例如，200dpi代表该图像每英寸含有200个点；单位为ppi时，表示每英寸含有的像素数。

　　在数字化图像中，分辨率的大小直接影响图像的品质，分辨率越高，图像就越清晰，所产生的文件也就越大，在工作中所需的内存就越大，CPU时间就越长。

▌设备分辨率

　　设备分辨率是指每单位输出长度所代表的点数或像素。它与图像分辨率有着不同之处，图像分辨率可以更改，而设备分辨率则不可以更改。

如常见的PC显示器、扫描仪、数码相机等设备，各自都有一个固定的分辨率。

1.1.2 色彩深度

　　色彩深度是指存储每个像素色彩所需要的位数，它决定了色彩的丰富程度，常见的色彩深度有以下几种。

▌真彩色

　　组成一幅彩色图像的每个像素值中，有R、G、B 3 个基色分量，每个基色分量直接决定其基色的强度，这样合成产生的色彩就是真实的原始图像的色彩。平常所说的32位彩色，就是在24位之外还有一个8位的Alpha通道，表示每个像素的256种透明度等级。

▌增强色

　　用16位来表示一种颜色，它包含的色彩远多于人眼所能分辨的数量，共能表示65536种不同的颜色。因此大多数操作系统都采用16位增强色选项。这种色彩空间的建立根据人眼对绿色最敏感的特性，所以其中红色分量占4位，蓝色分量占4位，绿色分量占8位。

▌索引色

用8位来表示一种颜色，一些较老的计算机硬件或文件格式只能处理8位的像素。3个色频在8位的显示设置上所能表现的色彩范围实在是太少了，因此8位的显示设备通常会使用索引色来表现色彩，其图像的每个像素值不分R、G、B分量，而是把它作为索引进行色彩变幻，系统会根据每个像素的8位数值去查找颜色。8位索引色能表示256种颜色。

1.1.3 图像类型

平面设计软件制作的图像大致可以分为两种，位图图像和矢量图像。下面对这两种图像进行逐一介绍。

▌位图图像

位图图像的优点：位图能够制作出色彩和色调变化丰富的图像，可以逼真地表现自然界的景象，同时也可以很容易地在不同软件之间交换文件。

位图图像的缺点：它无法制作真正的3D图像，并且图像缩放和旋转时会产生失真的现象，同时文件较大，对内存和硬盘空间容量的需求也较高，用数码相机和扫描仪获取的图像都属于位图图像。

▌矢量图像

矢量图像的优点：矢量图像也可以说是向量式图像，用数学的矢量方式来记录图像内容，以线条和色块为主。例如，一条线段的数据只需要记录两个端点的坐标、线段的粗细和色彩等，因此它的文件较小，也可以很容易地进行放大、缩小或旋转等操作，并且不会失真，精确度较高并可以制作3D图像。

矢量图像的缺点：不易制作色调丰富或色彩变化太多的图像，而且绘制出来的图形不是很逼真，无法像照片一样精确地描写自然界的景象，同时也不易在不同的软件间交换文件。

1.2 镜头的一般表现手法

镜头是影视创作的基本单位，一个完整的影视作品，是由一个一个的镜头完成的，离开独立的镜头，也就没有了影视作品。通过多个镜头的组合与设计的表现，完成整个影视作品镜头的制作，所以说，镜头的应用技巧也直接影响影视作品的最终效果。那么在影视作品中，常用镜头是如何表现的呢？下面详细讲解常用镜头的使用技巧。

1.2.1 推镜头

推镜头是拍摄中比较常用的一种拍摄手法，它主要利用摄像机前移或变焦来完成，逐渐靠近要表现的主体对象，使人感觉一步一步走进要观察的事物。近距离观看某个事物，它可以表现同一个对象从远到近的变化，也可以表现一个对象到另一个对象的变化。这种镜头的运用，主要突出要拍摄的对象或对象的某个部位，从而更清楚地看到整体与局部的关系。

图1.1所示为推镜头的应用效果。

图1.1 推镜头的应用

1.2.2 移镜头

移镜头也叫移动拍摄，它是将摄像机固定在移动的物体上作各个方向的移动来拍摄不动的物体，使不动的物体产生运动效果。摄像时将拍摄画面逐步呈现，形成巡视或展示的视觉感受，它将一些对象连贯起来加以表现，形成动态效果并组成影视动画加以展现，使主题逐渐明了。例如坐在奔驰的车上，看窗外的景物，本来是不动的景物，但却感觉是在运动，这种拍摄手法多用于静物表现动态时的拍摄。

图1.2所示为移镜头的应用效果。

图1.2 移镜头的应用效果

1.2.3 跟镜头

　　跟镜头也称为跟拍，在拍摄过程中找到兴趣点，然后跟随进行拍摄，如在一个酒店中，开始拍摄的只是整个酒店中的大场面，然后跟随拍摄一名服务员在桌子间走来走去的镜头。跟镜头一般要表现对象在画面中的位置保持不变，只是跟随它所走过的画面有所变化，就如一个人跟着另一个人穿过大街小巷一样，周围的事物在变化，而本身的跟随是没有变化的。跟镜头也是影视拍摄中比较常见的一种方法，它可以很好地突出主体，表现主体的运动速度、方向及体态等信息，给人一种身临其境的感觉。

　　图1.3所示为跟镜头的应用效果。

图1.3 跟镜头的应用效果

1.2.4 摇镜头

　　摇镜头也称为摇拍，在拍摄时相机不动，只摇动镜头做左右移动、上下移动或旋转等运动，使人感觉从对象的一个部位到另一个部位逐渐观看，如一个人站立不动、转动脖子来观看事物，就像我们常说的环视四周，其实就是这个道理。

　　摇镜头也是影视拍摄中经常用到的，如进入一个洞穴里，然后在上下、左右或环周拍摄时应用的就是摇镜头。摇镜头主要用来表现事物的逐渐呈现，一个又一个的画面从进入镜头来完成整个事物发展的观察。

　　图1.4所示为摇镜头的应用效果。

图1.4 摇镜头的应用

1.2.5 旋转镜头

　　旋转镜头是指被拍摄对象呈旋转效果的画面，镜头沿镜头光轴或接近镜头光轴的角度旋转拍摄，摄像机快速做超过360°的旋转拍摄，被拍对象与摄像机处于同一载体上做360°的旋转拍摄，这种拍摄手法多表现人物的晕眩感觉，是影视拍摄中常用的一种拍摄手法。

　　图1.5所示为旋转镜头的应用效果。

图1.5 旋转镜头的应用效果

1.2.6 拉镜头

　　拉镜头与推镜头正好相反，它主要是利用摄像机后移或变焦来完成，逐渐远离要表现的主体对象，使人感觉正一步一步远离要对准的事物，远距离观看某个事物的整体效果，它可以表现同一个对象从近到远的变化，也可以表现一个对象到另一个对象的变化。这种镜头的应用，主要突出要拍摄的对象与整体的效果，从而更清楚地看到局部到整体的关系，把握全局。如常见影视中的峡谷内部拍摄到整个外部拍摄，应用的就是拉镜头，再如观察一个古董，从整体通过变焦看到细部特征，也是应用拉镜头。

　　图1.6所示为拉镜头的应用效果。

图1.6 拉镜头的应用

1.2.7 甩镜头

甩镜头是快速地将镜头摇动，极快地转移到另一个景物，从而将画面切换到另一个内容，而中间的过程则产生模糊一片的效果，这种拍摄可以说明一种内容的突然过渡。

如冰河世纪结尾部分松鼠撞到门上的一个镜头，通过甩镜头的应用，表现出人物撞到门而产生的撞击效果和眩晕效果。

图1.7所示为甩镜头的应用效果。

图1.7 甩镜头的应用效果

1.2.8 晃镜头

晃镜头的应用相对于前面的几种要少一些，它主要应用在特定的环境中，让画面产生上下、左右或前后等的摇摆效果，主要用于表现精神恍惚、头晕目眩、乘车船等的摇晃效果，如表现一个喝醉酒的人物场景时，就要用到晃镜头，还有在坐船或坐车时由于道路不平所产生的颠簸效果。

图1.8所示为晃镜头的应用效果。

图1.8 晃镜头的应用效果

1.3 电影蒙太奇表现手法

蒙太奇是法语Montage的译音，原为建筑学用语，意为构成、装配。到了20世纪中期，电影艺术家将它引入到了电影艺术领域，意思转变为剪辑、组合剪接，即影视作品在创作过程中的剪辑组合。在无声电影时代，蒙太奇表现技巧和理论的内容只局限于画面之间的剪接，在后来出现了有声电影之后，影片的蒙太奇表现技巧和理论又包括了声画蒙太奇和声音声蒙太奇技巧与理论，含义便更加广泛了。"蒙太奇"的含义有广义和狭义之分。狭义的蒙太奇专指对镜头画面、声音、色彩诸元素编排组接的手段，其中最基本的意义是画面的组合。而广义的蒙太奇不仅指镜头画面的组接，也指影视剧作从开始直到作品完成的整个过程中，艺术家的一种独特艺术思维方式。

1.3.1 蒙太奇技巧的作用

蒙太奇组接镜头与音效的技巧是决定一个影片成功与否的重要因素。在影片中的表现有下列内容。

■ 表达寓意 创造意境

镜头的分割与组合，声画的有机组合，相互作用，可以给观众在心理上产生新的含义。单个的镜头、单独的画面或声音只能表达其本身的具体含义，使用蒙太奇技巧和表现手法可以使得一系列没有任何关联的镜头或画面产生特殊的含义，表达出创作者的寓意，甚至还可以产生特定的含义。

■ 选择和取舍 概括与集中

一部几十分钟的影片，是由许多素材镜头中挑选出来的。这些素材镜头不仅内容、构图、场面调度均不相同，甚至连摄像机的运动速度都有很大的差异，有时还存在一些重复。编导就必须根据影片所要表现的主题和内容，认真对素材进行分析和研究，慎重、大胆地进行取舍和筛选，重新进行镜头的组合，尽量增强画面的可视性。

▌引导观众注意力 激发联想

由于每一个单独的镜头都只能表现一定的具体内容，但组接后就有了一定的顺序，可以严格地规范、引导并影响观众的情绪和心理，启迪观众进行思考。

▌可以创造银幕（屏幕）上的时间概念

运用蒙太奇技巧可以对现实生活和空间进行裁剪、组织、加工和改造，使得影视时空表现现实生活和影片内容的领域极为广阔，延伸了银幕（屏幕）的空间，达到了跨越时空的作用。

▌蒙太奇技巧使得影片的画面形成不同的节奏

蒙太奇可以把客观因素（信息量、人物和镜头的运动速度、色彩声音效果、音频效果及特技处理等）和主观因素（观众的心理感受）综合研究，通过镜头之间的剪接，将内部节奏和外部节奏、视觉节奏和听觉节奏有机结合，使影片的节奏丰富多彩、生动自然而又和谐统一，产生强烈的艺术感染力。

1.3.2 镜头组接蒙太奇

这种镜头的组接不考虑音频效果和其他因素，根据其表现形式，将这种蒙太奇分为两大类：叙述蒙太奇和表现蒙太奇。

▌叙述蒙太奇

在影视艺术中又被称为叙述性蒙太奇，它是按照情节的发展时间、空间、逻辑顺序及因果关系来组接镜头、场景和段落，表现了事件的连贯性，推动情节的发展，引导观众理解内容，是影视节目中最基本、最常用的叙述方法。其优点是脉络清晰、逻辑连贯。叙述蒙太奇的叙述方法在具体的操作中还分为连续蒙太奇、平行蒙太奇、交叉蒙太奇以及重复蒙太奇等几种具体方式。

▶ 连续蒙太奇。这种影视的叙述方法类似于小说叙述手法中的顺序方式。一般来讲它有一个明朗的主线，按照事件发展的逻辑顺序，有节奏的连续叙述。这种叙述方法比较简单，在线索上也比较明朗，能使所要叙述的事件通俗易懂。但同时也有自己的不足，一

个影片中过多地使用连续蒙太奇手法会给人拖沓冗长的感觉。因此在进行非线性编辑的时候，需要考虑到这些方面的内容，最好与其他的叙述方式有机结合，互相配合使用。

▶ 平行蒙太奇。这是一种分叙式表达方法，将两个或两个以上的情节线索分头叙述，但仍统一在一个完整的情节之中。这种方法有利于概括集中，节省篇幅，扩大影片的容量，由于平行表现，相互衬托，可以形成对比、呼应，产生多种艺术效果。

▶ 交叉蒙太奇。这种叙述手法与平行蒙太奇一样，平行蒙太奇手法只重视情节的统一和主题的一致，以及事件的内在联系和主线的明朗。而交叉蒙太奇强调的是并列的多个线索之间的交叉关系、事件的统一性和对比性，以及这些事件之间的相互影响和相互促进，最后将几条线索汇合为一。这种叙述手法能造成强烈的对比和激烈的气氛，加强矛盾冲突的尖锐性，引起悬念，是控制观众情绪的一个重要手段。

▶ 重复蒙太奇。这种叙述手法是让代表一定寓意的镜头或场面在关键时刻反复出现，造成强调、对比、呼应和渲染等艺术效果，以达到加深寓意的效果。

▌表现蒙太奇

这种蒙太奇表现在影视艺术中也被称为对称蒙太奇，它是以镜头序列为基础，通过相连或相叠镜头在形式或内容上的相互对照、冲击，从而产生单独镜头本身不具有的或更为丰富的含义，以表达创作者的某种情感，也给观众在视觉上和心理上造成强烈的印象，增加感染力，激发观众的联想，启迪观众思考。表现蒙太奇技巧的目的不是叙述情节，而是表达情绪、表现寓意和揭示内在的含义，其表现形式又有以下几种。

▶ 隐喻蒙太奇。这种叙述手法通过镜头（或场面）的队列或交叉表现进行分类，含蓄而形象地表达创作者的某种寓意或对某个事

件的主观情绪。它往往是将不同的事物之间具有某种相似的特征表现出来，目的是引起观众的联想，让他们领会创作者的寓意，领略事件的主观情绪色彩。这种表现手法将巨大的概括力和简洁的表现手法相结合，具有强烈的感染力和形象表现力。在要制作的节目中，必须将要隐喻的因素与所要叙述的线索相结合，这样才能达到想要表达的艺术效果。用来隐喻的要素必须与所要表达的主题一致，并且能够在表现手法上补充说明主题，不能脱离情节生硬插入，因而要求这一手法必须运用得贴切、自然、含蓄和新颖。

▶ 对比蒙太奇。这种蒙太奇表现手法在镜头的内容上或形式上造成一种对比，给人一种反差感受。通过内容的相互协调和对比冲突，表达作者的某种寓意或某些话所表现的内容、情绪和思想。

▶ 心理蒙太奇。这种表现技巧是通过镜头组接，直接、生动地表现人物的心理活动、精神状态，如人物的回忆、梦境、幻觉及想象等心理，甚至是潜意识的活动，这种手法往往用在表现追忆的镜头中。

心理蒙太奇表现手法的特点是形象的片断性、叙述的不连贯性，多用于交叉、队列及穿插的手法表现，带有强烈的主观色彩。

1.3.3 声画组接蒙太奇

在1927年以前，电影都是无声电影，画面上主要是以演员的表情和动作来引起观众的联想，达到声画的默契。后来又通过幕后语言配合或人工声响如钢琴、留声机、乐队的伴奏与屏幕结合，进一步提高了声画融合的艺术效果。为了真正达到声画一致，把声音作为影视艺术的表现元素，则是利用录音、声电光感应胶片技术和磁带录音技术，把声音作为影视艺术的一个有机组成部分合并到影视节目之中。

■ 影视语言

影视艺术是声画艺术的结合物，离开两者之中的任何一个都不能成为现代影视艺术。在声

音元素里，包括了影视的语言因素，在影视艺术中，对语言的要求是不同于其他艺术形式的，它有着自己特殊的要求和规则。

可以归纳为以下几方面：

（1）语言的连贯性，声画和谐

在影视节目中，如果把语言分解开，会发现它不像一篇完整的文章，段落之间也不一定有着严密的逻辑性。但如果将语言与画面相配合，就可以看出节目整体的不可分割性和严密的逻辑性。这种逻辑性，表现在语言和画面是互相渗透、有机结合的。在声画组合中，有时以画面为主，说明画面的抽象内涵；有时以声音为主，画面只是作为形象的提示。根据以上分析，影视语言有以下特点和作用：深化和升华主题，将形象的画面用语言表达出来；语言可以抽象概括画面，将具体的画面表现为抽象的概念；语言可以表现不同人物的性格和心态；语言可以衔接画面，使镜头过渡流畅；语言可以代替画面，将一些不必要的画面省略掉。

（2）语言的口语化、通俗化

影视节目面对的观众是多层次化的，除了特定的一些影片外，都应该使用通俗语言。所谓的通俗语言，就是影片中使用的口头语、大白话。如果语言不通俗、费解、难懂，会让观众在观看时分心，这种听觉上的障碍会妨碍到视觉功能，会影响到观众对画面的感受和理解，就不能取得良好的视听效果。

（3）语言简练概括

影视艺术是以画面为基础的，所以，影视语言必须简明扼要，点明则止，剩下的时间和空间都要用画面来表达，让观众在有限的时空里自由想象。

解说词对画面也必须是亦步亦趋的，但如果语言不精练、表达过多，会使观众的听觉和视觉都处于紧张状态，顾此失彼，这样就会对听觉起干扰和掩蔽的作用。

（4）语言准确贴切

由于影视画面是展示在观众眼前的，任何细节对观众来说都是一览无余的，因此对于影视语

言的要求是相当精确的。每句台词，都必须经得起观众的考验，这就不同于广播的语言，即使不够准确还能够混过听众的听觉。在视听画面的影视节目前，观众既看清画面，又听见声音效果，互相对照，稍有差错，就能够被观众轻易发现。

如果对同一画面可以有不同的解说和说明，就要检查画面是否准确、语言是否合理。如果发生矛盾，则很有可能是语言的不准确表达造成的。

■ 语言录音

影视节目中的语言录音包括对白、解说、旁白和独白等。为了提高录音效果，必须注意解说员的声音素质、录音的技巧及方式。

（1）解说员的素质

一名合格的解说员必须充分理解剧本，对剧本内容的重点做到心中有数，对一些比较专业的词语必须理解，读的时候还要抓住主题，确定语音的基调，即总的气氛和情调。在台词对白上必须符合人物形象的性格，解说时语言要流利，不能含混不清。

（2）录音

录音在技术上要求尽量创造有利的物质条件，保证良好的音质音量，尽量在专业的录音棚进行录制。在进行解说录音的时候，需要对画面进行编辑，让配音员观看后再进行配音。

（3）解说的形式

在影视节目中，解说的形式多种多样，需要根据影片的内容而定。大致可以分为3类，第一人称解说、第三人称解说以及第一人称解说与第三人称解说交替的自由形式等。

■ 影视音乐

在电影史上，默片电影一出现就与音乐有着密切的联系。早在1896年，卢米埃尔兄弟的影片就使用了钢琴伴奏的形式。后来逐渐完善，将音乐逐渐渗透到影片中，而不再是外部的伴奏形式。再到后来有声电影出现后，影视音乐更是发展到了一个更加丰富多彩的阶段。

（1）影视音乐的特点和作用

一般音乐都是作为一种独特的听觉艺术形式来满足人们的艺术欣赏要求。而一旦成为影视音乐，它将丧失自己的独立性，成为某一个节目的组成部分，服从影视节目的总要求，以影视的形式表现。

影视音乐的目的性：影视节目的内容、对象和形式的不同，决定了各种影视节目音乐的结构和目的的表现形式各有特点，即使同一首歌或同一段乐曲，在不同的影视节目中也会产生不同的作用和目的。

影视音乐的融合性：融合性也就是影视音乐必须和其他影视因素结合，因为音乐本身在表达感情的程度上往往不够准确，但如果与语言、音响和画面融合，就可以突破这种局限性。

（2）音乐的分类

按照影视节目的内容区分：如故事片音乐、新闻片音乐、科教片音乐、美术片音乐及广告片音乐。

按照音乐的性质划分：抒情音乐、描绘性音乐、说明性音乐、色彩性音乐、戏剧性音乐、幻想性音乐、气氛性音乐及效果性音乐。

按照影视节目的段落划分音乐类型：片头主题音乐、片尾音乐、片中插曲及情节性音乐。

（3）音乐与画面的结合形式

音乐与画面同步：表现为音乐与画面紧密结合，音乐情绪与画面情绪基本一致，音乐节奏与画面节奏完全吻合。音乐强调画面提供的视觉内容，起到解释画面、烘托气氛的作用。

音乐与画面平行：音乐不是直接的追随或解释画面内容，也不是与画面处于对立状态，而是以自身独特的表现方式从整体上揭示影片的内容。

音乐与画面的对立：音乐与画面之间在情绪、气氛、节奏及在内容上互相对立，使音乐具有寓意性，从而深化影片的主题。

（4）音乐设计与制作

专门谱曲：这是音乐创作者和导演充分交换对影片的构思、创作意图后设计的，其中包括音乐的风格、主题音乐的特征、主题音乐的性格特征、音乐的布局、高潮的分布、音乐与语言、音响在影视中的有机安排以及音乐的情绪等要素。

音乐资料改编：根据需要将现有的音乐进行改编，但所配的音乐要与画面的时间保持一致，有头有尾。改编的方法有很多，如将曲子中间一些不需要的段落舍去，去掉重复的段落，还可以将音乐的节奏进行调整，这在非线性编辑系统中是相当容易实现的。

影视音乐的转换技巧：在非线性编辑中，画面需要转换技巧，音乐也需要转换技巧，并且很多画面转换技巧对于音乐同样是适用的。

切：音乐的切入点和切出点最好是选择在解说和音响之间，这样不容易引起注意，音乐的开始也最好选择这个时候，这样会切得不露痕迹。

淡：在配乐的时候，如果找不到合适长度的音乐，可以取其中的一段、头部或者尾部。在录音的时候，可以对其进行淡入处理或淡出处理。

1.4 数字视频基础

1.4.1 视频基础

所谓视频，即是由一系列单独的静止图像组成，每秒钟连续播放静止图像，利用人眼的视觉残留现象，在观者眼中就产生了平滑而连续活动的影像。

▶ 帧：一帧是扫描获得的一幅完整图像的模拟信号，是视频图像的最小单位。

▶ 帧率：每秒钟扫描多少帧。对于PAL制式电视系统，帧率为25帧；而NTSC制式电视系统，帧率为30帧。

▶ 场：视频的一个扫描过程。有逐行扫描和隔行扫描，对于逐行扫描，一帧即是一个垂直扫描场；对于隔行扫描，一帧由两行构成：奇数场和偶数场，用两个隔行扫描场表示一帧。

1.4.2 电视制式简介

电视的制式就是电视信号的标准。它的区分主要在帧频、分辨率、信号带宽、载频以及色彩空间的转换关系上。不同制式的电视机只能接收和处理相应制式的电视信号，但现在也出现了多制式或全制式的电视机，为处理不同制式的电视信号提供了极大的方便。全制式电视机可以在各个国家的不同地区使用。目前各个国家的电视制式并不统一，全世界目前有3种彩色制式。

■ PAL制式

PAL制式即逐行倒相正交平衡调幅制；它是德国在1962年制定的彩色电视广播标准，它克服了NTSC制式色彩失真的缺点；中国、新加坡、澳大利亚、新西兰和德国、英国等一些西欧国家使用PAL制式。根据不同的参数细节，它又可以分为G、I、D等制式，其中PAL-D是我国采用的制式。

■ NTSC制式（N制）

NTSC制式是由美国国家电视标准委员会于1952年制定的彩色广播标准，它采用正交平衡调幅技术（正交平衡调幅制）；NTSC制式有色彩失真的缺陷。美国、加拿大等大多西半球国家以及日本、韩国等采用这种制式。

■ SECAM制式

SECAM是法文"顺序传送彩色信号与存储恢复彩色信号制"的缩写，由法国在1956年提出，1966年制定的一种新的彩色电视制式。它克服了NTSC制式相位失真的缺点，采用时间分隔法来逐行依次传送两个色差信号。目前法国等国家使用SECAM制式。

1.4.3 视频时间码

一段视频片段的持续时间、开始帧和结束帧通常用时间单位和地址来计算，这些时间和地址被称为时间码（简称时码）。时间码用来识别和记录视频数据流中的每一帧，从一段视频的起始帧到终止帧，每一帧都有一个唯一的时间码地址,这样在编辑时利用它可以准确地在素材上定位出某一帧的位置,以方便安排编辑和实现视频和音频的同步。这种同步方式叫做帧同步。"动画和电视工程师协会"采用的时间码标准为SMPTE,其格式为小时:分钟:秒:帧,如一个PAL制式的素材片段表示为00:01:30:13,即它持续1分30秒零13帧,换算成帧单位就是2263帧,如果播放的帧速率为25fps,那么这段素材可以播放约1分零90.5秒。

电影、电视行业中使用的帧率各不相同,但它们都有各自对应的SMPTE标准。如PAL采用25帧/秒或24帧/秒,NTSC制式采用30帧/秒或29.97帧/秒。早期黑白电视采用29.97帧/秒而非30帧/秒,这样就会产生一个问题,即在时间码与实际播放之间产生0.1%的误差。为了解决这个问题,于是设计出帧同步技术,这样可以保证时间码与实际播放时间一致。与帧同步格式对应的是帧不同步格式,它会忽略时间码与实际播放帧之间的误差。

1.4.4 压缩编码的种类

视频压缩是视频输出工作中不可缺少的一部分,由于计算机硬件和网络传输速率的限制,视频在存储或传输时会出现文件过大的情况,为了避免这种情况,在输出文件时就会选择合适的方式对文件进行压缩,这样才能很好地解决传输和存储时出现的问题。压缩就是将视频文件的数据信息通过特殊的方式进行重组或删除来达到减小文件大小的过程。压缩可以分为以下几种方式。

▶ 软件压缩:通过计算机安装的压缩软件来压缩,这是使用较为普遍的一种压缩方式。

▶ 硬件压缩:通过安装一些配套的硬件压缩卡来完成,它具有比软件压缩更高的效率,但成本较高。

▶ 有损压缩:在压缩的过程中,为了达到更小的空间,将素材进行了压缩,丢失一部分的数据或是画面色彩,达到压缩的目的,这种压缩可以更小地压缩文件,但会牺牲更多的文件信息。

▶ 无损压缩:它与有损压缩相反,在压缩过程中,不会丢失数据,但一般压缩的程度较小。

1.4.5 压缩编码的方式

压缩不是单纯地为了减小文件,而是要在保证画面的同时来达到压缩的目的,不能只管压缩而不计损失,要根据文件的类别选择合适的压缩方式,这样才能更好地达到压缩的目的,常用的视频和音频压缩方式有以下几种。

■ Microsoft Video 1

这种方式针对模拟视频信号进行压缩,是一种有损压缩方式,支持8位或16位的影像深度,适用于Windows平台。

■ IntelIndeo(R)Video R3.2

这种方式适合制作在CD-ROM播放的24位的数字电影,和Microsoft Video 1相比,它能得到更高的压缩比和质量以及更快的回放速度。

■ DivX MPEG-4(Fast-Motion)和 DivX MPEG-4(Low-Motion)

这两种压缩方式是Premiere Pro增加的算法,压缩基于DivX播放的视频文件。

■ Cinepak Codec by Radius

这种压缩方式可以压缩彩色或黑白图像。适合压缩24位的视频信号,制作用于CD-ROM播放或网上发布的文件。和其他压缩方式相比,利用它可以获得更高的压缩比和更快的回放速度,但压缩速度较慢,而且只适用于Windows平台。

■ Microsoft RLE

这种方式适合压缩具有大面积色块的影像素材,如动画或计算机合成图像等。它使用RLE(run length encoding)方式进行压缩,是一种无损压缩方案,适用于Windows平台。

■ Intel Indeo5.10

这种方式适合于所有基于MMX技术或Pentium II以上处理器的计算机。它具有快速的压缩选项,并可以灵活设置关键帧,具有很好的回访效果。

适用于Windows平台，作品适合网上发布。

▌MPEG

在非线性编辑时最常用的是MJPEG算法，即Motion JPEG。它将视频信号50场/秒（PAL制式）变为25帧/秒，然后按照25帧/秒的速度使用JPEG算法对每一帧压缩。通常压缩倍数在3.5~5倍时可以达到Betacam的图像质量。MPEG算法适用于动态视频的压缩，除了对单幅图像进行编码外还利用图像序列中的相关原则，将冗余去掉，这样可以大大提高视频的压缩比。目前MPEG-I用于VCD节目中，MPEG-II用于VOD、DVD节目中。

其他还有较多方式，如Planar RGB、Cinepak、Graphics、Motion JPEG A和Motion JPEG B、DV NTSC和DV PAL、Sorenson、Photo-JPEG、H.263、Animation及None等。

1.5 非线性编辑流程

一般非线性编辑的操作流程可以简单地分为导入、编辑处理和输出影片3部分。由于非线性编辑软件的不同，又可以细分为更多的操作步骤。以Premiere Pro CS5来说，可以简单地分为5个步骤，具体说明如下。

▌总体规划和准备

在制作影视节目前，首先要清楚自己的创作意图和要表达的主题，应该有一个分镜头稿本，由此确定作品的风格。它的主要内容包括素材的取舍，各个片段持续的时间，片段之间的连接顺序和转换效果，以及片段需要的视频特效、抠像处理和运动处理等。

确定了自己创作的意图和要表达的主题手法后，还要着手准备需要的各种素材，包括静态图片、动态视频、序列素材和音频文件等，并可以利用相关的软件素材进行配合，达到需要的尺寸和效果，还要注意格式的转换，注意制作符合Premiere CS4所支持的格式，如使用DV所支持的

格式拍摄的素材可以通过1394卡进行采集转换到计算机中，并按照类别放置在不同的文件夹目录下，以便于素材的查找和导入。

▌创建项目并导入素材

前期的工作完成后，接下来制作影片。首先要创建新项目，并根据需要设置符合影片的参数，如编辑模式使用PAL制或NTSC制式来编辑视频，这时基数应设置为25；设置视频画面的大小，PAL制式的标准默认尺寸是720像素×576像素，NTSC制式为72像素×480像素；指定音频的采样频率等参数设置，创建一个新项目。

新项目创建完成后，根据需要可以创建不同的文件夹，并根据文件夹的属性导入不同的素材，如静态素材、动态视频、序列素材和音频素材等，并进行前期的编辑，如素材入点和出点、持续时间等。

▌影片的特效制作

创建项目并导入素材后，就开始了最精彩的制作部分，根据分镜头稿本将素材添加到时间线并进行剪辑编辑，添加相关的特效处理，如视频特效、运动特效、键控特效和视频切换等特效，制作完美的影片效果，然后添加字幕效果和音频文件，完成整个影片的制作。

▌保存和预演

保存影片是将影片的源文件保存起来，默认的保存格式为.ppj格式，同时保存了Premiere Pro CS5当时所有窗口的状态，如窗口的位置、大小和参数，便于以后进行修改。

保存影片源文件后，可以对影片的效果进行预演，以此检查影片的各种实际效果是否达到设计的目的，以免在输出成最终影片时出现错误。

▌输出影片

预演只是查看效果，并不生成最后的文件，要制作出最终的影片效果，需要将影片输出生成一个可以单独播放的最终作品，也可以转录到录像带、DV机上。Premiere Pro CS5可以生成的影片格式有很多种，如静态素材bmp、gif、tif、tga等格式，也可以输出Animated GIF、avi、Quick

Time等视频格式，还可以输出Windows Waveform音频格式。常用的是".avi"文件，它可以在许多多媒体软件中播放。

1.6 After Effects的图像格式

图像格式是指计算机表示、存储图像信息的格式，常用的格式有10多种。同一幅图像可以使用不同的格式来存储，不同的格式之间所包含的图像信息并不完全相同，文件大小也有很大的差别。用户在使用时可以根据自己的需要选用适当的格式。After Effects CC支持许多文件格式，下面是常见的几种。

1.6.1 静态图像格式

▌PSD格式

这是著名的Adobe公司的图像处理软件Photoshop的专用格式Photoshop Document（PSD）。PSD其实是Photoshop进行平面设计的一张"草稿图"，它里面包含各种图层、通道、遮罩等多种设计的样稿，以便于下次打开时可以修改上一次的设计。在Photoshop所支持的各种图像格式中，PSD的存取速度比其他格式快很多，功能也很强大。由于Photoshop越来越广泛地应用，所以这种格式也会逐步流行起来。

▌BMP格式

它是标准的Windows图像文件格式，是英文Bitmap（位图）的缩写，Microsoft的BMP格式是专门为"画笔"和"画图"程序建立的。这种格式支持1~24位颜色深度，使用的颜色模式可为RGB、索引颜色、灰度和位图等，且与设备无关。但因为这种格式的特点是包含图像信息较丰富，几乎不进行压缩，所以导致了它与生俱来的缺点，占用磁盘空间过大。正因为如此，目前BMP在单机上比较流行。

▌GIF格式

这种格式是由CompuServe提供的一种图像格式。由于GIF格式可以使用LZW方式进行压缩，所以它被广泛用于通信领域和HTML网页文档中。这种格式只支持8位图像文件，当选用该格式保存文件时，会自动转换成索引颜色模式。

▌JPEG格式

JPEG是一种带压缩的文件格式，其压缩率是目前各种图像文件格式中最高的，但是，JPEG在压缩时存在一定程度的失真，因此，在制作印刷制品的时候最好不要用这种格式。JPEG格式支持RGB、CMYK和灰度颜色模式，但不支持Alpha通道，主要用于图像预览和制作HTML网页。

▌TIFF

TIFF是Aldus公司专门为苹果计算机设计的一种图像文件格式，可以跨平台操作。TIFF格式的出现是为了便于应用软件之间进行图像数据的交换，其全名是"Tagged 图像文件格式"（标志图像文件格式）。TIFF文件格式的应用非常广泛，可以在许多图像软件之间转换。TIFF格式支持RGB、CMYK、Lab、Indexed-颜色、位图模式和灰度的色彩模式，并且在RGB、CMYK和灰度3种色彩模式中还支持使用Alpha通道。TIFF格式独立于操作系统和文件，它对PC机和Mac机一视同仁，大多数扫描仪都输出TIFF格式的图像文件。

▌PCX

PCX文件格式是由Zsoft公司在20世纪80年代初期设计的，当时专用于存储该公司开发的PC Paintbrush绘图软件所生成的图像画面数据，后来成为MS-DOS平台下常用的格式。在DOS系统时代，开始这一平台下的绘图、排版软件多用PCX格式。进入Windows操作系统后，它即成为PC上较为流行的图像文件格式。

1.6.2 视频格式

▌AVI格式

它是Video for Windows的视频文件的存储格式，播放的视频文件的分辨率不高，帧速率小于25帧/秒（PAL制）或30帧/秒（NTSC）。Windows Media Player播放效果如图1.9所示。

图1.9 Windows Media Player播放效果

■ MOV

　　MOV原来是苹果公司开发的专用视频格式，后来移植到PC机上使用，和AVI一样属于网络上的视频格式之一，在PC上没有AVI普及，因为播放它需要专门的软件QuickTime。QuickTime播放器效果如图1.10所示。

图1.10 QuickTime播放器效果

■ RM

　　它属于网络实时播放软件，其压缩比较大，视频和声音都可以压缩进ＲＭ的文件里并可用ＲealPlay播放。ＲealPlay播放器效果如图1.11所示。

图1.11 RealPlay播放器效果

■ MPG

　　它是压缩视频的基本格式，如VCD碟片，其压缩方法是将视频信号分段取样，然后忽略相邻各帧不变的画面，而只记录变化了的内容，因此其压缩比很大，这可以从VCD和CD的容量看出来。

■ DV

　　After Effects支持DV格式的视频文件。

1.6.3 音频格式

■ MP3格式

　　MP3是现在非常流行的音频格式之一。它将WAV文件以MPEG-2的多媒体标准进行压缩，压缩后的体积只有原来的1/10甚至1/15，而音质能基本保持不变。

■ WAV格式

　　它是Windows记录声音所用的文件格式。

■ MP4格式

　　它是在MP3基础上发展起来的，其压缩比高于MP3。

■ MID格式

　　这种文件又叫MIDI文件，它的体积很小，一首10多分钟的音乐只有数十KB。

■ RA格式

　　它的压缩比大于MP3，而且音质较好，可用ＲealPlay播放ＲＡ文件。

第2章
基础动画轻松入门

内容摘要

　　本章主要讲解基础动画轻松入门。首先讲解关键帧的操作及Position（位置）、Scale（缩放）、Rotation（旋转）和Opacity（不透明度）4大基础属性参数及动画制作；然后通过一些简单的实例，讲解基础动画的入门制作技巧。本章从基础入手，让零起点读者轻松起步，迅速掌握动画制作核心技术，掌握After Effects动画制作的技巧。

教学目标

- 了解Position（位置）的参数并掌握Position（位置）操作
- 了解Scale（缩放）的参数并掌握Scale（缩放）操作
- 了解Rotation（旋转）的参数并掌握Rotation（旋转）操作
- 了解Opacity（不透明度）的参数并掌握Opacity（不透明度）操作
- 了解关键帧的动画使用技巧
- 学习特效动画的制作技巧

2.1 位移动画

难易程度：★☆☆☆☆

实例说明：通过修改素材的位置，可以很轻松地制作出精彩的位移动画效果，本例讲解位移动画的制作。通过该实例的制作，学习帧时间的调整方法，了解关键帧的使用，掌握路径的修改技巧。本例最终的动画流程效果，如图2.1所示。

工程文件：第2章\位移动画

视频位置：movie\2.1 位移动画.avi

图2.1 位移动画流程效果

知识点

- Position（位置）属性

操作步骤

步骤01 打开工程文件。执行菜单栏中的File（文件）|
Open Project（打开项目）命令，打开"打开"对话框，选择配套资源中的"工程文件 \ 第2章 \ 位移动画 \ 位移动画练习.aep"文件。

步骤02 将时间调整到00:00:00:00的位置，在时间线面板中，按Ctrl键选择"夏""天""来"和"了"4个文字层，然后按P键，展开Position（位置），单击4个图层的Position（位置）左侧的码表 按钮，在当前时间设置关键帧，并且修改Position（位置）的值。"夏"层的Position（位置）为（220，445，10000），"天"层的Position（位置）为（330，445，10000），"来"层的Position（位置）为（440，445，10000），"了"层的Position（位置）为（550，445，10000），如图2.2所示。

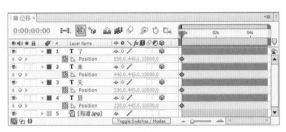

图2.2 设置关键帧

步骤03 添加完关键帧位置后，素材的位置也跟着变化，此时，Composition（合成）窗口中的素材效果如图2.3所示。

图2.3 素材的变化效果

步骤04 将时间调整到00:00:01:00的位置。修改Position（位置）的值，"夏"层的Position（位置）为（220，380，-300），单击"天"层的Position（位置）左侧的记录关键帧 按钮，在当前时间设置关键帧，但不修改Position（位置）的值，如图2.4所示。

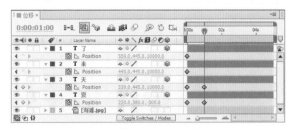

图2.4 修改位置添加关键帧

步骤05 修改完关键帧位置后，素材的位置也跟着变化，此时，Composition（合成）窗口中的素材效果如图2.5所示。

图2.5 素材的变化效果

步骤06 将时间调整到00:00:02:00的位置。修改Position（位置）的值，"天"层的Position（位置）为（330，380，-300），单击"来"层的Position（位置）左侧的记录关键帧 按钮，在当前时间设置关键帧，但不修改Position（位置）的值，如图2.6所示。

图2.6 关键帧位置设置及图像效果

步骤07 将时间调整到00：00：03：00的位置。修改Position（位置）的值，"来"层的Position（位置）为（440，380，-300），单击"了"层的Position（位置）左侧的记录关键帧 按钮，在当前时间设置关键帧，但不修改Position（位置）的值，如图2.7所示。

图2.7 关键帧位置设置及图像效果

步骤08 将时间调整到00：00：04：00的位置。修改Position（位置）的值，"了"层的Position（位置）为（550，380，-300），如图2.8所示。

图2.8 关键帧位置设置及图像效果

步骤09 这样，就完成了位置动画的制作，按空格键或小键盘上的0键，可以预览动画的效果，其中的几帧画面如图2.9所示。

图2.9 位置动画效果

2.2 缩放动画

难易程度：★ ☆ ☆ ☆ ☆

实例说明：本例讲解缩放动画的制作方法，通过本例的学习，掌握关键帧的复制和粘贴方法，以及缩放动画的制作技巧。本例最终的动画流程效果，如图2.10所示。

工程文件：第2章\缩放动画

视频位置：movie\2.2 缩放动画.avi

图2.10 缩放动画流程效果

知识点

● Position（位置）属性
● Scale（缩放）属性

操作步骤

步骤01 执行菜单栏中的File（文件）| Open Project
（打开项目）命令，打开"打开"对话框，选择配套
资源中的"工程文件 \第2章\ 缩放动画 \ 缩放动画
练习.aep"文件。

步骤02 将时间调整到00:00:00:00的位置，在时间线
面板中，选择"车"层，然后按S键，展开Scale（缩
放）属性，单击Scale（缩放）属性左侧的码表按
钮，在当前时间设置一个关键帧，修改Scale（缩
放）的值为（25，25），如图2.11所示。

图2.11 修改缩放值

步骤03 保持时间在00:00:00:00的位置，然后按P键，
展开Position（位置），修改Position（位置）的值为

（663，384），如图2.12所示。

图2.12 00:00:00:00帧时间参数设置

步骤04 将时间调整到00:00:02:24的位置，在时间线
面板中，选择"车"层，然后按U键，展开已经记录
关键帧的属性，修改Position（位置）的值为（648，
420），修改Scale（缩放）的值为（100，100），如
图2.13所示。

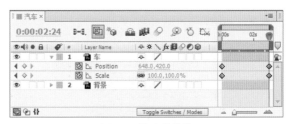

图2.13 修改缩放值

步骤05 这样，就完成了缩放动画的制作，按空格键
或小键盘上的0键，可以预览动画的效果，其中的几
帧画面如图2.14所示。

图2.14 缩放动画效果

2.3 旋转动画

难易程度：★☆☆☆☆

实例说明： 本例讲解利用旋转属性制作旋转动画的方法。通过本例的制作，掌握旋转属性的设置技巧。本例最终的动画流程效果，如图2.15所示。

工程文件： 第2章\旋转动画

视频位置： movie\2.3 旋转动画.avi

图2.15 旋转动画流程效果

知识点

● Rotation（旋转）属性

操作步骤

步骤01 执行菜单栏中的File（文件）| Open Project（打开项目）命令，打开"打开"对话框，选择配套资源中的"工程文件\第2章\旋转动画\旋转动画练习.aep"文件。

步骤02 将时间调整到00:00:00:00的位置，在时间线面板中选择"分针"层，然后按R键，打开Rotation（旋转）属性，单击左侧的码表 🕐 按钮，在当前时间设置一个关键帧，再将"分针"层的Rotation（旋转）的数值设置为−52，如图2.16所示。

图2.16 00:00:00:00帧时间参数设置

步骤03 保持时间在00:00:00:00的位置，选择"时钟"层，然后按R键，打开Rotation（旋转）属性，单击左侧的码表 🕐 按钮，在当前时间设置一个关键帧，再将"分针"层的Rotation（旋转）的数值设置为112，如图2.17所示。

图2.17 00:00:00:00帧时间参数设置

步骤04 将时间调整到00:00:04:24的位置，在时间线面板中，修改"分针"层Rotation（旋转）的值为1x+308，修改"时针"层Rotation（旋转）的值为172，如图2.18所示。

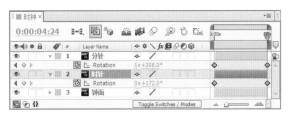

图2.18 修改旋转值

步骤05 这样就完成了旋转动画的制作，按空格键或小键盘上的0键，可以预览动画的效果，其中的几帧画面如图2.19所示。

图2.19 旋转动画其中的几帧画面效果

2.4 不透明度动画

难易程度：★☆☆☆☆

实例说明： 下面通过实例详细讲解不透明度动画的制作过程，通过本实例的制作，掌握不透明度的设置方法及动画制作技巧。本例最终的动画流程效果，如图2.20所示。

工程文件： 第2章\不透明度动画

视频位置： movie\2.4 不透明度动画.avi

图2.20 不透明度动画流程效果

知识点

● Opacity（不透明度）属性

操作步骤

步骤01 执行菜单栏中的File（文件）| Open Project（打开项目）命令，打开"打开"对话框，选择配套资源中的"工程文件 \ 第2章\ 不透明度动画 \ 不透明度动画练习.aep"文件。

步骤02 将时间调整到00:00:00:00的位置，在时间线面板中，按Ctrl键选择"夏""天""来"和"了"4个文字层，然后按T键，展开Opacity（不透明度），单击4个图层的Opacity（不透明度）左侧的码表按钮，在当前时间设置关键帧，并且修改Opacity（不透明度）的值，"夏"层的Opacity（不透明度）为0%，"天"层的Opacity（不透明度）为0%，"来"层的Opacity（不透明度）为0%，"了"层的Opacity（不透明度）为0%，如图2.21所示。

图2.21 设置关键帧

步骤03 添加完关键帧位置后，素材的位置也跟着变化，此时，Composition（合成）窗口中的素材效果如图2.22所示。

图2.22 素材的变化效果

步骤04 将时间调整到00:00:01:00的位置。修改Opacity（不透明度）的值，"夏"层的Opacity（不透明度）为100%，单击"天"层的Opacity（不透明度）左侧的记录关键帧按钮，在当前时间设置关键帧，但不修改Opacity（不透明度）的值，如图2.23所示。

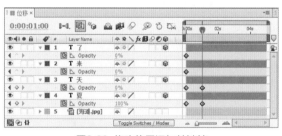

图2.23 修改位置添加关键帧

步骤05 修改完关键帧位置后，素材的位置也将跟着变化，此时，Composition（合成）窗口中的素材效果如图2.24所示。

图2.24 素材的变化效果

步骤06 将时间调整到00:00:02:00的位置。修改Opacity（不透明度）的值，"天"层的Opacity（不透明度）为100%，单击"来"层的Opacity（不透明度）左侧的记录关键帧 按钮，在当前时间设置关键帧，但不修改Opacity（不透明度）的值，如图2.25所示。

图2.25 关键帧位置设置及图像效果

步骤07 将时间调整到00:00:03:00的位置。修改Opacity（不透明度）的值，"来"层的Opacity（不透明度）为100%，单击"了"层的Position（位置）左侧的记录关键帧 按钮，在当前时间设置关键帧，但不修改Opacity（不透明度）的值，如图2.26所示。

图2.26 关键帧位置设置及图像效果

步骤08 将时间调整到00:00:04:00的位置。修改Opacity（不透明度）的值，"了"层的Opacity（不透明度）为100%，如图2.27所示。

图2.27 关键帧位置设置及图像效果

步骤09 这样，就完成了不透明度动画的制作，按空格键或小键盘上的0键，可以预览动画的效果，其中的几帧画面如图2.28所示。

图2.28 不透明度动画效果

2.5 文字缩放动画

难易程度：★★☆☆☆

实例说明：本例主要讲解利用Scale（缩放）制作文字缩放效果。本例最终的动画流程效果，如图2.29所示。

工程文件：第2章\文字缩放动画

视频位置：movie\2.5 文字缩放动画.avi

图2.29 文字缩放动画流程画面

知识点

- Scale（缩放）设置
- 关键帧助理

操作步骤

步骤01 执行菜单栏中的File（文件）|Open Project（打开项目）命令，选择配套资源中的"工程文件\第2章\文字缩放动画\缩放动画练习.aep"文件，将"缩放动画练习.aep"文件打开。

步骤02 执行菜单栏中的Layer（层）|New（新建）|Text（文本）命令，新建文字层，输入"JIANGNAN SCENERY"，在Character（字符）面板中，设置文字字体为Garamond，字号为35px，字体颜色为白色。

步骤03 将时间调整到00：00：00：00帧的位置，选中"GANGSTER"层，按S键打开Scale（缩放）属性，设置Scale（缩放）的值为（9500，9500），单击Scale（缩放）左侧的码表 按钮，在当前位置设置关键帧。

步骤04 将时间调整到00：00：01：00帧的位置，设置Scale（缩放）的值为（100，100），系统会自动设置关键帧，如图2.30所示，合成窗口效果如图2.31所示。

图2.30 设置缩放关键帧

图2.31 设置缩放后效果

步骤05 选中"GANGSTER"层的关键帧，执行菜单栏中的Animation（动画）|Keyframe Assistant（关键帧助理）|Exponential Scale（指数缩放）命令，如图2.32所示。

图2.32 添加关键帧效果

步骤06 这样就完成了文字缩放动画的整体制作，按小键盘上的0键，即可在合成窗口中预览动画。

2.6 跳动音符

难易程度： ★ ★ ☆ ☆ ☆

实例说明： 本例主要讲解利用Scale（缩放）动画制作跳动音符效果。本例最终的动画流程效果，如图2.33所示。

工程文件： 第2章\跳动音符

视频位置： movie\2.6 跳动音符.avi

图2.33 动画流程画面

知识点

- Scale（缩放）设置
- Glow（辉光）特效

操作步骤

步骤01 执行菜单栏中的File（文件）|Open Project（打开项目）命令，选择配套资源中的"工程文件\第2章\跳动音符\跳动音符练习.aep"文件，将"跳动音符练习.aep"文件打开。

步骤02 执行菜单栏中的Layer（层）|New（新建）|Text（文本）命令，输入"IIIIIIIIIIIIIII"，在Character（字符）面板中，设置文字字体为Franklin

Gothic Medium Cond，字号为101px，字符间距为100，字体颜色为蓝色（R:17，G:163，B：238），如图2.34所示，画面效果如图2.35所示。

图2.34 设置文字　　　　图2.35 设置字体后效果

步骤03 将时间调整到00:00:00:00帧的位置，在工具栏中选择Rectangle Tool（矩形工具）▦，在文字层上绘制一个矩形路径，如图2.36所示。

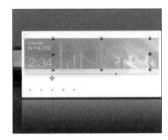

图2.36 绘制矩形蒙版

步骤04 展开"IIIIIIIIIIIIIII"层，单击Text（文本）右侧的三角形 Animate: ▶ 按钮，从菜单中选择Scale（缩放）命令，单击Scale（缩放）左侧的Constrain Proportions（约束比例）🔗按钮，取消约束，设置Scale（缩放）的值为（100，-234）；单击Animator 1（动画1）右侧的三角形 Add: ▶ 按钮，从菜单中选择Selector（选择器）|Wiggly（摇摆）选项，如图2.37所示。

图2.37 设置参数

步骤05 为"IIIIIIIIIIIIIIIIII"层添加Glow（发光）特效。在Effects & Presets（效果和预置）中展开Stylize（风格化）特效组，然后双击Glow（发光）特效。

步骤06 在Effect Controls（特效控制）面板中修改Glow（发光）特效的参数，设置Glow Radius（发光半径）的值为45，如图2.38所示。合成窗口效果如图2.39所示。

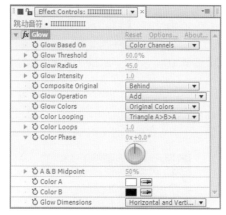

图2.38 设置发光特效参数

图2.39 设置发光后效果

步骤07 这样就完成了跳动音符的动画整体制作，按小键盘上的0键，即可在合成窗口中预览动画。

2.7 梦幻汇集

难易程度：★ ★ ☆ ☆ ☆

实例说明：本例主要讲解利用Card Dance（卡片舞蹈）特效制作梦幻汇集效果。本例最终的动画流程效果，如图2.40所示。

工程文件：第2章\梦幻汇集

视频位置：movie\2.7 梦幻汇集.avi

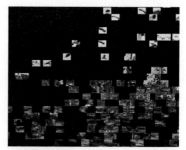

图2.40 动画流程画面

知识点

● Card Dance（卡片舞蹈）特效

操作步骤

步骤01 执行菜单栏中的File（文件）|Open Project（打开项目）命令，选择配套资源中的"工程文件\第2章\梦幻汇集\梦幻汇集练习.aep"文件，将"梦幻汇集练习.aep"文件打开。

步骤02 为"背景"层添加Card Dance（卡片舞蹈）特效。在Effects & Presets（效果和预置）面板中展开Simulation（模拟）特效组，然后双击Card Dance（卡片舞蹈）特效。

步骤03 在Effect Controls（特效控制）面板中，修改Card Dance（卡片舞蹈）特效的参数，从Rows & Columns（行与列）下拉菜单中选择"Columns Follows Rows（列跟随行）"，设置Rows（行）的值为25，分别从Gradient Layer 1、2（渐变图层1、2）下拉菜单中选择"背景.jpg"层，如图2.41所示。

图2.41 设置卡片舞蹈参数

图2.44 设置Z轴位置的参数

步骤04 将时间调整到00:00:00:00帧的位置，展开x Position（x位置）选项组，从Source（素材源）下拉菜单中选择Red 1（红1）选项，设置Multiplier（倍增）的值为24，Offset（偏移）的值为11，同时单击Multiplier（倍增）和Offset（偏移）左侧的码表⏱按钮，在当前位置设置关键帧，合成窗口效果如图2.42所示。

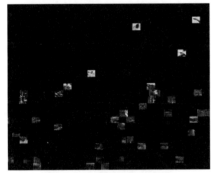

图2.42 设置0秒关键帧效果

步骤05 将时间调整到00:00:04:11帧的位置，设置Multiplier（倍增）的值为0，Offset（偏移）的值为0，系统会自动设置关键帧，如图2.43所示。

图2.43 设置4秒11帧的关键帧

步骤06 展开Z Position（Z轴位置）选项组，将时间调整到00:00:00:00帧的位置，设置Offset（偏移）的值为10，单击Offset（偏移）左侧的码表⏱按钮，在当前位置设置关键帧。

步骤07 将时间调整到00:00:04:11帧的位置，设置Offset（偏移）的值为0，系统会自动设置关键帧，如图2.44所示，合成窗口效果如图2.45所示。

图2.45 设置Z轴位置后效果

步骤08 这样就完成了梦幻汇集的整体制作，按小键盘上的0键，即可在合成窗口中预览动画。

2.8 风沙汇集

难易程度： ★★☆☆☆

实例说明： 本例主要讲解利用CC Pixel Polly（CC像素多边形）制作风沙汇集效果。本例最终的动画流程效果，如图2.46所示。

工程文件： 第2章\风沙汇集

视频位置： movie\2.8 风沙汇集.avi

图2.46 动画流程画面

知识点

● CC Pixel Polly（CC像素多边形）

操作步骤

步骤01 执行菜单栏中的File（文件）|Open Project（打开项目）命令，选择配套资源中的"工程文件\第2章\风沙汇集动画\风沙汇集动画练习.aep"文件，将"风沙汇集动画练习.aep"文件打开。

步骤02 为"背景"层添加CC Pixel Polly（CC像素多边形）特效。在Effects & Presets（效果和预置）面板中展开Simulation（模拟）特效组，然后双击CC Pixel Polly（CC像素多边形）特效。

步骤03 在Effect Controls（特效控制）面板中，修改CC Pixel Polly（CC像素多边形）特效的参数，设置Grid Spacing（网格间隔）的值为2，从Object（对象）右侧的下拉菜单中选择Polygon（多边形），如图2.47所示。合成窗口效果如图2.48所示。

图2.47 设置像素多边形参数

图2.48 设置像素多边形效果

步骤04 这样就完成了风沙汇集效果的整体制作，按小键盘上的0键，即可在合成窗口中预览动画。

2.9 碰撞动画

难易程度： ★★☆☆☆

实例说明： 本例主要讲解利用CC Scatterize（CC散射）特效制作碰撞效果。本例最终的动画流程效果，如图2.49所示。

工程文件： 第2章\碰撞动画

视频位置： movie\2.9 碰撞动画.avi

图2.49 动画流程画面

知识点

● CC Scatterize（CC散射）

● Text（文本）

● Ramp（渐变）特效

操作步骤

步骤01 执行菜单栏中的File（文件）|Open Project（打开项目）命令，选择配套资源中的"工程文件\第2章\碰撞动画\碰撞动画练习.aep"文件，将"碰撞动画练习.aep"文件打开。

步骤02 执行菜单栏中的Layer（层）|New（新建）|Text（文本）命令，输入"Believe in yourself"，在Character（字符）面板中，设置文字字体为Franklin Gothic Heavy，字号为71px，字体颜色为白色。

步骤03 选中"Believe in yourself"层，按Ctrl+D组合键复制出另一个新的文字层，将该图层重命名为"Believe in yourself 2"，如图2.50所示。

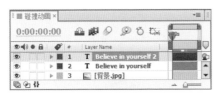

图2.50 复制文字层

步骤04 为"Believe in yourself"层添加CC Scatterize（CC散射）特效。在Effects & Presets（效果和预置）面板中展开Simulation（模拟）特效组，然后双击CC Scatterize（CC散射）特效，如图2.51所示。

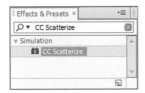

图2.51 添加散射特效

步骤05 在Effect Controls（特效控制）面板中，修改CC Scatterize（CC散射）特效的参数，从Transfer Mode（转换模式）下拉菜单中选择Alpha Add（通道相加）选项；将时间调整到00:00:01:01帧的位置，设置Scatter（散射）的值为0，单击Position（位置）左侧的码表按钮，在当前位置设置关键帧。

步骤06 将时间调整到00:00:02:01帧的位置，设置Scatter（散射）的值为167，系统会自动设置关键帧，如图2.52所示，合成窗口效果如图2.53所示。

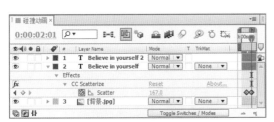

图2.52 设置关键帧

图2.53 设置散射效果后

步骤07 选中"Captain America"层，将时间调整到00:00:01:00帧的位置，按T键打开Opacity（不透明度）属性，设置Opacity（不透明度）的值为0%，单击Opacity（不透明度）左侧的码表按钮，在当前位置设置关键帧。

步骤08 将时间调整到00:00:01:01帧的位置，设置Opacity（不透明度）的值为100%，系统会自动设置关键帧。

步骤09 将时间调整到00:00:01:11帧的位置，设置Opacity（不透明度）的值为100%。

步骤10 将时间调整到00:00:01:18帧的位置，设置Opacity（不透明度）的值为0%，如图2.54所示。

图2.54 设置不透明度关键帧

步骤11 为"Captain America 2"层添加Ramp（渐变）特效。在Effects & Presets（效果和预置）面板中展开Generate（创造）特效组，然后双击Ramp（渐变）特效。

步骤12 在Effect Controls（特效控制）面板中，修改Ramp（渐变）特效的参数，设置Start of Ramp（渐变开始）的值为（362，438），End of Ramp（渐变结束）的值为（362，508），从Ramp Shape（渐变形状）下拉菜单中选择Linear Ramp（线性渐变）选项，如图2.55所示。合成窗口效果如图2.56所示。

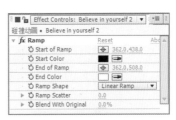

图2.55 设置渐变参数

图2.56 设置渐变后效果

步骤13 选中"Captain America 2"层，设置Anchor Point（定位点）的值为（266，-14）；将时间调整到00:00:00:00帧的位置，设置Scale（缩放）的值为（3407，3407），单击Scale（缩放）左侧的码表🕐按钮，在当前位置设置关键帧。

步骤14 将时间调整到00:00:01:01帧的位置，设置Scale（缩放）的值为（100，100），系统会自动设置关键帧，如图2.57所示，合成窗口效果如图2.58所示。

图2.57 设置缩放关键帧

图2.58 设置缩放后效果

步骤15 这样就完成了碰撞动画的整体制作，按小键盘上的0键，即可在合成窗口中预览动画。

2.10 手绘效果

难易程度：★★☆☆☆

实例说明：本例主要讲解利用Scribble（乱写）特效制作手绘效果。本例最终的动画流程效果，如图2.59所示。

工程文件：第2章\手绘效果

视频位置：movie\2.10 手绘效果.avi

图2.59 动画流程画面

知识点

- Pen Tool（钢笔工具）🖋
- Scribble（乱写）

操作步骤

步骤01 执行菜单栏中的File（文件）|Open Project（打开项目）命令，选择配套资源中的"工程文件\第2章\手绘效果\手绘效果练习.aep"文件，将"手绘效果练习.aep"文件打开。

步骤02 执行菜单栏中的Layer(层)|New（新建）|Solid（固态层）命令，打开Solid Settings（固态层设置）对话框，设置Name（名称）为"心"，Color（颜色）为白色。

步骤03 选择"心"层，在工具栏中选择Pen Tool（钢笔工具）🖋，在文字层上绘制一个心形路径，如图2.60所示。

图2.60 绘制路径

步骤04 为"心"层添加Scribble（乱写）特效。在Effects & Presets（效果和预置）面板中展开Generate（创造）特效组，然后双击Scribble（乱写）特效。

步骤05 在Effect Controls（特效控制）面板中，修改Scribble（乱写）特效的参数，从Mask（蒙版）下拉菜单中选择Mask 1（蒙版 1）选项，设置Color（颜色）的值为红色（R:255，G:20，B:20），Angle（角度）的值为129；Stroke Width（描边宽度）的值为1.6；将时间调整到00:00:01:22帧的位置，设置Opacity（不透明度）的值为100%，单击Opacity（不透明度）左侧的码表 按钮，在当前位置设置关键帧。

步骤06 将时间调整到00:00:02:06帧的位置，设置Opacity（不透明度）的值为1%，系统会自动设置关键帧，如图2.61所示。

图2.61 设置不透明度关键帧

步骤07 将时间调整到00:00:00:00帧的位置，设置End（结束）的值为0%，单击End（结束）左侧的码表 按钮，在当前位置设置关键帧。

步骤08 将时间调整到00:00:01:00帧的位置，设置End（结束）的值为100%，系统会自动设置关键帧，如图2.62所示，合成窗口效果如图2.63所示。

图2.62 设置结束关键帧

图2.63 设置结束后效果

步骤09 这样就完成了手绘效果的整体制作，按小键盘上的0键，即可在合成窗口中预览动画。

2.11 心电图效果

难易程度： ★ ☆ ☆ ☆ ☆

实例说明： 本例主要讲解利用Vegas（勾画）特效制作心电图效果。本例最终的动画流程效果，如图2.64所示。

工程文件： 第2章\心电图效果

视频位置： movie\2.11 心电图效果.avi

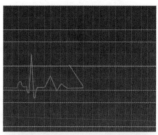

图2.64 动画流程画面

知识点

- Vegas（勾画）
- Grid（网格）
- Glow（发光）

操作步骤

步骤01 执行菜单栏中的Composition（合成）| New Composition（新建合成）命令，打开Composition Settings（合成设置）对话框，设置Composition Name（合成名称）为"心电图动画"，Width（宽）为"720"，Height（高）为"576"，Frame

Rate（帧率）为"25"，并设置Duration（持续时间）为00:00:10:00秒。

步骤02 执行菜单栏中的Layer(层)|New（新建）|Solid（固态层）命令，打开Solid Settings（固态层设置）对话框，设置Name（名称）为"渐变"，Color（颜色）为"黑色"。

步骤03 为"渐变"层添加Ramp（渐变）特效。在Effects & Presets（效果和预置）面板中展开Generate（创造）特效组，然后双击Ramp（渐变）特效。

步骤04 在Effect Controls（特效控制）面板中，修改Ramp（渐变）特效的参数，设置Start Color（开始色）为深蓝色（R:0，G:45，B:84），End Color（结束色）为墨绿色（R:0，G:63，B:79），如图2.65所示。合成窗口效果如图2.66所示。

图2.65 设置渐变参数

图2.66 设置渐变后效果

步骤05 执行菜单栏中的Layer(层)|New（新建）|Solid（固态层）命令，打开Solid Settings（固态层设置）对话框，设置Name（名称）为"网格"，Color（颜色）为黑色。

步骤06 为"网格"层添加Grid（网格）特效。在Effects & Presets（效果和预置）面板中展开Generate（创造）特效组，然后双击Grid（网格）特效。

步骤07 在Effect Controls（特效控制）面板中，修改Grid（网格）特效的参数，设置Anchor（定位点）的值为（360，277），Size From（大小来自）下拉菜单中选择Width & Height Sliders（宽度和高度滑块）

选项，Width（宽度）的值为15，Height（高度）的值为55，Border（边框）的值为1.5，如图2.67所示。合成窗口效果如图2.68所示。

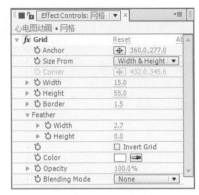

图2.67 设置网格参数

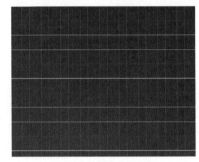

图2.68 设置网格后效果

步骤08 执行菜单栏中的Layer(层)|New（新建）|Solid（固态层）命令，打开Solid Settings（固态层设置）对话框，设置Name（名称）为"描边"，Color（颜色）为"黑色"。

步骤09 在时间线面板中，选中"描边"层，在工具栏中选择Pen Tool（钢笔工具），在文字层上绘制一个路径，如图2.69所示。

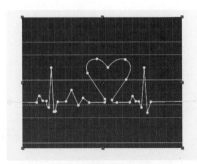

图2.69 绘制路径

步骤10 为"描边"层添加Vegas（勾画）特效。在Effects & Presets（效果和预置）面板中展开Generate

（创造）特效组，然后双击Vegas（勾画）特效，如图2.70所示。

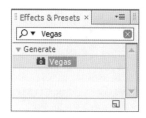

图2.70 添加勾画特效

步骤11 在Effect Controls（特效控制）面板中，修改Vegas（勾画）特效的参数，设置从Stroke（描边）下拉菜单中选择Mask/Path（蒙版和路径）选项；展开Mask/Path（蒙版和路径）选项组，从Path（路径）下拉菜单中选择Mask1（蒙版1）；展开Segments（线段）选项组，设置Segments（线段）的值为1，Length（长度）的值为0.5；将时间调整到00:00:00:00帧的位置，设置Rotation（旋转）的值为0，单击Rotation（旋转）左侧的码表🕐按钮，在当前位置设置关键帧，如图2.71所示。

图2.71 设置0秒关键帧

步骤12 将时间调整到00:00:09:22帧的位置，设置Rotation（旋转）的值为323，系统会自动设置关键帧，如图2.72所示。

图2.72 设置9秒22帧关键帧

步骤13 展开Rendering（渲染）选项组，从Bleng Mode（混合模式）下拉菜单中选择Transparent（透明）选项，设置Color（颜色）为绿色（R:0，G:150，B:25），Hardness（硬度）的值为0.14，Srart Opacity（开始点不透明度）的值为0，Mid-point Opacity（中间点不透明度）的值为1，Mid-point Position（中间点位置）的值为0.366，End Opacity（结束点不透明度）的值为1，如图2.73所示。合成窗口效果如图2.74所示。

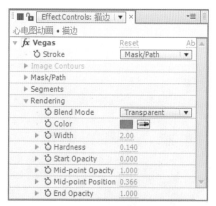

图2.73 设置勾画参数

图2.74 设置勾画参数后效果

步骤14 为"描边"层添加Glow（发光）特效。在Effects & Presets（效果和预置）面板中展开Stylize（风格化）特效组，然后双击Glow（发光）特效。

步骤15 在Effect Controls（特效控制）面板中，修改Glow（发光）特效的参数，设置Glow Threshold（发光阈值）的值为43，Glow Radius（发光半径）的值为13，Glow Intensity（发光强度）的值为1.5，从Glow Colors（发光色）下拉菜单中选择A & B Colors（A和B颜色）选项，Colors A（颜色A）为白色，Colors B（颜色B）为亮绿色（R:111，G:255，B:128），如图2.75所示。合成窗口效果如图2.76所示。

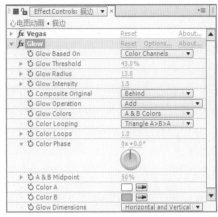

图2.75 设置发光参数

图2.76 设置发光后效果

步骤16 这样就完成了心电图效果的整体制作，按小键盘上的0键，即可在合成窗口中预览动画。

2.12 穿越时空

难易程度： ★★☆☆☆

实例说明： 本例主要讲解利用CC Flo Motion（CC两点扭曲）特效制作穿越时空效果。本例最终的动画流程效果，如图2.77所示。

工程文件： 第2章\穿越时空

视频位置： movie\2.12 穿越时空.avi

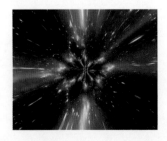

图2.77 动画流程画面

知识点

● CC Flo Motion（CC两点扭曲）

操作步骤

步骤01 执行菜单栏中的File（文件）|Open Project（打开项目）命令，选择配套资源中的"工程文件\第2章\穿越时空\穿越时空练习.aep"文件，将"穿越时空练习.aep"文件打开。

步骤02 为"星空图"层添加CC Flo Motion（CC两点扭曲）特效。在Effects & Presets（效果和预置）面板中展开Distort（扭曲）特效组，然后双击CC Flo Motion（CC两点扭曲）特效。

步骤03 在Effect Controls（特效控制）面板中，修改CC Flo Motion（CC两点扭曲）特效的参数，设置Knot 1（结头1）的值为（361，290）；将时间调整到00:00:00:00帧的位置，设置Amount 1（数量1）的值为73，单击Amount 1（数量1）左侧的码表 按钮，在当前位置设置关键帧。

步骤04 将时间调整到00:00:02:24帧的位置，设置Amount 1（数量1）的值为223，系统会自动设置关键帧，如图2.78所示。合成窗口效果如图2.79所示。

图2.78 设置数量1参数

图2.79 设置数量1后效果

步骤05 这样就完成了穿越时空的整体制作，按小键盘上的0键，即可在合成窗口中预览动画。

2.13 拖尾效果

难易程度：★★☆☆☆

实例说明：本例主要讲解利用Echo（拖尾）特效制作拖尾效果。本例最终的动画流程效果，如图2.80所示。

工程文件：第2章\拖尾效果

视频位置：movie\2.13 拖尾效果.avi

图2.80 动画流程画面

知识点

● Echo（拖尾）

操作步骤

步骤01 执行菜单栏中的File（文件）|Open Project（打开项目）命令，选择配套资源中的"工程文件\第2章\拖尾效果\拖尾效果练习.aep"文件，将"拖尾效果练习.aep"文件打开。

步骤02 为"足球合成"层添加Echo（拖尾）特效。在Effects & Presets（效果和预置）面板中展开Time（时间）特效组，然后双击Echo（拖尾）特效。

步骤03 在Effect Controls（特效控制）面板中，修改Echo（拖尾）特效的参数，设置Number Of Echoes（重影数量）的值为7，Decay（衰减）的值为0.77，从Echo Operator（重影操作）菜单中选择Maximum（最大），如图2.81所示。合成窗口效果如图2.82所示。

图2.81 设置重影参数

图2.82 设置重影后效果

步骤04 这样就完成了拖尾效果的整体制作，按小键盘上的0键，即可在合成窗口中预览动画。

2.14 风化效果

难易程度：★★☆☆☆

实例说明：本例主要讲解利用Displacement Map（置换贴图）特效制作风化效果。本例最终的动画流程效果，如图2.83所示。

工程文件：第2章\风化效果

视频位置：movie\2.14 风化效果.avi

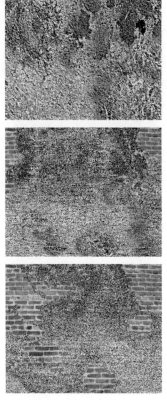

图2.83 动画流程画面

图2.84 设置0秒关键帧

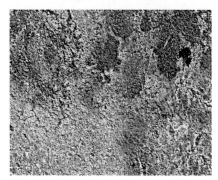

图2.85 设置关键帧后效果

步骤04 将时间调整到00:00:02:14帧的位置，设置Max Horizontal Displaceme（最大水平置换）的值为917，系统会自动设置关键帧，如图2.86所示，合成窗口效果如图2.87所示。

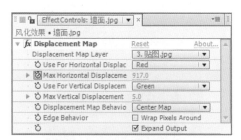

图2.86 设置置换贴图关键帧

知识点

● Displacement Map（置换贴图）

操作步骤

步骤01 执行菜单栏中的File（文件）|Open Project（打开项目）命令，选择配套资源中的"工程文件\第2章\风化效果\风化效果练习.aep"文件，将"风化效果练习.aep"文件打开。

步骤02 为"墙面"层添加Displacement Map（置换贴图）特效。在Effects & Presets（效果和预置）面板中展开Distort（扭曲）特效组，然后双击Displacement Map（置换贴图）特效。

步骤03 在Effect Controls（特效控制）面板中，修改Displacement Map（置换贴图）特效的参数，从Displacement Map Layer（置换层）下拉菜单中选择"贴图"；将时间调整到00:00:00:00帧的位置，设置Max Horizontal Displaceme（最大水平置换）的值为5，单击Max Horizontal Displaceme（最大水平置换）左侧的码表按钮，在当前位置设置关键帧，如图2.84所示。合成窗口效果如图2.85所示。

图2.87 设置置换贴图效果

步骤05 这样就完成了风化效果的整体制作，按小键盘上的0键，即可在合成窗口中预览动画。

第**3**章
合成与三维空间动画

内容摘要

　　本章主要讲解合成与三维空间动画的制作。利用After Effects进行动画制作时，多合成多时间线的应用是动画制作的关键，特别是较大的动画制作离不开多合成的使用，另外三维层对制作三维效果非常重要。本章通过几个实例，详细讲解合成与三维空间动画的制作，通过本章的学习，读者能掌握多合成及三维空间动画的制作技巧。

教学目标

- 掌握三维层的使用
- 学习多合成多时间线的应用
- 掌握摄像机的使用
- 掌握虚拟物体的使用技巧

3.1 魔方旋转动画

难易程度：★ ★ ★ ☆ ☆

实例说明：本例主要讲解利用三维层制作魔方旋转动画效果。本例最终的动画流程效果，如图3.1所示。

工程文件：第3章\魔方旋转动画

视频位置：movie\3.1 魔方旋转动画.avi

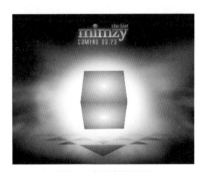

图3.1 动画流程画面

知识点

- 三维层的使用
- Parent（父子约束）

操作步骤

步骤01 执行菜单栏中的File（文件）|Open Project（打开项目）命令，选择配套资源中的"工程文件\第3章\魔方旋转动画\魔方旋转动画练习.aep"文件，将"魔方旋转动画练习.aep"文件打开。

步骤02 执行菜单栏中的Layer（层）|New（新建）|Solid（固态层）命令，打开Solid Settings（固态层设置）对话框，设置Name（名称）为"魔方1"，Width（宽）为"200"，Height（高）为"200"，Color（颜色）为灰色（R:183，G:183，B:183）。

步骤03 选择"魔方1"层，在Effects & Presets（效果和预置）面板中展开Generate（创造）特效组，然后双击Ramp（渐变）特效。

步骤04 在Effect Controls（特效控制）面板中，修改Ramp（渐变）特效的参数，设置Start of Ramp（渐变开始）的值为（100，103），Start Color（开始色）为白色，End of Ramp（渐变结束）的值为（231，200），End Color（结束色）为暗绿色（R:31，G:70，B:73），从Ramp Shape（渐变类型）下拉菜单中选择Radial Ramp（径向渐变）。

步骤05 打开"魔方1"层三维开关，选中"魔方1"层，设置Position（位置）的值为（350，400，0），设置X Rotation（X轴旋转）的值为90，如图3.2所示。

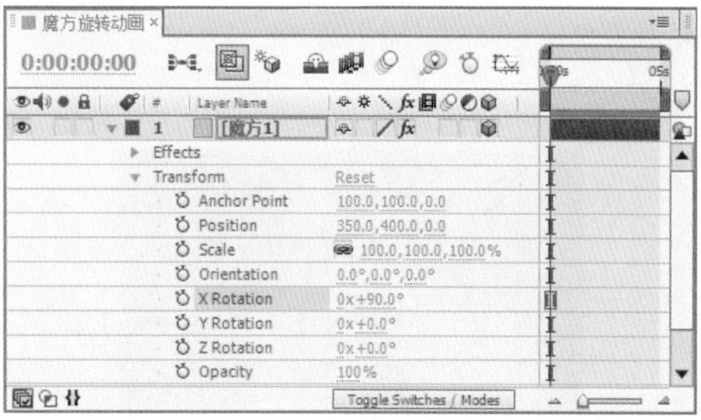

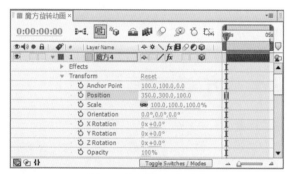

图3.4 设置"魔方3"参数

步骤08 选中"魔方3"层，按Ctrl+D组合键复制出另一个新的图层，将该图层名字重命名为"魔方4"，设置Position（位置）的值为（350，300，100），如图3.5所示。

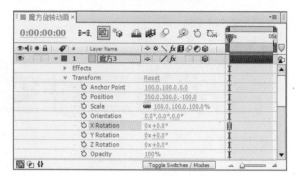

图3.2 设置魔方1参数

步骤06 选中"魔方1"层，按Ctrl+D组合键复制出另一个新的图层，将该图层名字更改为"魔方2"，设置Position（位置）的值为（350，200，0），X Rotation（X轴旋转）的值为90，如图3.3所示。

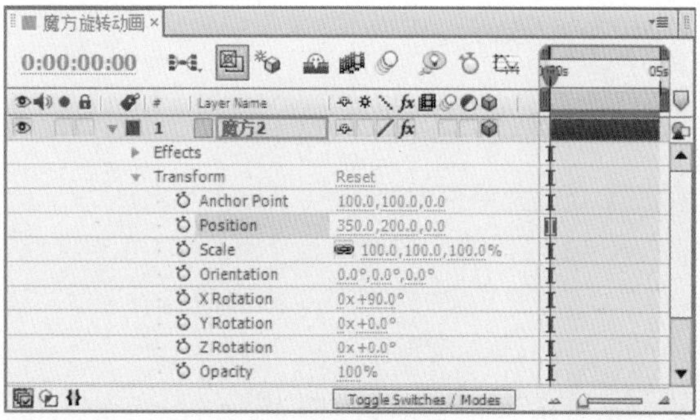

图3.5 设置"魔方4"参数

步骤09 选中"魔方4"层，按Ctrl+D组合键复制出另一个新的图层，将该图层名字重命名为"魔方5"，设置Position（位置）的值为（450，300，0），Y Rotation（Y轴旋转）的值为90，如图3.6所示。

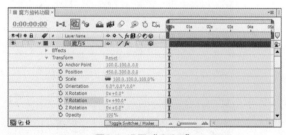

图3.3 设置魔方2参数

步骤07 选中"魔方2"层，按Ctrl+D键复制出另一个新的图层，将该图层名字重命名为"魔方3"，设置Position（位置）的值为（350，300，-100），X Rotation（X轴旋转）的值为0，如图3.4所示。

图3.6 设置"魔方5"

步骤10 选中"魔方5"层，按Ctrl+D组合键复制出另一个新的图层，将该图层名字重命名为"魔方6"，设置Position（位置）的值为（250，300，0），Y Rotation（Y轴旋转）的值为90，如图3.7所示，合成窗口效果如图3.8所示。

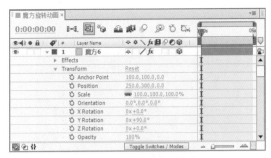

图3.7 设置位置及旋转参数

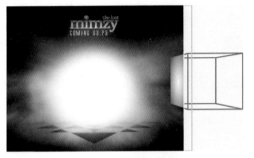

图3.8 参数设置后效果

步骤11 在时间线面板中，选择"魔方2""魔方3""魔方4""魔方5"和"魔方6"层，将其设置为"魔方1"层的子物体，如图3.9所示。

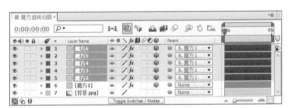

图3.9 设置父子约束

步骤12 将时间调整到00:00:00:00帧的位置，选中"魔方1"层，按R键打开Rotation（旋转）属性，设置Orientation（方向）的值为（320，0，0），Z Rotation（Z轴旋转）的值为0，单击Z Rotation（Z轴旋转）左侧的码表按钮，在当前位置设置关键帧。

步骤13 将时间调整到00:00:04:24帧的位置，设置Z Rotation（Z轴旋转）的值为2x，系统会自动设置关键帧，如图3.10所示。

图3.10 设置Z旋转关键帧

步骤14 这样就完成了魔方旋转动画的整体制作，按小键盘上的0键，即可在合成窗口中预览动画。

3.2 穿梭云层效果

难易程度： ★★★☆☆

实例说明： 本例主要讲解利用摄像机制作穿梭云层效果。本例最终的动画流程效果，如图3.11所示。

工程文件： 第3章\穿梭云层

视频位置： movie\3.2 穿梭云层效果.avi

图3.11 动画流程画面

知识点

- Solid（固态层）命令
- Camera（摄像机）的使用
- Ramp（渐变）特效
- Null Object（虚拟物体层）

操作步骤

步骤01 执行菜单栏中的File（文件）|Open Project（打开项目）命令，选择配套资源中的"工程文件\第3章\穿梭云层\穿梭云层练习.aep"文件，将"穿梭云层练习.aep"文件打开。

步骤02 执行菜单栏中的Composition（合成）| New Composition（新建合成）命令，打开Composition Settings（合成设置）对话框，设置Composition Name（合成名称）为"穿梭云层"，Width（宽）为"720"，Height（高）为"576"，Frame Rate（帧率）为"25"，并设置Duration（持续时间）为00:00:03:00秒。

步骤03 执行菜单栏中的Layer（层）|New（新建）|Solid（固态层）命令，打开Solid Settings（固态层设置）对话框，设置Name（名称）为"背景"，Color（颜色）为蓝色（R:0，G:81，B:253）。

步骤04 为"背景"层添加Ramp（渐变）特效。在Effects & Presets（效果和预置）面板中展开Generate（创造）特效组，然后双击Ramp（渐变）特效。

步骤05 在Effect Controls（特效控制）面板中，修改Ramp（渐变）特效的参数，设置Start of Ramp（渐变开始）的值为（360，206），Start Color（开始色）为蓝色（R:0，G:48，B:255），End of Ramp（渐变结束）的值为（360，532），End Color（结束色）为浅蓝色（R:107，G:131，B:255），如图3.12所示。合成窗口效果如图3.13所示。

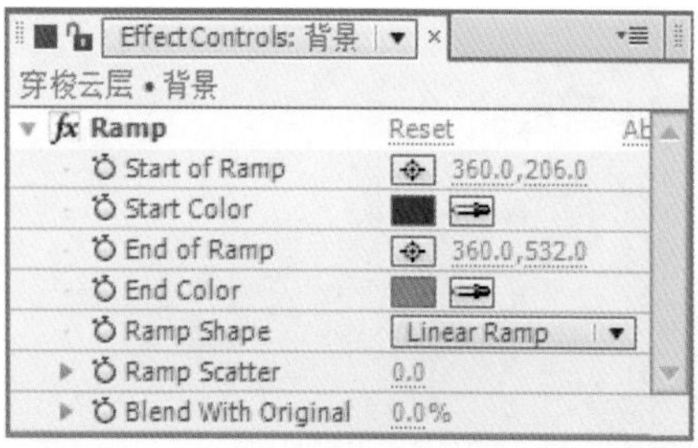

图3.13 设置渐变后效果

步骤06 在Project（项目）面板中，选择"云.tga"素材，将其拖动到"穿梭云层"合成的时间线面板中。

步骤07 打开"云.tga"层三维开关，选中"云.tga"层，按Ctrl+D组合键复制出另外4个新的图层，将图层分别重命名为"云2""云3""云4"和"云5"。选中"云.tga"层，设置Position（位置）的值为（256，162，−1954）；"云2"层Position（位置）的值为（524，418，−1807）；"云3"层Position（位置）的值为（162，446，−1393）；"云4"层Position（位置）的值为（520，160，−1058）；"云5"层Position（位置）的值为（106，136，−182），如图3.14所示。合成窗口效果，如图3.15所示。

图3.14 设置位置参数

图3.12 设置渐变参数

图3.15 设置位置参数后效果

步骤08 执行菜单栏中的Layer（层）|New（新建）|Camera（摄像机）命令，打开Camera Settings（摄像机设置）对话框，选中Enable Depth of Field（启用景深）复选框，如图3.16所示。

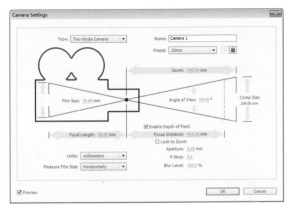

图3.16 设置摄像机

步骤09 执行菜单栏中的Layer（层）|New（新建）|Null Object（虚拟物体）命令，创建虚拟物体"Null 2"。在时间线面板中设置"Camera 1（摄像机1）"层的子物体为"Null 2"，如图3.17所示。

图3.17 设置子物体

步骤10 将时间调整到00:00:00:00帧的位置，打开"Null"层三维开关，按P键打开Position（位置）属性，设置Position（位置）的值为（360，288，-592），单击Position（位置）左侧的码表 ⏱ 按钮，在当前位置设置关键帧。

步骤11 将时间调整到00:00:03:00帧的位置，设置Position（位置）的值为（360，288，743），系统会自动设置关键帧，如图3.18所示。合成窗口效果如图3.19所示。

图3.18 设置虚拟物体的关键帧

图3.19 设置虚拟物体关键帧后效果

步骤12 这样就完成了利用摄像机制作穿梭云层效果的整体制作，按小键盘上的0键，即可在合成窗口中预览动画。

3.3 上升的粒子

难易程度： ★ ★ ☆ ☆ ☆

实例说明： 本例主要讲解利用CC Particle World（CC粒子仿真世界）特效制作上升的粒子效果。本例最终的动画流程效果，如图3.20所示。

工程文件： 第3章\上升的粒子

视频位置： movie\3.3 上升的粒子.avi

图3.20 动画流程画面

资源下载验证码：70441

知识点

- CC Particle World（CC粒子仿真世界）特效
- Ramp（渐变）特效

操作步骤

步骤01 执行菜单栏中的Composition（合成）| New Composition（新建合成）命令，打开Composition Settings（合成设置）对话框，设置Composition Name（合成名称）为"圆环"，Width（宽）为"720"，Height（高）为"576"，Frame Rate（帧率）为"25"，并设置Duration（持续时间）为00:00:03:00秒，如图3.21所示。

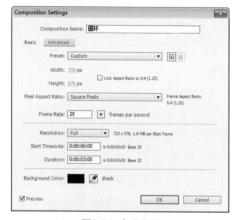

图3.21 合成设置

步骤02 执行菜单栏中的File（文件）| Import（导入）| File（文件）命令，打开Import File（导入文件）对话框，选择配套资源中的"工程文件\第3章\上升的粒子\瓶子.psd"素材，如图3.22所示。单击【打开】按钮，将素材导入到Project（项目）面板中。

图3.22 Import File（导入文件）对话框

步骤03 制作圆环合成。打开"圆环"合成，在"圆环"合成的时间线面板中，按Ctrl+Y组合键，打开Solid Settings（固态层设置）对话框，设置Name（名称）为"大圆环"，Color（颜色）为"白色"，如图3.23所示。

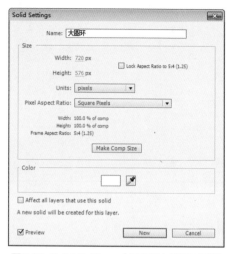

图3.23 Solid Settings（固态层）设置对话框

步骤04 单击OK（确定）按钮，在时间线面板中将会创建一个名为"大圆环"的固态层。为"大圆环"固态层绘制蒙版，选择"大圆环"固态层，单击【工具栏】中的Ellipse Tool（椭圆工具）按钮，在"圆环"合成窗口中，绘制正圆蒙版，如图3.24所示。

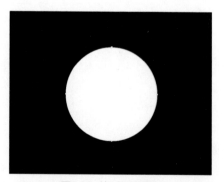

图3.24 绘制正圆蒙版

步骤05 在时间线面板中，按M键，打开"大圆环"固态层的Mask1（蒙版1）选项，选择Mask1（蒙版1）按Ctrl+D组合键，将复制出Mask2（蒙版2），然后展开Mask2（蒙版2）选项的所有参数，在Mask2（蒙版2）右侧的下拉菜单中选择Subtract（相减）选项，设置Mask Expansion（蒙版扩展）的值为−20 pixels，如图3.25所示。此时的画面效果，如图3.26所示。

图3.25 设置Mask2（蒙版2）的参数值

图3.26 设置后的画面效果

步骤06 选择"大圆环"固态层，按Ctrl+D组合键，将其复制一份，然后将复制层重命名为"小圆环"，按S键，打开"小圆环"固态层的Scale（缩放）选项，设置Scale（缩放）的值为（70，70），如图3.27所示。修改Scale（缩放）值后的画面效果，如图3.28所示。

图3.27 复制"小圆环"固态层

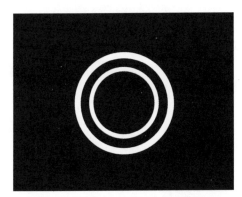

图3.28 修改Scale（缩放）值后的画面

步骤07 制作上升的粒子。执行菜单栏中的Composition（合成）| New Composition（新建合成）命令，打开Composition Settings（合成设置）对话框，新建一个Composition Name（合成名称）为"上升的粒子"，Width（宽）为"720"，Height（高）为"576"，Frame Rate（帧率）为"25"，Duration（持续时间）为00:00:03:00秒的合成。

步骤08 打开"上升的粒子"合成，在Project（项目）面板中选择"圆环"合成和"瓶子.psd"素材，将其拖动到"上升的粒子"合成的时间线面板中，然后单击"圆环"左侧的眼睛 图标，将"圆环"层隐藏，如图3.29所示。

图3.29 添加素材

步骤09 选择"瓶子.psd"素材，单击其左侧的灰色三角形 按钮，展开Transform（转换）选项组，设置Position（位置）的值为（360，529），Scale（缩放）的值为（53，53），如图3.30所示。调整后的画面效果，如图3.31所示。

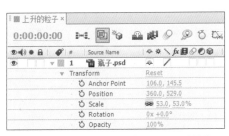

图3.30 设置"瓶子.psd"的位置和缩放值

图3.31 调整后瓶子的位置

步骤10 新建"粒子"固态层，按Ctrl+Y组合键，打开Solid Settings（固态层设置）对话框，新建一个Name（名称）为"粒子"，Color（颜色）为白色的固态层。

步骤11 选择"粒子"固态层，在Effects & Presets（特效面板）中展开Simulation（模拟）特效组，然后双击CC Particle World（CC粒子仿真世界）特效，如图3.32所示。添加特效后的画面效果，如图3.33所示。

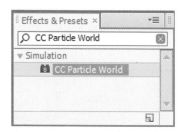

图3.32 添加CC Particle World（CC粒子仿真世界）特效

图3.33 添加CC Partticle World后的画面效果

步骤12 在Effects Controls（特效控制）面板中，从Grid（网格）右侧的下拉菜单中选择Off（关闭）选项，设置Birth Rate（出生率）的值为1；展开Producer（发生器）选项组，设置Position Y（Y轴位置）的值为0.21；展开Physics（物理学）选项组，在Animation（动画）右侧的下拉菜单中选择Jet Sideways（向一个方向喷射），设置Velocity（速度）的值为2，Gravity（重力）的值为-1，Resistance（阻力）的值为3，Extra（追加）的值为2，参数设置，如图3.34所示。此时的画面效果如图3.35所示。

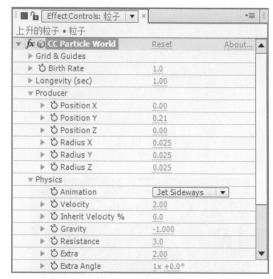

图3.34 参数设置1

图3.35 设置参数后的画面效果

步骤13 在Effects Controls（特效控制）面板中，展开Particle（粒子）选项组，在Particle Type（粒子类型）右侧的下拉菜单中选择Textured Square（纹理广场）选项，然后展开Texture（纹理）选项组，在Texture Layer（纹理层）右侧的下拉菜单中选择"3.圆环"选项；设置Birth Size（产生粒子尺寸）的值为0.3，Death Size（死亡粒子尺寸）的值为1，Size Variation（尺寸变化）的值为100%，Max Opacity（最大不透明度）的值为100%，Birth Color（产生粒子颜色）的值为红色（R:255，G:0，B:0），Death Color（死亡粒子颜色）的值为黄色（R:255，G:255，B:0），Volume Shade（体积阴影）的值为100%，参数设置，如图3.36所示。设置完成后，其中一帧的画面效果，如图3.37所示。

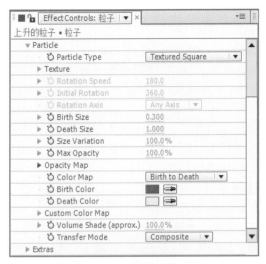

图3.36 参数设置2

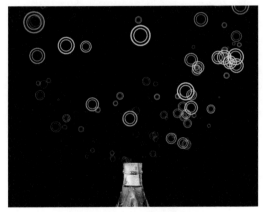

图3.37 其中一帧的画面效果

步骤14 制作背景。在"上升的粒子"合成的时间线面板中，按Ctrl+Y组合键，打开Solid Settings（固态层设置）对话框，新建一个Name（名称）为背景，Color（颜色）为白色的固态层。

步骤15 选择"背景"固态层，在Effects & Presets（特效面板）中展开Generate（创造）特效组，然后双击Ramp（渐变）特效，如图3.38所示。添加特效后的画面效果，如图3.39所示。

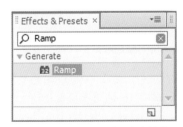

图3.38 添加Ramp（渐变）特效

图3.39 添加特效后的画面效果

步骤16 在Effects Controls（特效控制）面板中，从Ramp Shape（渐变形状）右侧的下拉菜单中选择Radial Ramp（径向渐变），设置Start Color（起始颜色）的值为红色（R:255，G:0，B:0），End Color（结束颜色）的值为黑色，参数设置如图3.40所示。此时的画面效果，如图3.41所示。

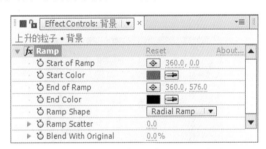

图3.40 为Ramp（渐变）特效设置参数

图3.41 调整渐变参数后的画面效果

步骤17 这样就完成了上升的粒子的整体特效制作，按小键盘上的0键，即可在合成窗口中预览动画。

3.4 摄像机动画

难易程度：★★☆☆☆

实例说明：本例首先应用Camera（摄像机）命令创建一台摄像机，然后通过三维属性设置摄像机动画，并使用Light（灯光）命令制作出层次感，最后利用Shine（光）特效制作出流光效果。本例最终的动画流程效果，如图3.42所示。

工程文件：第3章\摄像机动画

视频位置：movie\3.4 摄像机动画.avi

图3.42 最终效果

知识点

- CCamera（摄像机）的创建方法
- 三维属性
- Light（灯光）命令
- Shine（光）特效

操作步骤

步骤01 执行菜单栏中的Composition（合成）| New Composition（新建合成）命令，打开Composition Settings（合成设置）对话框，设置Composition Name（合成名称）为"摄像机动画"，Width（宽）为"352"，Height（高）为"288"，Frame Rate（帧率）为"25"，并设置Duration（持续时间）为00:00:05:00秒。

步骤02 执行菜单栏中的File（文件）| Import（导入）| File（文件）命令，打开Import File（导入文件）对话框，选择配套资源中的"工程文件\第3章\摄像机动画\方块图.jpg"素材，单击【打开】按钮，将图片导入。

步骤03 在Project（项目）面板中选择"方块图.jpg"素材，然后将其拖动到时间线面板中，并打开三维属性，如图3.43所示。

图3.43 添加素材

步骤04 执行菜单栏中的Layer（图层）| New（新建）| Camera（摄像机）命令，打开Camera Settings（摄像机设置）对话框，如图3.44所示。

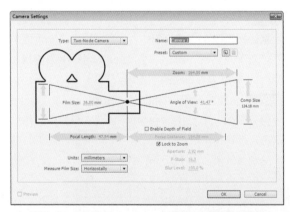

图3.44 Camera Settings（摄像机设置）对话框

步骤05 将时间调整到00:00:00:00帧的位置，在时间线面板中，展开Camera 1（摄像机 1）参数，设置Point of Interest（目标兴趣点）的值为（176，177，0），Position（位置）的值为（176，502，-146），并为这两个选项设置关键帧，如图3.45所示。

图3.45 设置关键帧

步骤06 按End键，将时间调到时间线的末尾，即00:00:04:24帧处，设置Point of Interest（目标兴趣点）的值为（176，−189，0），Position（位置）的值为（176，250，−146），如图3.46所示。

图3.46 00:00:04:24帧位置参数设置

步骤07 此时，拖动时间滑块可以看到，方块图由于摄像机的作用，产生图像推近的效果，其中的几帧图像，如图3.47所示。

图3.47 其中的几帧画面

步骤08 为了表现出层次感，执行菜单栏中的Layer（层）| New（新建）| Light（灯光）命令，打开Light Settings（灯光设置）对话框，如图3.48所示。

图3.48 Light Settings（灯光设置）对话框

步骤09 在时间线面板中，展开Light（灯光）参数，设置Position（位置）的值为（180，58，−242），Intensity（强度）的值为120%，如图3.49所示。此时，从合成窗口中，可以看到添加灯光后的图像效果，已经产生了很好的层次感。

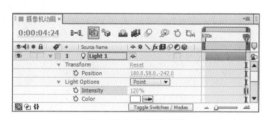

图3.49 设置灯光参数

步骤10 创建一个新的合成文件。执行菜单栏中的Composition（合成）| New Composition（新建合成）命令，打开Composition Settings（合成设置）对话框，设置Composition Name（合成名称）为"光特效"，Width（宽）为"352"，Height（高）为"288"，Frame Rate（帧率）为"25"，并设置Duration（持续时间）为00:00:05:00秒。

步骤11 在Project（项目）面板中选择"摄像机动画"合成素材，然后将其拖动到时间线面板中，如图3.50所示。

图3.50 添加素材

步骤12 在Effects & Presets（效果和预置）面板中展开Trapcode特效组，然后双击Shine（光）特效，如图3.51所示。此时从合成窗口中，可以看到很强的光线效果，如图3.52所示。

图3.51 双击Shine（光）特效

图3.52 应用光线效果

步骤13 制作光效动画。将时间调整到00:00:00:00帧的位置，在Effect Controls（特效控制）面板中，设置Ray Length（光线长度）为6，Boost Light（光线亮度）的值为2；展开Colorize（着色）选项，从Colorize（着色）下拉菜单中选择3-Color Gradient（三色渐变）命令，设置Highlights（高光色）为白色，Midtones（中间色）为浅绿色（R:136，G:255，B:153），Shadows（阴影色）为深绿色（R:0，G:114，B:0），并设置Transfer Mode（转换模式）为Add（相加），然后设置Source Point（源点）的值为（176，265），并为该项设置关键帧，如图3.53所示。此时从合成窗口中可以看到添加光线后的效果，如图3.54所示。

图3.53 光效参数设置

图3.54 添加光效后效果

步骤14 按End键，将时间调整到结束位置，即00:00:04:24帧处，在Effect Controls（特效控制）面板中，修改Source Point（源点）的值为（176，179），如图3.55所示。合成窗口中的图像效果如图3.56所示。

图3.55 修改原点位置

图3.56 图像效果

步骤15 这样，就完成了摄像机动画的制作，按小键盘上的0键，即可在合成窗口中预览动画效果。

3.5 地球自转

难易程度：★★★☆☆

实例说明： 本例主要讲解利用CC Sphere（CC 球体）特效制作地球自转效果。本例最终的动画流程效果，如图3.57所示。

工程文件： 第3章\地球自转动画

视频位置： movie\3.5 地球自转.avi

图3.57 动画流程画面

知识点

- CC Sphere（CC 球体）
- Hue/Saturation（色相/饱和度）

操作步骤

步骤01 执行菜单栏中的File（文件）|Open Project（打开项目）命令，选择配套资源中的"工程文件\第3章\地球自转动画\地球自转动画练习.aep"文件，将"地球自转动画练习.aep"文件打开。

步骤02 选择"世界地图.jpg"层，按S键打开Scale（缩放）属性，设置Scale（缩放）的值为（36，36）。为"世界地图.jpg"层添加Hue/Saturation（色相/饱和度）特效。在Effects & Presets（效果和预置）面板中展开Color Correction（色彩校正）特效组，然后双击Hue/Saturation（色相/饱和度）特效。

步骤03 在Effect Controls（特效控制）面板中，修改Hue/Saturation（色相/饱和度）特效的参数，设置Master Hue（主色相）的值为$1x+14$，Master Saturation（主饱和度）的值为100，如图3.58所示。合成窗口效果如图3.59所示。

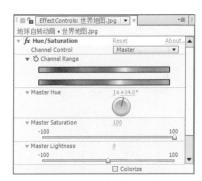

图3.58 设置色相/饱和度参数

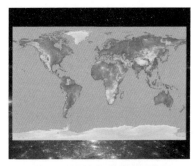

图3.59 设置色相/饱和度后效果

步骤04 执为"世界地图.jpg"层添加CC Sphere（CC 球体）特效。在Effects & Presets（效果和预置）面板

中展开Perspective（透视）特效组，然后双击CC Sphere（CC 球体）特效。

步骤05 在Effect Controls（特效控制）面板中，修改CC Sphere（CC 球体）特效的参数，展开Rotation（旋转）选项组，将时间调整到00:00:00:00帧的位置，设置Rotation Y（Y轴旋转）的值为0，单击Rotation Y（Y轴旋转）左侧的码表 按钮，在当前位置设置关键帧，如图3.60所示。

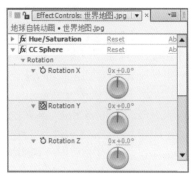

图3.60 设置0秒关键帧

步骤06 将时间调整到00:00:04:24帧的位置，设置Rotation Y（Y轴旋转）的值为1x，系统会自动设置关键帧，如图3.61所示。

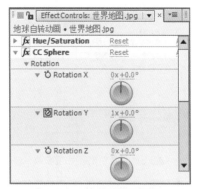

图3.61 设置4秒24帧关键帧

步骤07 设置Radius（半径）的值为360，展开Shading（明暗）选项组，设置Ambient（环境）的值为0，Specular（反光）的值为33，Roughness（粗糙度）的值为0.227，Metal（质感）的值为0，如图3.62所示。合成窗口效果如图3.63所示。

图3.62 设置球体参数

图3.63 设置球体后效果

步骤08 这样就完成了地球自转的整体制作，按小键盘上的0键，即可在合成窗口中预览动画。

第4章

遮罩与轨道跟踪

内容摘要

　　本章主要讲解蒙版和遮罩的使用方法，蒙版图层的创建；图层模式的应用技巧；矩形蒙版工具的使用；蒙版图形的羽化设置；蒙版节点的添加、移动及修改技巧，另外讲解了轨道跟踪的使用技巧。通过本章的制作，可以学习蒙版与遮罩的制作方法与使用技巧。

教学目标

- 蒙版层的创建
- 图层模式的使用

- 遮罩工具的使用
- 轨道跟踪的使用

4.1 电视屏幕效果

难易程度：★★☆☆☆

实例说明：本例主要讲解利用Mask Path（蒙版路径）制作数字7的擦除动画效果。本例最终的动画流程效果，如图4.1所示。

工程文件：第4章\电视屏幕

视频位置：movie\4.1 电视屏幕效果.avi

图4.1 动画流程画面

知识点

- Rectangle Tool（矩形工具）
- 锚点的调整应用

操作步骤

步骤01 执行菜单栏中的File（文件）| Import（导入）| File（文件）命令，或在Project（项目）面板中双击，打开Import File（导入文件）对话框，选择配套资源中的"工程文件\第4章\电视屏幕.psd"素材，效果如图4.2所示。

步骤02 单击【打开】按钮，此时将弹出一个文件名称的对话框，单击Import Kind（导入类型）下拉列表框，选择Composition（合成）选项，如图4.3所示。

图4.2 导入文件对话框

图4.3 设置对话框

步骤03 单击OK（确定）按钮，此时会在Project（项目）面板中看到导入的素材，如图4.4所示。

图4.4 导入后的效果

步骤04 双击Project（项目）面板中的"电视屏幕"合成，打开其时间线面板。调整时间到00:00:00:00帧的位置，如图4.5所示。

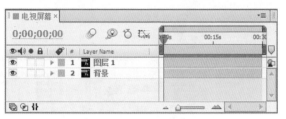

图4.5 "电视屏幕"时间线面板

步骤05 选择"图层1"层，单击工具栏中的Rectangle Tool（矩形工具）■按钮，在Composition（合成）面板中绘制一条方形，具体大小与位置如图4.6所示。

图4.6 椭圆蒙版的绘制

步骤06 修改羽化值。在时间线面板中，展开Masks（蒙版）层列表项，修改Mask Feather（蒙版羽化）的值为（20，20），如图4.7所示。

图4.7 设置蒙版羽化

步骤07 在00:00:00:00帧的位置。单击Mask Expansion（蒙版扩展）属性左侧的码表 按钮，在当前时间设置一个关键帧，修改Mask Expansion（蒙版扩展）值为0，如图4.8所示。

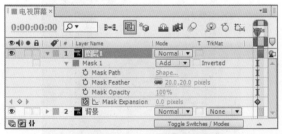

图4.8 建立关键帧修改蒙版扩展属性

步骤08 调整时间到00:00:00:13帧的位置，修改Mask Expansion（蒙版扩展）值为72。调整时间到00:00:01:00帧的位置，修改Mask Expansion（蒙版扩展）值为100。调整时间到00:00:02:00帧的位置，修改Mask Expansion（蒙版扩展）值为200。调整时间到00:00:02:24帧的位置，修改Mask Expansion（蒙版扩展）值为500。修改时间线面板后效果如图4.9所示。

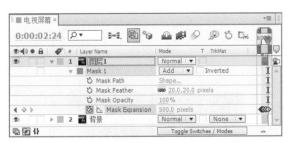

图4.9 时间线面板的设置

步骤09 这样就完成了电视屏幕效果动画。按空格键或小键盘上的0键预览动画，其中的几帧动画效果如图4.10所示。

图4.10 其中的几帧动画效果

4.2 扫光文字效果

难易程度： ★★☆☆☆

实例说明： 本例主要讲解利用轨道蒙版制作扫光文字效果。本例最终的动画流程效果，如图4.11所示。

工程文件： 第4章\扫光文字效果

视频位置： movie\4.2 扫光文字效果.avi

图4.11 动画流程画面

知识点

- Track Matte（轨道蒙版）
- Solid（固态层）命令
- Pen Tool（钢笔工具）

操作步骤

步骤01 执行菜单栏中的File（文件）|Open Project（打开项目）命令，选择配套资源中的"工程文件\第4章\扫光文字效果\扫光文字效果练习.aep"文件，将"扫光文字效果练习.aep"文件打开。

步骤02 执行菜单栏中的Layer（层）|New（新建）|Text（文本）命令，输入"Desire has no rest"，在Character（字符）面板中，设置文字字体为HYZongYiJ，字号为39px，字体颜色为黄绿色（R:197，G:230，B:7）。如图4.12所示。设置后的效果如图4.13所示。

图4.12 设置字体

图4.13 设置字体后效果

步骤03 执行菜单栏中的Layer(层)|New（新建）|
Solid（固态层）命令，打开Solid Settings（固态层设
置）对话框，设置Name（名称）为"光"，Color
（颜色）为"白色"。

步骤04 选中"光"层，在工具栏中选择Pen Tool
（钢笔工具），绘制一个长方形路径，按F键打开
Mask Feather（蒙版羽化）属性，设置Mask Feather
（蒙版羽化）的值为（16，16），如图4.14所示。

图4.14 设置蒙版形状

步骤05 选中"光"层，将时间调整到00:00:00:00帧
的位置，按P键打开Position（位置）属性，设置
Position（位置）的值为（304，254），单击Position（位
置）左侧的码表按钮，在当前位置设置关键帧。

步骤06 将时间调整到00:00:01:15帧的位置，设置
Position（位置）的值为（840，332），系统会自动
设置关键帧，如图4.15所示。

图4.15 设置位置关键帧

步骤07 在时间线面板中，将"光"层拖动到文字层
下面，设置"光"层的Track Matte（轨道蒙版）为
"Alpha Matte'Desire has no rest'"，如图4.16所
示。合成窗口效果如图4.17所示。

图4.16 设置蒙版

图4.17 设置蒙版后效果

步骤08 选中文字层，按Ctrl+D组合键复制出另一个
新的文字层并拖动到"光"层下面，并将其显示出
来，如图4.18所示，合成窗口效果如图4.19所示。

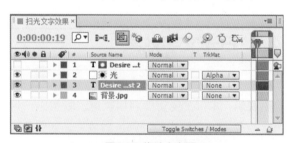

图4.18 拖动文字层

图4.19 扫光效果

步骤09 这样就完成了扫光文字效果的整体制作，按小键盘上的0键，即可在合成窗口中预览动画。

4.3 光晕文字

难易程度： ★★☆☆☆

实例说明： 本例主要讲解利用Lens Flare（光晕）特效制作光晕文字效果。本例最终的动画流程效果，如图4.20所示。

工程文件： 第4章\光晕文字

视频位置： movie\4.3 光晕文字.avi

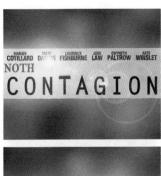

图4.20 动画流程画面

知识点

● 了解Lens Flare（光晕）特效。

● 学习光晕文字的制作方法。

操作步骤

步骤01 执行菜单栏中的File（文件）|Open Project（打开项目）命令，选择配套资源中的"工程文件\

第4章\光晕文字\光晕文字练习.aep"文件，将文件打开。

步骤02 执行菜单栏中的Layer（层）|New（新建）|Text（文本）命令，新建文字层，此时，Composition（合成）窗口中将出现一个闪动的光标效果，在时间线面板中将出现一个文字层，输入"NOTHING SPREADS LIRE FEAR"。在Character（字符）面板中，设置文字字体为Bell MT，字号为44px，字体颜色为红色（R:196，G:0，B:0），如图4.21所示。在合成窗口中效果如图4.22所示。

图4.21 设置字体参数

图4.22 设置字体后效果

步骤03 按Ctrl+Y组合键，打开Solid Settings（固态层设置）对话框，新建一个Name（名称）为"光晕"，Color（颜色）为黑色的固态层。

步骤04 为"光晕"添加Lens Flare（光晕）特效。在Effects & Presets（效果和预置）中展开Generate（创造）特效组，然后双击Lens Flare（光晕）特效，如图4.23所示。

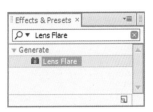

图4.23 添加特效

步骤05 单击时间线面板左下角的按钮，打开层混合模式，单击"光晕"层右侧的 Nor... 按钮，从弹出的下拉菜单中选择Add（相加）模式，如图4.24所示。

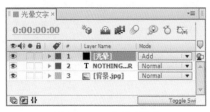

图4.24 Add(相加)模式

步骤06 调整时间到00:00:00:00帧的位置，在Effects Controls（特效控制）面板中，修改Lens Flare（光晕）特效的参数，设置Flare Center（光晕中心）的值为（12，230），并单击Flare Center（光晕中心）左侧的码表按钮，在此位置设置关键帧，如图4.25所示。合成窗口效果如图4.26所示。

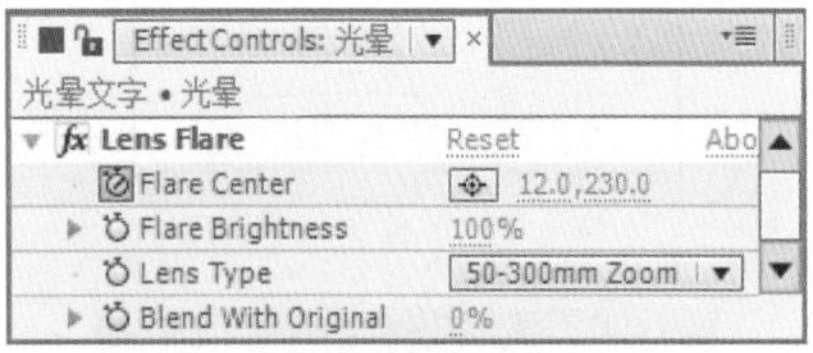

图25 设置关键帧

图4.26 设置关键帧后效果

步骤07 调整时间到00:00:02:00帧的位置，设置Flare Center（光晕中心）的值为（706，230），系统自动建立关键帧，如图4.27所示。合成窗口效果如图4.28所示。

图4.27 添加关键帧

图4.28 设置关键帧后效果

步骤08 选择文字层，单击工具栏中的Rectangle Tool（矩形工具），在合成窗口中沿文字形状绘制一个矩形，如图4.29所示。

图4.29 绘制矩形蒙版

步骤09 按两次M键，展开Mask1（蒙版1），单击Add（相加）右侧Inverted（反选）的复选框，如图4.30所示。

图4.30 单击Inverted（反选）复选框

步骤10 调整时间到00:00:00:03帧的位置，单击Mask Path（蒙版形状）左侧的码表按钮，在此位置设置关键帧，如图4.31所示。合成窗口效果如图4.32所示。

图4.31 设置关键帧

图4.32 设置好关键帧的形状

步骤11 调整时间到00:00:00:24帧的位置，在合成窗口修改矩形蒙版，蒙版形状如图4.33所示。合成窗口效果如图3.34所示。

图4.33 添加关键帧

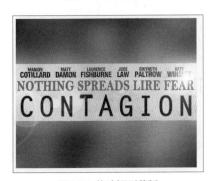

图4.34 修改矩形蒙版

步骤12 这样就完成了"光晕文字"的整体制作，按小键盘上的0键，即可在合成窗口中预览动画。

4.4 影视经典

难易程度：★★☆☆☆

实例说明：本例主要讲解利用Track Matte（轨道蒙版）属性制作影视经典效果。本例最终的动画流程效果，如图4.35所示。

工程文件：第4章\影视经典

视频位置：movie\4.4 影视经典.avi

图4.35 动画流程画面

知识点

- Track Matte（轨道蒙版）
- Wiggler（摇摆器）

操作步骤

步骤01 执行菜单栏中的File（文件）|Open Project（打开项目）命令，选择配套资源中的"工程文件\第4章\影视经典\影视经典练习.aep"文件，将文件打开。

步骤02 执行菜单栏中的Composition（图像合成）|New Composition（新建合成组）命令，打开Composition Settings（图像合成设置）对话框，设置Composition Name（合成组名称）为"载体"，Width（宽）为"720"，Height（高）为"576"，Frame Rate（帧速率）为"25"，并设置Duration（持续时间）为00:00:02:15秒。

步骤03 执行菜单栏中的Layer（图层）|New（新建）|Solid（固态层）命令，打开Solid Settings（固

态层设置）对话框，设置Name（名称）为"条横"，【颜色】为白色。

步骤04 在时间面板中，选中"条横"层，按Ctrl+D组合键复制出另外两个新的层，将该图层分别重命名为"条横2"和"条横3"，选中"条横""条横2"和"条横3"层，按S键打开【缩放】属性，分别单击【缩放】左侧的按钮，取消约束，分别设置【缩放】的值为（10，100）、（21，100）、（12，100），如图4.36所示。合成窗口效果如图4.37所示。

图4.36 设置缩放参数

图4.37 设置缩放参数后效果

步骤05 打开"影视经典"合成，在Project（项目）面板中，选择"载体"合成，将其拖动到"影视经典"合成的时间线面板中。

步骤06 选中"载体"合成，按P键打开Position（位置）的属性，将时间调整到00:00:00:00帧的位置，设置Position（位置）的值为（360，288），单击Position（位置）左侧的码表按钮，在当前位置设置关键帧。

步骤07 将时间调整到00:00:02:00帧的位置，添加延迟帧，如图4.38所示。合成窗口效果如图4.39所示。

图4.38 设置关键帧

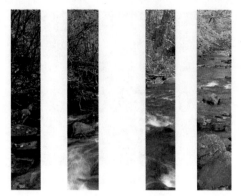

图4.39 设置关键帧后效果

步骤08 选中"载体"合成，按U键打开关键帧，选中所有关键帧，执行菜单栏中的Window（窗口）| Wiggler（摇摆器）命令，打开Wiggler（摇摆器）面板，从Dimensions（尺寸）菜单中选择X选项，Magnitude（数量）的值为200，单击Apply（应用）按钮，如图4.40所示。合成窗口效果如图4.41所示。

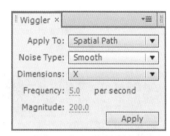

图4.40 设置摇摆器参数

图4.41 设置摇摆器后关键帧效果

步骤09 在时间线面板中，设置"风景2"层的Track Matte（轨道蒙版）为"Alpha Matte "载体""，如图4.42所示。合成窗口效果如图4.43所示。

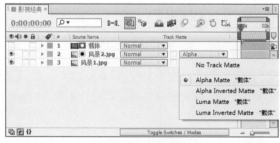

图4.42 设置蒙版

图4.43 设置蒙版后效果

步骤10 这样就完成了影视经典的整体制作，按小键盘上的0键，即可在合成窗口中预览动画。

4.5 手写字

难易程度：★★★☆☆

实例说明：本例主要讲解利用Write-on（书写）特效制作手写字效果。本例最终的动画流程效果，如图4.44所示。

工程文件：第4章\手写字

视频位置：movie\4.5 手写字.avi

图4.44 动画流程画面

知识点

● 了解Write（书写）特效。

● 学习手写字的制作方法。

操作步骤

步骤01 执行菜单栏中的File（文件）| Open Project（打开项目）命令，选择配套资源中的"工程文件\第4章\手写字\手写字练习.aep"文件，将文件打开。

步骤02 选择"龙"层，在Effects & Presets（效果和预置）中展开Generate（创造）特效组，然后双击Write-on（书写）特效。

步骤03 按两次Ctrl+D组合键，将其复制两层，单击"龙"层左侧眼睛 ● 按钮，将第2层和第3层隐藏，如图4.45所示。

图4.45 隐藏图层

步骤04 在Effects Controls（特效控制）面板中，修改Write-on（书写）特效参数，设置Brush Size（画笔大小）的值40，Brush Opacity（画笔硬度）100%，Brush Position（画笔位置）（33，50），如图4.46所示。

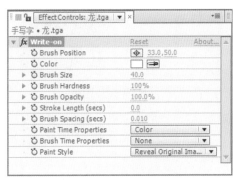

图4.46 设置特效参数

步骤05 调整时间到00:00:00:00帧的位置，单击Brush Position（画笔位置）左侧的码表 ● 按钮，添加关键帧。按Page Down键，设置Brush Position（画笔位置）的值为（109，37），按Page Down键，设置Brush Position（画笔位置）的值为（137，53），按Page Down键，设置Brush Position（画笔位置）的值为（117，54），按Page Down键，设置Brush Position（画笔位置）的值为（65，83），如图4.47所示。

图4.47 添加关键帧

步骤06 在Effects Controls（特效控制）面板中，修改Write-on（书写）特效参数，在Paint Style（书写样式）右侧的下拉列表中选择Reveal Original Image（反转原图），如图4.48所示。在合成窗口效果如图4.49所示。

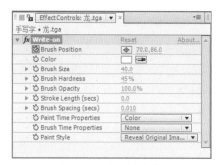

图4.48 设置特效参数

图4.49 合成窗口效果

步骤07 调整时间到00:00:00:04帧的位置，显示第二层"龙"层，按[键，给第二层"龙"层设置入点，如图4.50所示。

图4.50 显示第二层，设置入点

步骤08 和上步骤一样，配合Page Down键，沿文字的笔画顺序开始描字，在Effects Controls（特效控制）面板中，修改Write-on（书写）特效参数，在Paint Style（书写样式）右侧的下拉列表中选择Reveal Original Image（反转原图），如图4.51所示。

在合成窗口效果如图4.52所示。

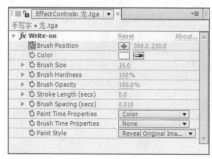

图4.51 设置特效参数

图4.52 合成窗口效果

步骤09 显示第3层"龙"层，将时间针调整到第2层最后一个关键帧，按[键，给第3层"龙"层设置入点，沿文字的笔画顺序开始描字。再合成窗口效果，如图4.53所示。

图4.53 合成窗口效果

步骤10 在合成窗口中，按G键，用钢笔工具在第3层绘制蒙版，如图4.54所示。

图4.54 绘制蒙版

步骤11 这样就完成了手写字的整体制作，按小键盘上的0键，即可在合成窗口中预览动画。

4.6 雷达扫描

难易程度：★★★☆☆

实例说明：本例主要讲解利用Mask（蒙版）工具制作雷达扫描效果。本例最终的动画流程效果，如图4.55所示。

工程文件：第4章\雷达扫描

视频位置：movie\4.6 雷达扫描.avi

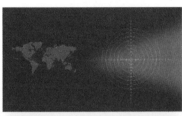

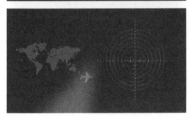

图4.55 动画流程画面

知识点

● 了解Mask（蒙版）属性的使用。

● 掌握遮罩羽化的使用。

操作步骤

步骤01 执行菜单栏中的File（文件）|Open Project（打开项目）命令，选择配套资源中的"工程文件\第4章\雷达扫描\雷达扫描练习.aep"文件，将文件打开。

步骤02 执行菜单栏中的Composition（合成）| New Composition（新建合成）命令，打开Composition Settings（合成设置）对话框，设置Composition Name（合成名称）为"飞机"，Width（宽）为"720"，Height（高）为"405"，Frame Rate（帧

率）为"25"，并设置Duration（持续时间）为00:00:20:00秒。

步骤03 打开"飞机"合成，在Project（项目）面板中，选择"图层 1/飞机.psd"素材，将其拖动到"飞机"合成的时间线面板中，将该层重命名为"飞机"。

步骤04 在时间线面板中，选择"飞机"层，在工具栏中选择Rectangle Tool（矩形工具）▭，在图层上绘制一个路径，单击Inverted（反转）复选框，按S键打开Scale（缩放）属性，设置Scale（缩放）的值为18，按A键打开Anchor Point（定位点）属性，设置Anchor Point（定位点）的值为（160，120），按R键打开Rotation（旋转）属性，设置Rotation（旋转）的值为−5，将时间调整到00:00:00:00帧的位置，按P键打开Position（位置）属性，设置Position（位置）的值为（−6，264），单击Position（位置）左侧的码表 🕑 按钮，在当前位置设置关键帧，如图4.56所示。合成窗口效果如图4.57所示。

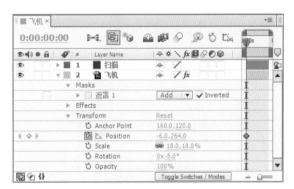

图4.56 设置参数

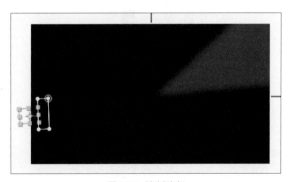

图4.57 绘制路径

步骤05 将时间调整到00:00:19:24帧的位置，设置Position（位置）的值为（692，264），系统会自动设置关键帧，如图4.58所示。合成窗口效果如图4.59所示。

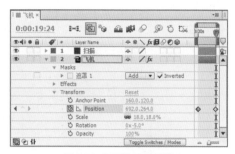

图4.58 设置位置关键帧

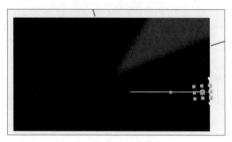

图4.59 设置关键帧后效果

步骤06 为"飞机"层添加Tint（色调）特效。在Effects & Presets（效果和预置）中展开Color Correction（色彩校正）特效组，然后双击Tint（色调）特效。

步骤07 在Effects Controls（特效控制）面板中，修改Tint（色调）特效的参数，设置Map Black To（映射黑色到）为墨绿色（R:22，G:53，B:2），Map White To（映射白色到）为墨绿色（R:22，G:53，B:2），如图4.60所示。

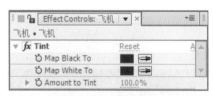

图4.60 设置浅色调参数

步骤08 在时间线面板中，设置"飞机"层的Track Matte（轨道蒙版）为Alpha Matte"扫描"，如图4.61所示。

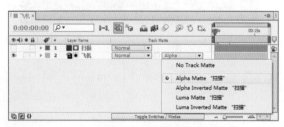

图4.61 设置轨道蒙版

步骤09 打开"雷达扫描"合成，在Project（项目）面板中，选择"飞机"合成，"图层1/土地和坐标.psd"素材和"图层2/土地和坐标.psd"，将其拖动到雷达扫描"合成的时间线面板中。

步骤10 在时间线面板中，设置"飞机"层的Mode（模式）为Add（添加）。执行菜单栏中的Layer（图层）|New（新建）|Solid（固态层）命令，打开Solid Settings（固态层设置）对话框，设置Name（名称）为"扫描蒙版"，Color（颜色）为墨绿色（R:29，G:53，B:2）。

步骤11 在"扫描蒙版"层，在工具栏中选择Pen Tool（钢笔工具） 按钮，在图层上绘制一个路径，按F键打开Mask Feather（遮罩羽化）属性，设置Mask Feather（遮罩羽化）的值为60，将时间调整到00:00:00:00帧的位置，按R键打开Rotation（旋转）属性，设置Rotation（旋转）的值为0，单击Rotation（旋转）左侧的码表 按钮，在当前位置设置关键帧，如图4.62所示。合成窗口效果如图4.63所示。

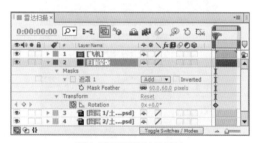

图4.62 设置旋转关键帧

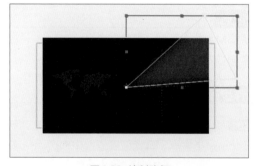

图4.63 绘制路径

步骤12 将时间调整到00:00:19:24帧的位置，设置Rotation（旋转）的值为（$2x+343$），设置"扫描蒙版"层的Mode（模式）为Add（添加），如图4.64所示。合成窗口效果如图4.65所示。

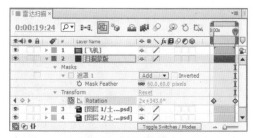

图4.64 设置叠加模式

图4.65 设置叠加模式后效果

步骤13 执行菜单栏中的Layer（图层）|New（新建）|Solid（固态层）命令，打开Solid Settings（固态层设置）对话框，设置Name（名称）为"底层"，Color（颜色）为墨绿色（R:29，G:53，B:2）。

步骤14 在时间线面板中，设置"底层"层的Mode（模式）为Add（添加），如图4.66所示。合成窗口效果如图4.67所示。

图4.66 图层排列

图4.67 排列效果

步骤15 这样就完成了雷达扫描的整体制作，按小键盘上的0键，即可在合成窗口中预览动画。

4.7 扫光着色效果

难易程度： ★★☆☆☆

实例说明： 本例首先绘制矩形蒙版，然后通过修改矩形蒙版的位置，制作出动画效果，最后利用调整层，制作出扫光着色动画。本例最终的动画流程效果，如图4.68所示。

工程文件： 第4章\扫光着色

视频位置： movie\4.7 扫光着色效果.avi

图4.68 动画流程画面

知识点

● Rectangle Tool（矩形工具）▢的使用

● Adjustment Layer（调节层）命令

● 层模式的使用

操作步骤

步骤01 创建新合成。执行菜单栏中的Composition（合成）| New Composition（新建合成）命令，打开 Composition Settings（合成设置）对话框，设置Composition Name（合成名称）为"扫光"，Width（宽）为"720"，Height（高）为"405"，Frame Rate（帧率）为"25"，并设置Duration（持续时间）为4秒，如图4.69所示。

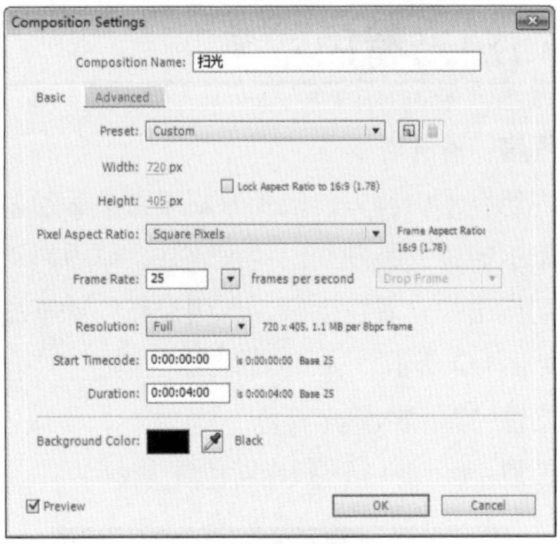

图4.72 遮罩旋转后效果

图4.69 合成设置

步骤05 调整彩条长度。调整彩条的长度，效果如图4.73所示。

步骤02 导入素材。执行菜单栏中的File（文件）| Import（导入）| File（文件）命令，或按Ctrl + I组合键，打开Import File（导入文件）对话框，选择配套资源中的"工程文件\第4章\扫光着色\世界.jpg、彩色条纹.jpg"文件，然后将其添加到时间线面板中。

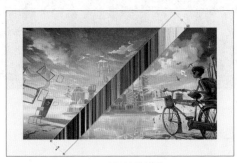

图4.73 遮罩旋转后效果

步骤03 制作扫光遮罩。选择Rectangle Tool（矩形工具）▭，在"彩色条纹"图层上绘制遮罩，绘制好后，如图4.70所示。

步骤06 调整遮罩。选中"色彩条纹"图层，打开Masks（遮罩）属性栏，再打开Mask 1（遮罩 1）属性栏，进行属性调整，效果如图4.74所示。

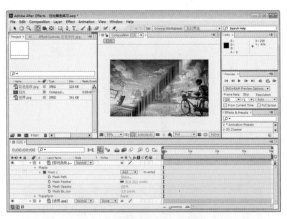

图4.74 遮罩属性修改后效果

图4.70 绘制遮罩后效果图

步骤04 旋转遮罩。选中"彩色条纹"图层，对着遮罩的某个节点双击，进行激活，激活后会有灰白色线框，再选择（旋转工具）↻，按住Shift进行旋转调整，激活状态效果和旋转后效果如图4.71所示和图4.72所示。

步骤07 制作动画。注意是给遮罩做动画，所以选择Mask 1（遮罩 1）底下的Mask Path（遮罩形状），将时间调整到0:00:00:00帧，单击 ◎（时间秒表），记录关键帧，在单击Mask Path（遮罩形状）后面的shape（形状）进行数值的调整，参数设置如图4.75所示。

图4.71 遮罩激活效果

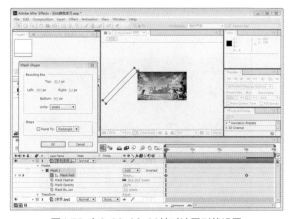

图4.75 在0:00:00:00帧时遮罩形状设置

步骤08 制作动画。在将时间调整到0:00:03:00帧，单击Mask Path（遮罩形状）后面的shape（形状）进行数值的调整，参数设置如图4.76所示。

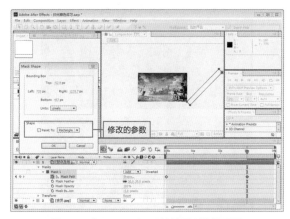

图4.76 在0:00:03:00帧遮罩形状的设置

步骤09 添加调节层。执行菜单栏中的Layer（图层）| New（新建）| Adjustment Layer（调节层）命令，将调节层拖至"色彩条纹"图层底下，效果如图4.77所示。

图4.77 添加Adjustment Layer（调节层）

步骤10 制作灰度图。选择调节层，执行菜单栏中的Effect（特效）| Channel（通道）| Set Channels（通道设置）命令，修改属性，制作成灰度图效果，设置如图4.78所示，效果如图4.79所示。

图4.78 Set Channel（通道）参数调整

图4.79 参数调整后效果

步骤11 制作作色遮罩。将时间调整到00:00:00:00帧，选择"彩色条纹"图层，展开属性，选中Mask 1（遮罩 1）属性，执行Edit（编辑）| Copy（复制）命令，复制完成后，选择"Adjustment Layer 1"图层，执行Edit（编辑）| Paste（复制）命令，将叠加方式改成 Subtract ▼ （相减），操作结果如图4.80所示。

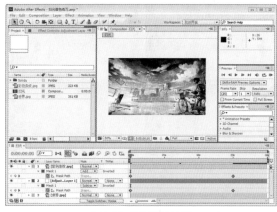

图4.80 复制粘贴遮罩

步骤12 调整动画。将时间调整到0:00:03:00帧，选择"Adjustment Layer 1"图层，展开属性，单击Mask Path（遮罩形状）后面的shape（形状）进行数值的调整，参数设置如图4.81所示。

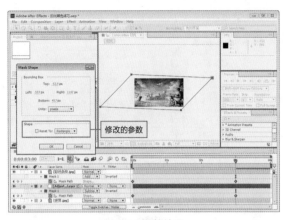

图4.81 调整结果

步骤13 调整模式。选择"彩色条纹"图层，将模式改为Color（颜色），修改如图4.123所示。

图4.82 模式修改

步骤14 这样，就完成了"扫光着色"的制作，按小键盘上的0键，可以预览动画效果。然后将文件保存并输出成动画效果，动画其中的几帧画面，如图4.83所示。

图4.83 扫光着色效果的几帧画面

4.8 放大镜动画

难易程度：★★☆☆☆

实例说明： 下面通过实例来讲解蒙版层的创建和蒙版动画的制作，并学习蒙版跟踪模式的应用方法。本例最终的动画流程效果，如图4.84所示。

工程文件： 第4章\蒙版放大镜动画
视频位置： movie\4.8 放大镜动画.avi

图4.84 动画流程画面

知识点

- Ellipse Tool（椭圆工具）
- Parent（父级）属性

操作步骤

步骤01 执行菜单栏中的File（文件）| Import（导入）| File（文件）命令，或在Project（项目）面板中双击，打开Import File（导入文件）对话框，选择配套资源中的"工程文件\第4章\蒙版放大镜动画\放大镜.psd"素材，效果如图4.85所示。

图4.85 导入文件对话框

步骤02 单击【打开】按钮，此时将弹出一个文件名
称的对话框，单击Import Kind（导入类型）下拉列表
框，选择Composition（合成）选项，如图4.86所示。

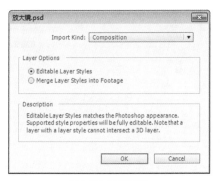

图4.86 设置窗口

步骤03 单击OK（确定）按钮，此时会在Project（项
目）面板中看到导入的素材，如图4.87所示。

图4.87 导入后效果

步骤04 在Project（项目）面板中，选择"放大镜"
合成，按Ctrl+K键打开Composition Settings（合成设
置）对话框，修改其Duration（持续时间）为

00:00:04:00帧，然后双击Project（项目）面板中的
"放大镜"合成，打开其时间线面板。如图4.88所
示。

图4.88 "放大镜"时间线面板

步骤05 创建固态层。选择Layer（图层）| New（新
建）| Solid（固态层）命令，打开Solid Settings（固态层
设置）对话框，设置Name（名称）为"放大蒙版"，
Color（颜色）为白色，其他参数设置如图4.89所示。

图4.89 Solid Settings（固态层设置）对话框

步骤06 单击OK（确定）按钮，固态层建立完毕。调
整素材层顺序。拖动"放大镜"素材层至于"放大蒙
版"层的上一层，调整后的素材层排列顺序如图4.90
所示。

图4.90 调整后的素材层排列顺序

步骤07 绘制椭圆蒙版。选择"放大蒙版"固态层，
单击工具栏中的Ellipse Tool（椭圆工具）◯按钮，选
择椭圆工具，在Composition（合成）面板中绘制一
个与放大镜内环大小相近的正圆，如图4.91所示。

图4.91 绘制正圆

步骤08 设置跟踪模式。单击"放大图"层右侧的Track Matte（跟踪蒙版），从弹出的菜单中选择Alpha Matte"放大蒙版"命令，如图4.92所示。

图4.92 选择Alpha Matte"放大蒙版"命令

步骤09 跟踪模式设置完成，此时Composition（合成）面板中放大镜已经出现了放大效果，如图4.93所示。

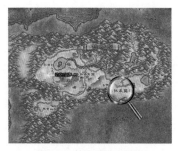

图4.93 放大镜放大效果

步骤10 设置父子关系。在时间线面板的属性名称上点击右键，打开快捷菜单，选择Columns（列）|Parent（父级）菜单项，如图4.94所示。

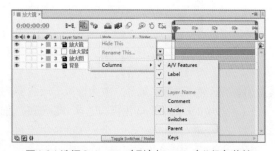

图4.94 选择Columns（列）|parent（父级）菜单

步骤11 在"放大镜"素材层右侧Parent（父级）属性栏中选择"放大蒙版"层，将"放大蒙版"层父化给"放大镜"素材层，如图4.95所示。

图4.95 建立父子关系

步骤12 制作蒙版位置移动动画。调整时间到00:00:00:00帧的位置，单击"放大蒙版"，按P键，打开Position（位置）属性，单击Position（位置）属性左侧的码表按钮，在当前时间设置一个关键帧，如图4.96所示。

图4.96 设置关键帧

步骤13 调整时间到00:00:01:00帧的位置，修改Position（位置）的值为（290，180）。调整时间到00:00:02:00帧的位置，修改Position（位置）的值为（425，180）。调整时间到00:00:03:00帧的位置，修改Position（位置）的值为（265，270）。调整时间到00:00:03:15帧的位置，修改Position（位置）的值为（420，270）。设置关键帧后效果如图4.97所示。

图4.97 设置全部关键帧

步骤14 这样就完成了放大镜动画的制作。按空格键或小键盘上的0键预览动画，其中的几帧动画效果如图4.98所示。

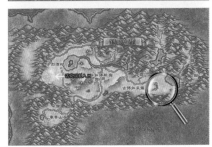

图4.98 其中的几帧动画效果

4.9 擦除动画

难易程度：★☆☆☆☆

实例说明：下面讲解利用Mask Path（蒙版路径）制作数字7的擦除动画效果。本例最终的动画流程效果，如图4.99所示。

工程文件：第4章\擦除动画

视频位置：movie\4.9 擦除动画.avi

图4.99 动画流程画面

知识点

- Rectangle Tool（矩形工具）
- 蒙版的编辑

操作步骤

步骤01 执行菜单栏中的File（文件）| Import（导入）| File（文件）命令，或在Project（项目）面板中双击，打开Import File（导入文件）对话框，选择配套资源中的"工程文件\第4章\擦除动画\7.psd、背景.jpg"素材，效果如图4.100所示。

图4.100 导入文件对话框

步骤02 单击OK（确定）按钮，此时会在Project（项目）面板中看到导入的素材，如图4.101所示。

图4.101 导入后效果

步骤03 将 "7.psd" 和 "背景.jpg" 直接拖入到时间面板上，如图4.102所示。

图4.102 时间线面板

步骤04 选中 "7.psd" 素材层，单击工具栏中的Rectangle Tool（矩形工具）■按钮，选择矩形工具，在Composition（合成）面板中绘制一个与 "7.psd" 相同宽度的矩形，如图4.103所示。

图4.103 绘制矩形路径

步骤05 调整时间到00:00:00:00帧的位置，修改羽化值。在时间线面板中展开Masks（蒙版）选项组，修改Mask Feather（蒙版羽化）值为（30，30），并单击Mask path（蒙版路径）左侧的码表■按钮，在当前时间位置建立关键帧，如图4.104所示。

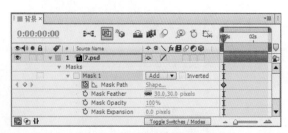

图4.104 设置关键帧修改羽化值

步骤06 调整时间到00:00:02:00帧的位置，选择上方的两个锚点将其向上拖动，直到将数字7完全显示出来，系统自动建立关键帧，如图4.105所示。

图4.105 绘制"白云2"层的蒙版

步骤07 这样就完成了动画的制作。按空格键或小键盘上的0键预览动画，其中的几帧动画效果如图4.106所示。

图4.106 其中的几帧动画效果

4.10 打开的折扇

难易程度：★★★☆☆

实例说明：本例主要讲解打开的折扇动画的制作。本例主要用到了蒙版属性的多种修改方法，以及路径节点的添加及调整方法，制作出一把慢慢打开的折扇动画。本例最终的动画流程效果，如图4.107所示。

工程文件：第4章\打开的折扇

视频位置：movie\4.10 打开的折扇.avi

图4.107 打开的折扇最终动画流程画面效果

知识点

- Pen Tool（钢笔工具）
- 路径锚点的修改
- 定位点的调整

4.10.1 导入素材

步骤01 执行菜单栏中的File（文件）| Import（导入）| File（文件）命令，打开Import File（导入文件）对话框，选择配套资源中的"工程文件 \ 第4章 \ 打开的折扇 \ 折扇.psd"文件，如图4.108所示。

图4.108 导入文件对话框

步骤02 在Import File（导入文件）对话框中，单击"打开"按钮，将打开"折扇.psd"对话框，在Import Kind（导入类型）下拉列表中选择Composition（合成）命令，如图4.109所示。

图4.109 合成命令

步骤03 单击OK（好）按钮，将素材导入到Project（项目）面板中，导入后的合成素材效果，如图4.110所示。从图中可以看到导入的"折扇"合成文件和一个文件夹。

图4.110 导入的素材

步骤04 在Project（项目）面板中，选择"折扇"合成文件，按Ctrl+K组合键打开Composition Settings（合成设置）对话框，设置Duration（持续时间）为3秒。

步骤05 双击打开"折扇"合成，从Composition（合成）窗口可以看到层素材的显示效果，如图4.111所示。

图4.111 素材显示效果

步骤06 此时，从时间线面板中，可以看到导入合成中所带的3个层，分别是"扇柄""扇面"和"背景"，如图4.112所示。

图4.112 层分布效果

4.10.2 制作扇面动画

步骤01 选择"扇柄"层，然后单击工具栏中的Pan Behind Tool（定位点工具）按钮，在Composition（合成）窗口中，选择中心点并将其移动到扇柄的旋转位置，如图4.113所示。也可以通过时间线面板中的"扇柄"层参数来修改定位点的位置，如图4.114所示。

图4.113 操作过程

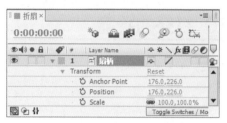

图4.114 定位点参数设置

步骤02 将时间调整到00:00:00:00的位置，添加关键帧。在时间线面板中，单击Rotation（旋转）左侧的码表按钮，在当前时间为Rotation（旋转）设置一个关键帧，并修改Rotation（旋转）的角度值为−129，如图4.115所示。这样就将扇柄旋转到合适的位置，此时的扇柄位置，如图4.116所示。

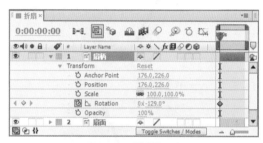

图4.115 关键帧设置

图4.116 旋转扇柄位置

步骤03 将时间调整到00:00:02:00帧位置，在Timeline（时间线）面板中，修改Rotation（旋转）的角度值为0，系统将自动在该处创建关键帧，如图4.117所示。此时，扇柄旋转后的效果，如图4.118所示。

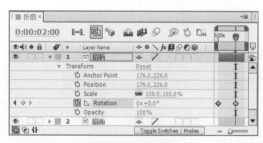

图4.117 参数设置

图4.118 扇柄旋转效果

步骤04 此时，拖动时间滑块或播放动画，可以看到扇柄的旋转动画效果，其中的几帧画面，如图4.119所示。

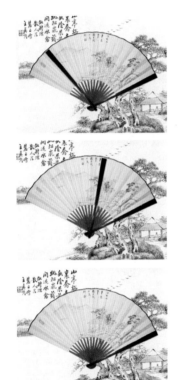

图4.119 旋转动画中的几帧画面效果

步骤05 选择"扇面"层，单击工具栏中的Pen Tool（钢笔工具）按钮，绘制一个蒙版轮廓，如图4.120所示。

图4.120 绘制蒙版轮廓

步骤06 将时间调整到00:00:00:00帧位置，在时间线面板中，在"Mask 1"选项中，单击Mask Shape（蒙版形状）左侧的码表按钮，在当前时间添加一个关键帧，如图4.121所示。

图4.121 00:00:00:00位置添加关键帧

步骤07 将时间调整到00:00:00:12帧位置，在Composition（合成）窗口中，利用Selection Tool（选择工具）选择节点并进行调整，并在路径适当的位置利用Add Vertex Tool（添加节点工具）添加节点，添加效果如图4.122所示。

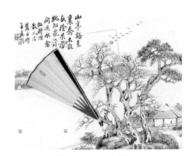

图4.122 添加节点

步骤08 利用Selection Tool（选择工具），将添加的节点向上移动，以完整显示扇面，如图4.123所示。

图4.123 移动节点位置

步骤09 将时间调整到00:00:01:00帧位置，在Composition（合成）窗口中，利用前面的方法，使用Selection Tool（选择工具）选择节点并进行调整，并在路径适当的位置利用Add Vertex Tool（添加节点工具）添加节点，以更好地调整蒙版轮廓，系统将在当前时间位置自动添加关键帧，调整后的效果，如图4.124所示。

图4.124 00:00:01:00帧位置的调整效果

步骤10 分别将时间调整到00:00:01:12帧和0:00:02:00帧位置，利用前面的方法调整并添加节点，制作扇面展开动画，两帧的调整效果，分别如图4.125和图4.126所示。

图4.125 调整效果

图4.126 调整效果

步骤11 经过上面的操作，制作出了扇面的展开动画效果，此时，拖动时间滑块或播放动画可以看到扇面的展开动画效果，其中的几帧画面，如图4.127所示。

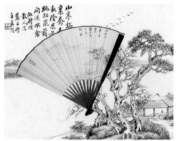

图4.127 扇面展开动画其中的几帧画面效果

4.10.3 制作扇柄动画

步骤01 从播放的动画中可以看到，虽然扇面出现了动画展开效果，但扇柄（手握位置）并没有出现，不符合现实，下面来制作扇柄（手握位置）的动画效果。选择"扇面"层，然后单击工具栏中的Pen Tool（钢笔工具）按钮，使用钢笔工具在图像上绘制一个蒙版轮廓，如图4.128所示。

图4.128 绘制蒙版轮廓

步骤02 将时间设置到00:00:00:00帧位置，在时间线面板中，展开"扇面"层选项列表，在"Mask2"选项组中，单击Mask Shape（蒙版形状）左侧的码表按钮，在当前时间添加一个关键帧，如图4.129所示。

图4.129 添加关键帧

步骤03 将时间调整到00:00:01:00帧位置,参考扇柄旋转的轨迹,调整蒙版路径的形状,如图4.130所示。

图4.130 调整效果

步骤04 将时间调整到0:00:02:00帧位置,参考扇柄旋转的轨迹,使用Selection Tool(选择工具)选择节点并进行调整,并在路径适当的位置利用Add Vertex Tool(添加节点工具)添加节点,调整后的效果,如图4.131所示。

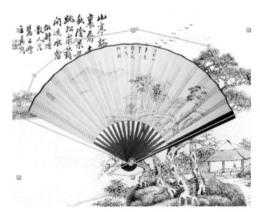

图4.131 调整效果

步骤05 此时,从时间线面板可以看到所有关键帧的位置及效果,如图4.132所示。

图4.132 关键帧效果

步骤06 至此,就完成了打开的折扇动画的制作,按键盘上的0键,可以预览动画效果。其中的几帧画面,如图4.133所示。

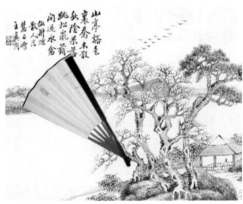

图4.133 折扇打开的几帧画面效果

第 5 章

调色及强大键控抠像

内容摘要

在影视制作中，图像的处理经常需要对图像颜色进行调整，色彩的调整主要是通过对图像的明暗、对比度、饱和度及色相的调整，来达到改善图像质量的目的，以更好地控制影片的色彩信息，制作出理想的视频画面效果。在特效及栏目包装制作中，抠像是经常用到的，本章还详细讲解了几种常见的键控抠像功能。

教学目标

- 掌握Change to Color（转换到颜色）特效改变颜色的方法
- 掌握Change to Color（转换颜色）特效给图片替换颜色
- 学习Change to Color（转换颜色）特效给图片替换颜色
- 学习Color Key（色彩键）特效的抠图应用
- 掌握电线的抠图方法

5.1 改变影片颜色

难易程度：★☆☆☆☆

实例说明：本例主要讲解利用Change to Color（改变到颜色）特效制作改变影片颜色效果。本例最终的动画流程效果，如图5.1所示。

工程文件：第5章\改变影片颜色

视频位置：movie\5.1 改变影片颜色.avi

图5.1 动画流程画面

知识点

- Change to Color（改变到颜色）特效

操作步骤

步骤01 执行菜单栏中的File（文件）|Open Project（打开项目）命令，选择配套资源中的"工程文件\第5章\改变影片颜色\改变影片颜色练习.aep"文件，将文件打开。

步骤02 为"动画学院大讲堂.mov"层添加Change to Color（改变到颜色）特效。在Effects & Presets（效果和预置）中展开Color Correction（色彩校正）特效组，然后双击Change to Color（改变到颜色）特效。

步骤03 在Effects Controls（特效控制）面板中，修改Change to Color（改变到颜色）特效的参数，设置From（从）为蓝色（R:0，G:5，B:235），如图5.2所示。合成窗口效果如图5.3所示。

图5.2 设置参数

图5.3 设置参数后效果

步骤04 这样就完成了改变影片颜色的整体制作，按小键盘上的0键，即可在合成窗口中预览动画。

5.2 色彩调整动画

难易程度： ★☆☆☆☆

实例说明： 本例主要讲解利用Color Balance（HLS）[色彩平衡（HLS）]特效制作色彩调整动画效果。本例最终的动画流程效果，如图5.4所示。

工程文件： 第5章\色彩调整动画

视频位置： movie\5.2 色彩调整动画.avi

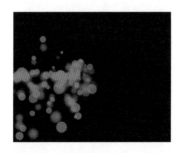

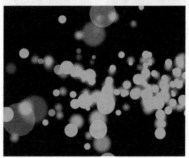

图5.4 动画流程画面

知识点

- Color Balance（HLS）[色彩平衡（HLS）]特效

操作步骤

步骤01 执行菜单栏中的File（文件）|Open Project（打开项目）命令，选择配套资源中的"工程文件\第5章\色彩调整动画\色彩调整动画练习.aep"文件，将文件打开。

步骤02 在Timeline（时间线）面板中，选择"视频"层，然后在Effects & Presets（效果和预置）中展开Color Correction（色彩校正）选项，最后双击Color Balance（HLS）（色彩平衡（HLS））特效。

步骤03 在Effect Controls（特效控制）面板中，修改Color Balance（HLS）（色彩平衡（HLS））特效的参数，将时间调整到00:00:00:15帧的位置，设置Hue（色调）的值为95，单击Hue（色调）左侧的码表 按钮，在当前位置设置关键帧。

步骤04 将时间调整到00:00:01:15帧的位置，设置Hue（色调）的值为148；将时间调整到00:00:02:11帧的位置，设置Hue（色调）的值为220；将时间调整到00:00:01:15帧的位置，设置Hue（色调）的值为252，系统会自动设置关键帧，如图5.5所示。合成窗口效果如图5.6所示。

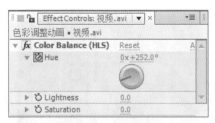

图5.5 设置关键帧

图5.6 设置关键帧后效果

步骤05 这样就完成了色彩调整动画的整体制作，按小键盘上的0键，即可在合成窗口中预览动画。

5.3 色彩键抠像

难易程度：★★☆☆☆

实例说明：本例主要讲解Color Key（色彩键）特效键抠像的方法及操作技巧。本例最终的动画流程效果，如图5.7所示。

工程文件：第5章\色彩键抠像

视频位置：movie\5.3 色彩键抠像.avi

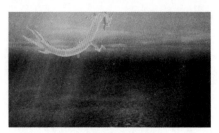

图5.7 动画流程画面

知识点

● Color Key（色彩键）特效

操作步骤

步骤01 导入素材。执行菜单栏中的File（文件）| Import（导入）| File（文件）命令，或按Ctrl + I组合键，打开Import File（导入文件）对话框，选择配套资源中的"工程文件\ 第5章 \ 色彩键抠像 \水背景.avi、龙.mov"文件，以"水背景.avi"为合成，然后将其添加到时间线面板中，选择"龙.mov"按快捷键S,设置Scale（缩放）值为（110,110），如图5.8所示。

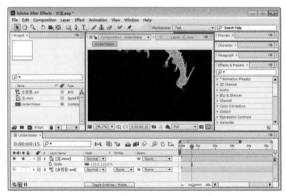

图5.8 添加素材

步骤02 在时间线面板中，确认选择"红鲤鱼"层，然后在Effects & Presets（效果和预置）中展开Keying（键控）选项，再双击Color Key（色彩键）特效，如图5.9所示。

图5.9 双击特效

步骤03 此时，该层图像就应用了Color Key（色彩键）特效，打开Effect Controls（特效控制）面板，可以看到该特效的参数设置，如图5.10所示。

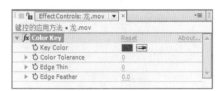

图5.10 特效控制面板

步骤04 单击Key Color（色彩键）右侧的吸管工具，然后在合成窗口中，单击素材上的白色部分，吸取白色，如图5.11所示。

图5.11 吸取颜色

步骤05 使用吸管吸取颜色后，可以看到有些白色部分已经透明，可以看到背景了，在Effect Controls（特效控制）面板中，修改Color Tolerance（颜色容差）的值为50，Edge Thin（边缘薄厚）的值为1，Edge Feather（边缘羽化）的值为1，以制作柔和的边缘效果，如图5.12所示。

图5.12 修改参数

步骤06 这样，利用键控中的Color Key（色彩键）特效抠像完成，因为素材本身是动画，可以预览动画效果，其中几帧的画面，如图5.13所示。

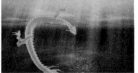

图5.13 键控应用中的几帧画面效果

5.4 为图片替换颜色

难易程度：★★☆☆☆

实例说明：本例主要讲解利用Change to Color（转换颜色）特效给图片替换颜色。本例最终的动画流程效果，如图5.14所示。

工程文件：第5章\为图片替换颜色

视频位置：movie\5.4 为图片替换颜色.avi

图5.14 动画流程画面

知识点

- Change to Color（改变到颜色）
- Rectangle Tool（矩形工具）

操作步骤

步骤01 执行菜单栏中的File（文件）|Open Project（打开项目）命令，选择配套资源中的"工程文件\第5章\为图片替换颜色\为图片替换颜色练习.aep"文件，将"为图片替换颜色练习.aep"文件打开。

步骤02 为"图2"层添加Change to Color（转换颜色）特效。在Effects & Presets（效果和预置）面板中展开Color Correction（色彩校正）特效组，然后双击Change to Color（转换颜色）特效。

步骤03 在Effect Controls（特效控制）面板中，修改Change to Color（改变到颜色）特效的参数，设置From（从）为蓝色（R:2，G:90，B:101），如图5.15所示。合成窗口效果如图5.16所示。

图5.15 设置参数

图5.16 设置参数后效果

步骤04 在时间线面板中，选中"图.jpg"层，在工具栏中选择Rectangle Tool（矩形工具），绘制一个矩形路径，如图5.17所示。按M键打开Mask Path（蒙版路径）属性，将时间调整到00:00:00:00的位置，单击Mask Path（蒙版路径）左侧的码表按钮，在当前位置设置关键帧。

图5.17 绘制矩形路径

步骤05 将时间调整到00:00:02:00帧的位置，选择左侧的两个锚点并向右拖动，系统会自动设置关键帧，如图5.18所示。

图5.18 设置蒙版后效果

步骤06 这样就完成了为图片替换颜色的整体制作，按小键盘上的0键，即可在合成窗口中预览动画。

5.5 彩色光环

难易程度： ★★☆☆☆

实例说明： 本例主要讲解利用Hue/Saturation（色相/饱和度）特效制作彩色光环效果。本例最终的动画流程效果，如图5.19所示。

工程文件： 第5章\彩色光环

视频位置： movie\5.5 彩色光环.avi

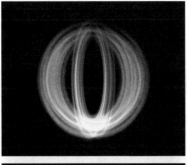

图5.19 动画流程画面

知识点

- 学习Fractal Noise（分形噪波）特效的使用。
- 学习Polar Coordinates(极坐标)特效的使用。
- 学习Hue/Saturation(色相/饱和度)特效的使用。
- 学习Null Object（虚拟物体）特效的使用。

5.5.1 制作"圆环"

步骤01 执行菜单栏中的Composition（合成）| New Composition（新建合成）命令，打开Composition Settings（合成设置）对话框，设置Composition Name（合成名称）为"圆环"，Width（宽）为"352"，Height（高）为"288"，Frame Rate（帧率）为"25"，并设置Duration（持续时间）为00:00:05:00秒，如图5.20所示。

图5.20 合成设置

步骤02 单击OK（确定）按钮，在Project（项目）面板中将会创建一个名为"圆环"的合成，如图5.21所示。

图5.21 Import File（导入文件）对话框

步骤03 打开"圆环"合成的时间线面板，在时间线面板中按Ctrl+Y组合键，打开Solid Settings（固态层设置）对话框，设置Name（名称）为"圆环"，Color（颜色）为"黑色"，如图5.22所示。

图5.22 新建"圆环"固态层

步骤04 单击OK（确定）按钮，在时间线面板中将会创建一个名为"圆环"的固态层。选择"圆环"固态层，在Effects & Presets（效果和预置）中展开Noise & Grain（噪波与杂点）特效组，然后双击Fractal Noise（分形噪波）特效，如图5.23所示。

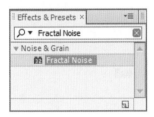

图5.23 添加分形噪波特效

步骤05 在Effects Controls（特效控制）面板中，修改Fractal Noise（分形噪波）特效的参数，展开Transform（转换）选项组，取消勾选Uniform Scaling（等比缩放）复选框，设置Scale Width（缩放宽度）的值为5000，Scale Height（缩放高度）的值为20，参数设置如图5.24所示。合成窗口效果如图5.25所示。

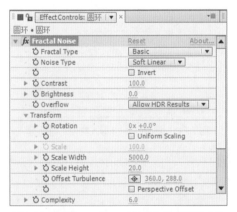

图5.24 设置Transform（转换）选项组的参数

图5.25 设置参数后的画面效果

步骤06 为"圆环"层绘制蒙版。单击工具栏中的Rectangle Tool（矩形工具）按钮，在"圆环"合成窗口中，绘制矩形蒙版，如图5.26所示。

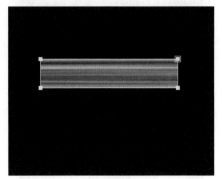

图5.26 绘制遮罩

步骤07 在时间线面板中，按F键，打开"圆环"层的Mask Feather（蒙版羽化）选项，单击Mask Feather（蒙版羽化）左侧的约束比例按钮，取消约束，然后设置Mask Feather（蒙版羽化）的值为（100，15），如图5.27所示。

图5.27 设置蒙版羽化的值

步骤08 设置Mask Feather（蒙版羽化）后的画面效果，如图5.28所示。为"圆环"层添加Polar Coordinates（极坐标）特效。在Effects & Presets（效果和预置）中展开Distort（扭曲）特效组，然后双击Polar Coordinates（极坐标）特效，如图5.29所示。

图5.28 设置羽化后的效果

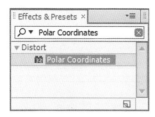

图5.29 添加极坐标特效

步骤09 在Effects Controls（特效控制）面板中，在Type of Conversion（转换类型）右侧的下拉菜单中选择Rect to Polar（将直角坐标系转换成极坐标系）选项，然后设置Interpolation（插值）的值为100%，参数设置如图5.30所示。合成窗口效果如图5.31所示。

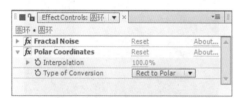

图5.30 极坐标特效的参数设置

图5.31 设置参数后的画面效果

5.5.2 制作"绿色"合成

步骤01 执行菜单栏中的Composition（合成）| New Composition（新建合成）命令，打开Composition Settings（合成设置）对话框，新建一个Composition Name（合成名称）为"绿色"，Width（宽）为"720"，Height（高）为"576"，Frame Rate（帧率）为"25"，Duration（持续时间）为00:00:05:00秒的合成。

步骤02 打开"绿色"合成，在Project（项目）面板中，选择"圆环"合成，将其拖动到"绿色"合成的时间线面板中。

步骤03 为"圆环"合成层添加Hue / Saturation（色

相/饱和度）特效。在Effects & Presets（效果和预置）中展开Color Correction（色彩校正）特效组，然后双击Hue/Saturation（色相/饱和度）特效，如图5.32所示。

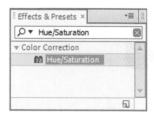

图5.32 添加特效

步骤04 在Effects Controls（特效控制）面板中，修改Hue/Saturation（色相/饱和度）特效的参数，勾选Colorize（着色）复选框，设置Colorize Hue（着色色相）的值为114，Colorize Saturation（着色饱和度）的值为100，参数设置如图5.33所示。

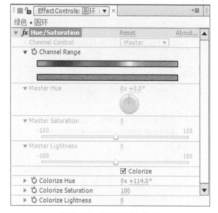

图5.33 设置特效参数

步骤05 在"绿色"合成中，设置完成Hue/Saturation（色相/饱和度）特效的参数后，画面效果，如图5.34所示。

图5.34 "绿色"合成的画面效果

步骤06 在Project（项目）面板中，选择"绿色"合
成，按Ctrl+D组合键3次，复制出"绿色2""绿色
3"和"绿色4"3个合成，然后将复制出的合成，分
别重命名为"蓝色""黄色"和"红色"，如图5.35
所示。

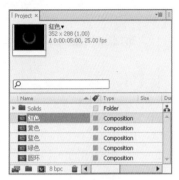

图5.35 复制合成

步骤07 打开"蓝色"合成的时间线面板，选择"圆
环"合成，在Effects Controls（特效控制）面板中，
设置Colorize Hue（着色色相）的值为224 ，如图
5.36所示。此时的画面效果如图5.37所示。

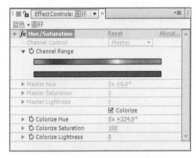

图5.36 设置"蓝色"合成参数

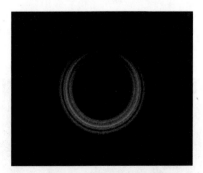

图5.37 设置参数后效果

步骤08 打开"黄色"合成的时间线面板，选择"圆
环"合成，在Effects Controls（特效控制）面板中，
设置Colorize Hue（着色色相）的值为59 ，如图5.38
所示。此时的画面效果如图5.39所示。

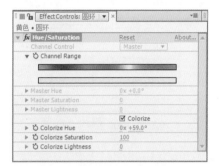

图5.38 设置"黄色"合成参数

图5.39 设置后效果

步骤09 打开"红色"合成的时间线面板，选择"圆
环"合成，在Effects Controls（特效控制）面板中，
设置Colorize Hue（着色色相）的值为0 ，如图5.40
所示。此时的画面效果如图5.41所示。

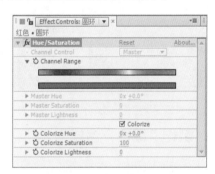

图5.40 设置"红色"合成参数

图5.41 设置后效果

5.5.3 制作"光环合成"

步骤01 执行菜单栏中的Composition（合成）| New Composition（新建合成）命令，打开Composition Settings（合成设置）对话框，新建一个Composition Name（合成名称）为"光环合成"，Width（宽）为"352"，Height（高）为"288"，Frame Rate（帧率）为"25"，Duration（持续时间）为00:00:05:00秒的合成。

步骤02 打开"光环合成"的时间线面板，在Project（项目）面板中选择"蓝色""红色""黄色""绿色"和"圆环"5个合成，将其拖动到"光环合成"的时间线面板中，如图5.42所示。

图5.42 添加合成层

步骤03 确认选择所有合成层，打开所有图层右侧的三维属性开关，以及修改Mode（模式）为Add（相加），如图5.43所示。

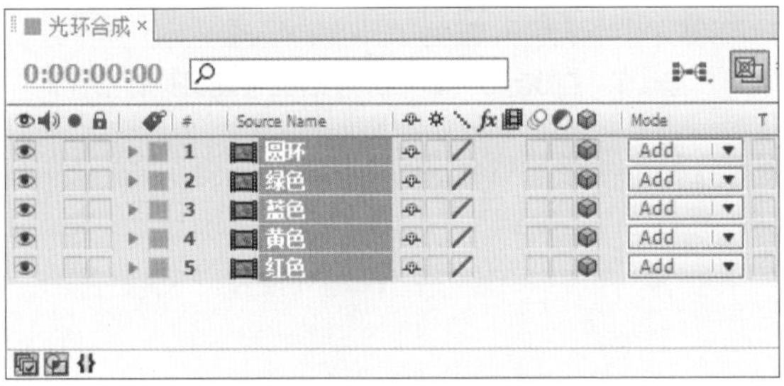

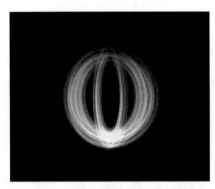

图5.43 打开三维属性开关

步骤04 选择除"圆环"层外的其他4个图层，按R键，打开所选图层的Rotation（旋转）选项，设置"蓝色"合成层的Y Rotation（Y轴旋转）的值为36，"红色"合成层的Y Rotation（Y轴旋转）的值为72，"黄色"合成层的Y Rotation（Y轴旋转）的值为108，"绿色"合成层的Y Rotation（Y轴旋转）的值为144，参数设置，如图5.44所示。

步骤05 设置完成后的画面效果，如图5.45所示。

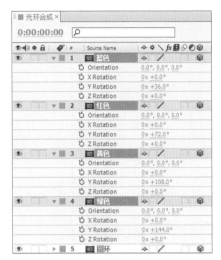

图5.44 设置旋转参数

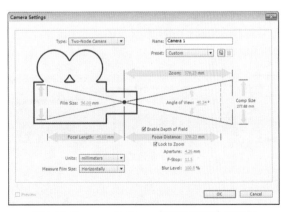

图5.45 设置旋转值完成后的效果

步骤06 添加摄像机，执行菜单栏中的Layer（层）| New（新建）| Camera（摄像机）命令，打开Camera Settings（摄像机设置）对话框，在Preset（预置）右侧的下拉菜单中，选择Custom（自定义），如图5.46所示。单击OK（确定）按钮，在"光环合成"的时间线面板中，将会创建一个摄像机。

图5.46 Camera Settings（摄像机设置）对话框

提示 在Timeline（时间线）面板中按Ctrl + Alt + Shift + C组合键，可以快速打开Camera Settings（摄像机设置）对话框。

步骤07 选择"Camera 1"层，按P键，打开该层的Position（位置）选项，设置Position（位置）的值为（176，144，−377），参数设置，如图5.47所示。此时的画面效果如图5.48图所示。

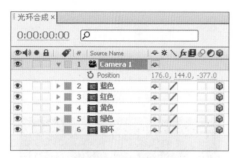

图5.47 设置位置的值

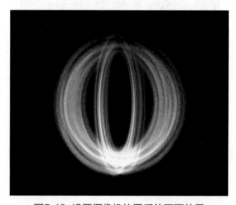

图5.48 设置摄像机位置后的画面效果

步骤08 执行菜单栏中的Layer（层）| New（新建）| Null Object（虚拟物体）命令，在"光环合成"的时间线面板中，将会创建一个"Null 1"虚拟物体层，然后打开"Null 1"虚拟物体层的三维属性开关，如图5.49所示。

图5.49 新建虚拟物体

步骤09 选择"蓝色""红色""黄色""绿色"和"圆环"5个合成层，在其中一个合成层右侧的

Parent（父级）属性栏中选择"Null 1"层，将"Null 1"父化给"蓝色""红色""黄色""绿色""圆环"5个合成层，如图5.50所示。

图5.50 建立父子关系

步骤10 将时间调整到00:00:00:00帧的位置，选择"Null 1"虚拟物体层。按R键，打开该层的Rotation（旋转）选项，然后分别单击X Rotation（X轴旋转）和Y Rotation（Y轴旋转）左侧的码表按钮，在当前位置设置关键，如图5.51所示。

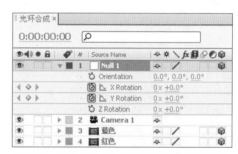

图5.51 在00：00：00：00帧的位置设置关键帧

步骤11 将时间调整到00:00:40:24帧的位置，设置X Rotation（X轴旋转）的值为1x，Y Rotation（Y轴旋转）的值为1x，系统将在当前位置自动设置关键帧，如图5.52所示。

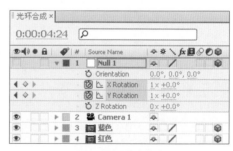

图5.52 设置旋转值

步骤12 这样就完成了"彩色光环"的整体制作，按小键盘上的0键，即可在合成窗口中预览动画。

第 6 章
音频特效的应用

内容摘要

　　本章主要讲解音频特效的使用方法，Audio Spectrum（声谱）、Audio Waveform（声波）和Radio Waves（无线电波）特效的应用，通过固态层创建音乐波形图、音频参数的修改及设置。

教学目标

- Audio Spectrum（声谱）
- Audio Waveform（声波）
- Radio Waves（无线电波）
- 音频参数的修改
- 音频动画的制作

6.1 无线电波

难易程度： ★ ★ ☆ ☆ ☆

实例说明： 本例主要讲解利用Radio Waves（无线电波）特效制作无线电波效果。本例最终的动画流程效果，如图6.1所示。

工程文件： 第6章\无线电波

视频位置： movie\6.1 无线电波.avi

图6.1 动画流程画面

知识点

- 掌握Radio Waves（无线电波）特效的使用

操作步骤

步骤01 执行菜单栏中的File（文件）|Open Project（打开项目）命令，选择配套资源中的"工程文件\第6章\无线电波\无线电波练习.aep"文件，将文件打开。

步骤02 执行菜单栏中的Layer(层)|New（新建）|Solid（固态层）命令，打开Solid Settings（固态层设置）对话框，设置Name（名称）为"电波"，Color（颜色）为"白色"。

步骤03 为"电波"层添加Radio Waves（无线电波）特效。在Effects & Presets（效果和预置）中展开Generate（创造）特效组，然后双击Radio Waves（无线电波）特效。

步骤04 在Effects Controls（特效控制）面板中，修改Radio Waves（无线电波）特效的参数，设置Producer Point（发射点）的值为（356，294），Render Quality（渲染质量）的值为1，展开Wave Motion（电波运动）选项组，设置Frequency（频率）的值为8.8，Expansion（扩展）的值为10.5，Lifespan（生命期限）的值为1，如图6.2所示。合成窗口效果如图6.3所示。

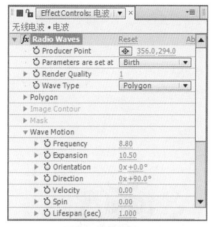

图6.2 设置参数

图6.3 设置参数后效果

步骤05 展开Stroke（笔触）选项组，设置Fade-in Time（淡入时间）的值为3.6，End Width（结束宽度）的值为1，如图6.4所示，合成窗口效果如图6.5所示。

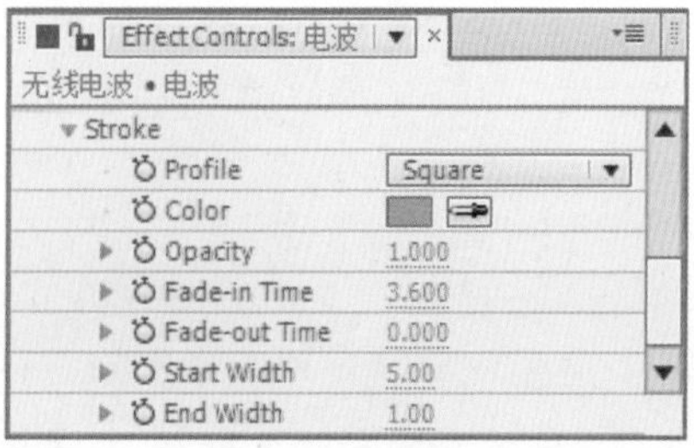

图6.4 设置笔触参数

图6.5 设置无线电波参数后效果

步骤06 这样就完成了无线电波的整体制作，按小键盘上的0键，即可在合成窗口中预览动画。

6.2 跳动的声波

难易程度：★★☆☆☆

实例说明：本例主要讲解利用Audio Spectrum（声谱）特效制作跳动的声波效果。本例最终的动画流程效果，如图6.6所示。

工程文件：第6章\跳动的声波

视频位置：movie\6.2 跳动的声波.avi

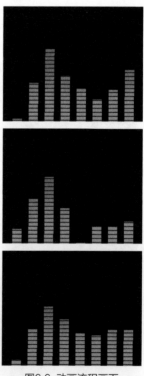

图6.6 动画流程画面

知识点

- Audio Spectrum（声谱）
- Ramp（渐变）
- Grid（网格）

操作步骤

步骤01 执行菜单栏中的File（文件）|Open Project（打开项目）命令，选择配套资源中的"工程文件\第6章\跳动的声波\跳动的声波练习.aep"文件，将"跳动的声波练习.aep"文件打开。

步骤02 执行菜单栏中的Layer(层)|New（新建）|Solid（固态层）命令，打开Solid Settings（固态层设置）对话框，设置Name（名称）为"声谱"，Color（颜色）为"黑色"。

步骤03 为"声谱"层添加Audio Spectrum（声谱）特效。在Effects & Presets（效果和预置）面板中展开Generate（创造）特效组，然后双击Audio Spectrum（声谱）特效。

步骤04 在Effect Controls（特效控制）面板中，修改Audio Spectrum（声谱）特效的参数，从Audio Layer（音频层）下拉菜单中选择"音频"，设置Start Point（开始点）的值为（72，592），End Point（结束点）的值为（648，596），Start Frequency（开始频率）的值为10，End Frequency（结束频率）的值为100，Frequency bands（频率波段）的值为8，Maximum Height（最大高度）的值为4500，Thickness（厚度）的值为50，如图6.7所示。合成窗口如图6.8所示。

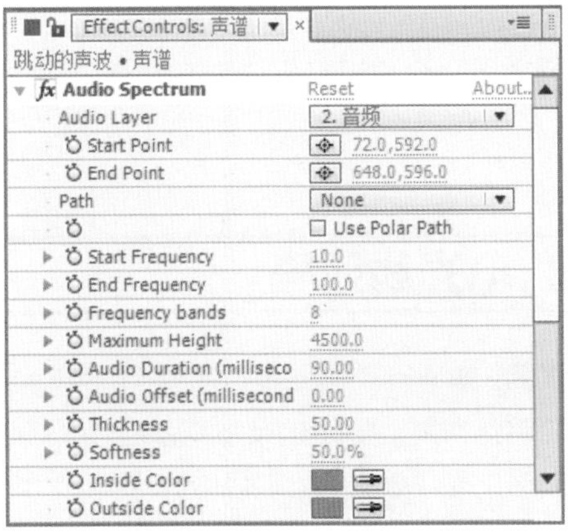

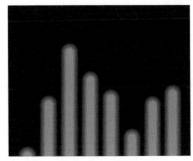

图6.8 设置声谱后效果

步骤05 在时间线面板中，在"声谱"层右侧的属性栏中，单击Quality（品质）按钮，Quality（品质）按钮将会变为按钮，如图6.9所示。合成窗口效果如图6.10所示。

图6.9 单击品质按钮

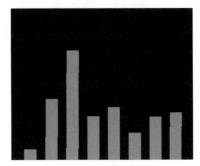

图6.10 单击质量按钮后效果

步骤06 执行菜单栏中的Layer(层)|New（新建）|Solid（固态层）命令，打开Solid Settings（固态层设置）对话框，设置Name（名称）为"渐变"，Color（颜色）为"黑色"，将其拖动到"声谱"层下边。

步骤07 为"渐变"层添加Ramp（渐变）特效。在Effects & Presets（效果和预置）面板中展开Generate（创造）特效组，然后双击Ramp（渐变）特效。

步骤08 在Effect Controls（特效控制）面板中，修改Ramp（渐变）特效的参数，设置Start of Ramp（渐变开始）的值为（360，288），Start Color（开始色）为浅蓝色（R:9，G:108，B:242），End Color（结束色）为淡绿色（R:13，G:202，B:195），如图6.11所示。合成窗口如图6.12所示。

图6.7 设置声谱参数

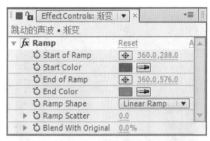

图6.11 设置渐变参数

图6.14 网格参数设置后

步骤11 在时间线面板中，设置"渐变"层的Track Matte（轨道蒙版）为"Alpha Matte "声谱""，如图6.15所示。合成窗口效果如图6.16所示。

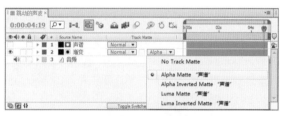

图6.15 蒙版设置

图6.12 设置渐变后效果

步骤09 为"渐变"层添加Grid（网格）特效。在Effects & Presets（效果和预置）面板中展开Generate（创造）特效组，然后双击Grid（网格）特效。

步骤10 在Effect Controls（特效控制）面板中，修改Grid（网格）特效的参数，设置Anchor（定位点）的值为（-10，0），Corner（边角）的值为（720，20），Border（边框）的值为18，选中Invert Grid（反转网格）复选框，Color（颜色）为黑色，从Blending Mode（混合模式）下拉菜单中选择Normal（正常）选项，如图6.13所示。合成效果如图6.14所示。

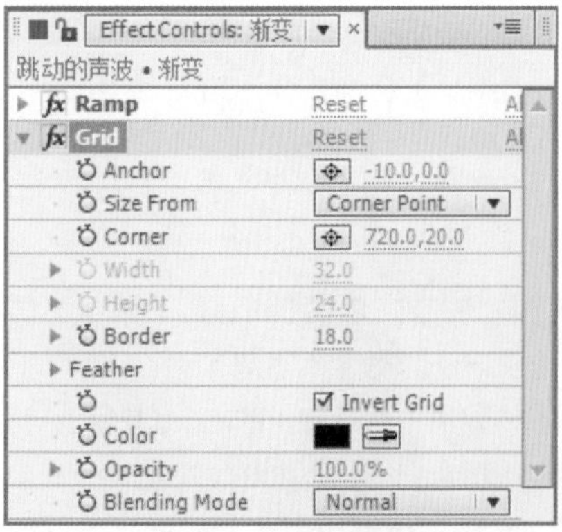

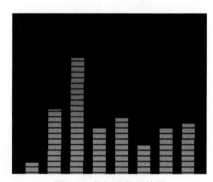

图6.16 蒙版设置后效果

步骤12 这样就完成了跳动的声波的整体制作，按小键盘上的0键，即可在合成窗口中预览动画。

6.3 电光线效果

难易程度： ★★☆☆☆

实例说明： 本例主要讲解Audio Waveform（音波）特效制作电光线效果。本例最终的动画流程效果，如图6.17所示。

工程文件： 第6章\电光线效果

视频位置： movie\6.3 电光线效果.avi

图6.13 设置网格参数

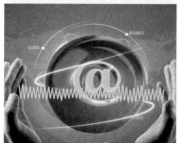

图6.17 动画流程画面

知识点

● Audio Waveform（音波）

操作步骤

步骤01 执行菜单栏中的File（文件）|Open Project（打开项目）命令，选择配套资源中的"工程文件\第6章\电光线效果\电光线效果练习.aep"文件，将"电光线效果练习.aep"文件打开。

步骤02 执行菜单栏中的Layer(层)|New（新建）|Solid（固态层）命令，打开Solid Settings（固态层设置）对话框，设置Name（名称）为"电光线"，Color（颜色）为黑色。

步骤03 为"电光线"层添加Audio Waveform（音波）特效。在Effects & Presets（效果和预置）面板中展开Generate（创造）特效组，然后双击Audio Waveform（音波）特效。

步骤04 在Effect Controls（特效控制）面板中，修改Audio Waveform（音波）特效的参数，设置Audio

Layer（音频层）菜单中选择"音频.mp3"，Start Point（开始点）的值为（64，366），End Point（结束点）的值为（676，370），Displayed Samples（取样显示）的值为80，Maximum Height（最大高度）的值为300，Audio Duration（音频长度）的值为900，Thickness（厚度）的值为6，Inside Color（内侧颜色）为白色，Outside Color（外侧颜色）为青色（R:0，G:174，B:255），如图6.18所示。合成窗口效果如图6.19所示。

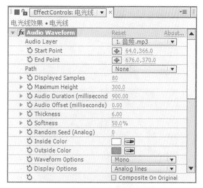

图6.18 设置音波参数

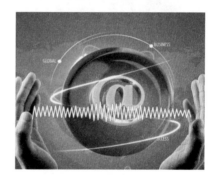

图6.19 设置音频波形后效果

步骤05 这样就完成了电光线效果的整体制作，按小键盘上的0键，即可在合成窗口中预览动画。

6.4 制作水波浪

难易程度：★★☆☆☆

实例说明：本例主要讲解利用Radio Waves（无线电波）特效制作水波浪效果。本例最终的动画流程效果，如图6.20所示。

工程文件：第6章\水波浪

视频位置：movie\6.4 制作水波浪.avi

图6.20 动画流程画面

知识点

- Radio Waves（无线电波）
- Fractal Noise（分形噪波）
- Fast Blur（快速模糊）
- Displacement Map（置换贴图）
- CC Glass（CC 玻璃）

操作步骤

步骤01 执行菜单栏中的Composition（合成）| New Composition（新建合成）命令，打开Composition Settings（合成设置）对话框，设置Composition Name（合成名称）为"波浪纹理"，Width（宽）为"720"，Height（高）为"576"，Frame Rate（帧率）为"25"，并设置Duration（持续时间）为00:00:10:00秒。

步骤02 执行菜单栏中的Layer(层)| New（新建）| Solid（固态层）命令，打开Solid Settings（固态层设置）对话框，设置Name（名称）为"噪波"，Color（颜色）为"黑色"。

步骤03 为"噪波"层添加Fractal Noise（分形噪波）

特效。在Effects & Presets（效果和预置）面板中展开Noise & Grain（噪波与杂点）特效组，然后双击Fractal Noise（分形噪波）特效。

步骤04 在Effect Controls（特效控制）面板中，修改Fractal Noise（分形噪波）特效的参数，从Fractal Type（分形类型）下拉菜单中选择Swirly（缠绕），设置Contrast（对比度）的值为110，Brightness（亮度）的值为-50；将时间调整到00:00:00:00帧的位置，设置Evolution（进化）的值为0，单击Evolution（进化）左侧的码表按钮，在当前位置设置关键帧。

步骤05 将时间调整到00:00:09:24帧的位置，设置Evolution（进化）的值为3x，系统会自动设置关键帧，如图6.21所示。合成窗口效果如图6.22所示。

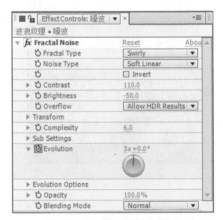

图6.21 设置分形噪波参数

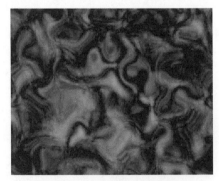

图6.22 设置分形噪波后效果

步骤06 执行菜单栏中的Layer(层)|New（新建）| Solid（固态层）命令，打开Solid Settings（固态层设置）对话框，设置Name（名称）为"波纹"，Color（颜色）为"黑色"。

步骤07 为"波纹"层添加Radio Waves（无线电波）特效。在Effects & Presets（效果和预置）面板中展开

Generate（创造）特效组，然后双击Radio Waves（无线电波）特效。

步骤08 在Effect Controls（特效控制）面板中，修改Radio Waves（无线电波）特效的参数，将时间调整到00:00:00:00帧的位置，展开Wave Motion（波形运动）选项组，设置Frequency（频率）的值为2，Expansion（扩展）的值为5，Lifespan（寿命）的值10，单击Frequency（频率）、Expansion（扩展）和Lifespan（寿命）左侧的码表 按钮，在当前位置设置关键帧。合成窗口效果如图6.23所示。

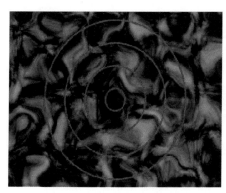

图6.23 设置0秒关键帧后效果

步骤09 将时间调整到00:00:09:24帧的位置，分别设置Frequency（频率）、Expansion（扩展）和Lifespan（寿命）的值为0，如图6.24所示。

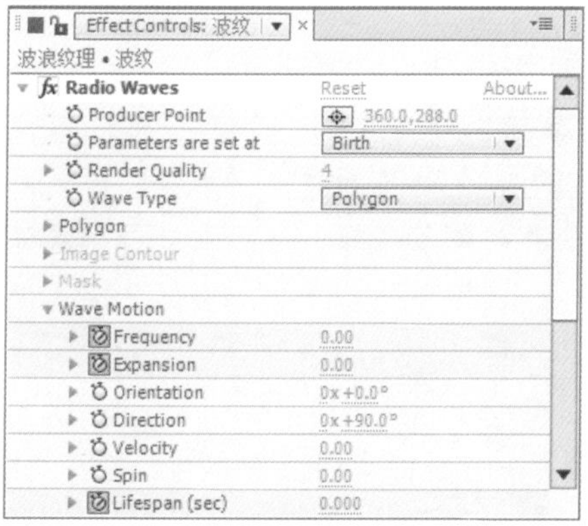

图6.25 设置描边参数

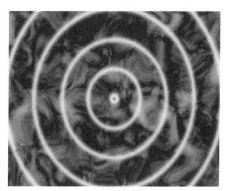

图6.26 设置描边后效果

步骤11 执行菜单栏中的Layer（层）|New（新建）|Adjustment Layer（调节层）命令，添加一个调节层，为调节层添加Fast Blur（快速模糊）特效。在Effects & Presets（效果和预置）面板中展开Blur & Sharpen（模糊与锐化）特效组，然后双击Fast Blur（快速模糊）特效。

步骤12 在Effect Controls（特效控制）面板中，修改Fast Blur（快速模糊）特效的参数，选择Repeat Edge Pixels（重复边缘像素）复选框；将时间调整到00:00:00:00帧的位置，设置Blurriness（模糊量）的值为10，单击Blurriness（模糊量）左侧的码表 按钮，在当前位置设置关键帧。

步骤13 将时间调整到00:00:09:24帧的位置，设置Blurriness（模糊量）的值为50，系统会自动设置关键帧，如图6.27所示。合成窗口效果如图6.28所示。

步骤10 将展开Stroke（描边）选项组，从Profile（曲线）下拉菜单中选择Gaussian（高斯），设置Color（颜色）为白色，Start Width（开始宽度）的值为30，End Width（结束宽度）的值为50，如图6.25所示。合成窗口效果如图6.26所示。

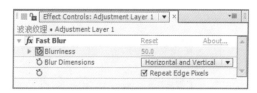

图6.27 设置快速模糊参数

图6.24 设置电波运动参数

图6.28 设置快速模糊后效果

步骤14 在时间线面板中，选择"波纹"层，按Ctrl+D组合键复制出另一个新的图层，将该图层更改为"波纹2"，在Effect Controls（特效控制）面板中，修改Radio Waves（无线电波）特效的参数，展开Stroke（描边）选项组，从Profile（曲线）下拉菜单中选择Sawtooth In（锯齿波入点）选项。合成窗口效果如图6.29所示。

图6.29 设置无线电波后效果

步骤15 为"波纹2"层添加Fast Blur（快速模糊）特效。在Effects & Presets（效果和预置）面板中展开Blur & Sharpen（模糊与锐化）特效组，然后双击Fast Blur（快速模糊）特效。

步骤16 在Effect Controls（特效控制）面板中，修改Fast Blur（快速模糊）特效的参数，设置Blurriness（模糊量）的值为3。合成窗口效果如图6.30所示。

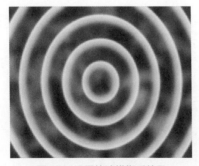

图6.30 设置快速模糊后效果

步骤17 执行菜单栏中的Composition（合成）| New Composition（新建合成）命令，打开Composition Settings（合成设置）对话框，设置Composition Name（合成名称）为"水波浪"，Width（宽）为"720"，Height（高）为"576"，Frame Rate（帧率）为"25"，并设置Duration（持续时间）为00:00:10:00秒。

步骤18 执行菜单栏中的Layer(层)|New（新建）|Solid（固态层）命令，打开Solid Settings（固态层设置）对话框，设置Name（名称）为"背景"，Color（颜色）为"黑色"。

步骤19 为"背景"层添加Ramp（渐变）特效。在Effects & Presets（效果和预置）面板中展开Generate（创造）特效组，然后双击Ramp（渐变）特效。

步骤20 在Effect Controls（特效控制）面板中，修改Ramp（渐变）特效的参数，设置Start Color（开始色）为蓝色（R:0，G:144，B:255）；将时间调整到00:00:00:00帧的位置，End Color（结束色）为深蓝色（R:1，G:67，B:101），单击End Color（结束色）左侧的码表按钮，在当前位置设置关键帧。

步骤21 将时间调整到00:00:01:20帧的位置，End Color（结束色）为蓝色（R:0，G:168，B:255），系统会自动设置关键帧。

步骤22 将时间调整到00:00:09:24帧的位置，End Color（结束色）为淡蓝色（R:0，G:140，B:212），如图6.31所示。

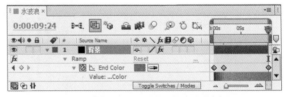

图6.31 设置渐变关键帧

步骤23 在Project（项目）面板中，选择"波浪纹理"合成，将其拖动到"水波浪"合成的时间线面板中。

步骤24 执行菜单栏中的Layer(层)|New（新建）|Adjustment Layer（调节层）命令，创建一个调节层，为调节层添加Displacement Map（置换贴图）特效。在Effects & Presets（效果和预置）面板中展开Distort（扭曲）特效组，然后双击Displacement Map（置换贴图）特效。

步骤25 在Effect Controls（特效控制）面板中，修改 Displacement Map（置换贴图）特效的参数，从 Displacement Map（置换层）下拉菜单中选择"波浪纹理"，设置Max Horizontal Displacement（使用水平像素置换）的值为60，Max Vertical Displacement（最大垂直置换）的值为10，选择Wrap Pixels Around（像素包围）复选框，如图6.32所示。

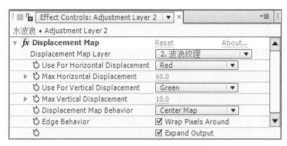

图6.32 设置置换贴图参数

步骤26 为调节层添加CC Glass（CC 玻璃）特效。在 Effects & Presets（效果和预置）面板中展开Stylize （风格化）特效组，然后双击CC Glass（CC 玻璃）特效。

步骤27 在Effect Controls（特效控制）面板中，修改 CC Glass（CC 玻璃）特效的参数，展开Surface（表面）选项组，从Bump Map（凹凸贴图）下拉菜单中选择"波浪纹理"选项。合成窗口效果如图6.33 所示。

图6.33 设置CC 玻璃后效果

步骤28 这样就完成了水波浪的整体制作，按小键盘上的0键，即可在合成窗口中预览动画。

第 7 章

运动跟踪及画面稳定

内容摘要

　　在影视特技的制作过程中，以及在背景抠像的后期制作中，要经常用到跟踪与稳定技术。本章主要讲解摇摆器和运动草图的使用和运动跟踪与稳定的使用，合理地运用动画辅助工具可以有效地的提高动画的制作效率并达到预期的动画效果。

教学目标

- 学习Wiggler（摇摆器）动画功能
- 学习Motion Sketch（运动草图）功能
- 学习Tracker Motion（运动跟踪）功能

7.1 随机动画

难易程度： ★★☆☆☆

实例说明： 本例主要讲解利用Wiggler（摇摆器）制作随机动画效果。本例最终的动画流程效果，如图7.1所示。

工程文件： 第7章\随机动画

视频位置： movie\7.1 随机动画.avi

图7.1 动画流程画面

知识点

- 学习Wiggler（摇摆器）特效的使用

操作步骤

步骤01 执行菜单栏中的Composition（合成）| New Composition（新建合成）命令，打开 Composition Settings（合成设置）对话框，参数设置如图7.2所示。

步骤02 执行菜单栏中的File（文件）| Import（导入）| File（文件）命令，打开Import File（导入文件）对话框，选择配套资源中的"工程文件\第7章\摇摆器.jpg"文件，然后将其添加到时间线中。

步骤03 在时间线面板中，单击选择"摇摆器.jpg"层，然后按Ctrl+D组合键，为其复制一个副本，并将它的列表项展开，如图7.3所示。

图7.2 设置合成对话框

图7.3 展开列表项

步骤04 单击工具栏中的Rectangle Tool（矩形工具）██按钮，然后在Composition（合成）窗口的中间位置，单击拖动，绘制一个矩形蒙版，为了更好地看到绘制效果，将最下面的层隐藏，如图7.4所示。

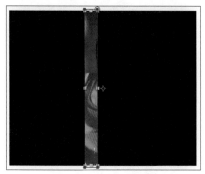

图7.4 绘制矩形蒙版区域

步骤05 将时间调整到00:00:00:00帧的位置，在时间线面板中，分别单击Position（位置）和Scale（缩放）左侧的码表◯按钮，在当前时间位置添加关键帧，如图7.5所示。

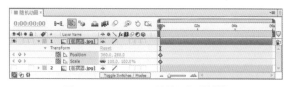

图7.5 00:00:00:00帧处添加关键帧

步骤06 将时间调整到00:00:05:24帧的位置，单击

Position（位置）和Scale（缩放）属性左侧的Add or remove keyframe at current time（在当前时间添加或删除关键帧）◇按钮，在00:00:05:24时间帧处，添加一个关键帧，如图7.6所示。

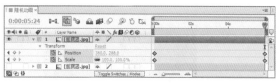

图7.6 00:00:05:24帧处添加关键帧

步骤07 在Position（位置）名称处单击，或辅助Shift键，选择Position（位置）属性中的两个关键帧。如图7.7所示。

图7.7 选择关键帧

步骤08 执行菜单栏中的Window（窗口）| Wiggler（摇摆器）命令，打开Wiggler（摇摆器）面板，在Apply to（应用到）右侧的下拉菜单中选择Spatial Path（时间曲线图）命令；在Noise Type（噪波类型）右侧的下拉菜单中选择Smooth（平滑）命令；在Dimensions（轴向）右侧的下拉菜单中选X（X轴）表示动画产生在水平位置；并设置Frequency（频率）的值为5，Magnitude（幅度）的值为300，如图7.8所示。

图7.8 摇摆器参数设置

步骤09 单击Apply（应用）按钮，在选择的两个关键帧中，将自动建立关键帧，以产生摇摆动画的效果，如图7.9所示。

图7.9 使用摇摆器后的效果

步骤10 从Composition（合成）窗口中，可以看到蒙版矩形的直线运动轨迹，并可以看到很多的关键帧控制点，可以将矩形移动一点，以适合窗口，如图7.10所示。

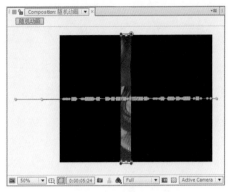

图7.10 关键帧控制点效果

步骤11 利用上面的方法，选择Scale（缩放）右侧的两个关键帧，设置摇摆器的参数，将Magnitude（幅度）设置为120，以减小变化的幅度，如图7.11所示。

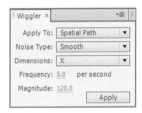

图7.11 摇摆器参数设置

步骤12 设置完成后，单击Apply（应用）按钮，在选择的两个关键帧中，将自动建立关键帧，以产生摇摆动画的效果，如图7.12所示。

图7.12 缩放关键帧效果

步骤13 将隐藏的层显示，然后设置上层的混合模式为Screen（屏幕）模式，以产生较亮的效果，如图7.13所示。

图7.13 修改层模式

步骤14 这样就完成了随机动画的整体制作，按小键盘上的0键，即可在合成窗口中预览动画。

7.2 飘零树叶

难易程度： ★★☆☆☆

实例说明： 本例主要讲解利用Motion Sketch（运动草图）制作飘零树叶效果。本例最终的动画流程效果，如图7.14所示。

工程文件： 第7章\飘零树叶

视频位置： movie\7.2 飘零树叶.avi

图7.14 动画流程画面

知识点

● 学习Motion Sketch（运动草图）特效的使用

操作步骤

步骤01 执行菜单栏中的File（文件）|Open Project（打开项目）命令，选择配套资源中的"工程文件\第

7章\飘零树叶\运动草图.aep"文件，将文件打开。

步骤02 选择树叶层，执行菜单栏中的Window（窗口）| Motion Sketch（运动草图）命令，打开Motion Sketch（运动草图）面板，设置Capture Speed at（捕捉速度）为100%，Show（显示）为Wireframe（线框），如图7.15所示。

图7.15 参数设置

步骤03 将时间调整到00:00:00:00帧的位置，选择"树叶"层，然后单击Motion Sketch（运动草图）面板中的Start Capture（开始捕捉） Start Capture 按钮，从Composition（合成）窗口右下角单击并拖动鼠标，绘制一个曲线路径，如图7.16所示。

图7.16 绘制路径

提示 在鼠标拖动绘制时，从时间线面板中，可以看到时间滑块随拖动在向前移动，并可以在Composition（合成）窗口预览绘制的路径效果。拖动鼠标的速度，直接影响动画的速度，拖动得越快，产生的动画速度也越快；拖动得越慢，产生动画的速度也越慢。如果想使动画与合成的持续时间相同，就要注意拖动的速度与时间滑块的运动过程。

步骤04 拖动完成后，按空格键或小键盘上的0键，可以预览动画的效果，其中的几帧画面如图7.17所示。

图7.17 设置运动草图后的效果

步骤05 为了减少动画的复杂程度，下面来修改动画的关键帧数量。在时间线面板中，选择树叶的Position（位置）属性上的所有关键帧，执行菜单栏中的Window（窗口）| Smoother（平滑器）命令，打开Smoother（平滑器）面板，设置Tolerance（容差）的值为6，如图7.18所示。

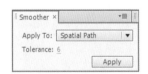

图7.18 平滑器面板

步骤06 设置好容差后，单击Apple（应用）按钮，可以从展开的树叶列表选项中看到关键帧的变化效果，从合成窗口中，也可以看出曲线的变化效果，如图7.19所示。

图7.19 设置平滑后的效果

步骤07 这样就完成了飘零树叶的整体制作，按小键盘上的0键，即可在合成窗口中预览动画。

7.3 位置跟踪动画

难易程度：★★★☆☆

实例说明：本例主要讲解利用Track Motion（运动跟踪）制作位置跟踪动画。本例最终的动画流程效果，如图7.20所示。

工程文件：第7章\跟踪动画

视频位置：movie\7.3 位置跟踪动画.avi

图7.20 动画流程画面

知识点

- Track Motion（运动跟踪）
- Curves（曲线）特效
- Lens Flare（镜头光晕）特效

操作步骤

步骤01 执行菜单栏中的File（文件）|Open Project（打开项目）命令，选择配套资源中的"工程文件\第7章\跟踪动画\跟踪动画练习.aep"文件，将"跟踪动画练习.aep"文件打开。

步骤02 执行菜单栏中的Layer(层)|New（新建）|Solid（固态层）命令，打开Solid Settings（固态层设置）对话框，设置Name（名称）为"镜头光晕"，Color（颜色）为黑色。

步骤03 设置"镜头光晕"层的混合模式为Add（相加），并暂时隐藏该层。

步骤04 选中"视频素材.mov"层，执行菜单栏中的Animation（动画）|Track Motion（运动跟踪）命令，为"视频素材.mov"层添加运动跟踪，设置Motion Source（跟踪源）为"视频素材.mov"，选中Position（位置）复选框，如图7.21所示。

图7.21 设置运动跟踪参数

步骤05 在合成窗口中移动跟踪范围框，并调整搜索区和特征区域的位置，合成窗口效果，如图7.22所示，在Tracker（跟踪）面板中，单击▶（向前播放分析）按钮，对跟踪进行分析。

图7.22 镜头框显示

步骤06 在Tracker（跟踪）面板中，单击Apply（应用）按钮。然后单击Edit Target（编辑目标）按钮，在打开的Motion Tracker Apply Options（运动跟踪应用选项）对话框中设置应用跟踪结果，如图7.23所示。单击OK（确定）按钮，完成运动跟踪动画，如图7.24所示。

图7.23 完成运动跟踪效果

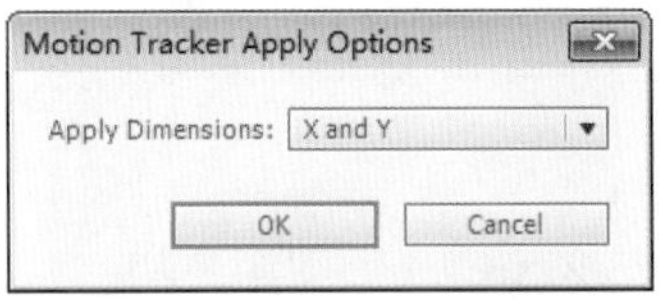

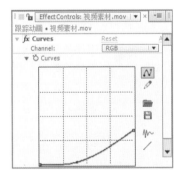

图7.24 运动跟踪应用选项对话框

步骤07 为"视频素材.mov"文字层添加Curves（曲线）特效。在Effects & Presets（效果和预置）面板中展开Color Correction（色彩校正）特效组，然后双击Curves（曲线）特效。

步骤08 在Effect Controls（特效控制）面板中，修改Curves（曲线）特效的参数，如图7.25所示。合成窗口效果如图7.26所示。

图7.25 设置曲线形状

图7.26 设置曲线后效果

步骤09 显示"镜头光晕"层。为"镜头光晕"层添加Lens Flare（镜头光晕）特效。在Effects & Presets（效果和预置）面板中展开Generate（创造）特效组，然后双击Lens Flare（镜头光晕）特效。

步骤10 在Effect Controls（特效控制）面板中，修改Lens Flare（镜头光晕）特效的参数，从Lens Type（镜头类型）下拉菜单中选择105mm Prime（105毫米聚焦）选项；将时间调整到00:00:00:00帧的位置，设置Flare Brightness（光晕亮度）的值为41%，单击Flare Brightness（光晕亮度）左侧的码表按钮，在当前位置设置关键帧。

步骤11 将时间调整到00:00:02:03帧的位置，设置Flare Brightness（光晕亮度）的值为80%，系统会自动设置关键帧，如图7.27所示。合成窗口效果如图7.28所示。

图7.27 设置关键帧

图7.28 设置镜头光晕后效果

步骤12 按照以上方法制作另一个车灯跟踪动画，这样就完成了位置跟踪动画的整体制作，按小键盘上的0键，即可在合成窗口中预览动画。

7.4 旋转跟踪动画

难易程度：★★★☆☆

实例说明： 本例制作一个标志跟踪动画，让其跟踪一个镜头作旋转跟踪。通过本实例的制作，学习旋转跟踪的设置方法。本例最终的动画流程效果，如图7.29所示。

工程文件： 第7章\旋转跟踪动画
视频位置： movie\7.4 旋转跟踪动画.avi

图7.29 动画流程画面

知识点

● Track Motion（运动跟踪）

操作步骤

步骤01 打开工程文件。执行菜单栏中的File（文件）| Open Project（打开项目）命令，弹出"打开"对话框，选择配套资源中的"工程文件\第7章\旋转跟踪动画\旋转跟踪动画练习.aep"文件。

步骤02 为"旋转跟踪"层添加运动跟踪。在时间线面板中，单击选择"旋转跟踪"层，然后单击Tracker（跟踪）面板中的 Track Motion （运动跟踪）按钮，为"旋转跟踪"层添加运动跟踪。勾选Rotation（旋转）复选框，参数设置，如图7.30所示。

图7.30 参数设置

步骤03 按Home键，将时间调整到00:00:00:00帧位置，然后在Composition（合成）窗口中，调整Track Point 1（跟踪点1）和Track Point 2（跟踪点2）的位置，并调整搜索区域和特征区域的位置，如图7.31所示。

图7.31 跟踪点

步骤04 在Tracker（跟踪）面板中，单击Analyze（分析）右侧的 ▶（向前播放分析）按钮，对跟踪进行分析，分析完成后，可以通过拖动时间滑块来查看跟踪的效果，如果在某些位置跟踪出现错误，可以将时间滑块拖动到错误的位置，再次调整跟踪范围框的位置及大小，然后单击Analyze（分析）右侧的 ▶（向前播放分析）按钮，对跟踪进行再次分析，直到合适为止。分析后，在Composition（合成）窗口中可以看到产生了很多的关键帧，如图7.32所示。

图7.32 关键帧效果

步骤05 拖动时间滑块，可以看到跟踪已经达到满意效果，这时可以单击Tracker（跟踪）面板中的 Edit Target... （编辑目标）按钮，打开Motion Target（跟踪目标）对话框，设置跟踪目标层为"标志.psd"，如图7.33所示。

图7.33 Motion Target对话框

步骤06 设置完成后，单击OK（确定）按钮，完成跟踪目标的指定，然后单击Tracker（跟踪）面板中 Apply （应用）按钮，应用跟踪结果，这时将打开Motion Tracker Apply Options（运动跟踪应用选项）对话框，如图7.34所示。直接单击OK（确定）按钮即可，画面如图7.35所示。

图7.34 设置轴向　　　　　图7.35 画面效果

步骤07 修改文字的角度。从Composition（合成）窗口中可以看到，文字的角度不太理想，在时间线面板中，首选展开"标志.psd"层Transform（转换）参数列表，先在空白位置单击，取消所有关键帧的选择，将时间调整到00:00:00:00帧位置，先修改Rotation（旋转），将标志摆正，再修改Anchor Point（中心点），将中心点的值改为（-140，40），如图7.36所示。

图7.36 参数设置

提示 在应用完跟踪命令后，在时间线面板中，展开参数列表时，跟踪关键帧处于选中状态，此时不能直接修改参数，因为这样会造成所有选择关键帧的连动作用，使动画产生错乱。这时，可以先在空白位置单击鼠标，取消所有关键帧的选择，再单独修改某个参数即可。

步骤08 这样，就完成了旋转跟踪动画的制作，按空格键或小键盘上的0键，可以预览动画的效果，其中的几帧画面如图7.37所示。

图7.37 旋转跟踪动画效果

7.5 透视跟踪动画

难易程度： ★ ★ ★ ☆ ☆

实例说明： 下面制作一个照片透视跟踪动画，让其跟踪一部手机屏幕作透视跟踪，通过本实例的制作，学习透视跟踪的设置方法。本例最终的动画流程效果，如图7.38所示。

工程文件： 第7章\透视跟踪

视频位置： movie\7.5 透视跟踪动画.avi

图7.38 动画流程画面

知识点

● Track Motion（运动跟踪）

操作步骤

步骤01 打开工程文件。执行菜单栏中的File（文件）| Open Project（打开项目）命令，弹出"打开"对话框，选择配套资源中的"工程文件 \ 第7章 \ 透视跟踪动画 \ 透视跟踪动画练习.aep"文件。

步骤02 为"透视跟踪.mp4"层添加运动跟踪。在时间线面板中，单击选择"透视跟踪.mp4"层，然后单击Tracker（跟踪）面板中的 [Track Motion]（运动跟踪）按钮，为"透视跟踪.mp4"层添加运动跟踪。在Track Type（跟踪器类型）下拉菜单中，选择Perspective corner pin（透视边角跟踪器）选项，对图像进行透视跟踪，如图7.39所示。

图7.39 参数设置

步骤03 按Home键，将时间调整到00:00:03:24帧位置，然后在Composition（合成）窗口中，分别移动Track Point 1（跟踪点1）、Track Point 2（跟踪点2）、Track Point 3（跟踪点3）和Track Point 4（跟踪点4）的跟踪范围框到镜框4个角的位置，并调整搜索区域和特征区域的位置，如图7.40所示。

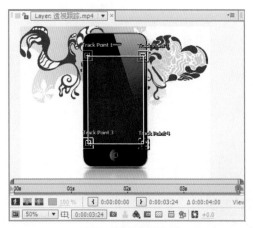

图7.40 移动跟踪范围框

步骤04 在Tracker（跟踪）面板中，单击Analyze（分析）右侧的◀（向前播放分析）按钮，对跟踪进行分析，分析完成后，可以通过拖动时间滑块来查看跟踪的效果，如果在某些位置跟踪出现错误，可以将时间滑块拖动到错误的位置，再次调整跟踪范围框的位置及大小，然后单击Analyze（分析）右侧的◀（向前

播放分析）按钮，对跟踪进行再次分析，直到合适为止。分析后，在Composition（合成）窗口中可以看到产生了很多的关键帧，如图7.41所示。

图7.41 关键帧效果

步骤05 拖动时间滑块，可以看到跟踪已经达到满意效果，这时可以单击Tracker（跟踪）面板中的 [Edit Target...]（编辑目标）按钮，打开Motion Target（跟踪目标）对话框，设置跟踪目标层为"画面.psd"，如图7.42所示。

图7.42 Motion Target对话框

步骤06 设置完成后，单击OK（确定）按钮，完成跟踪目标的指定，然后单击Tracker（跟踪）面板中 [Apply]（应用）按钮，在弹出的如图7.43所示的对话框中，单击OK（确定）按钮。

图7.43 设置轴向

步骤07 这时，从时间线面板中，可以看到由于跟踪而自动创建的关键帧效果，如图7.44所示。

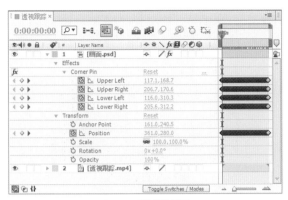

图7.44 关键帧效果

步骤08 这样，就完成了透视跟踪动画的制作，按空格键或小键盘上的0键，可以预览动画的效果，其中的几帧画面，如图7.45所示。

图7.45 透视跟踪动画中的几帧画面效果

7.6 稳定动画效果

难易程度：★ ★ ☆ ☆ ☆

实例说明：本例主要讲解利用Warp Stabilizer（画面稳定）特效稳定动画画面的方法。本例最终的动画流程效果，如图7.46所示。

工程文件：第7章\稳定动画

视频位置：movie\7.6 稳定动画效果.avi

图7.46 动画流程画面

知识点

● Warp Stabilizer（画面稳定）

操作步骤

步骤01 执行菜单栏中的File（文件）|Open Project（打开项目）命令，选择配套资源中的"工程文件\

第7章\稳定动画\稳定动画练习.aep"文件，将"稳定动画练习.aep"文件打开。

步骤02 为"视频素材.avi"层添加Warp Stabilizer（画面稳定）特效。在Effects & Presets（效果和预置）面板中展开Distort（扭曲）特效组，然后双击Warp Stabilizer（画面稳定）特效。合成窗口效果如图7.47所示。

图7.48 自动解算中

图7.47 添加特效后的效果

步骤03 在Effect Controls（特效控制）面板中，可以看到Warp Stabilizer（画面稳定）特效的参数，系统会自动进行稳定计算，如图7.48所示。计算完成后的合成窗口效果，如图7.49所示。

图7.49 解算后稳定处理

步骤04 这样就完成了稳定动画效果的整体制作，按小键盘上的0键，即可在合成窗口中预览动画。

第 8 章

绚丽的文字特效

内容摘要

　　文字是一个动画的灵魂,一段动画中有了文字的出现才能使动画的主题更为突出。所以对文字进行编辑,为文字添加特效能够给整体的动画添加点睛之笔。本章主要讲解与文字相关的内容,包括文字工具的使用、字符面板的使用、创建基础文字和路径文字的方法、文字的编辑与修改、机打字、路径字和清新文字等各种特效文字的制作方法和技巧。

教学目标

- 了解文字工具
- 掌握文字属性设置
- 掌握各种文字特效动画的制作

8.1 机打字效果

难易程度: ★★☆☆☆

实例说明: 本例主要讲解利用Character Offset(字符偏移)属性制作机打字效果。本例最终的动画流程效果,如图8.1所示。

工程文件: 第8章\机打字效果

视频位置: movie\8.1 机打字效果.avi

图8.1 动画流程画面

知识点

- 了解Character Offset(字符偏移)属性
- 掌握Opacity(不透明度)的应用

操作步骤

步骤01 执行菜单栏中的File(文件)|Open Project(打开项目)命令,选择配套资源中的"工程文件\第8章\机打字效果\机打字练习.aep"文件,将文件打开。

步骤02 执行菜单栏中的Layer(图层)|New(新建)|Text(文本)命令,新建文字层,此时,Composition(合成)窗口中将出现一个闪动的光标效果,在时间线面板中将出现一个文字层,输入"大江东去, 浪淘尽, 千古风流人物。故垒西边, 人

道是， 三国周郎赤壁。乱石穿空， 惊涛拍岸， 卷起千堆雪。 江山如画， 一时多少豪杰。"。在Character（字符）面板中，设置文字字体为草檀斋毛泽东字体，字号为32px，字体颜色为黑色，参数设置如图8.2所示。合成窗口效果如图8.3所示。

图8.2 设置字体参数

图8.3 设置字体后效果

步骤03 将时间调整到00:00:00:00帧的位置，展开文字层，单击Text（文字）右侧的三角形◉按钮，从菜单中选择Character Offset（字符偏移）命令，设置Character Offset（字符偏移）的值为20；单击Animate 1（动画1）右侧的三角形◉按钮，从菜单中选择Opacity（不透明度）选项，设置Opacity（不透明度）的值为0%。设置Start（开始）的值为0，单击Start（开始）左侧的码表◉按钮，在当前位置设置关键帧。合成窗口效果如图8.4所示。

图8.4 设置0帧关键帧后效果

步骤04 将时间调整到00:00:02:00帧的位置，设置Start（开始）的值为100%，系统会自动设置关键帧，如图8.5所示，合成窗口效果如图8.5所示。

图8.5 设置文字参数

步骤05 这样就完成了机打字动画效果的整体制作，按小键盘上的0键，即可在合成窗口中预览动画。

8.2 清新文字

难易程度： ★★★☆☆

实例说明： 本例主要讲解利用Scale（缩放）属性制作清新文字效果。本例最终的动画流程效果，如图8.6所示。

工程文件： 第8章\清新文字

视频位置： movie\8.2 清新文字.avi

图8.6 动画流程画面

知识点

- 了解Scale（缩放）属性的使用
- 了解Opacity（不透明度）属性的使用
- 了解Blur（模糊）的应用

操作步骤

步骤01 执行菜单栏中的File（文件）|Open Project（打开项目）命令，选择配套资源中的"工程文件\第8章\清新文字\清新文字练习.aep"文件，将文件打开。

步骤02 执行菜单栏中的Layer（图层）|New（新建）|Text（文本）命令，新建文字层，此时，Composition（合成）窗口中将出现一个闪动的光标效果，在时间线面板中将出现一个文字层，输入"FantasticEternity"。在Character（字符）面板中，设置文字字体为ChopinScript，字号为94px，字体颜色为白色，参数设置如图8.7所示；合成窗口效果如图8.8所示。

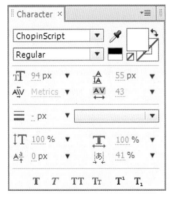

图8.7 设置字体参数

图8.8 设置参数后效果

步骤03 选择文字层，在Effects & Presets（特效）面板中展开Generate（创造）特效组，双击Ramp（渐变）特效。

步骤04 在Effects & Presets（特效）面板中修改Ramp（渐变）特效参数，设置Start of Ramp（渐变开始）的值为（88，82），Start Color（开始色）为绿色（H:156，S:255，B:86），End of Ramp（渐变结束）的值为（596，267），End Color（结束色）为白色，如图8.9所示。合成窗口效果如图8.10所示。

图8.9 设置渐变参数

图8.10 设置渐变后效果

步骤05 选择文字层，在Effects & Presets（效果和预置）面板中展开Perspective（透视）特效组，双击Drop Shadow（阴影）特效。

步骤06 在Effects & Presets（特效）面板中修改Drop Shadow（阴影）特效参数，设置Shadow Color（阴影颜色）为暗绿色（H:89，S:140，B:30），Softness（柔和）的值为18，如图8.11所示。合成窗口效果如图8.12所示。

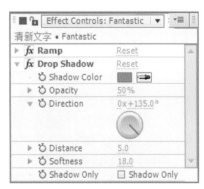

图8.11 设置阴影参数

图8.12 设置阴影后效果

步骤07 在时间线面板中展开文字层，单击Text（文本）右侧的Animate（动画）按钮，在弹出的菜单中选择Scale（缩放）命令，设置Scale（缩放）的值为300；单击Animate 1（动画1）右侧的三角形 ▶ 按钮，从菜单中选择Opacity（不透明度）和Blur（模糊）选项，设置Opacity（不透明度）的值为0%，Blur（模糊）的值为120，如图8.13所示。合成窗口效果如图8.14所示。

图8.13 设置属性参数

图8.14 设置参数后效果

步骤08 展开Animator1（动画1）选项组|Range Selector1（范围选择器1）选项组|Advanced（高级）选项，在Units（单位）右侧的下拉列表中选择Index（索引），Shape（形状）右侧的下拉列表中选择Ramp Up（上斜坡），设置Ease Low（缓和低）的值为100%，Randomize Order（随机化）为On（开启），如图8.15所示。合成窗口效果如图8.16所示。

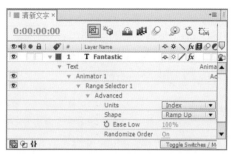

图8.15 设置Advanced（高级）参数

图8.16 设置参数后效果

步骤09 调整时间到00:00:00:00帧的位置，展开Range Selector1（范围选择器）选项，设置End（结束）的值为10，Offset（偏移）的值为−10，单击Offset（偏移）左侧的码表 ⏱ 按钮，在此位置设置关键帧。

步骤10 调整时间到00:00:02:00帧的位置，设置Offset（偏移）的值为10，系统自动添加关键帧，如图8.17所示。合成窗口效果如图8.18所示。

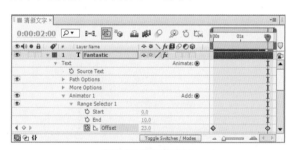

图8.17 添加关键帧

图8.18 设置关键帧后效果

步骤11 这样就完成了清新文字的整体制作，按小键盘上的0键，即可在合成窗口中预览动画。

8.3 卡片翻转文字

难易程度： ★★☆☆☆

实例说明： 本例主要讲解利用Scale（缩放）文本属性制作卡片翻转文字效果。本例最终的动画流程效果，如图8.19所示。

工程文件： 第8章\卡片翻转文字

视频位置： movie\8.3 卡片翻转文字.avi

图8.19 动画流程画面

知识点

- 学习Enable Per-charater 3D属性的使用
- 掌握Scale（缩放）属性的使用
- 掌握Rotation（旋转）属性的使用
- 掌握Blur（模糊）属性的使用

操作步骤

步骤01 执行菜单栏中的File（文件）|Open Project（打开项目）命令，选择配套资源中的"工程文件\第8章\卡片翻转文字\卡片翻转文字练习.aep"文件，将文件打开。

步骤02 在时间线面板中展开文字层，单击Texe（文本）右侧的 **Animate:** ◉ 动画按钮，在弹出来的下拉菜单中依次选择Enable Per-charater 3D，Scale（缩放），如图8.20所示。

图8.20 执行命令

步骤03 此时在Text选项中出现一个Animator1（动画1）的选项组，单击Animator1（动画1）右侧的 **Add:** ◉ 相加按钮，在弹出的菜单中依次选择Rotation（旋转）、Opacity（不透明度）和Blur（模糊），如图8.21所示。

图8.21 执行命令

步骤04 展开Animator1（动画1）选项组|Range Selector1（范围选择器1）选项组|Advanced（高级）选项，在Shape右侧的下拉列表中选择Ramp Up，如图8.22所示。

图8.22 设置Advanced（高级）选项组中的参数

步骤05 在Animator1（动画1）选项下，设置Scale（缩放）的值为400，Opacity（不透明度）的值为0%，Y Rortation（Y轴旋转）的值为-1x，Blur（模糊）的值为5，如图8.23所示。

图8.23 设置参数

步骤06 调整时间到00:00:00:00帧的位置，展开Range Selector1（范围选择器）选项，设置Offset（偏移）的值为−100，单击Offset（偏移）左侧的码表⏱按钮，在此位置设置关键帧，如图8.24所示。

图8.24 设置参数，添加关键帧

步骤07 调整时间到00:00:05:00帧的位置，设置Offset（偏移）的值为100，系统自动添加关键帧，如图8.25所示。

图8.25 添加关键帧

步骤08 选择文字层，在Effects & Presets（特效）面板中展开Generate（创造）特效组，双击Ramp（渐变）特效，如图8.26所示。

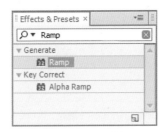

图8.26 添加特效

步骤09 在Effects & Presets（特效）面板中修改Ramp（渐变）特效参数，设置Start of Ramp（渐变开始）的值为（112，156），Start Color（起始颜色）为淡蓝色（H:154，S:100，B:86），End of Ramp（渐变结束）的值为（606，272），Start Color（起始颜色）为黄色（H:51，S:76，B:100），如图8.27所示。

步骤10 这样就完成了卡片翻转文字的整体制作，按小键盘上的0键，即可在合成窗口中预览动画。

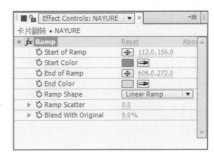

图8.27 设置渐变参数

8.4 飘洒纷飞文字

难易程度： ★★★☆☆

实例说明： 本例主要讲解利用CC Particle World（CC 粒子仿真世界）特效制作飘洒纷飞文字效果。本例最终的动画流程效果，如图8.28所示。

工程文件： 第8章\飘洒纷飞文字

视频位置： movie\8.4 飘洒纷飞文字.avi

图8.28 动画流程画面

知识点

● 学习CC Particle World （CC 粒子仿真世界）特效的使用。

● 掌握Glow（辉光）特效的使用

操作步骤

步骤01 执行菜单栏中的 | New Composition（新建合成）命令，打开Composition Settings（合成设置）对话框，设置Composition Name（合成名称）为"飘洒纷飞文字"，Width（宽）为"720"；Height（高）为"405"；Frame Rate（帧率）为"25"；并设置Duration（持续时间）为00:00:06:00秒。

步骤02 执行菜单栏中的Layer（图层）|New（新建）|Text（文本）命令，新建文字层，此时，Composition（合成）窗口中将出现一个闪动的光标效果，在时间线面板中将出现一个文字层，输入"Butterfly"。在Character（字符）面板中，设置文字字体为ImperatorSmallCaps，字号为43px，字体颜色为紫色（H:254，S:83，B:255），打开文字层的三维开关，如图8.29所示；合成窗口效果如图8.30所示。

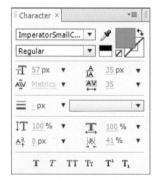

图8.29 设置字体参数

图8.30 设置字体后效果

步骤03 按Ctrl+Y组合键，打开Solid Settings（固态层设置）对话框，设置Name（名称）为粒子，Color（颜色）为黑色。

步骤04 为"粒子"层添加CC Particle World（CC 粒子仿真世界）特效。在Effects & Presets（效果和预置）中展开Simulation（模拟和仿真）特效组，然后双击CC Particle World（CC 粒子仿真世界）特效。

步骤05 在Effect Controls（特效控制）面板中，修改CC Particle World （CC 粒子仿真世界）特效的参数，设置Longevity（寿命）的值为1.29，将时间调整到00:00:00:00帧的位置；设置Birth Rate（生长速率）的值为3.9，单击Birth Rate（生长速率）左侧的码表 按钮，在当前位置设置关键帧。

步骤06 将时间调整到00:00:05:00帧的位置，设置Birth Rate（生长速率）的值为0，系统会自动设置关键帧，如图8.31所示。

图8.31 设置关键帧

步骤07 展开Producer（产生点）选项组，设置Radius X（X轴半径）的值为0.625，Radius Y（Y 轴半径）的值为0.485，Radius Z（Z 轴半径）的值为7.215，展开Physics（物理性）选项组，设置Gravity（重力）的值为0，如图8.32所示。

图8.32 设置参数

步骤08 展开Particle（粒子）选项组，从Particle Type（粒子类型）下拉菜单中选择Textured QuadPolygon（纹理放行）选项展开Texture（材质层）选项组，从Texture Layer（材质图层）下拉菜单中选择"Butterfly"，设置Birth Size（生长大小）的值为11.36，Death Size（消逝大小）的值为9.76，如图8.33所示；合成窗口效果如图8.34所示。

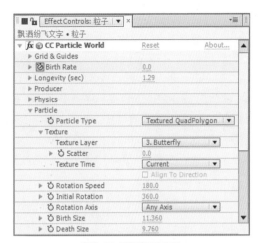

图8.33 设置粒子参数

图8.34 设置粒子仿真世界后效果

步骤09 为"粒子"层添加Glow（辉光）特效。在Effects & Presets（效果和预置）中展开Stylize（风格化）特效组，然后双击Glow（发光）特效。

步骤10 执行菜单栏中的Layer（图层）|New（新建）|Camera...（摄像机）命令，新建摄像机，打开Camera Settings（摄像机设置）对话框，设置Name（名称）为"Camera 1"，如图8.35所示；调整摄像机参数，合成窗口效果如图8.36所示。

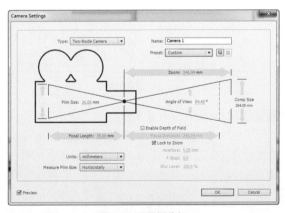

图8.35 设置摄像机

图8.36 设置摄像机后效果

步骤11 这样就完成了飘洒纷飞文字的整体制作，按小键盘上的0键，即可在合成窗口中预览动画。

8.5 路径文字

难易程度： ★★☆☆☆

实例说明： 本例主要讲解Path（路径）选项应用来制作路径文字效果。本例最终的动画流程效果，如图8.37所示。

工程文件： 第8章\路径文字

视频位置： movie\8.5 路径文字.avi

图8.37 动画流程画面

知识点

● 了解Path Options（路径）属性
● 学习路径文字的动画制作

操作步骤

步骤01 执行菜单栏中的File（文件）|Open Project（打开项目）命令，选择配套资源中的"工程文件\第8章\路径文字\路径文字练习.aep"文件，将文件打开。

步骤02 选择文字层，单击工具栏的Pen Tool（钢笔工具）按钮，在合成窗口中沿图像外行绘制一条曲线，如图8.38所示。

图8.38 绘制路径

步骤03 选择文字层，在Effects & Presets（效果和预置）面板中展开Stylize（风格化）特效组，双击Color Emboss（彩色浮雕）特效。

步骤04 展开Text（文本）选项组中的Path Options（路径选项），单击Path（路径）右侧的 None 按钮，在弹出的菜单中选择"Mask1（蒙版1）"命令，如图8.39所示。

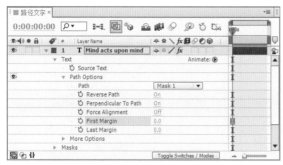

图8.39 选择"Mask1（蒙板1）命令"

步骤05 调整时间到00:00:00:00帧的位置，在时间线面板中展开Path Options（路径选项）选项组；单击First Margin（首字位置）左侧的码表按钮，在当前位置建立关键帧，设置First Margin（首字位置）的值为1500，如图8.40所示。

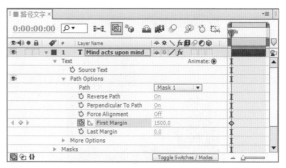

图8.40 修改First Margin（首字位置）的值

步骤06 调整时间到00:00:02:24帧的位置，设置First Margin（首字位置）的值为-400，系统自动建立关键帧，如图8.41所示。

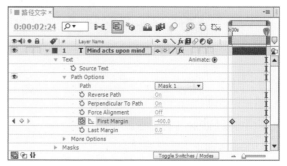

图8.41 修改First Margin（首字位置）的值

步骤07 这样就完成了路径文字的整体制作，按小键盘上的0键，即可在合成窗口中预览动画。

8.6 缥缈出字

难易程度： ★ ★ ☆ ☆ ☆

实例说明： 本例主要讲解利用Turbulent Displace（动荡置换）特效制作缥缈出字效果。本例最终的动画流程效果，如图8.42所示。

工程文件： 第8章\缥缈出字

视频位置： movie\8.6 缥缈出字.avi

图8.42 动画流程画面

知识点

- Turbulent Displace（动荡置换）
- Fractal Noise（分形噪波）
- Linear Wipe（线性擦除）
- Compound Blur（复合模糊）

操作步骤

步骤01 执行菜单栏中的File（文件）|Open Project（打开项目）命令，选择配套资源中的"工程文件\第8章\缥缈出字\缥缈出字练习.aep"文件，将"缥缈出字练习.aep"文件打开。

步骤02 执行菜单栏中的Composition（合成）| New Composition（新建合成）命令，打开Composition Settings（合成设置）对话框，设置Composition Name（合成名称）为"噪波"，Width（宽）为"720"，Height（高）为"576"，Frame Rate（帧率）为"25"，并设置Duration（持续时间）为00：00：05：00秒。

步骤03 执行菜单栏中的Layer（层）|New（新建）|Solid（固态层）命令，打开Solid Settings（固态层

设置）对话框，设置Name（名称）为"载体"，Color（颜色）为"黑色"。

步骤04 为"载体"层添加Fractal Noise（分形噪波）特效。在Effects & Presets（效果和预置）面板中展开Noise & Grain（噪波与杂点）特效组，然后双击Fractal Noise（分形噪波）特效。

步骤05 在Effect Controls（特效控制）面板中，修改Fractal Noise（分形噪波）特效的参数，设置Contrast（对比度）的值为200，从Overflow（溢出）下拉菜单中选择Clip（修剪）选项；展开Transform（变换）选项组，撤选Uniform Scaling（等比缩放）复选框，设置Scale Width（缩放宽度）的值为200，Scale Height（缩放高度）的值为150；将时间调整到00:00:00:00帧的位置，设置Offset Turbulence（乱流偏移）的值为（360，288），单击Offset Turbulence（乱流偏移）左侧的码表按钮，在当前位置设置关键帧，如图8.43所示。

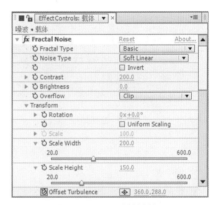

图8.43 设置0秒关键帧

步骤06 将时间调整到00:00:04:24帧的位置，设置Offset Turbulence（乱流偏移）的值为（0，288），系统会自动设置关键帧，如图8.44所示。

图8.44 设置4秒24帧关键帧

步骤07 设置Complexity（复杂性）的值为5，展开Sub Settings（附加设置）选项组，设置Sub Influence（附加影响）的值为50，Sub Rotation（附加旋转）的值为70；将时间调整到00:00:00:00帧的位置，设置Evolution（进化）的值为0，单击Evolution（进化）左侧的码表按钮，在当前位置设置关键帧。

步骤08 将时间调整到00:00:04:24帧的位置，设置Evolution（进化）的值为2x，系统会自动设置关键帧，如图8.45所示。合成窗口效果如图8.46所示。

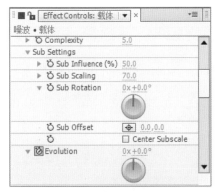

图8.45 设置进化关键帧

图8.46 设置分形噪波后效果

步骤09 为"载体"层添加Linear Wipe（线性擦除）特效。在Effects & Presets（效果和预置）面板中展开Transition（切换）特效组，然后双击Linear Wipe（线性擦除）特效。

步骤10 在Effect Controls（特效控制）面板中，修改Linear Wipe（线性擦除）特效的参数，设置Wipe Angle（擦除角度）的值为负数−90，Feather（羽化）的值为850；将时间调整到00:00:00:00帧的位置，设置Transition Completion（完成过渡）的值为0%，单击Transition Completion（完成过渡）左侧的码表按钮，在当前位置设置关键帧。

步骤11 将时间调整到00:00:02:01帧的位置，设置Transition Completion（完成过渡）的值为100%，系统会自动设置关键帧。

步骤12 将时间调整到00:00:04:24帧的位置，设置Transition Completion（完成过渡）的值为0%，如图8.47所示。合成窗口效果如图8.48所示。

图8.47 设置线性擦除参数

图8.48 设置线性擦除后效果

步骤13 打开"缥缈出字"合成，在Project（项目）面板中，选择"噪波"合成，将其拖动到"缥缈出字"合成的时间线面板中。

步骤14 执行菜单栏中的Layer（层）|New（新建）|Text（文本）命令，输入"EXTINCTION"，在Character（字符）面板中，设置文字字体为LilyUPC，字号为121px，字体颜色为土黄色（R:195，G:150，B:41），如图8.49所示。合成窗口效果如图8.50所示。

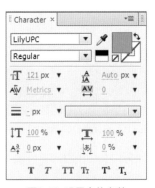

图8.49 设置字体参数

图8.50 设置字体后效果

步骤15 为"EXTINCTION"层添加Compound Blur（复合模糊）特效。在Effects & Presets（效果和预置）面板中展开Blur&Sharpen（模糊与锐化）特效组，然后双击Compound Blur（复合模糊）特效。

步骤16 在Effect Controls（特效控制）面板中，修改Compound Blur（复合模糊）特效的参数，从Blur Layer（模糊层）下拉菜单中选择"噪波"选项，设置Maximum Blur（最大模糊）的值为100，撤选Stretch Map to Fit（伸缩贴图进行匹配）复选框，如图8.51所示；合成窗口效果如图8.52所示。

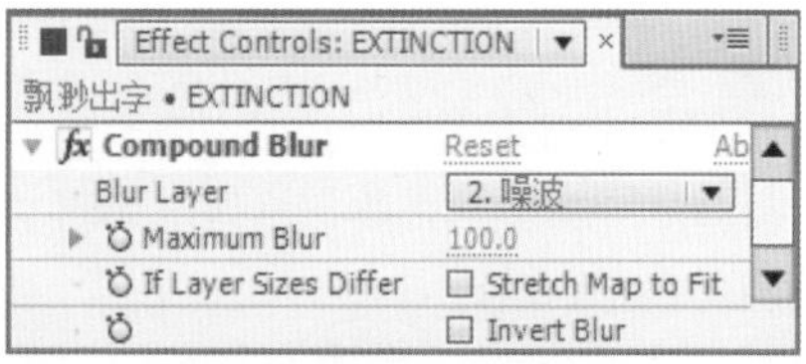

图8.51 设置复合模糊参数

图8.52 设置复合模糊参数后效果

步骤17 为"EXTINCTION"层添加Turbulent Displace（动荡置换）特效。在Effects & Presets（效

果和预置）面板中展开Distort（扭曲）特效组，然后双击Turbulent Displace（动荡置换）特效。

步骤18 在Effect Controls（特效控制）面板中，修改Turbulent Displace（动荡置换）特效的参数，设置Complexity（复杂度）的知道为5；将时间调整到00：00：00：00帧的位置，设置Amount（数量）的值为188，Size（大小）的值为125，Offset（偏移）的值为（360，288），单击Amount（数量）、Size（大小）和Offset（偏移）左侧的码表按钮，在当前位置设置关键帧，如图8.53所示。

图8.53 设置动荡置换参数

步骤19 将时间调整到00:00:01:22帧的位置，设置Amount（数量）的值为0，Size（大小）的值为194，Offset（偏移）的值为（1014，288），系统会自动设置关键帧，合成窗口效果如图8.54所示。

图8.54 设置动荡置换参数后效果

步骤20 执行菜单栏中的Layer（层）|New（新建）|Adjustment Layer（调节层）命令，创建一个调节层，将该层更改为"调节层"。

步骤21 为"调节层"层添加Glow（发光）特效。在

Effects & Presets（效果和预置）面板中展开Stylize（风格化）特效组，然后双击Glow（发光）特效。

步骤22 在Effect Controls（特效控制）面板中，修改Glow（发光）特效的参数，设置Glow Threshold（发光阈值）的值为0%，Glow Radius（发光半径）的值为30，Glow Intensity（发光强度）的值为0.9，从Glow Colors（发光色）下拉菜单中选择A & B Colors（A 和 B 颜色）选项，从Color Looping（色彩循环）下拉菜单中选择Triangle B>A>B（三角形B>A>B）选项，Color A（颜色A）为黄色（R:255，G:274，B:74），Color B（颜色B）为橘色（R:253，G:101，B:10， ），如图8.55所示；合成窗口效果如图8.56所示。

图8.55 设置发光参数

图8.56 设置发光参数后效果

步骤23 这样就完成了缥缈出字的整体制作，按小键盘上的0键，即可在合成窗口中预览动画。

8.7 炫金字母世界

难易程度： ★ ★ ★ ☆ ☆

实例说明： 本例主要讲解利用Particular（粒子）特效制作炫金字母世界效果。本例最终的动画流程效果，如图8.57所示。

工程文件： 第8章\炫金字母世界

视频位置： movie\8.7 炫金字母世界.avi

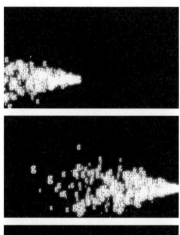

图8.57 动画流程画面

知识点

- 掌握Particular（粒子）特效的使用
- 掌握Glow（辉光）特效的使用

操作步骤

步骤01 执行菜单栏中的Composition（合成）| New Composition（新建合成）命令，打开Composition Settings（合成设置）对话框，设置Composition Name（合成名称）为"字母"，Width（宽）为"20"，Height（高）为"40"，Frame Rate（帧率）为"25"，并设置Duration（持续时间）为00：00：06：00秒，

步骤02 执行菜单栏中的Layer（图层）|New（新建）|Text（文本）命令，新建文字层，此时，

Composition（合成）窗口中将出现一个闪动的光标效果，在时间线面板中将出现一个文字层，输入"g"。在Character（字符）面板中，设置文字字体为GBInnMing-Bold，字号为48px，字体颜色为白色，如图8.58所示。合成窗口效果如图8.59所示。

图8.58 设置字体参数　　图8.59 设置合成文字大小

步骤03 执行菜单栏中的Composition（合成）| New Composition（新建合成）命令，打开Composition Settings（合成设置）对话框，设置Composition Name（合成名称）为"炫金字母世界"，Width（宽）为"20"，Height（高）为"40"，Frame Rate（帧率）为"25"，并设置Duration（持续时间）为00:00:06:00秒。

步骤04 打开"炫金字母世界"合成，在Project（项目）面板中，选择"字母"合成，将其拖动到"炫金字母世界"合成的时间线面板中，单击"字母"关闭按钮，如图8.60所示。

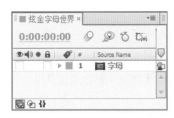

图8.60 设置关闭按钮

步骤05 执行菜单栏中的Layer（图层）|New（新建）|Solid（固态层）命令，打开Solid Settings（固态层设置）对话框，设置Name（名称）为"数字流"，Color（颜色）为"黑色"。

步骤06 为"数字流"层添加Particular（粒子）特效。在Effects & Presets（效果和预置）中展开Trapcode特效组，然后双击Particular（粒子）特效，如图8.61所示。

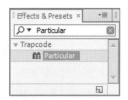

图8.61 添加特效

步骤07 在Effect Controls（特效控制）面板中，修改Particular（粒子）特效的参数，展开Emitter（发射器）选项组，设置Particles/sec（每秒发射粒子数）的值为500，Velocity Random（随机速度）的值为82，Velocity from Motion（从运动速度）的值为10，将时间调整到00:00:00:00帧的位置，设置Position XY（XY轴位置）的值为（-136，288），单击Position XY（XY轴位置）左侧的码表按钮，在当前位置设置关键帧。

步骤08 将时间调整到00:00:01:00帧的位置，设置Position XY（XY轴位置）的值为（1396，288），系统会自动设置关键帧，如图8.62所示，合成窗口效果如图8.63所示。

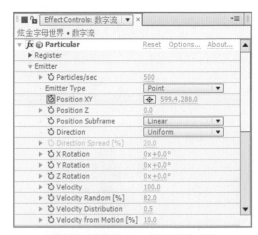

图8.62 设置Emitter（发射器）参数

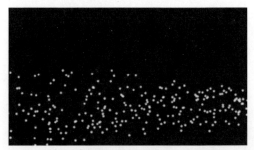

图8.63 设置Emitter（发射器）后效果

步骤09 展开Particle（粒子）选项组，设置Life（生命）的值为1，Life Random（生命随机）的值为50，从Particle Type（粒子类型）右侧下拉菜单中选择"Sprite（幽灵）"选项，展开Texture（纹理）选项组，从Layer（图层）右侧下拉菜单中选择"数字"选项，size（大小）的值为10，Size Random（大小随机）的值为100，如图8.64所示。合成窗口效果如图8.65所示。

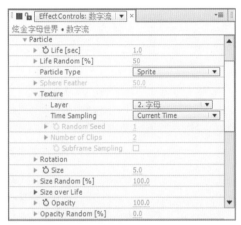

图8.64 设置Particle（粒子）参数

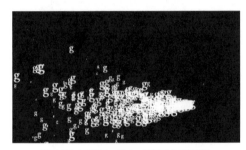

图8.65 设置Particle（粒子）后效果

步骤10 为"数字流"层添加Glow（辉光）特效。在Effects & Presets（效果和预置）中展开Stylize（风格化）特效组，然后双击Glow（发光）特效。

步骤11 在Effect Controls（特效控制）面板中，修改Glow（发光）特效的参数，设置Glow Threshold（发光阈值）的值为40，Glow Radius（发光半径）的值为15，Glow Intensity（发光强度）的值为2，从Glow Color（发光色）右侧下拉菜单中选择"A和B颜色"选项，Color A（颜色A）为橘色（R:255，G:138，B:0），Color B（颜色B）为棕色（R:119，G:104，B:7），如图8.66所示。合成窗口效果如图8.67所示。

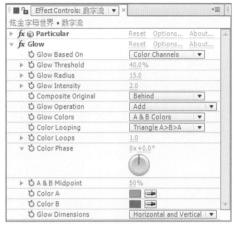

图8.66 设置辉光参数

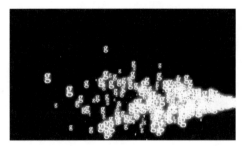

图8.67 设置【辉光】后效果

步骤12 这样就完成了"炫金字母世界"的整体制作，按小键盘上的0键，即可在合成窗口中预览动画。

8.8 缭绕文字

难易程度： ★ ★ ☆ ☆ ☆

实例说明： 本例主要讲解利用Fractal Noise（分形杂波）特效制作缭绕文字效果。本例最终的动画流程效果，如图8.68所示。

工程文件： 第8章\缭绕文字

视频位置： movie\8.8 缭绕文字.avi

图8.68

图8.68 动画流程画面（续）

图8.69 设置文字框

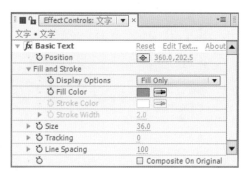

图8.70 设置参数

知识点

- 掌握Fractal Noise（分形杂波）特效的使用
- 掌握Levels（色阶）特效的使用
- 掌握Basic Text（基本文字）特效的使用
- 掌握Displacement Map（置换映射）特效的使用

操作步骤

步骤01 执行菜单栏中的Composition（合成）| New Composition（新建合成）命令，打开Composition Settings（合成设置）对话框，设置Composition Name（合成名称）为"文字"，Width（宽）为"720"，Height（高）为"405"，Frame Rate（帧率）为"25"，并设置Duration（持续时间）为00：00：05：00秒。

步骤02 按Ctrl+Y组合键，打开Solid Settings（固态层设置）对话框，设置Name（名称）为文字，Color（颜色）为黑色。

步骤03 为"文字"层添加Basic Text（基本文字）特效。在Effects & Presets（效果和预置）中展开Obsolete（旧版插件）特效组，然后双击Basic Text（基本文字）特效。

步骤04 在Effect Controls（特效控制）面板中，修改Basic Text（基本文字）特效的参数，单击Basic Text（文字编辑……）选项，打开Basic Text（基本文字）对话框，在空白处输入"我家洗砚池头树，朵朵花开淡墨痕。"，设置字体为SingKaiEG-Bold-GB，如图8.69所示；设置Fill Color（填充色）为蓝色（R:0，G:161，B:255），如图8.70所示。

步骤05 在时间线面板中，将时间调整到00:00:00:00帧的位置，选择"文字"层，按R键打开Rotation（旋转）属性，设置Rotation（旋转）的值为55；按P键打开Position（位置）属性，设置Position（位置）的值为（-47，19），单击Position（位置）左侧的码表 按钮，在当前位置设置关键帧。

步骤06 将时间调整到00:00:03:00帧的位置，设置Rotation（旋转）的值为43，Position（位置）的值为（237，611），系统会自动设置关键帧。

步骤07 将时间调整到00:00:04:00帧的位置，设置Rotation（旋转）的值为-28。

步骤08 将时间调整到00:00:04:24帧的位置，设置Position（位置）的值为（472，58），Rotation（旋转）的值为-41，如图8.71所示，合成窗口效果如图8.72所示。

图8.71 设置关键帧

图8.72 设置Position（位置）后效果

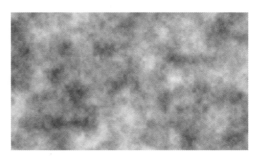

图8.74 设置分形杂波后效果

步骤09 执行菜单栏中的Composition（合成）| New Composition（新建合成）命令，打开Composition Settings（合成设置）对话框，设置Composition Name（合成名称）为"噪波"，Width（宽）为"720"，Height（高）为"405"，Frame Rate（帧率）为"25"，并设置Duration（持续时间）为00:00:05:00秒。

步骤10 按Ctrl + Y组合键，打开Solid Settings（固态层设置）对话框，设置Name（名称）为噪波，Color（颜色）为黑色。

步骤11 为"噪波"层添加Fractal Noise（分形杂波）特效。在Effects & Presets（效果和预置）中展开Noise & Grain（杂波与颗粒）特效组，然后双击Fractal Noise（分形杂波）特效。

步骤12 在Effect Controls（特效控制）面板中，修改Fractal Noise（分形杂波）特效的参数，将时间调整到00:00:00:00帧的位置，设置Evolution（演变）的值为0，单击Evolution（演变）左侧的码表按钮，在当前位置设置关键帧。

步骤13 将时间调整到00:00:04:24帧的位置，设置Evolution（演变）的值为3x，系统会自动设置关键帧，如图8.73所示。合成窗口效果如图8.74所示。

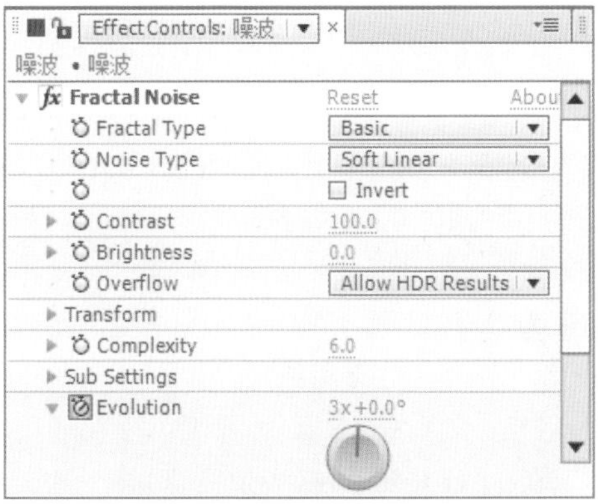

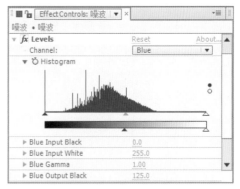

图8.73 设置分形杂波参数

步骤14 为"噪波"层添加Levels（色阶）特效。在Effects & Presets（效果和预置）中展开Color Correction（色彩校正）特效组，然后双击Levels（色阶）特效。

步骤15 在Effect Controls（特效控制）面板中，修改Levels（色阶）特效的参数，从Channel（通道）右侧下拉菜单中选择"Blue（蓝）"选项，设置Blue Output Black（蓝色输出黑色）的值为125，如图8.75所示。合成窗口效果如图8.76所示。

图8.75 设置色阶参数

图8.76 设置色阶后效果

步骤16 选中"噪波"层，在工具栏中选择Rectangle Tool（矩形遮罩工具），在图层上绘制一个矩形路径，按F键打开Mask Feather（遮罩羽化）属性，设置Mask Feather（遮罩羽化）的值为100，如图8.77所示。合成窗口效果如图8.78所示。

图8.77 设置遮罩羽化参数

图8.78 绘制路径

步骤17 在Project（项目）面板中，选择"噪波"层，按Ctrl+D组合键，复制出另一个新的图层，将该图层重命名为"底层"，如图8.79所示。

步骤18 打开"底层"合成，为"噪波"层添加Curves（曲线）特效。在Effects & Presets（效果和预置）中展开Color Correction（色彩校正）特效组，然后双击Curves（曲线）特效，如图8.80所示。

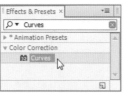

图8.79 复制合成　　　　图8.80 添加特效

步骤19 在Effect Controls（特效控制）面板中，修改Curves（曲线）特效的参数，如图8.81所示。合成窗口效果如图8.82所示。

步骤20 执行菜单栏中的Composition（合成）| New Composition（新建合成）命令，打开Composition Settings（合成设置）对话框，设置Composition Name（合成名称）为"缭绕文字"，Width（宽）

为"720"，Height（高）为"405"，Frame Rate（帧率）为"25"，并设置Duration（持续时间）为00：00：05：00秒。

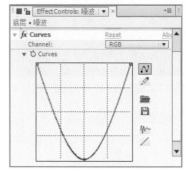

图8.81 调整曲线

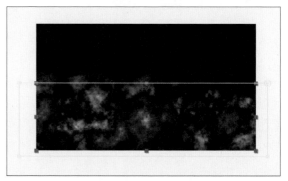

图8.82 调整曲线后效果

步骤21 打开"缭绕文字"合成，在Projuect（项目）面板中选择"文字""噪波"和"底层"合成，拖动到"缭绕文字"合成，单击"噪波"和"底层"关闭与显示 👁 按钮，如图8.83所示。

图8.83 添加素材

步骤22 按Ctrl + Y组合键，打开Solid Settings（固态层设置）对话框，设置Name（名称）为"背景"，Color（颜色）为"黑色"。

步骤23 为"文字"层添加Ramp（渐变）特效。在Effects & Presets（效果和预置）中展开Generate（创造）特效组，然后双击Ramp（渐变）特效。

步骤24 在Effect Controls（特效控制）面板中，修改Ramp（渐变）特效的参数，设置Start of Ramp（渐

变开始）的值为（360，292），Start Color（开始色）为白色，Een of Ramp（渐变结束）的值为（360，1074），Een Color（结束色）为灰色（R:107，G:105，B:107），如图8.84所示，合成窗口效果如图8.85所示。

图8.84 设置渐变参数

图8.85 设置渐变后效果

步骤25 为"文字"层添加Compound Blur（复合模糊）特效。在Effects & Presets（效果和预置）中展开Blur & Sharpen（模糊与锐化）特效组，然后双击Compound Blur（复合模糊）特效。

步骤26 在Effect Controls（特效控制）面板中，修改Compound Blur（复合模糊）特效的参数，从Blur Layer（模糊层）右侧下拉菜单中选择"底层"选项，设置Maximum Blur（最大模糊）的值为200，如图8.86所示。合成窗口效果如图8.87所示。

图8.86 设置复合模糊参数

图8.87 设置参数后效果

步骤27 为"文字"层添加Displacement Map（置换映射）特效。在Effects & Presets（效果和预置）中展开Distort（扭曲）特效组，然后双击Displacement Map（置换映射）特效。

步骤28 在Effect Controls（特效控制）面板中，修改Displacement Map（置换映射）特效的参数，从Displacement Map Layer（映射图层）右侧下拉菜单中选择"噪波"选项，从Use For Horizontal Displacent（使用水平置换）右侧下拉菜单中选择"蓝"选项，设置Max Horizontal Displacement（最大水平置换）的值为200，Max Vertical Displacement（最大垂直置换）的值为200，从Displacement Map Behavior（置换映射动作）右侧下拉菜单中选择"Tile Map（平铺）"选项，单击Wrap Pixels Around（像素包围）复选框，如图8.88所示。合成窗口效果如图8.89所示。

图8.88 设置置换映射参数

图8.89 设置置换映射后效果

步骤29 这样就完成了"缠绕文字"的整体制作，按小键盘上的0键，即可在合成窗口中预览动画。

8.9 飞舞文字

难易程度：★★★☆☆

实例说明：本例主要讲解飞舞文字动画的制作。本例利用文字自带的动画功能制作飞舞的文字，并配合Bevel Alpha（Alpha斜角）及Drop Shadow（阴影）特效使文字产生立体效果。本例最终的动画流程效果，如图8.90所示。

工程文件：第8章\飞舞文字

视频位置：movie\8.9 飞舞文字.avi

图8.90 飞舞文字最终动画流程效果

知识点

● 学习利用Ramp（渐变）特效制作渐变背景的方法

● 学习立体文字的制作

● 掌握文字特效动画的制作技巧

8.9.1 建立文字层

步骤01 执行菜单栏中的Composition（合成）| New Composition（新建合成）命令，打开Composition Settings（合成设置）对话框，设置Composition Name（合成名称）为"文字"，Width（宽）为"720"，Height（高）为"576"，Frame Rate（帧率）为"25"，并设置Duration（持续时间）为00：00：07：00秒，如图8.91所示。

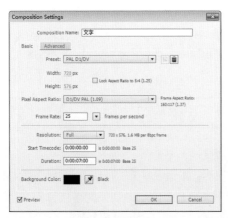

图8.91 建立合成

步骤02 按Ctrl+Y快捷键，此时将打开Solid Settings（固态层设置）对话框，修改Name（名称）为"背景"，设置Color（颜色）为"白色"，如图8.92所示。

图8.92 建立固态层

步骤03 在Effects & Presets（效果和预置）中展开Generate（创造）特效组，然后双击Ramp（渐变）特效，如图8.93所示。

图8.93 添加特效

步骤04 在Effect Controls（特效控制）面板中，展开Ramp（渐变）特效组，修改Start of Ramp（渐变开始）为（360，288），Start Color（开始色）为白色，End of Ramp（渐变结束）为（360，1400），End Color（结束色）为黑色，Ramp Shape（渐变形状）为Radial Ramp（径向渐变），如图8.94所示。

图8.94 设置属性

步骤05 单击工具栏中的Horizontal Type Tool（横排文字工具），设置文字的颜色为蓝色（R:44，G:154，B:217），字体大小为75，行间距为94，如图

8.95所示。在合成窗口中输入文字"Sincere for Gold Stone",注意排列文字的换行,如图8.96所示。

图8.95 设置属性   图8.96 文字的排列方法

步骤06 展开文字选项组,单击Text(文本)右侧的Animate(动画)三角形 ▶ 按钮,从弹出的菜单中选择Anchor Point(定位点)命令,设置Anchor Point(定位点)为(0,−30),如图8.97所示。

图8.97 设置动画1

步骤07 单击Text(文本)右侧的Animate(动画)三角形 ▶ 按钮,从弹出的菜单中分别选择Anchor Point(定位点)、Position(位置)、Scale(缩放)、Rotation(旋转)和Fill Hue(填充色调),建立Animator 2(动画2),如图8.98所示。

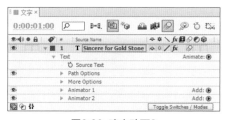

图8.98 建立动画2

步骤08 调整时间到00:00:01:00帧的位置,单击Animator 2(动画2)右侧的Add三角形 ▶ 按钮,从弹出的菜单中选择Selector(选择)|Wiggly(摇摆)命令;然后展开Wiggly Selector 1(摇摆选择器1)选项组,单击Temporal Phase(时间相位)和Spatial Phase(空间相位)左侧的码表 ♻ 按钮,修改Temporal Phase(时间相位)的值为2x,Spatial Phase(空间相位)的值为2x,Position(位置)的值为(400,

400),Scale(缩放)的值为(600,600),Rotation(旋转)的值为1x+115,修改Fill Hue(填充色调)的值为60,如图8.99所示。此时的画面效果如图8.100所示。

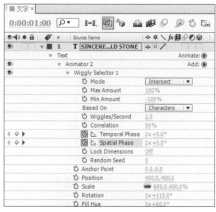

图8.99 设置关键帧

图8.100 画面效果

步骤09 调整时间到00:00:02:00帧的位置,修改Temporal Phase(时间相位)的值为2x+200,Spatial Phase(空间相位)的值为2x+150,如图8.101所示。此时的画面效果如图8.102所示。

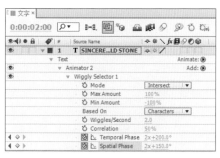

图8.101 设置关键帧

图8.102 画面效果

步骤10 调整时间到00:00:03:00帧的位置，修改Temporal Phase（时间相位）的值为4x+160，Spatial Phase（空间相位）的值为4x+125，如图8.103所示。此时的画面效果如图8.104所示。

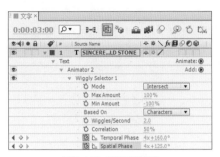

图8.103 设置关键帧

图8.104 画面效果

步骤11 调整时间到00:00:04:00帧的位置，单击Position（位置）、Scale（缩放）、Rotation（旋转）和Fill Hue（填充色调）左侧的按钮，在当前建立关键帧，如图8.105所示。此时的画面效果如图8.106所示。

图8.105 设置关键帧

图8.106 画面效果

步骤12 调整时间到00:00:06:00帧的位置，修改Temporal Phase（时间相位）的值为8x+160，Spatial Phase（空间相位）的值为8x+125，Position（位置）的值为（1，1），Scale（缩放）的值为（100，100），Rotation（旋转）的值为0，Fill Hue（填充色调）的值为0，如图8.107所示。此时的画面效果如图8.108所示。

图8.107 设置关键帧

图8.108 画面效果

8.9.2 添加特效

步骤01 在Effects & Presets（效果和预置）中展开perspective（透视）特效组，然后双击Bevel Alpha（Alpha斜角）特效，如图8.109所示。添加特效后的效果如图8.110所示。

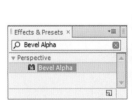

图8.109 添加特效

图8.110 添加特效后的效果

步骤02 在Perspective（透视）特效组，双击Drop Shadow（阴影）特效，如图8.111所示，添加特效后的效果如图8.112所示。

图8.111 添加特效

图8.112 添加特效后的效果

步骤03 单击时间线面板文字层名称右侧的运动模糊 ◎开关，开启运动模糊，如图8.113所示。

图8.113 开启运动模糊属性

步骤04 这样就完成了"飞舞文字"动画的制作，按键盘上的空格键或小键盘上的0键，可以在合成窗口中看到动画的预览，如图8.114所示。

图8.114 "飞舞文字"动画效果

8.10 螺旋飞入文字

难易程度：★★★☆☆

实例说明： 本例主要讲解螺旋飞入文字动画的制作。首先利用蒙版制作亮光背景，通过为文字层添加文本属性制作出文字的螺旋飞入效果，通过添加Shine（光）特效制作出文字的扫光，完成最终动画制作。本例最终的动画流程效果，如图8.115所示。

工程文件： 第8章\螺旋飞入文字

视频位置： movie\8.10 螺旋飞入文字.avi

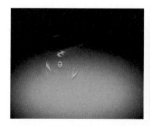

图8.115 螺旋飞入文字最终动画流程效果

知识点

- 学习通过蒙版制作亮光背景的方法
- 学习利用 Animate Text（动画文本）制作螺旋飞入文字动画的方法
- 掌握利用Shine（光）特效添加文字特效光的技巧

8.10.1 新建合成

步骤01 执行菜单栏中的Composition（合成）| New Composition（新建合成）命令，打开Composition Settings（合成设置）对话框，设置Composition Name（合成名称）为"螺旋飞入的文字"，设置Width（宽）为"720"，Height（高）为"576"，Frame Rate（帧率）为"25"，并设置Duration（持续时间）为00:00:04:00秒，如图8.116所示。

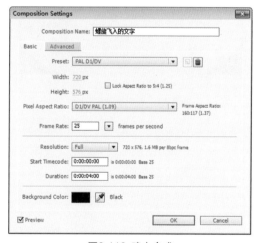
图8.116 建立合成

步骤02 按Ctrl + Y组合键，打开Solid Settings（固态层设置）对话框，设置Name（名称）为"背景层"，Color（颜色）为"蓝色"（R:0，G:192，B:255），如图8.117所示。

图8.117 建立固态层

步骤03 单击工具栏中的Ellipse Tool（椭圆工具）按钮，在合成窗口中，绘制椭圆蒙版，如图8.118所示。

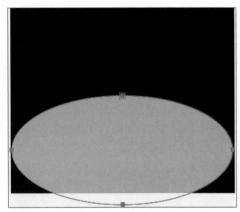

图8.118 绘制椭圆形蒙版

步骤04 在时间线面板中，按F键，打开Mask Feather（蒙版羽化）选项，设置Mask Feather（蒙版羽化）的值为（200，200），如图8.119所示。

图8.119 设置属性

8.10.2 添加文字层及特效

步骤01 单击工具栏中的Horizontal Type Tool（横排文字工具）T按钮，输入文字"After Effects经典视频特效"，设置字体为SimHei，Fill Color（填充颜色）为黄色（R:255，G:210，B:0），大小为65px，并单击Faux Bold（粗体）T按钮，如图8.120所示。此时合成窗口中的文字效果，如图8.121所示。

图8.120 设置属性　　　　图8.121 合成窗口中效果

步骤02 选择"After Effects经典视频特效"文字层，在Effects & Presets（效果和预置）中展开Perspective（透视）特效组，双击Drop Shadow（阴影）特效，如图8.122所示。

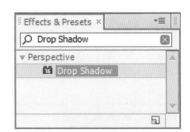

图8.122 添加特效

步骤03 在Effect Controls（特效控制）面板中，修改Drop Shadow（阴影）特效的参数，设置Softness（柔化）的值为4，如图8.123所示。

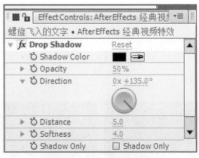

图8.123 设置特效参数

步骤04 在Effects & Presets（效果和预置）中展开Trapcode特效组，双击Shine（光）特效，如图8.124所示。

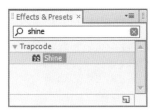

图8.124 添加特效

步骤05 将时间调整到00:00:00:00帧的位置，在Effect Controls（特效控制）面板中，修改Shine（光）特效的参数，单击Source Point（源点）左侧的码表⌚按钮，在当前位置设置关键帧，并修改Source Point（源点）的值为（60，288）；展开Colorize（着色）选项组，在Colorize（着色）下拉菜单中选择None（无）选项；然后在Transfer Mode（转换模式）下拉菜单中选择Add（相加），如图8.125所示。

图8.125 设置参数

步骤06 将时间调整到00:00:03:24帧的位置，修改Source Point（源点）的值为（360，288），如图8.126所示。

图8.126 设置光属性的关键帧动画

8.10.3 建立文字动画

步骤01 分别执行菜单栏中的Animation（动画）| Animate Text（动画文本）| Rotation（旋转）和Opacity（不透明度）命令，为文字添加旋转和不透明度参数，如图8.127所示。

图8.127 添加文字动画

步骤02 将时间调整到00:00:00:00帧的位置，展开"After Effects经典视频特效"层的More Options（更多选项）选项组，从Anchor Point Grouping（定位点编组）下拉菜单中选择Line（线性），设置Grouping Alignment（编组对齐）的值为（-46，0）；展开Animator1（动画1）|Range Selector1（范围选择器1）选项组，设置End（结束）的值为68%，Offset（偏移）的值为-55%，Rotation（旋转）的值为4x，单击Offset（偏移）左侧的码表⌚按钮，在当前位置设置关键帧，如图8.128所示。

图8.128 设置文字动画的关键帧

步骤03 将时间调整到00:00:03:10帧的位置，修改Offset（偏移）的值为100%；展开Advanced（高级）选项组，从Shape（形状）下拉菜单中选择Ramp Up（上倾斜），如图8.129所示。此时拖动时间滑块可看到动画，效果如图8.130所示。

图8.129 设置文字属性

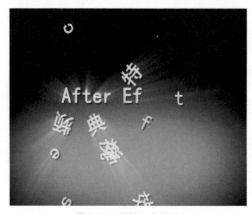

图8.130 螺旋飞入效果

步骤04 在时间线面板中，首先单击"After Effects经典视频特效"右侧属性区的运动模糊◎图标，打开运动模糊选项，然后打开时间线面板中间部分的运动模糊◎开关按钮，如图8.131所示。设置动态模糊后的效果如图8.132所示。

图8.131 开启动态模糊

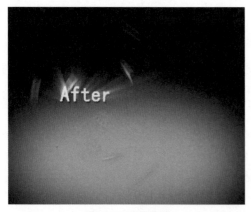

图8.132 画面效果

步骤05 这样就完成了"螺旋飞入文字"的整体制作，按小键盘上的0键，在合成窗口中预览动画，如图8.133所示。

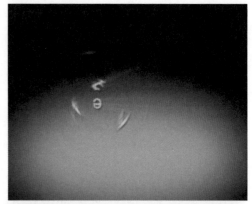

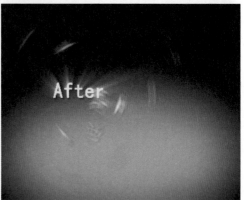

图8.133 螺旋飞入文字动画效果

第 9 章
常见插件炫彩动画

内容摘要

　　After Effects除了内置的特效外，还支持很多特效插件。通过对插件特效的应用，可以使动画的制作更为简便，动画的效果也更为绚丽。本章通过多个实例，详细讲解了几个常用插件的动画制作方法，通过本章的学习，可以掌握常见插件动画的制作技巧。

教学目标

- 掌握3D Stroke（3D笔触）特效的使用
- 掌握Particular（粒子）特效的使用
- 掌握Shine（光）特效的使用
- 掌握Starglow（星光）特效的使用

9.1 Shine(光)——炫丽扫光文字

难易程度： ★☆☆☆☆

实例说明： 本例主要讲解利用Shine（光）特效制作炫丽扫光文字动画效果。本例最终的动画流程效果，如图9.1所示。

工程文件： 第9章\扫光文字动画

视频位置： movie\9.1　Shine（光）——炫丽扫光文字.avi

图9.1　动画流程画面

知识点

- 学习Shine（光）特效的使用
- Ramp（渐变）特效

操作步骤

步骤01 执行菜单栏中的File（文件）|Open Project（打开项目）命令，选择配套资源中的"工程文件\第9章\扫光文字动画\扫光文字动画练习.aep"文件，将文件打开。

步骤02 执行菜单栏中的Layer（层）|New（新建）|Text（文本）命令，新建文字层，此时，Composition（合成）窗口中将出现一个闪动的光标效果，在时间线面板中将出现一个文字层，输入"The visual arts"。在Character（字符）面板中，设置文字字体为CTBiaoSongSJ，字号为60px，字体颜色为白色。

步骤03 为"X-MEN ORIGINS"层添加Shine（光）特效。在Effects & Presets（效果和预置）面板中展开Trapcode特效组，然后双击Shine（光）特效。

步骤04 在Effects Controls（特效控制）面板中，修改Shine（光）特效的参数，设置Ray Length（光线长度）的值为12，从Colorize…（着色）下拉菜单中选择One Color（单色）命令，并设置Color（颜色）为白色，将时间调整到00:00:00:00帧的位置，设置Source Point（发光点）的值为（-784，496），单击Source Point（源点）左侧的码表🕙按钮，在当前位置设置关键帧。

步骤05 将时间调整到00:00:02:24帧的位置，设置Source Point（发光点）的值为（1500，496），系统会自动设置关键帧，如图9.2所示，合成窗口效果如图9.3所示。

图9.2 设置光参数

图9.3 设置光后效果

步骤06 为选中文字层，按Ctrl+D组合键，复制出另一个新的文字层，在Effects Controls（特效控制）面板中，将Shine（光）特效删除。

步骤07 为复制出的文字层层添加Ramp（渐变）特效。在Effects & Presets（效果和预置）面板中展开Generate（创造）特效组，然后双击Ramp（渐变）特效。

步骤08 在Effects Controls（特效控制）面板中，修改Ramp（渐变）特效的参数，设置Start of Ramp（渐变开始）的值为（355，500），Start Color（开始色）为白色，End of Ramp（渐变结束）的值为（91，551），End Color（结束色）为黑色，从Ramp Shape（渐变形状）右侧的下拉菜单中选择Radial Ramp（径向渐变）选项如图9.4所示，合成窗口效果如图9.5所示。

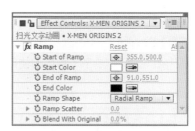

图9.4 设置渐变参数

图9.5 设置渐变后效果

步骤09 这样就完成了炫丽扫光文字动画的整体制作，按小键盘上的0键，即可在合成窗口中预览动画。

9.2 Particular（粒子）——飞舞的彩色粒子

难易程度： ★★☆☆☆

实例说明： 本例主要讲解利用第三方插件Particular（粒子）特效制作出彩色粒子效果，然后通过绘制路径，制作出彩色粒子的跟随动画。本例最终的动画流程效果，如图9.6所示。

工程文件： 第9章\飞舞的彩色粒子

视频位置： movie\9.2 Particular（粒子）——飞舞的彩色粒子.avi

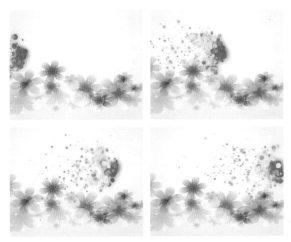

图9.6 飞舞的彩色粒子动画流程效果

知识点

- Particular（粒子）特效的使用
- 粒子沿路径运动的控制

9.2.1 新建合成

步骤01 执行菜单栏中的Composition（合成）| New Composition（新建合成）命令，打开Composition Settings（合成设置）对话框，设置Composition Name（合成名称）为"飞舞的彩色粒子"，Width（宽）为"720"，Height（高）为"576"，Frame Rate（帧率）为"25"，并设置Duration（持续时间）为00:00:04:00秒，如图9.7所示。

图9.7 合成设置

步骤02 单击OK（确定）按钮，在Project（项目）面板中将会创建一个名为"飞舞的彩色粒子"的合成。在Project（项目）面板中双击打开Import File（导入文件）对话框，打开配套资源中的"工程文件/第9章/飞舞的彩色粒子/光背景.jpg"素材，单击【打开】按钮，将素材导入到项目面板中，并且将导入素材拖动到时间线面板中。如图9.8所示。

图9.8 导入文件

9.2.2 制作飞舞的彩色粒子

步骤01 在"飞舞的彩色粒子"合成的时间线面板中按Ctrl+Y组合键，打开Solid Settings（固态层设置）对话框，设置Name（名称）为"彩色粒子"，Color（颜色）为"黑色"，如图9.9所示。

图9.9 新建固态层

步骤02 单击OK（确定）按钮，在时间线面板中将会创建一个名为"彩色粒子"的固态层。选择"彩色粒子"固态层，在Effects & Presets（效果和预置）面板中展开Trapcode特效组，然后双击Particular（粒子）特效，如图9.10所示。

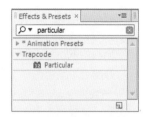

图9.10 添加粒子特效

步骤03 在Effects Controls（特效控制）面板中，修改Particular（粒子）特效的参数，展开Emitter（发射器）选项组，首先在Emitter Type（发射器类型）右侧的下拉菜单中选择Sphere（球形），设置Particles/sec（每秒发射粒子数）的值为500，Velocity（速度）的值为200，Velocity Random（速度随机）的值为80，Velocity from Motion（运动速度）的值为10，Emitter Size Y（发射器Y轴尺寸）的值为100，如图9.11所示。设置完成后，其中一帧的画面效果，如图9.12所示。

图9.11 发射器参数设置

图9.12 设置后的效果

步骤04 展开Particle（粒子）选项组，在Particle Type（粒子类型）右侧的下拉菜单中选择Glow Sphere

（发光球），然后设置Life（生命）的值为1，Lift Random（生命随机）的值为50，Sphere Feather（球羽化）的值为0，Size（尺寸）的值为13，Size Random（大小的随机性）的值为100，然后展开Size over Life（生命期内的大小变化）选项，使用鼠标绘制如图9.21所示的形状；在Set Color（颜色设置）右侧的下拉菜单中选择Over Life（生命期内的变化），Transfer Mode（转换模式）右侧的下拉菜单中选择Add（相加），参数设置，如图9.13所示。此时其中一帧的画面效果，如图9.14所示。

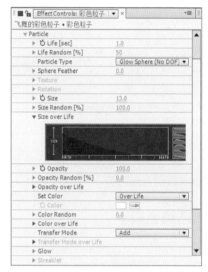

图9.13 粒子参数设置

图9.14 大小颜色变化

步骤05 在时间线面板中按Ctrl+Y组合键，打开Solid Settings（固态层设置）对话框，新建一个Name（名称）为路径，Color（颜色）为黑色的固态层。

步骤06 选择"路径"固态层，单击工具栏中的Pen Tool（钢笔工具）按钮，在合成窗口中绘制一条路径，如图9.15所示。然后在时间线面板中，单击"路径"固态层左侧的眼睛 👁 图标，将"路径"固态层隐藏，如图9.16所示。

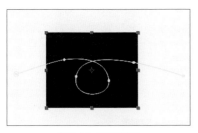

图9.15 绘制路径

图9.16 隐藏"路径"层

步骤07 制作路径跟随动画。在时间线面板中按M键，打开"路径"固态层的Mask Path（遮罩路径）选项，然后单击Mask Path（遮罩路径）选项，按Ctrl+C组合键，将其复制，如图9.17所示。

图9.17 复制Mask Path（遮罩路径）选项

步骤08 将时间调整到00:00:00:00帧的位置，选择"彩色粒子"固态层，选择Position XY（XY轴位置）选项，按Ctrl + V组合键，将Mask Path（遮罩路径）粘贴到Position XY（XY轴位置）选项上，完成后的效果，如图9.18所示。

图9.18 制作路径跟随动画

步骤09 将时间调整到00:00:03:24帧的位置，选择"彩色粒子"固态层的最后一个关键帧，将其拖动到00:00:03:24帧的位置，如图9.19所示。

图9.19 调整关键帧位置

步骤10 这样就完成了"飞舞的彩色粒子"的整体制作，按小键盘上的0键，在合成窗口中预览动画，如图9.20所示。

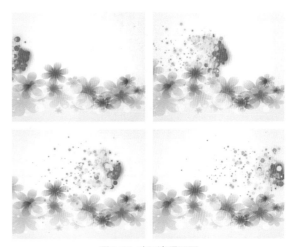

图9.20 动画流程画面

9.3 Particular（粒子）——旋转空间

难易程度： ★ ★ ★ ☆ ☆

实例说明： 本例主要讲解利用Particular（粒子）特效制作旋转空间效果。本例最终的动画流程效果，如图9.21所示。

工程文件： 第9章\旋转空间

视频位置： movie\9.3 Particular（粒子）——旋转空间.avi

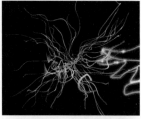

图9.21 动画流程画面

知识点

- 掌握Particular（粒子）特效的使用。
- 掌握Curves（曲线）特效的使用。

9.3.1 新建合成

步骤01 执行菜单栏中的Composition（合成）| New Composition（新建合成）命令，打开Composition Settings（合成设置）对话框，设置Composition Name（合成名称）为"旋转空间"，Width（宽）为"720"，Height（高）为"576"，Frame Rate（帧率）为"25"，并设置Duration（持续时间）为00:00:05:00秒，如图9.22所示。

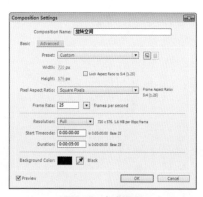

图9.22 合成设置

步骤02 执行菜单栏中的File（文件）| Import（导入）| File（文件）命令，打开Import File（导入文件）对话框，选择配套资源中的"工程文件\第9章\旋转空间\手背景.jpg"素材，如图9.23所示。单击打开按钮，"手背景.jpg"素材将导入到Project（项目）面板中。

图9.23 Import File（导入文件）对话框

9.3.2 制作粒子生长动画

步骤01 打开"旋转空间"合成，在Project（项目）面板中选择"手背景.jpg"素材，将其拖动到"旋转空间"合成的Timeline（时间线）面板中，如图9.24所示。

图9.24 添加素材

步骤02 在时间线面板中按Ctrl+Y组合键，打开Solid Settings（固态层设置）对话框，设置Name（名称）为粒子，Color（颜色）为白色，如图9.25所示。

图9.25 新建"粒子"固态层

步骤03 单击OK（确定）按钮，在时间线面板中将会创建一个名为"粒子"的固态层。选择"粒子"固态层，在Effects & Presets（效果和预置）面板中展开Trapcode特效组，然后双击Particular（粒子）特效，如图9.26所示。

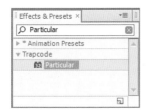

图9.26 添加Particular（粒子）特效

步骤04 在Effects Controls（特效控制）面板中，修改Particular（粒子）特效的参数，展开Aux System（辅助系统）选项组，在Emit（发射器）右侧的下拉菜单中选择From Main Particles（从主粒子），设置Particles/sec（每秒发射粒子数）的值为235，Life（生命）的值为1.3，Size（尺寸）的值为1.5，Opacity（不透明度）的值为30，参数设置，如图9.27所示。其中一帧的画面效果，如图9.28所示。

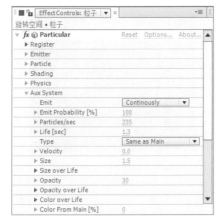

图9.27 Aux System（辅助系统）选项组的参数设置

图9.28 其中一帧的画面效果

步骤05 将时间调整到00:00:01:00帧的位置，展开Physics（物理）选项组，接着单击Physics Time Factor（物理时间因素）左侧的码表🕐按钮，在当前位置设置关键帧；然后展开Air（空气）选项中的Turbulence Field（混乱场）选项，设置Affect Position（影响位置）的值为155，参数设置如图9.29所示。此时的画面效果，如图9.30所示。

图9.29 在00:00:01:00帧的位置设置关键帧

图9.30 00:00:01:00帧的画面

提示 影响位置的设置可以在一个指定范围内产生控制，在实现随机扭曲效果时尤为重要。

步骤06 将时间调整到00:00:01:10帧的位置，修改Physics Time Factor（物理时间因素）的值为0，如图9.31所示。此时的画面效果，如图9.32所示。

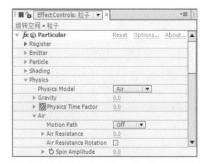

图9.31 修改Physics Time Factor的值为0

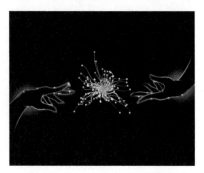

图9.32 00：00：01：10帧的画面

步骤07 展开Particle（粒子）选项组，设置Size（尺寸）的值为0，此时白色粒子球消失，参数设置如图9.33所示。此时的画面效果如图9.34所示。

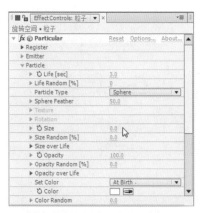

图9.33 设置Size（尺寸）的值为0

图9.34 白色粒子球消失

提示 在特效控制面板中使用快捷键Ctrl+Shift+E组合键可以移除所有添加的特效。

步骤08 将时间调整到00：00：00：00帧的位置，展开Emitter（发射器）选项组，设置Particles/sec（每秒发射粒子数）的值为1800，然后单击Particles/sec（每秒发射粒子数）左侧的码表按钮，在当前位置设置关键帧；设置Velocity（速度）的值为160，Velocity Random（速度随机）的值为40，参数设置如图9.35所示。此时的画面效果如图9.36所示。

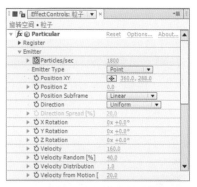

图9.35 设置Emitter（发射器）选项组的参数

图9.36 00：00：00：00帧的画面

步骤09 将时间调整到00：00：00：01帧的位置，修改Particles/sec（每秒发射粒子数）的值为0，系统将在当前位置自动设置关键帧。这样就完成了粒子生长动画的制作，拖动时间滑块，预览动画，其中几帧的画面效果，如图9.37所示。

图9.37

图9.37 其中几帧的画面效果（续）

9.3.3 制作摄像机动画

步骤01 添加摄像机。执行菜单栏中的Layer（层）|
New（新建）| Camera（摄像机）命令，打开Camera
Settings（摄像机设置）对话框，设置Preset（预置）
为24mm，参数设置如图9.38所示。单击OK（确定）
按钮，在时间线面板中将会创建一个摄像机。

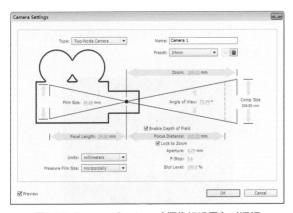

图9.38 Camera Settings（摄像机设置）对话框

步骤02 在时间线面板中，打开"手背景.jpg"层的三
维属性开关。将时间调整到00:00:00:00帧的位置，选
择"Camera 1"层，单击其左侧的灰色三角形▼按
钮，将展开Transform（转换）选项组，然后分别单
击Point of Interest（中心点）和Position（位置）左侧
的⊙按钮，在当前位置设置关键帧，参数设置如图
9.39所示。

图9.39 为摄像机设置关键帧

步骤03 将时间调整到00:00:01:00帧的位置，修改
Point of Interest（中心点）的值为（320，288，
0），Position（位置）的值为（−165，360，530），
如图9.40所示。此时的画面效果，如图9.41所示。

图9.40 修改中心点和位置的值

图9.41 00:00:01:00帧的画面效果

步骤04 将时间调整到00:00:02:00帧的位置，修改
Point of Interest（中心点）的值为（295，288，
180），Position（位置）的值为（560，360，
−480），如图9.42所示。此时的画面效果，如图9.43
所示。

图9.42 在00:00:02:00帧的位置修改参数

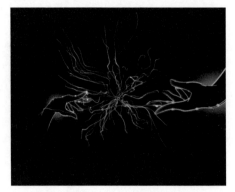

图9.43 00:00:02:00帧的画面效果

步骤05 将时间调整到00:00:03:04帧的位置，修改Point of Interest（中心点）的值为（360，288，0），Position（位置）的值为（360，288，−480），如图9.44所示。此时的画面效果，如图9.45所示。

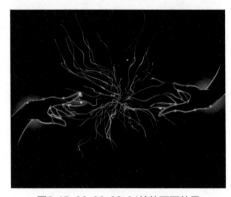

图9.44 在00:00:03:04帧的位置修改参数

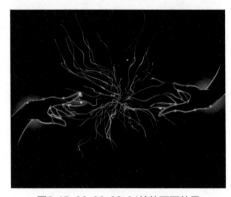

图9.45 00:00:03:04帧的画面效果

步骤06 调整画面颜色。执行菜单栏中的Layer（层）| New（新建）| Adjustment Layer（调整层）命令，在时间线面板中将会创建一个"Adjustment Layer1"层，如图9.46所示。

图9.46 添加调整层

步骤07 为调整层添加Curves（曲线）特效。选择"Adjustment Layer1"层，在Effects & Presets（效果和预置）面板中展开Color Correction（色彩校正）特效组，然后双击Curves（曲线）特效，如图9.47所示。在Effects Controls（特效控制）面板中，调整曲线的形状，如图9.48所示。

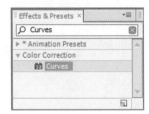

图9.47 添加Curves（曲线）特效

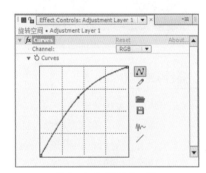

图9.48 调整曲线形状

步骤08 调整曲线的形状后，在合成窗口中观察画面色彩变化，调整前的画面效果，如图9.49所示。调整后的画面效果，如图9.50所示。

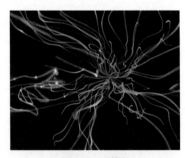

图9.49 调整前

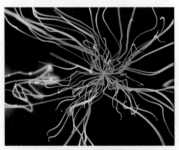

图9.50 调整后

步骤09 这样就完成了"旋转空间"的整体制作，按小键盘上的0键，在合成窗口中预览动画。

9.4 Particular（粒子）——炫丽光带

难易程度：★★★☆☆

实例说明：本例主要讲解利用Particular（粒子）特效制作炫丽光带的效果。本例最终的动画流程效果，如图9.51所示。

工程文件：第9章\炫丽光带

视频位置：movie\9.4 Particular（粒子）——炫丽光带.avi

图9.51 动画流程画面

知识点

● 掌握Particular（粒子）特效的使用
● 掌握Glow（发光）特效的使用

9.4.1 绘制光带运动路径

步骤01 执行菜单栏中的Composition（合成）| New Composition（新建合成）命令，打开Composition Settings（合成设置）对话框，设置Composition Name（合成名称）为"炫丽光带"，Width（宽）为"720"，Height（高）为"405"，Frame Rate（帧率）为"25"，并设置Duration（持续时间）为00:00:10:00秒。

步骤02 按Ctrl + Y组合键，打开Solid Settings（固态层设置）对话框，设置Name（名称）为"路径"，Color（颜色）为"黑色"，如图9.52所示。

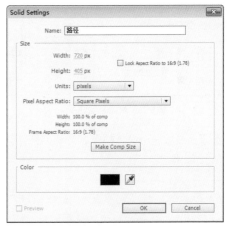

图9.52 设置固态层

步骤03 选中"路径"层，单击工具栏中的Pen Tool（钢笔工具）按钮，在Composition（合成）窗口中绘制一条路径，如图9.53所示。

图9.53 绘制路径

9.4.2 制作光带特效

步骤01 按Ctrl+Y组合键，打开Solid Settings（固态层设置）对话框，设置Name（名称）为"光带"，Color（颜色）为"黑色"。

步骤02 在时间面板中，选择"光带"层，在Effects & Presets（效果和预置）面板，展开Trapcode特效组，然后双击Particular（粒子）特效。

步骤03 选择"路径"层，按M键，将蒙板属性列表选项展开，选中Mask Path（遮罩形状），按Ctrl+C组合键，复制Mask Path（遮罩形状）。

步骤04 选择"光带"层，在时间线面板中，展开Effects（效果）|Particular（粒子）|Emitter（发射器）选项，选中Position XY（XY轴位置）选项，按Ctrl+V组合键，把"路径"层的路径复制给Particular（粒子）特效中的Position XY（XY轴位置），如图9.54所示。

图9.54 复制蒙板路径

步骤05 选择最后一个关键帧向右拖动，将其时间延长，如图9.55所示。

图9.55 选择最后一个关键帧向右拖动

步骤06 在Effect Controls（特效控制）面板中修改Particular（粒子）特效参数，展开Emitter（发射器）选项组，设置Particles/sec（每秒发射粒子数）的值为1000。从Position Subframe（子位置）右侧的下拉列表框中选择10x Linear（10x线性）选项，设置Velocity（速度）的值为0，Velocity Random（速度随机）的值为0，Velocity Distribution（速度分布）的值为0，Velocity From Motion（运动速度）的值为0，如图9.56所示。

图9.56 设置Emitter（发射器）选项组中参数

步骤07 展开Particle（粒子）选项组，从Particle Type（粒子类型）右侧的下拉列表中选择Streaklet（条纹）选项，设置Streaklet Feather（条纹羽化）的值为100，Size（尺寸）的值为49，如图9.57所示。

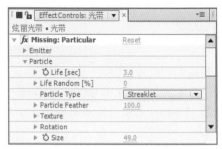

图9.57 设置Particle Type（粒子类型）参数

步骤08 展开Size Over Life（生命期内的大小变化）选项，单击▬▬按钮，展开Opacity Over Life（不透明度随机）选项，单击▬▬按钮，并将Color（颜色）改成橙色（R:114，G:71，B:22），从Transfer Mode（模式转换）右侧的下拉列表中选择Add（相加），如图9.58所示。

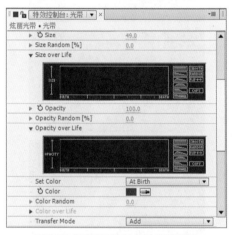

图9.58 设置粒子死亡后和透明随机

步骤09 展开Streaklet（条纹）选项组，设置Random Seed（随机种子）的值为0，No Streaks（无条纹）的值为15，Streak Size（条纹大小）的值为11，具体设置如图9.59所示。

图9.59 设置Streaklet（条纹）选项组中参数值

9.4.3 制作辉光特效

步骤01 在时间线面板中选择"光带"层，按Ctrl+D组合键复制出另一个新的图层，重命名为"粒子"。

步骤02 在Effect Controls（特效控制）面板中修改Particular（粒子）特效参数，展开Emitter（发射器）选项组，设置Particles/sec（每秒发射粒子数）的值为200，Velocity（速度）的值为20，如图9.60所示，合成窗口效果7.61所示。

图9.60 设置粒子参数

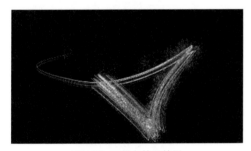

图9.61 设置参数后效果

步骤03 展开Paeticle（粒子）选项组，设置Life（生命）的值为4，从Particle Type（粒子类型）右侧的下拉列表中选择Sphere（球）选项，设置Sphere Feather（球羽化）的值为50，Size（尺寸）的值为2，展开Opacity over Life（不透明度随机）选项，单击 ▭▭▭▭ 按钮。

步骤04 在时间线面板中，选择"粒子"层的Mode（模式）为Add（添加）模式，如图9.62所示，合成窗口效果如图9.63所示。

图9.62 设置添加模式

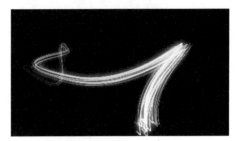

图9.63 设置粒子后效果

步骤05 为"光带"层添加Glow（发光）特效。在Effects & Presets（效果和预置）中展开Stylize（风格化）特效组，然后双击Glow（发光）特效。

步骤06 在Effect Controls（特效控制）面板中修改Glow（发光）特效参数，设置Glow Threshold（发光阈值）的值为60，Glow Radius（发光半径）的值为30，Glow Intensity（发光强度）的值为1.5，如图9.64所示，合成窗口效果如图9.65所示。

图9.64 设置辉光特效参数

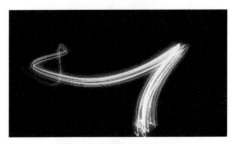

图9.65 设置辉光后效果

步骤07 这样就完成了炫丽光带的整体制作，按小键盘上的0键，即可在合成窗口中预览动画。

9.5 3D Stroke（3D笔触）——流动的光边

难易程度： ★ ★ ★ ☆ ☆

实例说明： 本例学习通过利用3D Stroke（3D笔触）特效制作光边效果，配合遮罩及透明度动画的运用完成最终的动画效果。本例最终的动画流程效果，如图9.66所示。

工程文件： 第9章\流动的光边

视频位置： movie\9.5 3D Stroke（3D笔触）——流动的光边.avi

图9.66 流动的光边动画流程效果

知识点

- Pen Tool（钢笔工具）的使用
- 3D Stroke（3D笔触）特效的使用
- Glow（发光）特效的使用

9.5.1 导入素材

步骤01 执行菜单栏中的File（文件）| Import（导入）| File（文件）命令，打开Import File（导入文件）对话框，选择配套资源中的"工程文件\第9章\流动的光线\车.psd、背景.psd"素材，如图9.67所示。导入后的效果如图9.68所示。

图9.67 选择素材

图9.68 导入效果

步骤02 执行菜单栏中的Composition（合成）| New Composition（新建合成）命令，打开 Composition Settings（合成设置）对话框，设置Composition Name（合成名称）为"车"，Width（宽）为"720"，Hight（高）为"576"，Frame Rate（帧率）为"25"，并设置Duration（持续时间）为3秒，将"车.psd、背景.psd"导入。

9.5.2 添加3D笔触特效

步骤01 按Ctrl+Y组合键，打开Solid Settings（固态层设置）对话框，设置Name（名称）为"光线"，Color（颜色）为"黑色"，如图9.69所示。

图9.69 建立光线固态层

步骤02 在Effects & Presets（效果和预置）面板中展开Trapcode特效组，然后双击3D Stroke（3D笔触）特效，如图9.70所示。

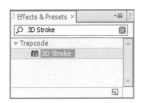

图9.70 添加特效

步骤03 选择工具栏中的Pen Tool（钢笔工具） ，在合成窗口中从画面的左端向右端沿车的外轮扩绘制，如图9.71所示。注意节点摇柄的调节绘制出车的弧度，如图9.72所示。

图9.71 绘制曲线路径

图9.72 调节路径

步骤04 在Effect Controls（特效控制）面板中，展开3D Stroke（3D笔触）选项组，设置Color为白色，设置Thickness（宽度）的值为3，展开Taper（锥形）选项组，勾选Enable（启用）复选框，如图9.73所示。可在合成窗口看到设置描边属性后的效果，如图9.74所示。

图9.73 设置属性

图9.74 设置后的效果

步骤05 将时间调整到00:00:00:00帧的位置，修改End（结束）的值为0，并单击左侧的码表 按钮为其设置关键帧；将时间调整到00:00:01:00帧的位置，单击Start（开始）左侧的码表 按钮，并修改End（结束）的值为100；将时间调整到00:00:02:00帧的位置，修改Start（开始）的值为100。

步骤06 在Effects & Presets（效果和预置）面板中展开Stylize（风格化）特效组，然后双击Glow（发光）特效，如图9.75所示。

图9.75 添加特效

步骤07 调整时间到00:00:00:00帧的位置，选择"车.psd"素材层，按T键打开Opacity（不透明度）属性，单击Opacity（不透明度）属性左侧的码表按钮，在当前建立关键帧，设置Opacity（不透明度）的值为0%；调整时间到00:00:01:00帧的位置，设置Opacity（不透明度）的值为100%，如图9.76所示。

图9.76 修改透明度

9.5.3 设置动画

步骤01 调整时间到00:00:01:00帧的位置，选择"背景.psd"素材层，按T键打开Opacity（不透明度）属性，单击Opacity（不透明度）属性左侧的码表按钮，在当前建立关键帧，设置Opacity（不透明度）的值为0%；调整时间到00:00:02:00帧的位置，设置Opacity（不透明度）的值为100%，如图9.77所示。

图9.77 设置"背景.psd"的关键帧动画

步骤02 这样就完成了"流动的光边"效果的整体制作，按小键盘上的0键，在合成窗口中预览动画，效果如图9.78所示。

图9.78 "流动的光边"动画效果

9.6 3D Stroke（3D笔触）——彩色光环

难易程度： ★★☆☆☆

实例说明： 本例主要讲解彩色光环动画的制作。先导入背景素材，再通过固态层绘制路径，并通过3D Stroke（3D笔触）特效为路径描边并制作描边动画，然后添加粒子动画，通过路径的粘贴完成彩色光环动画的制作。本例最终的动画流程效果，如图9.79所示。

工程文件： 第9章\彩色光环

视频位置： movie\9.6 3D Stroke（3D笔触）——彩色光环.avi

图9.79 彩色光环最终动画流程效果

知识点

- 学习3D Stroke（3D笔触）、Particular（粒子）特效的使用
- 层模式的设置及椭圆工具的使用

9.6.1 导入素材

步骤01 执行菜单栏中的Composition（合成）| New Composition（新建合成）命令，打开 Composition Settings（合成设置）对话框，设置Composition Name（合成名称）为"粒子绘图"，Width（宽）为"352"，Height（高）为"288"，Frame Rate（帧率）为"25"，并设置Duration（持续时间）为"8"秒，如图9.80所示。

图9.80 合成设置

步骤02 执行菜单栏中的File（文件）| Import（导入）| File（文件）命令，或按Ctrl+I组合键，打开 Import File（导入文件）对话框，选择配套资源中的"工程文件\第9章\彩色光环\背景.jpg"素材，如图9.81所示。

图9.81 导入素材

步骤03 在Project（项目）面板中，选择"背景.jpg"将其拖动到时间线面板中，如图9.82所示。

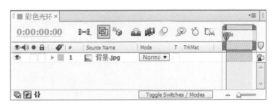

图9.82 添加素材

9.6.2 制作心形路径动画

步骤01 执行菜单栏中的Layer（图层）| New（新建）| Solid（固态层）命令，打开Solid Settings（固态层设置）对话框，设置Name（名字）为"路径"，参数设置如图9.83所示。

图9.83 Solid Settings（固态层设置）对话框

步骤02 单击工具栏中的Ellipse Tool（椭圆工具）按钮，绘制一个圆形路径，如图9.84所示。

图9.84 绘制路径

步骤03 为路径描边。在时间线面板中单击选择"路径"层，在Effects & Presets（效果和预置）面板中展开Trapcode特效组，然后双击3D Stroke（3D笔触）特效，如图9.85所示。此时，从Composition（合成）窗口中，可以看到给路径添加特效后的效果，如图9.86所示。

图9.85 添加特效

图9.86 特效应用后的效果

步骤04 在Effect Controls（特效控制）面板中，设置
Color（颜色）为白色，Thickness（粗细）的值为4，
Feather（羽化）的值为100，如图9.87所示。此时，
从Composition（合成）窗口中，可以看到路径修改
后的效果，如图9.88所示。

图9.87 参数修改

图9.88 修改后的效果

步骤05 设置时间为00:00:01:00帧的位置。在Effect
Controls（特效控制）面板中，单击Offset（偏移）左
侧的码表按钮，在当前时间添加关键帧，并修改
Offset（偏移）的值为−100，如图9.89所示。在
Composition（合成）窗口中可以看到路径白色的描
边线消失了。

图9.89 00:00:01:00帧参数设置

步骤06 调整时间为00:00:07:00帧的位置。修改Offset
（偏移）的值为0，如图9.90所示。这时，从
Composition（合成）窗口中可以看到路径白色的描
边线完全显示出来。

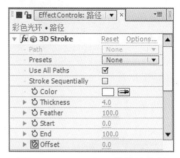

图9.90 00:00:07:00帧修改参数

步骤07 此时拖动时间滑块播放动画，可以看到路径
出现的描边动画效果，其中的动画过程，如图9.91
所示。

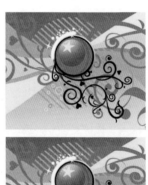

图9.91 路径的描边动画效果

9.6.3 添加粒子绘图

步骤01 执行菜单栏中的Layer（图层）| New（新
建）| Solid（固态层）命令，打开Solid Settings（固
态层设置）对话框，参数设置如图9.92所示。

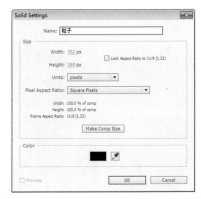

图9.92 Solid Settings（固态层设置）对话框

步骤02 选择"粒子"层，在Effects & Presets（效果和预置）面板中展开Trapcode特效组，然后双击Particular（粒子）特效，如图9.93所示。此时，拖动时间滑块，可以从Composition（合成）窗口中看到粒子的动画效果，其中的一帧，如图9.94所示。

图9.93 双击特效

图9.94 粒子效果

步骤03 在Effect Controls（特效控制）面板中，展开Emitter（发射器）选项组，设置Particles/sec（每秒发射粒子数）的值为110，Velocity（速度）的值为30，Velocity Random（速度随机）的值为2，Velocity from Motion（运动速度）的值为10，如图9.95所示。

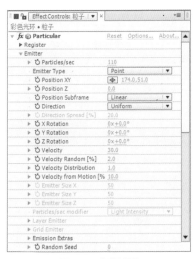

图9.95 参数设置

步骤04 展开Particle（粒子）选项组，设置Life（生命）的值为2，Life Random（生命随机）的值为5，从Particle Type（粒子类型）下拉菜单中选择Glow Sphere（发光球体），设置Sphere Feather（球形羽化）的值为50，其他参数设置如图9.96所示。

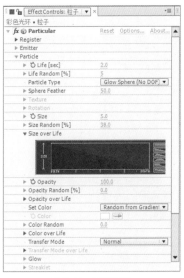

图9.96 参数设置

步骤05 从Set Color（设置颜色）下拉菜单中选择Over Life（生命），并在Color Over Life（生命色）选项中单击右侧的渐变区域，设置颜色为七彩渐变效果，如图9.97所示。

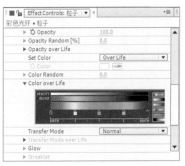

图9.97 设置粒子颜色

步骤06 为了更加突出粒子的效果，在时间线面板中，设置粒子层的Mode（模式）为Add（相加）效果，如图9.98所示。

图9.98 设置层模式

步骤07 将时间调整到00:00:01:00帧的位置，在时间线面板中选择"路径"层，按M键打开蒙版，选择Mask Path（蒙版路径）名称，按Ctrl+C组合键将路径复制，然后选择"粒子"层，展开粒子选项组，选择Position XY（XY轴位置）参数，按Ctrl+V组合键将复制的路径粘贴到此处，如图9.99所示。

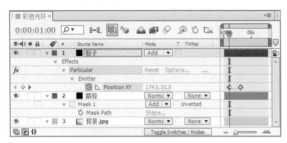

图9.99 复制粘贴路径

步骤08 选择后面的关键帧，将其拖动到00:00:07:00帧的位置，如图9.100所示。

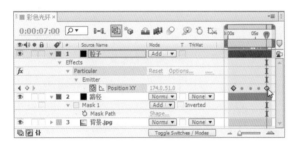

图9.100 移动关键帧

步骤09 这样，就完成了"彩色光环"动画的制作，按小键盘上的0键，可以预览动画效果。

9.7 3D Stroke（3D笔触）——动画背景

难易程度：★★☆☆☆

实例说明： 本例主要讲解动画背景的制作。首先输入文字，并应用Vegas（描绘）特效制作出光线运动效果，通过运用Glow（发光）特效，调节出光线的荧光效果，完成动画背景的整体制作。本例最终的动画流程效果，如图9.101所示。

工程文件： 第9章\动画背景

视频位置： movie\9.7 3D Stroke（3D笔触）——动画背景.avi

图9.101 动画背景最终动画流程效果

知识点
● 学习Vegas（描绘）特效的应用
● 制作文字合成
● 掌握动画背景的制作

9.7.1 制作文字合成

步骤01 执行菜单栏中的Composition（合成）| New Composition（新建合成）命令，打开Composition Settings（合成设置）对话框，设置Composition Name（合成名称）为"文字1"，Width（宽）为"352"，Height（高）为"288"，Frame Rate（帧率）为"25"，并设置Duration（持续时间）为00:00:05:00秒，如图9.102所示。

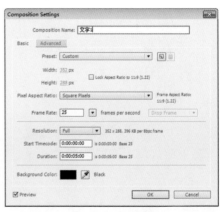

图9.102 合成设置

步骤02 执行菜单栏中的File（文件）| Import（导入）| File（文件）命令，打开Import File（导入文件）对话框，选择配套资源中的"工程文件\第9章\动画背景\背景1.jpg"素材，如图9.103所示。

图9.103 Import File对话框

步骤03 单击工具栏中的Horizontal Type Tool（横排文字工具）T按钮，在"文字1"合成窗口中输入英文"SV"，设置字体为Arial，字体Fill Color（填充颜色）为白色，字符大小为300px，并单击Faux Bold（加粗）T按钮，如图9.104所示。设置后的画面效果，如图9.105所示。

图9.104 设置字体参数　　图9.105 输入英文"HE"

步骤04 选择"SV"文字层，按P键，打开Position（位置）选项，设置Position（位置）的值为（-12,366），如图9.106所示。

图9.106 设置Position（位置）的值

步骤05 将Position（位置）的值设置为（-12,366）后，"文字1"合成窗口中的画面效果，如图9.107所示。

图9.107 设置后的画面效果

步骤06 新建一个Composition Name（合成名称）为"文字2"，Width（宽）为"352"，Height（高）为"288"，Frame Rate（帧率）为"25"，Duration（持续时间）为00:00:05:00秒的合成。

步骤07 在"文字2"的合成窗口中，输入英文"BSR"，设置字体为Arial，字体Fill Color（填充颜色）为白色，字符大小为200px，并单击Faux Bold（加粗）T按钮，如图9.108所示。

步骤08 选择"BSR"文字层，按P键，打开Position（位置）选项，设置Position（位置）的值为（157,106），设置后的画面效果，如图9.109所示。

图9.108 设置字体参数　　图9.109 画面效果

9.7.2 制作描边光线

步骤01 新建一个Composition Name（合成名称）为"动画背景"，Width（宽）为"352"，Height（高）为"288"，Frame Rate（帧率）为"25"，Duration（持续时间）为00:00:05:00秒的合成。

步骤02 在项目面板中选择"文字1.jpg""文字2.jpg"和"背景.jpg"3个素材，将其拖动到时间线面板中，如图9.110所示。

图9.110 导入素材

步骤03 按Ctrl+Y快捷键，此时将打开Solid Settings（固态层设置）对话框，修改Name（名称）为"紫光"，设置Color（颜色）为"黑色"，如图9.111所示。

图9.111 打开Solid Settings（固态层设置）对话框

步骤04 选择"紫光"固态层，在Effects & Presets（效果和预置）面板中展开Generate（创造）特效组，双击Vegas（勾画）特效，如图9.112所示。

图9.112 添加特效

步骤05 将时间设置到00:00:00:00帧的位置，在Effect Controls（特效控制）面板中为Vegas（勾画）特效设置参数，展开Segments（线段）选项组，设置Segments（线段）的值为1，Length（长度）的值为0.25，单击Rotation（旋转）左侧的码表 按钮，在当前位置设置关键帧；勾选Random Phase（随机相位）复选框，设置Random Seed（随机种子）的值为6；展开Rendering（渲染）选项组，设置Color（颜色）为白色，如图9.113所示。

图9.113 设置特效的参数

> **提示** Image Contour（图像轮廓）：控制图像描绘的相关设置。Input Layer（输入层）：制定一个用来描绘的层。Invert Input（反转输入）：勾选该复选框，将反转输入描边区域。Threshold（极限）：设置描绘的通道极限。Pre-Blur（模糊）：对描绘的线条进行柔化处理。Segments（线段）：设置描绘的线段数量。值越大，线段分的数量越多。Length（长度）：设置描绘的线段长度。值越大，线段越长。Rotation（旋转）：设置线段的旋转角度，可以通过修改角度值来控制线段的位置。Random Phase（随机相位）：勾选该复选框，可以将线段位置随机分布。Random Seed（随机种子）：设置线段相位随机的种子数。

步骤06 将时间设置到00:00:04:24帧的位置，修改Rotation（旋转）的值为-1x -240，系统将在当前位置设置关键帧。

步骤07 选择"紫光"固态层，在Effects & Presets（效果和预置）面板中展开Stylize（风格化）特效组，双击Glow（发光）特效，如图9.114所示。

图9.114 添加特效

步骤08 在Effect Controls（特效控制）面板中，为Glow（发光）特效设置参数，设置Glow Threshold（发光阈值）的值为20%，Glow Radius（发光半径）的值为20，Glow Intensity（发光强度）的值为

2；从Glow Colors（发光色）下拉菜单中选择A&B Color（A和B 颜色）；设置Color A（颜色A）为蓝色（R:0，G:48，B:255），Color B（颜色B）为紫色（R:192，G:0，B:255），如图9.115所示。

图9.115 设置特效的参数

步骤09 选择"紫光"固态层，按Ctrl+D快捷键，复制"紫光"固态层，将复制出的"紫光"固态层重命名为"绿光"，如图9.116所示。

图9.116 重命名为"绿光"

步骤10 选择"绿光"固态层，在Effect Controls（特效控制）面板中，修改Color A（颜色A）为青色（R:0，G:228，B:255），Color B（颜色B）为绿色（R:0，G:255，B:30），如图9.117所示。

图9.117 修改Glow（发光）特效的参数

步骤11 选择"紫光"层，在Effect Controls（特效控制）面板中，展开Image Contours（图像轮廓）选项

组，从Input Layer（输入层）下拉菜单中选择"文字2"，如图9.118所示。此时的画面效果，如图9.119所示。

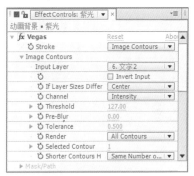

图9.118 选择"文字2"

图9.119 画面效果

步骤12 选择"绿光"层，展开Image Contours（图像轮廓）选项组，从Input Layer（输入层）下拉菜单中选择"文字1"，如图9.120所示。设置后的画面效果，如图9.121所示。

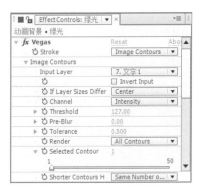

图9.120 选择"文字1"

图9.121 画面效果

步骤13 选择"紫光"和"绿光"两个固态层，将两个固态层Mode（模式）修改为Add（相加）；按Ctrl＋D快捷键，系统将自动复制出"紫光"和"绿光"层，将复制出的"紫光"和"绿光"固态层，分别重命名为"紫光2"和"绿光2"，如图9.122所示。

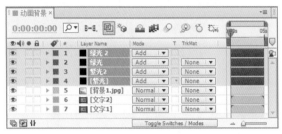

图9.122 将Mode（模式）修改为Add（相加）

步骤14 选择"文字1"和"文字2"层，单击其左侧的眼睛●图标，将"文字1"和"文字2"层隐藏，如图9.123所示。

图9.123 隐藏"文字1"和"文字2"层

步骤15 这样就完成了"动画背景"的整体制作，按小键盘上的0键播放预览。

9.8 Starglow（星光）——文字拖尾

难易程度：★★★☆☆

实例说明：本例主要讲解利用Starglow（星光）特效制作文字拖尾效果。本例最终的动画流程效果，如图9.124所示。

工程文件：第9章\文字拖尾

视频位置：movie\9.8 Starglow（星光）——文字拖尾.avi

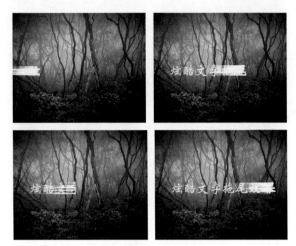

图9.124 文字拖尾动画流程效果

知识点

- Starglow（星光）特效的使用
- Horizontal Type Tool（横排文字工具）**T**的使用
- Ellipse Tool（椭圆工具）●的使用

9.8.1 新建合成

步骤01 执行菜单栏中的Composition（合成）| New Composition（新建合成）命令，打开Composition Settings（合成设置）对话框，设置Composition Name（合成名称）为"文字拖尾"，Width（宽）为"720"，Height（高）为"576"，Frame Rate（帧率）为"25"，并设置Duration（持续时间）为00:00:02:00秒，如图9.125所示。

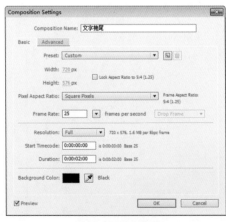

图9.125 合成设置

步骤02 单击OK（确定）按钮，在Project（项目）面板中将会创建一个名为"文字拖尾"的合成，在Project（项目）面板中双击打开Import File（导入文件）对话框，打开配套资源中的"工程文件/第12章/文字拖尾/背景.jpg"素材，单击打开按钮，将素材导入到项目面板中，导入后，将"背景.jpg"拖进时间线面板，效果如图9.126所示。

图9.126 导入素材

9.8.2 制作文字拖尾动画

步骤01 为"哈利波特"图层绘制遮罩，单击工具栏中的Ellipse Tool（椭圆工具）○按钮，在"文字拖尾"合成窗口中，绘制椭圆遮罩，如图9.127所示。

图9.127 绘制椭圆遮罩

提示 使用椭圆工具绘制椭圆遮罩后可以双击遮罩选区，按Shift键进行等比例缩放。

步骤02 在时间线面板中，按两次M键，打开"哈利波特"图层的遮罩参数，设置Mask Feather（遮罩羽化）的值为（300，300），设置Mask Expansion（遮罩扩展）的值为120，如图9.128所示。此时的画面效果，如图9.129所示。

图9.128 设置遮罩羽化的值

图9.129 设置遮罩羽化后的画面效果

步骤03 创建文字。单击工具栏中的Horizontal Type Tool（横排文字工具）T按钮，输入文字"酷炫文字拖尾效果"，按Ctrl + 6组合键，打开Character（字符）面板，设置字体为FZWeiBei-S03S，Fill Color（填充颜色）为淡黄色（R:233，G:233，B:220），字符大小为72px，字符间距为-30，参数设置如图9.130所示。画面效果，如图9.131所示。

图9.130 字符面板参数设置　图9.131 设置后的画面效果

步骤04 选择"酷炫文字拖尾效果"层，按P键，打开该层的Position（位置）选项，设置Position（位置）的值为（82，327），参数设置，如图9.132所示。

图9.132 调整文字层的位置

步骤05 选择"酷炫文字拖尾效果"层，在Effects & Presets（效果和预置）面板中展开Perspective（透视）特效组，双击Drop Shadow（阴影）特效，如图9.133所示。默认效果，如图9.134所示。

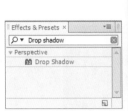

图9.133 添加投影特效　　图9.134 投影效果

步骤06 在时间线面板中，按Ctrl+D组合键，将"酷炫文字拖尾效果"层复制一层，然后将复制层重命名为"拖尾"，并将其右侧的Mode（模式）修改为Add（相加），如图9.135所示。

图9.135 复制图层

步骤07 为"拖尾"层添加Starglow（星光）特效。在Effects & Presets（效果和预置）面板中展开Trapcode特效组，然后双击Starglow（星光）特效，如图9.136所示。添加后的画面效果，如图9.137所示。

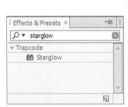

图9.136 添加星光特效　　图9.137 添加后的画面效果

步骤08 在Effects Controls（特效控制）面板中，修改Starglow（星光）特效的参数，在Input Channel（输入通道）右侧的下拉菜单中选择Alpha（通道），设置Streak Length（闪光长度）的值为15，Boost Light（光线亮度）的值为70，然后展开Individual Lengths（单个光线长度）选项组，设置Left（左侧）的值为

7，其他参数都设置为0，参数设置如图9.138所示。此时的画面效果，如图9.139所示。

图9.138 为星光设置参数

图9.139 拖尾效果

步骤09 单击 👁 隐藏"拖尾"层，再选择"酷炫文字拖尾效果"层，单击工具栏中的Rectangle Tool（矩形工具）按钮，在"文字拖尾"合成窗口中，绘制矩形遮罩，如图9.140所示。将时间调整到00:00:00:00帧的位置，接着在时间线面板中，按M键，打开Mask Path（遮罩路径）选项，然后单击Mask Path（遮罩路径）左侧的码表按钮，在当前位置设置关键帧，如图9.141所示。

图9.140 绘制矩形遮罩

图9.141 为遮罩路径设置关键帧

步骤10 将时间调整到00:00:01:24帧的位置，修改Mask Path（遮罩路径）的形状，如图9.142所示。

> **提示** 在修改矩形遮罩的形状时，可以使用Selection Tool（选择工具）▶，在遮罩的边框上双击，使其出现选框，然后拖动选框的控制点，修改矩形遮罩的形状。

步骤11 为"拖尾"层绘制矩形遮罩。选择"拖尾"层，单击"拖尾"层前面的 ◉ 取消隐藏，再单击工具栏中的Rectangle Tool（矩形工具）▢ 按钮，选择"炫酷文字拖尾效果"层，在合成窗口中，绘制矩形遮罩，如图9.143所示。

图9.142 移动矩形

图9.143 为"拖尾"层绘制矩形遮罩

步骤12 将时间调整到00:00:00:00帧的位置，接着在时间线面板中，按M键，打开Mask Path（遮罩路

径）选项，然后单击Mask Path（遮罩路径）左侧的码表 ⏱ 按钮，在当前位置设置关键帧，如图9.144所示。

图9.144 在00:00:00:00帧设置关键帧

步骤13 将时间调整到00:00:01:24帧的位置，修改Mask Path（遮罩路径）的位置，如图9.145所示。

图9.145 修改Mask Path（遮罩路径）的位置

步骤14 显示所有层，这样就完成了"文字拖尾"的整体制作，按小键盘上的0键，在合成窗口中预览动画，其中几帧效果如图9.146所示。

图9.146 动画流程画面

第10章
常见仿真自然特效

内容摘要

在影片当中会经常需要些自然景观效果，但拍摄却不一定能得到需要的效果，所以就需要在后期处理时制作逼真的自然效果，而After Effects就拥有许多优秀的特效可以帮助制作照片效果。

教学目标

- 掌握闪电动画的制作
- 学习下雨效果的制作
- 掌握下雪动画的制作
- 掌握水珠滴落效果的制作

- 掌握水波纹效果的制作
- 掌握爆炸冲击波动画的制作
- 掌握云彩字动画的制作

10.1 下雪效果

难易程度：★☆☆☆☆

实例说明：本例主要讲解利用CC Snowfall（CC下雪）特效制作下雪动画效果。本例最终的动画流程效果，如图10.1所示。

工程文件：第10章\下雪效果

视频位置：movie\10.1 下雪效果.avi

图10.1 动画流程画面

知识点

- CC Snowfall（CC下雪）特效的使用

操作步骤

步骤01 执行菜单栏中的File（文件）|Open Project（打开项目）命令，选择配套资源中的"工程文件\第10章\下雪动画\下雪动画练习.aep"文件，将"下雪动画练习.aep"文件打开。

步骤02 为"背景.jpg"层添加CC Snowfall（CC下雪）特效。在Effects & Presets（效果和预置）面板中展开Simulation（模拟）特效组，然后双击CC Snowfall（CC下雪）特效。

步骤03 在Effect Controls（特效控制）面板中，修改CC Snowfall（CC下雪）特效的参数，设置Size（大小）的值为12，Speed（速度）的值为250，Wind

（风力）的值为80，Opacity（不透明度）的值为100，如图10.2所示。合成窗口效果如图10.3所示。

图10.2 设置下雪参数

图10.3 下雪效果

步骤04 这样就完成了下雪效果的整体制作，按小键盘上的0键，即可在合成窗口中预览动画。

10.2 泡泡上升动画

难易程度：★☆☆☆☆

实例说明：本例主要讲解利用CC Bubbles（CC 吹泡泡）制作泡泡上升动画效果。本例最终的动画流程效果，如图10.4所示。

工程文件：第10章\泡泡上升动画

视频位置：movie\10.2 泡泡上升动画.avi

图10.4 动画流程画面

知识点

● CC Bubbles（CC 吹泡泡）特效的使用

操作步骤

步骤01 执行菜单栏中的File（文件）|Open Project（打开项目）命令，选择配套资源中的"工程文件\第10章\泡泡上升动画\泡泡上升动画练习.aep"文件，将"泡泡上升动画练习.aep"文件打开。

步骤02 执行菜单栏中的Layer(层)|New（新建）|Solid（固态层）命令，打开Solid Settings（固态层设置）对话框，设置Name（名称）为"载体"，Color（颜色）为"淡黄色"（R:254，G:234，B:193）。

步骤03 为"载体"层添加CC Bubbles（CC 吹泡泡）特效。在Effects & Presets（效果和预置）面板中展开Simulation（模拟）特效组，然后双击CC Bubbles（CC 吹泡泡）特效，合成窗口效果如图10.5所示。

图10.5 添加吹泡泡后效果

步骤04 这样就完成了泡泡上升动画的整体制作，按小键盘上的0键，即可在合成窗口中预览动画。

10.3 水波纹效果

难易程度： ★☆☆☆☆

实例说明： 本例主要讲解利用CC Drizzle（CC 细雨滴）特效制作水波纹动画效果。本例最终的动画流程效果，如图10.6所示。

工程文件： 第10章\水波纹效果

视频位置： movie\10.3 水波纹效果.avi

图10.6 动画流程画面

知识点

● CC Drizzle（CC 细雨滴）特效的使用

操作步骤

步骤01 执行菜单栏中的File（文件）|Open Project（打开项目）命令，选择配套资源中的"工程文件\第10章\水波纹动画\水波纹动画练习.aep"文件，将"水波纹动画练习.aep"文件打开。

步骤02 为"文字扭曲效果"层添加CC Drizzle（CC 细雨滴）特效。在Effects & Presets（效果和预置）面板中展开Simulation（模拟）特效组，然后双击CC Drizzle（CC 细雨滴）特效。

步骤03 在Effect Controls（特效控制）面板中，修改CC Drizzle（CC 细雨滴）特效的参数，设置Displacement（置换）的值为28，Ripple Height（波纹高度）的值为156，Spreading（扩展）的值为148，如图10.7所示。合成窗口效果如图10.8所示。

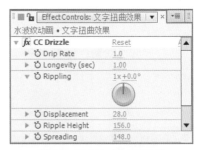

图10.7 设置CC细雨滴参数

图10.8 设置CC细雨滴后效果

步骤04 这样就完成了水波纹效果的整体制作，按小键盘上的0键，即可在合成窗口中预览动画。

10.4 万花筒效果

难易程度： ★☆☆☆☆

实例说明： 本例主要讲解利用CC Kaleida（CC 万花筒）特效制作万花筒动画效果。本例最终的动画流程效果，如图10.9所示。

工程文件： 第10章\万花筒效果

视频位置： movie\10.4 万花筒效果.avi

图10.9 动画流程画面

图10.10 设置万花筒参数

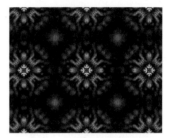

图10.11 设置万花筒后效果

步骤05 这样就完成了万花筒效果的整体制作,按小键盘上的0键,即可在合成窗口中预览动画。

10.5 闪电动画

难易程度:★★☆☆☆

实例说明:本例主要讲解利用Advanced Lightning(高级闪电)特效制作闪电动画效果。本例最终的动画流程效果,如图10.12所示。

工程文件:第10章\闪电动画

视频位置:movie\10.5 闪电动画.avi

图10.12 闪电动画流程效果

知识点

● CC Kaleida(CC 万花筒)特效的使用

操作步骤

步骤01 执行菜单栏中的File(文件)|Open Project(打开项目)命令,选择配套资源中的"工程文件\第10章\万花筒动画\万花筒动画练习.aep"文件,将"万花筒动画练习.aep"文件打开。

步骤02 为"花.jpg"层添加CC Kaleida(CC 万花筒)特效。在Effects & Presets(效果和预置)面板中展开Stylize(风格化)特效组,然后双击CC Kaleida(CC 万花筒)特效。

步骤03 将时间调整到00:00:00:00帧的位置,在Effect Controls(特效控制)面板中,修改CC Kaleida(CC 万花筒)特效的参数,设置Size(大小)的值为20,Rotation(旋转)的值为0,单击Size(大小)和Rotation(旋转)左侧的码表 按钮,在当前位置设置关键帧。

步骤04 将时间调整到00:00:02:24帧的位置,设置Size(大小)的值为37,Rotation(旋转)的值为212,系统会自动设置关键帧,如图10.10所示。合成窗口效果如图10.11所示。

知识点

● Advanced Lightning（高级闪电）特效的使用

操作步骤

步骤01 执行菜单栏中的File（文件）|Open Project（打开项目）命令，选择配套资源中的"工程文件\第10章\闪电动画\闪电动画练习.aep"文件，将"闪电动画练习.aep"文件打开。

步骤02 为"背景.jpg"层添加Advanced Lightning（高级闪电）特效。在Effects & Presets（效果和预置）面板中展开Generate（创造）特效组，然后双击Advanced Lightning（高级闪电）特效。

步骤03 在Effect Controls（特效控制）面板中，修改Advanced Lightning（高级闪电）特效的参数，设置Origin（起始位置）的值为（301，108），Direction（方向）的值为（327，412），Decay（衰减）的值为0.4，选择Decay Main Core（核心部分衰减）和Composite on Origi（与原图合成）复选框，将时间调整到00：00：00：00帧的位置，设置Conductivity State（传导性状态）的值为0，单击Conductivity State（传导性状态）左侧的码表按钮，在当前位置设置关键帧。

步骤04 将时间调整到00:00:04:24帧的位置，设置Conductivity State（传导性状态）的值为18，系统会自动设置关键帧，如图10.13所示。合成窗口效果如图10.14所示。

图10.13 设置闪电参数

图10.14 设置闪电后效果

步骤05 这样就完成了"闪电动画"的整体制作，按小键盘上的0键，即可在合成窗口中预览动画。

10.6 下雨效果

难易程度： ★☆☆☆☆

实例说明： 本例主要讲解利用CC Rainfall（CC 下雨）特效制作下雨效果。本例最终的动画流程效果，如图10.15所示。

工程文件： 第10章\下雨效果

视频位置： movie\10.6 下雨效果.avi

图10.15 下雨动画流程效果

知识点

● CC Rainfall（CC 下雨）特效的使用

操作步骤

步骤01 执行菜单栏中的File（文件）|Open Project（打开项目）命令，选择配套资源中的"工程文件\第10章\下雨效果\下雨效果练习.aep"文件，将"下雨效果练习.aep"文件打开。

步骤02 为"小路"层添加CC Rainfall（CC 下雨）特效。在Effects & Presets（效果和预置）面板中展开Simulation（模拟）特效组，然后双击CC Rainfall（CC 下雨）特效。

步骤03 在Effect Controls（特效控制）面板中，修改CC Rainfall（CC 下雨）特效的参数，设置Wind（风力）的值为600，Opacity（不透明度）的值为80%，如图10.16所示。合成窗口效果如图10.17所示。

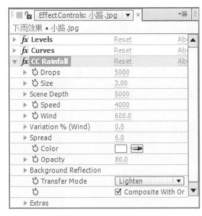

图10.16 设置下雨参数

图10.17 设置下雨后效果

步骤04 这样就完成了"下雨效果"的整体制作,按小键盘上的0键,即可在合成窗口中预览动画。

10.7 制作气泡

难易程度:★★☆☆☆

实例说明:本例主要讲解利用Foam(水泡)特效制作气泡效果。本例最终的动画流程效果,如图10.18所示。

工程文件:第10章\气泡

视频位置:movie\10.7 制作气泡.avi

图10.18 气泡动画流程效果

知识点

- Foam(水泡)特效的使用
- Fractal Noise(分形噪波)特效的使用
- Levels(色阶)特效的使用
- Displacement Map(置换贴图)特效的使用

操作步骤

步骤01 执行菜单栏中的File(文件)|Open Project(打开项目)命令,选择配套资源中的"工程文件\第10章\气泡\气泡练习.aep"文件,将"气泡练习.aep"文件打开。

步骤02 选择"海底世界"图层,按Ctrl+D组合键复制出另一个图层,将该图层重命名为"海底背景"。

步骤03 为"海底背景"层添加Foam(水泡)特效。在Effects & Presets(效果和预置)面板中展开Simulation(模拟)特效组,然后双击Foam(水泡)特效。

步骤04 在Effect Controls(特效控制)面板中,修改Foam(水泡)特效的参数,从View(视图)右侧的下拉菜单中选择Rendered(渲染)选项,展开Producer(发射器)选项组,设置Producer Point(发射器位置)的值为(345.4,580),设置Producer X Size(发射器X轴大小)的值为0.45;Producer Y Size(发射器Y轴大小)的值为0.45,Producer Rate(发射器速度)的值为2,如图10.19所示。

图10.19 水泡发射器参数设置

175

步骤05 展开Bubble（水泡）选项组，设置Size（大小）的值为1，Size Variance（大小随机）的值为0.65，Lifespan（生命）的值为170，Bubble Growth Speed（水泡生长速度）的值为0.01，如图10.20所示。

图10.20 调整参数后效果

步骤06 展开Physics（物理属性）选项组，设置Initial Spend（初始速度）的值为3.3，Wobble Amount（摆动数量）的值为0.07，如图10.21所示。

图10.21 调整水泡后效果

步骤07 展开Rendering（渲染）选项组，从Bubble Texture（水泡纹理）右侧的下拉菜单中选择Water Beads（水珠）选项，设置Reflection Strength（反射强度）的值为1，Reflection Convergence（反射聚焦）的值为1，合成效果如图10.22所示。

图10.22 调整水泡后效果

步骤08 执行菜单栏中的Composition（合成）| New Composition（新建合成）命令，打开Composition Settings（合成设置）对话框，设置Composition Name（合成名称）为"置换图"，Width（宽）为"720"，Height（高）为"576"，Frame Rate（帧率）为"25"，并设置Duration（持续时间）为00:00:20:00秒，如图10.23所示。

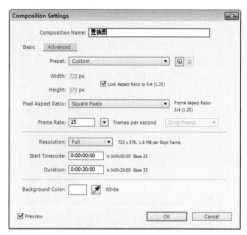

图10.23 合成设置

步骤09 执行菜单栏中的Layer(图层)|New（新建）|Solid（固态层）命令，打开Solid Settings（固态层设置）对话框，设置Name（名称）为"噪波"，Color（颜色）为"黑色"，如图10.24所示。

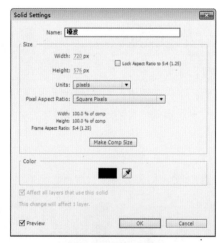

图10.24 固态层设置

步骤10 选中"噪波"层添加Fractal Noise（分形噪波）特效。在Effects & Presets（效果和预置）面板中展开Noise &Granin（噪波与杂点）特效组，然后双击Fractal Noise（分形噪波）特效。

步骤11 选中"噪波"层，按S键展开Scale（缩放）属性，单击Scale（缩放）左侧的Constrain Proportions（约束比例）按钮，取消约束，设置Scale（缩放）数值为（200，209），如图10.25所示。合成窗口中的图像效果如图10.26所示。

图10.25 缩放设置

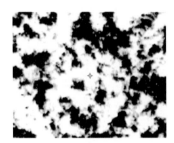

图10.26 缩放设置后效果

步骤12 在Effect Controls（特效控制）面板中，修改Noise &Grain（噪波与杂点）特效的参数，设置Contrast（对比度）的值为448，Brightness（亮度）的值为22，展开Transform（转换）选项组，设置Scale（缩放）的值为42，如图10.27所示。合成窗口如图10.28所示。

图10.27 参数设置

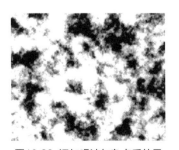

图10.28 添加噪波与杂点后效果

步骤13 选中"噪波"层添加Levels（色阶）特效。在Effects & Presets（效果和预置）面板中展开Color Correction（色彩校正）特效组，然后双击Levels（色阶）特效。

步骤14 在Effect Controls（特效控制）面板中，修改Levels（色阶）特效的参数，设置Input Black（输入黑色）的值为95，Gamma（伽马）的值为0.28，如图10.29所示。合成窗口效果如图10.30所示。

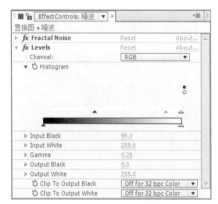

图10.29 参数设置

图10.30 添加色阶后效果

步骤15 选中"噪波"层，按P键展开Position（位置）属性，将时间调整到00:00:00:00帧的位置，设置Position（位置）数值为（2，288），单击Position（位置）左侧的码表按钮，在当前位置设置关键帧。

步骤16 将时间调整到00:00:19:00帧的位置，设置Position（位置）的数值为（718，288），系统会自动设置关键帧，参数设置如图10.31所示。

图10.31 位置19秒参数设置

步骤17 执行菜单栏中的Layer（图层）|New（新建）|Adjustment Layer（调节层）命令，该图层会自动创建到"置换图"合成的时间线面板中。

步骤18 选中"Adjustment Layer 1"层，在工具栏中选择Rectangle Tool（矩形工具）绘制一个矩形，如图10.32所示。按F键展开Mask Feather（遮罩羽化）属性，设置Mask Feather（遮罩羽化）数值为（15，15）。

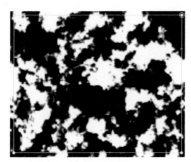

图10.32 遮罩效果

步骤19 在时间线面板中，设置"噪波"层的Track Matte（轨道蒙版）为Alpha Matte "Adjustment Layer1"，如图10.33所示。合成窗口如图10.34所示。

图10.33 设置轨道蒙版

图10.34 设置蒙版后效果

步骤20 打开"气泡"合成，在Project（项目）面板中，选择"置换图"合成，将其拖动到"气泡"合成的时间线面板中，如图10.35所示。

图10.35 图层设置

步骤21 选中"海底世界.jpg"层。在Effects & Presets（效果和预置）面板中展开Distort（扭曲）特效组，然后双击Displacement Map（置换贴图）特效。

步骤22 在Effect Controls（特效控制）面板中，修改Displacement Map（置换贴图）特效的参数，从Displacement Map Layer（置换层）右侧的下拉菜单中选择置换图，如图10.36所示。合成窗口效果如图10.37所示。

图10.36 参数设置

图10.37 修改换贴图参数后效果

步骤23 这样就完成了"气泡"的整体制作，按小键盘上的0键，即可在合成窗口中预览动画。

10.8 生长动画

难易程度：★★☆☆☆

实例说明：本例主要讲解利用Shape Layer（形状层）制作生长动画效果。本例最终的动画流程效果，如图10.38所示。

工程文件：第10章\生长动画
视频位置：movie\10.8 生长动画.avi

图10.38 动画流程画面

知识点

● Shape Layer（形状层）
● Ellipse Tool（椭圆形工具）

操作步骤

步骤01 执行菜单栏中的Composition（合成）| New Composition（新建合成）命令，打开Composition Settings（合成设置）对话框，设置Composition Name（合成名称）为"生长动画"，Width（宽）为"720"，Height（高）为"576"，Frame Rate（帧率）为"25"，并设置Duration（持续时间）为00:00:05:00秒。

步骤02 在工具栏中选择Ellipse Tool（椭圆形工具）○，在合成窗口中绘制一个椭圆路径，如图10.39所示。

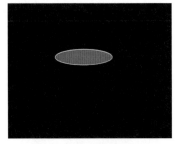

图10.39 绘制椭圆形路径

步骤03 选中"Shape Layer 1"层，设置Anchor Point（定位点）的值为（-57，-10），Position（位置）的值为（344，202），Rotation（旋转）的值为-90，如图10.40所示。合成窗口效果如图10.41所示。

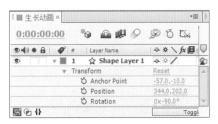

图10.40 设置参数

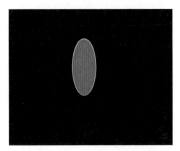

图10.41 设置参数后效果

步骤04 在时间线面板中，展开Shape Layer 1（形状层1）|Contents（目录）|Ellipse1（椭圆形1）|Ellipse Path 1（椭圆形路径1）选项组，单击Size（大小）左侧的Constrain Proportions（约束比例）按钮，取消约束，设置Size（大小）的值为（60，172），如图10.42所示。

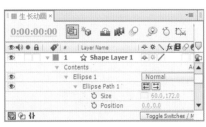

图10.42 设置Ellipse Path 1参数

步骤05 展开Transform：Ellipse 1（变换：椭圆形1）选项组，设置Position（位置）的值为（−58，−96），如图10.43所示。

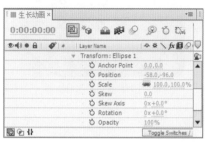

图10.43 设置Transform：Ellipse 1参数

步骤06 单击Contents（目录）右侧的三角形 Add: ▶ 按钮，从弹出的菜单中选择Repeater（中转）命令，然后展开Repeater 1（中转 1）选项组，设置Copies（副本数量）的值为150，从Composite（合成）下拉菜单中选择Above（上）选项；将时间调整到00:00:00:00帧的位置，设置Offset（偏移）的值为150，单击Offset（偏移）左侧的码表 ⏱ 按钮，在当前位置设置关键帧。

步骤07 将时间调整到00:00:03:00帧的位置，设置Offset（偏移）的值为0，系统会自动设置关键帧，如图10.44所示。

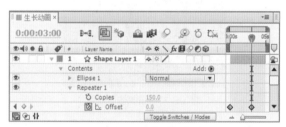

图10.44 设置偏移关键帧

步骤08 展开Transform：Repeater 1（变形：中转 1）选项组，设置Position(位置)的值为（−4，0），Scale(缩放)的值为(−98，−98)，Rotation（旋转）的值为12，Start Opacity（开始点不透明度）的值为70%，如图10.45所示。合成窗口效果如图10.46所示。

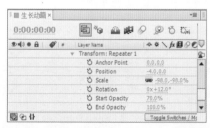

图10.45 设置Transform：Repeater 1选项组

图10.46 设置形状层参数后效果

步骤09 选中"Shape Layer 1"层，单击工具栏中的 Fill: ▬ （填充）色块，打开Gradient Editor（渐变编辑）对话框，单击Radial Gradient（径向渐变）▬ 按钮，设置从淡紫色（R：255，G：0，B：192）到淡橘色（R：255，G：164，B：104）的渐变，单击OK（确定）按钮，如图10.47所示。

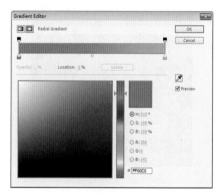

图10.47 Gradient Editor（渐变编辑）对话框

步骤10 选中"Shape Layer 1"层，按Ctrl+D组合键复制出另外两个新的"Shape Layer"层，将两个图层分别重命名为"Shape Layer 2"和"Shape Layer 3"，修改图层Position（位置）、Scale（缩放）和Rotation（旋转）的参数，如图10.48所示。合成窗口效果如图10.49所示。

图10.48 设置参数

图10.49 设置参数后效果

步骤11 这样就完成了生长动画的整体制作，按小键盘上的0键，即可在合成窗口中预览动画。

10.9 积雪字

难易程度：★★☆☆☆

实例说明：本例主要讲解利用CC Snowfall（CC下雪）特效制作积雪字效果。本例最终的动画流程效果，如图10.50所示。

工程文件：第10章\积雪字

视频位置：movie\10.9 积雪字.avi

图10.50 动画流程画面

知识点

- CC Snowfall（CC下雪）特效的使用
- Roughen Edges（粗糙边缘）特效的使用
- Glow（发光）特效的使用

操作步骤

步骤01 执行菜单栏中的File（文件）|Open Project（打开项目）命令，选择配套资源中的"工程文件\第10章\积雪字\积雪字练习.aep"文件，将"积雪字练习.aep"文件打开。

步骤02 执行菜单栏中的Composition（合成）| New Composition（新建合成）命令，打开Composition Settings（合成设置）对话框，设置Composition Name（合成名称）为"文字1"，Width（宽）为"720"，Height（高）为"576"，Frame Rate（帧率）为"25"，并设置Duration（持续时间）为00:00:04:00秒。

步骤03 执行菜单栏中的Layer（层）|New（新建）|Text（文本）命令，输入"雪"。在Character（字符）面板中，设置文字字体为"FZZhongKai-B08T"，字号为350px，字体颜色为白色。

步骤04 选中"雪"文字层，设置Position（位置）数值为（172，398）；单击Scale（缩放）左侧的Constrain Proportions（约束比例）按钮取消约束；将时间调整到00:00:00:00帧的位置，设置Scale（缩放）数值为（100，100），单击Scale（缩放）左侧的码表按钮，在当前位置设置关键帧。

步骤05 将时间调整到00:00:02:00帧的位置，设置Scale（缩放）数值为（100，98），系统会自动设置关键帧，如图10.51所示。合成窗口效果如图10.52所示。

图10.51 2秒关键帧设置

图10.52 设置"文字1"后效果

步骤06 执行菜单栏中的Composition（合成）| New Composition（新建合成）命令，打开Composition Settings（合成设置）对话框，设置Composition Name（合成名称）为"文字2"，Width（宽）为"720"，Height（高）为"576"，Frame Rate（帧率）为"25"，并设置Duration（持续时间）为00:00:04:00秒。

步骤07 执行菜单栏中的Layer（层）|New（新建）|Text（文本）命令，输入"雪"。在Character（字符）面板中，设置文字字体为"FZZhongKai-B08T"，字号为350px，字体颜色为白色。

步骤08 选中"雪"文字层，设置Position（位置）数值为（172，398）；单击Scale（缩放）左侧的Constrain Proportions（约束比例）按钮取消约束；将时间调整到00:00:00:00帧的位置，设置Scale（缩放）数值为（100，100），单击Scale（缩放）左侧的码表按钮，在当前位置设置关键帧。

步骤09 将时间调整到00:00:02:00帧的位置，设置Scale（缩放）数值为（100，102），系统自动设置关键帧，如图10.53所示。

图10.53 "文字2"2秒关键帧设置

步骤10 执行菜单栏中的Composition（合成）| New Composition（新建合成）命令，打开Composition Settings（合成设置）对话框，设置Composition Name（合成名称）为"积雪"，Width（宽）为"720"，Height（高）为"576"，Frame Rate（帧率）为"25"，并设置Duration（持续时间）为00:00:04:00秒。

步骤11 在Project（项目）面板中，选择"文字1"和"文字2"合成，将其拖动到"积雪"合成的时间线面板中。

步骤12 在时间线面板中，设置"文字2"层的Track Matte（轨道蒙版）为"Luma Inverted Matte "文字1""，如图10.54所示。合成窗口效果如图10.55所示。

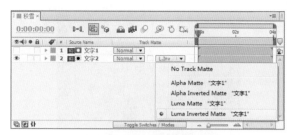

图10.54 蒙版设置

图10.55 蒙版合成效果

步骤13 打开"积雪字"合成，为"雪景"层添加CC Snowfall（CC下雪）特效，在Effects & Presets（效果和预置）面板中展开Simulation（模拟）特效组，然后双击CC Snowfall（CC下雪）特效。

步骤14 在Effect Controls（特效控制）面板中，修改CC Snowfall（CC下雪）特效的参数，设置Size（大小）的值为12，Opacity（不透明度）的值为100，参数设置如图10.56所示。合成窗口效果如图10.57所示。

图10.56 参数设置

图10.57 调整CC下雪后效果

步骤15 执行菜单栏中的Layer（层）|New（新建）|Text（文本）命令，输入"雪"。在Character（字符）面板中，设置文字字体为"FZZhongKai-B08T"，字号为350px，字体颜色为蓝色（R:0，G:162，B:255；）。

步骤16 选中"雪"文字层，按P键展开"雪"文字层Position（位置）属性，设置Position（位置）数值为（172，398）。

步骤17 在Project（项目）面板中，选择"积雪"合成，将其拖动到"积雪字"合成的时间线面板中。

步骤18 为"积雪"层添加Roughen Edges（粗糙边缘）特效，在Effects & Presets（效果和预置）面板中展开Stylize（风格化）特效组，然后双击Roughen Edges（粗糙边缘）特效。

步骤19 在Effect Controls（特效控制）面板中，修改Roughen Edges（粗糙边缘）特效的参数，设置Border（边框）的值为3，设置Edge Sharpness（边缘锐利）的值为0.5，Evolution（进化）的值为90，如图10.58所示。合成窗口效果如图10.59所示。

图10.58　参数设置

图10.59　设置粗糙边缘后效果

步骤20 为"积雪"层添加Glow（发光）特效，在Effects & Presets（效果和预置）面板中展开Stylize（风格化）特效组，然后双击Glow（发光）特效。

步骤21 在Effect Controls（特效控制）面板中，修改Glow（发光）特效的参数，设置Glow Intensity（发光强度）的值为1.5，如图10.60所示。合成窗口如图10.61所示。

图10.60　设置发光参数

图10.61　设置发光参数后效果

步骤22 这样就完成了积雪效果的整体制作，按小键盘上的0键，即可在合成窗口中预览动画。

10.10　白云飘动

难易程度： ★★☆☆☆

实例说明： 本例主要讲解利用Fractal Noise（分形噪波）特效制作白云飘动效果。本例最终的动画流程效果，如图10.62所示。

工程文件： 第10章\白云飘动

视频位置： movie\10.10　白云飘动.avi

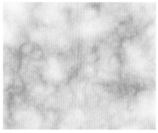

图10.62 动画流程画面

知识点

- Fractal Noise（分形噪波）
- Tint（浅色调）

操作步骤

步骤01 执行菜单栏中的Composition（合成）| New Composition（新建合成）命令，打开Composition Settings（合成设置）对话框，设置Composition Name（合成名称）为"白云飘动"，Width（宽）为"720"，Height（高）为"576"，Frame Rate（帧率）为"25"，并设置Duration（持续时间）为00:00:05:00秒。

步骤02 执行菜单栏中的Layer(层)|New（新建）|Solid（固态层）命令，打开Solid Settings（固态层设置）对话框，设置Name（名称）为"噪波"，Color（颜色）为"黑色"。

步骤03 为"噪波"层添加Fractal Noise（分形噪波）特效。在Effects & Presets（效果和预置）面板中展开Noise & Grain（噪波与杂点）特效组，然后双击Fractal Noise（分形噪波）特效。

步骤04 在Effect Controls（特效控制）面板中，修改Fractal Noise（分形噪波）特效的参数，从Fractal Type（分形类型）下拉菜单中选择Cloudy（多云），从Noise Type（杂波类型）下拉菜单中选择Spline（曲线）；展开Sub Settings（附加设置）选项，设置Sub Influence（附加影响）的值为59，Sub Scaling（附加缩放）的值为40，Sub Rotation（附加旋转）的值为15；将时间调整到00:00:00:00帧的位置，设置Evolution（进化）的值为0，单击Evolution（进化）左侧的码表按钮，在当前位置设置关键帧。

步骤05 将时间调整到00:00:04:24帧的位置，设置Evolution（进化）的值为1x，系统会自动设置关键帧，如图10.63所示。合成窗口效果如图10.64所示。

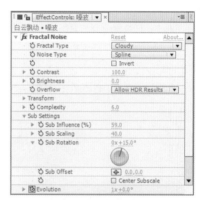

图10.63 设置噪波参数

图10.64 设置噪波后效果

步骤06 为"噪波"层添加Tint（浅色调）特效。在Effects & Presets（效果和预置）面板中展开Color Correction（色彩校正）特效组，然后双击Tint（浅色调）特效。

步骤07 在Effect Controls（特效控制）面板中，修改Tint（浅色调）特效的参数，设置Map Black To（映射黑色到）的颜色为蓝色（R:0，G:96，B:255），如图10.65所示。合成窗口效果如图10.66所示。

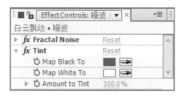

图10.65 设置浅色调参数

图10.66 设置浅色调后效果

步骤08 这样就完成了白云飘动的整体制作，按小键盘上的0键，即可在合成窗口中预览动画。

10.11 制作星星效果

难易程度：★★☆☆☆

实例说明： 本例主要讲解利用Particular（粒子）特效制作星星效果。本例最终的动画流程效果，如图10.67所示。

工程文件： 第10章\星星动画效果

视频位置： movie\10.11 制作星星效果.avi

图10.67 动画流程画面

知识点

● Particular（粒子）

操作步骤

步骤01 执行菜单栏中的File（文件）|Open Project（打开项目）命令，选择配套资源中的"工程文件\第10章\星星动画效果\星星动画效果练习.aep"文件，将"星星动画效果练习.aep"文件打开。

步骤02 执行菜单栏中的Layer(层)|New（新建）|Solid（固态层）命令，打开Solid Settings(固态层设置)对话框，设置Name（名称）为"粒子"，Color（颜色）为"白色"。

步骤03 为"粒子"层添加Particular（粒子）特效。在Effects & Presets（效果和预置）面板中展开Trapcode特效组，然后双击Particular（粒子）特效。

步骤04 在Effect Controls（特效控制）面板中，修改Particular（粒子）特效的参数，展开Emitter（发射器）选项组，设置Particles/sec（每秒发射粒子数）的值为20，从Emitter Type（发射类型）下拉菜单中选择Box（盒子），Position xy（xy位置）的值为（358，164），Velocity（速度）的值为80，Velocity Random（速度随机）的值为0，Velocity Distribution（速度分布）的值为0，Emitter Size X（发射器X轴尺寸）的值为720，如图10.68所示。

图10.68 发射器设置

步骤05 展开Particle（粒子）选项组，从Particle Type（粒子类型）下拉菜单中选择Star（No DOF）（星星），设置Color（颜色）为土黄色（R:255，G:181，B:0），Color Random（颜色随机）的值为20，如图10.69所示。合成窗口效果如图10.70所示。

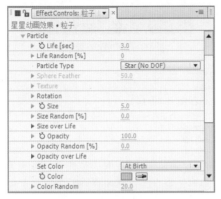

图10.69 设置粒子参数

图10.70 设置粒子参数后效果

步骤06 这样就完成了星星效果的整体制作，按小键盘上的0键，即可在合成窗口中预览动画。

10.12 制作水珠滴落

难易程度：★★☆☆☆

实例说明： 本例主要讲解利用CC Mr. Mercury（CC 水银滴落）特效制作水珠滴落效果。本例最终的动画流程效果，如图10.71所示。

工程文件： 第10章\水珠滴落

视频位置： movie\10.12 制作水珠滴落.avi

图10.71 动画流程画面

知识点

● CC Mr. Mercury（CC 水银滴落）特效的使用

● Fast Blur（快速模糊）

操作步骤

步骤01 执行菜单栏中的File（文件）|Open Project（打开项目）命令，选择配套资源中的"工程文件\第10章\水珠滴落\水珠滴落练习.aep"文件，将"水珠滴落练习.aep"文件打开。

步骤02 为"背景"层添加CC Mr. Mercury（CC 水银滴落）特效。在Effects & Presets（效果和预置）面板中展开Simulation（模拟）特效组，然后双击CC Mr. Mercury（CC 水银滴落）特效。

步骤03 在Effect Controls（特效控制）面板中，修改CC Mr. Mercury（CC 水银滴落）特效的参数，设置Radius X（X轴半径）的值为120，Radius Y（Y轴半径）的值为80，Producer（产生点）的值为（360，0），Velocity（速率）的值为0，Birth Rate（寿命）的值为0.2，Gravity（重力）的值为0.2，Resistance（阻力）的值为0，从Animation（动画）下拉菜单中选择Direction（方向），从Influence Map（影响映射）下拉菜单中选择Constant Blobs（恒定滴落），

Blob Birth Size（圆点生长尺寸）的值为0.4，Blob Death Size（圆点消失尺寸）的值为0.36，如图10.72所示。合成窗口效果如图10.73所示。

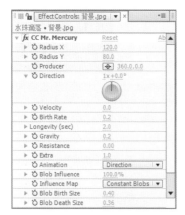

图10.72 设置水银滴落参数

图10.73 设置水银滴落后效果

步骤04 为"背景"层添加Fast Blur（快速模糊）特效。在Effects & Presets（效果和预置）面板中展开Blur & Sharpen（模糊与锐化）特效组，然后双击Fast Blur（快速模糊）特效。

步骤05 在Effect Controls（特效控制）面板中，修改Fast Blur（快速模糊）特效的参数，将时间调整到00：00：02：10帧的位置，设置Blurriness（模糊量）的值为0，单击Blurriness（模糊量）左侧的码表按钮，在当前位置设置关键帧。

步骤06 将时间调整到00:00:03:00帧的位置，设置Blurriness（模糊量）的值为15，系统会自动设置关键帧，如图10.74所示。合成窗口效果如图10.75所示。

图10.74 设置快速模糊参数

图10.75 设置快速模糊后效果

步骤07 为"背景2"层添加Fast Blur（快速模糊）特效。在Effects & Presets（效果和预置）面板中展开Blur & Sharpen（模糊与锐化）特效组，然后双击Fast Blur（快速模糊）特效。

步骤08 在Effect Controls（特效控制）面板中，修改Fast Blur（快速模糊）特效的参数，将时间调整到00:00:02:10帧的位置，设置Blurriness（模糊量）的值为15，单击Blurriness（模糊量）左侧的码表按钮，在当前位置设置关键帧，合成窗口效果如图10.76所示。

步骤09 将时间调整到00:00:03:00帧的位置，设置Blurriness（模糊量）的值为0，系统会自动设置关键帧，如图10.77所示。

图10.76 设置2秒10帧关键帧后效果

图10.77 设置3秒关键帧

步骤10 这样就完成了水珠滴落的整体制作，按小键盘上的0键，即可在合成窗口中预览动画。

10.13 冰雪纷飞

难易程度：★★★☆☆

实例说明：本例主要讲解利用CC Snow (CC 下雪)特效制作冰雪纷飞效果。本例最终的动画流程效果，如图10.78所示。

工程文件：第10章\冰雪纷飞

视频位置：movie\10.13 冰雪纷飞.avi

图10.78 冰雪纷飞动画流程效果

知识点

- 轨道蒙版的使用
- Roughen Edges（粗糙边缘）特效的使用
- Glow（发光）特效的使用
- CC snow（CC下雪）特效的使用

10.13.1 创建"文字1"

步骤01 执行菜单栏中的File（文件）|Open Project（打开项目）命令，选择配套资源中的"工程文件\第10章\冰雪纷飞\冰雪纷飞练习.aep"文件，将"冰雪纷飞练习.aep"文件打开。

步骤02 执行菜单栏中的Composition（合成）|New Composition（新建合成）命令，打开Composition Settings（合成设置）对话框，设置Composition Name（合成名称）为"文字1"，Width（宽）为"720"，Height（高）为"405"，Frame Rate（帧速率）为"25"，并设置Duration（持续时间）为00:00:03:00秒。

步骤03 执行菜单栏中的Layer（图层）|New（新建）|Text（文字）命令，新建文字层，输入"PUINS"。在Text（文本）面板中，设置文字字体为"Adpbe Heiti Std"，字号为84，单击Faux Bold（粗体）T按钮，字体颜色为白色，如图10.79所示。合成窗口效图10.80所示。

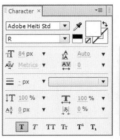 

图10.79 设置字体参数　　　图10.80 设置字体后效果

步骤04 选中"PUINS"文字层，按S键展开Scale（缩放）属性，单击Scale（缩放）左侧的Constrain Proportions（约束比例）按钮，取消约束，将时间调整到00:00:00:00帧的位置，设置Scale（缩放）数值为（100，100），单击Scale（缩放）左侧的码表按钮，在当前位置设置关键帧。

步骤05 将时间调整到00:00:02:00帧的位置，设置Scale（缩放）数值为（100，97），系统会自动设置关键帧，如图10.81所示。

图10.81 2秒关键帧设置

10.13.2 创建"文字2"

步骤01 执行菜单栏中的Composition（合成）|New Composition （新建合成）命令，打开Composition Settings（合成设置）对话框，设置Composition Name（合成名称）为"文字 2"，Width（宽）为"720"，Height（高）为"405"，Frame Rate（帧速率）为"25"，并设置Duration（持续时间）为00:00:03:00秒。

步骤02 打开"文字 1"合成，选择"PUINS"层，按Ctrl+C组合键复制文字，粘贴到"文字 2"合成，按S键打开Scale（缩放）属性，将时间调整到00:00:02:00帧的位置，设置Scale（缩放）数值为（100，101），如图10.82所示。合成窗口效果如图10.83所示。

图10.82 设置文字 2的关键帧

图10.83 设置文字 2后效果

10.13.3 制作"积雪"

步骤01 执行菜单栏中的Composition（合成）|New Composition （新建合成）命令，打开Composition Settings（合成设置）对话框，设置Composition Name（合成名称）为"蒙版"，Width（宽）为"720"，Height（高）为"405"，Frame Rate（帧速率）为"25"，并设置Duration（持续时间）为00:00:03:00秒。

步骤02 打开"蒙版"合成，在Project（项目）面板中，选择"文字1"和"文字2"合成，将其拖动到"蒙版"合成的时间线面板中。

步骤03 在时间线面板中，设置"文字2"层的Matte（轨道蒙版）为Luma Inveted Matte "文字1"（亮度反转蒙版 "文字1"），如图10.84所示。合成窗口效果如图10.85所示。

图10.84 蒙版设置

图10.85 蒙版合成效果

10.13.4 制作"冰雪纷飞"

步骤01 打开"冰雪纷飞"合成，在Project（项目）面板中，选择"蒙版"合成和"背景"，将其拖动到"冰雪纷飞"合成的时间线面板中，如图10.86所示。合成窗口效果如图10.87所示。

图10.86 添加合成

图10.87 添加合成后效果

步骤02 打开"文字 1"合成，选择"PUINS"层，按Ctrl+C组合键复制文字，粘贴到"冰雪纷飞"合成中，并修改字体颜色为黄褐色（R:148，G:142，B:14），删除所有关键帧，设置Scale（缩放）的值为100，如图10.88所示。合成窗口效果如图10.89所示。

图10.88 设置文字参数

图10.89 设置文字后效果

步骤03 在"冰雪纷飞"合成中，选择"PUINS"层添加Color Emboss（彩色浮雕）特效，在Effects & Presets（效果和预置）面板中展开Stylize（风格化）特效组，然后双击Color Emboss（彩色浮雕）特效。

步骤04 在Effect Controls（特效控制）面板中，修改Color Emboss（彩色浮雕）特效的参数，设置Relief（起伏）的值为2.9，如图10.90所示。合成窗口效果如图10.91所示。

图10.90 设置彩色浮雕参数

图10.91 设置彩色浮雕后效果

步骤05 为"蒙版"层添加Roughen Edges（粗糙边缘）特效，在Effects & Presets（效果和预置）面板中展开Stylize（风格化）特效组，然后双击Roughen Edges（粗糙边缘）特效。

步骤06 在Effect Controls（特效控制）面板中，修改Roughen Edges（粗糙边缘）特效的参数，设置Border（边框）的值为0，设置Edge Sharpness（边缘锐利）的值为3.85，Scale（缩放）的值为540 ，Stretch Width or Height（伸缩宽度或高度）的值为−21.4，如图10.92所示。合成窗口如图10.93所示。

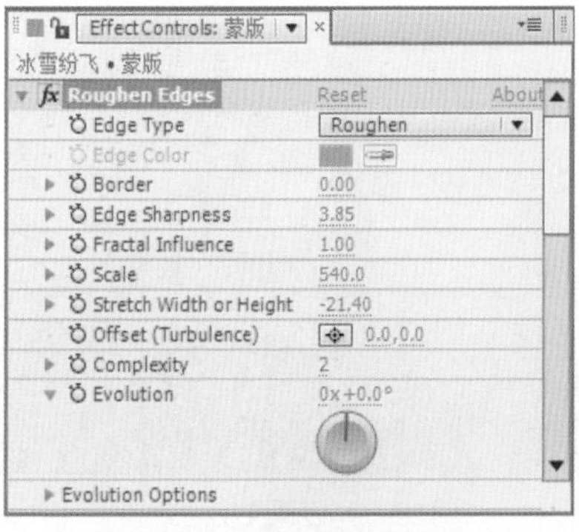

图10.92 设置粗糙边缘参数

图10.93 设置粗糙边缘后效果

步骤07 为"蒙版"层添加Glow（发光）特效，在Effects & Presets（效果和预置）面板中展开Stylize（风格化）特效组，然后双击Glow（发光）特效。

步骤08 为"蒙版"层添加CC snowfall（CC下雪）特效，在Effects & Presets（效果和预置）面板中展开Simulation（模拟仿真）特效组，然后双击CC snowfall（CC下雪）特效。

步骤09 在Effect Controls（特效控制）面板中，修改CC snowfall（CC下雪）特效的参数，设置Size（大小）的值为10，Speed（速度）的值为300，如图10.94所示。合成窗口如图10.95所示。

图10.94 参数设置

图10.95 调整下雪后效果

步骤10 这样就完成了"冰雪纷飞"的整体制作，按小键盘上的0键，即可在合成窗口中预览动画。

10.14 爆炸冲击波

难易程度：★★☆☆☆

实例说明：本例主要讲解利用Roughen Edges（粗糙边缘）特效制作爆炸冲击波效果。本例最终的动画流程效果，如图10.96所示。

工程文件：第10章\爆炸冲击波

视频位置：movie\10.14 爆炸冲击波.avi

图10.96 爆炸冲击波动画流程效果

知识点

- Ellipse Tool（椭圆形工具）○
- Roughen Edges（粗糙边缘）特效的使用
- Shine（光）特效的使用

10.14.1 绘制圆形路径

步骤01 执行菜单栏中的Composition（合成）| New Composition（新建合成）命令，打开Composition Settings（合成设置）对话框，设置Composition Name（合成名称）为"路径"，Width（宽）为"720"，Height（高）为"405"，Frame Rate（帧速率）为"25"，并设置Duration（持续时间）为00:00:03:00秒。

步骤02 执行菜单栏中的Layer（图层）|New（新建）|Solid（固态层）命令，打开Solid Settings（固态层设置）对话框，设置Name（名称）为"白色"，Color（颜色）为白色，如图10.97所示。

步骤03 选中"白色"图层，在工具栏中选择Ellipse Tool（椭圆形工具）○，在"白色"层上绘制一个圆形路径，如图10.98所示。

图10.97 白色固态层设置

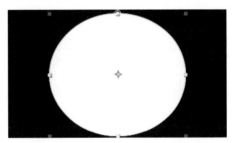

图10.98 白色层路径显示效果

步骤04 选择"白色"固态层，按Ctrl+D组合键将其复制一份，重命名为"黑色"，选择"黑色"固态层，按Ctrl+Shift+Y组合键，打开Solid Settings（固态层设置）对话框修改Color（颜色）为"黑色"，如图10.99所示。

图10.99 黑色固态层设置

步骤05 将时间调整到00:00:00:00帧的位置，单击"黑色"图层其左侧的灰色三角形▼按钮，展开Masks（遮罩）选项组，打开Mask1卷展栏，设置Masks Expansion（遮罩扩展）的值为−20，如图10.100所示。合成窗口效图10.101所示。

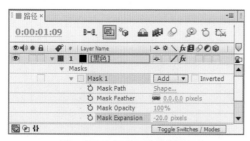

图10.100 设置遮罩扩展参数

图10.101 设置遮罩扩展后效果

步骤06 为"黑色"层添加Roughen Edges（粗糙边缘）特效。Effects&Presets（效果和预置）面板中展开Stylize（风格化）特效组，然后双击Roughen Edges（粗糙边缘）特效。

步骤07 在Effect Controls（特效控制）面板中，修改Roughen Edges（粗糙边缘）特效的参数，设置Border（边框）的值为300，Edge Sharpness（边缘锐利）的值为10，Scale（缩放）的值为10，Complexity（复杂度）的值为10。将时间调整到00:00:00:00帧的位置，设置Evolution（进化）的值为0，单击Evolution（进化）左侧的码表码按钮，在当前位置设置关键帧。

步骤08 将时间调整到00:00:02:00帧的位置，设置Evolution（进化）的值为-5x，系统会自动设置关键帧，如图10.102所示。合成窗口效图10.103所示。

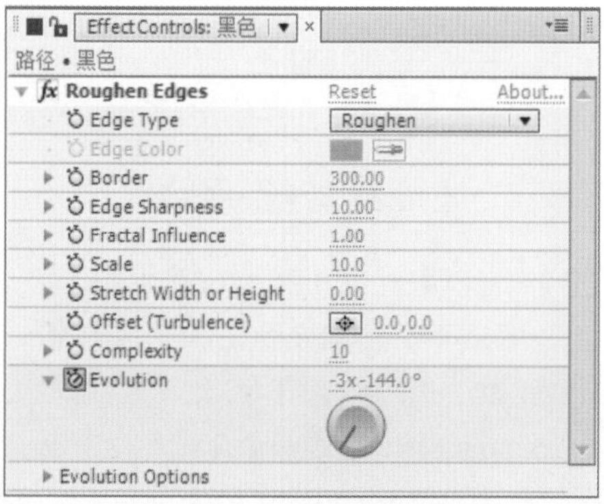

图10.102 设置粗糙边缘参数

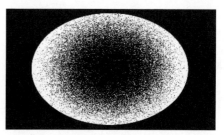

图10.103 设置后的效果

10.14.2 制作"冲击波"

步骤01 执行菜单栏中的Composition（合成）| New Composition （新建合成）（新建合成）命令，打开Composition Settings（合成设置）对话框，设置Composition Name（合成名称）为"爆炸冲击波"，Width（宽）为"720"，Height（高）为"405"，Frame Rate（帧速率）为"25"，并设置Duration（持续时间）为00:00:02:00秒。

步骤02 在Project（项目）窗口中，执行菜单栏中的File（文件）| Import（导入）命令，或是按Ctrl+I组合键，打开导入对话框，在此对话框中，选择配套资源中的"工程文件\第10章\爆炸冲击波\背景.jpg"素材，导入后的效果如图10.104所示。并将"背景.psd"拖动到"爆炸冲击波"合成中，如图10.105所示。

图10.104 导入素材

图10.105 将素材导入合成中

步骤03 在Project(项目)面板中，选择"路径"合成，将其拖动到"爆炸冲击波"合成的时间线面板中。

步骤04 为"路径"层添加Shine（光）特效。在Shine（光）中展开Trapcode特效组，然后双击Shine（光）特效。

步骤05 在Effect Controls（特效控制）面板中，修改Shine（光）特效的参数，设置Ray Length（光线长度）的值为0.4，Boost Light（光线亮度）的值为1.7，从Colorize（着色）右侧的下拉菜单中选择Fire（火焰）命令，如图10.106所示。合成窗口效图10.107所示。

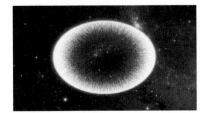

图10.106 设置Shine（发光）参数

图10.107 设置Shine（发光）后效果

步骤06 打开"路径"层的三维开关，单击"路径"图层其左侧的灰色三角形 ▼ 按钮，展开Transform（变换）选项组，设置Orientation（方向）的值为（0，17，335），X Rotation（X轴旋转）的值为−72，Y Rotation（Y轴旋转）的值为124，Z Rotation（Z轴旋转）的值为27，单击Scale（缩放）左侧的Constrain Proportions（约束比例）按钮，取消约束，将时间调整到00:00:00:00帧的位置，设置Scale（缩放）的值为（0，0，100），单击Scale（缩放）左侧的码表按钮，在当前位置设置关键帧，如图10.108所示。合成窗口效图10.109所示。

图10.108 设置参数

图10.109 设置参数后效果

步骤07 将时间调整到00:00:02:00帧的位置，设置Scale（缩放）的值为（300，300，100），系统会自动设置关键帧，如图10.110所示。合成窗口效果如图10.111所示。

图10.110 修改关键帧

图10.111 修改关键帧

步骤08 选中"路径"层，将时间调整到00:00:01:15帧的位置，按T键展开Opacity（不透明度）属性，设置Opacity（不透明度）的值为100%，单击左侧的码表按钮，在当前位置设置关键帧。

步骤09 将时间调整到00:00:02:00帧的位置，设置Opacity（不透明度）的值为0%，系统会自动设置关键帧，如图10.112所示。

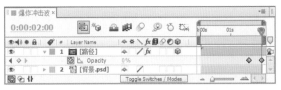

图10.112 设置Opacity（不透明度）关键帧

步骤10 这样就完成了"爆炸冲击波"的整体制作，按小键盘上的0键，即可在合成窗口中预览动画。

10.15 云彩字效果

难易程度：★★★☆☆

实例说明：本例首先创建文字层，然后使用第三方粒子插件，完成云彩字动画的整体制作。本例最终的动画流程效果，如图10.113所示。

工程文件：第10章\云彩字效果

视频位置：movie\10.15 云彩字效果.avi

图10.113 云彩字动画流程效果

知识点

● Horizontal Type Tool（横排文字工具）▇
● Particular（粒子）特效的使用

10.15.1 新建合成

步骤01 执行菜单栏中的Composition（合成）| New Composition（新建合成）命令，打开Composition Settings（合成设置）对话框，设置Composition Name（合成名称）为"云彩字"，Width（宽）为"720"，Height（高）为"576"，Frame Rate（帧率）为"25"，Duration（持续时间）为00:00:03:00秒，颜色为"白色"，如图10.114所示。

提示 Comp是Composition（合成文件）的简称。在After Effects中可以建立多个合成文件，而每一个合成文件又有其独立的名称、持续时间、制式和尺寸。

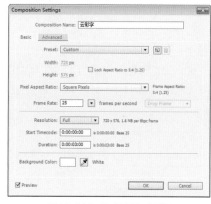

图10.114 合成设置对话框

步骤02 单击OK（确定）按钮，在Project（项目）面板中双击打开Import File（导入文件）对话框，打开配套资源中的"工程文件\第10章\云彩字效果/天空.jpg"素材，单击打开按钮，将素材导入到项目面板中，导入后的效果如图10.115所示。

图10.115 导入后效果

10.15.2 制作云彩字

步骤01 将"天空.jpg"素材拖动到"云彩字效果"合成时间线面板中，按Ctrl+Alt+F组合键，让素材适配合成，然后单击工具栏中的Horizontal Type Tool（横排文字工具）▇按钮，在合成窗口中输入文字"云"，设置字体为STXingKai，字体大小为190，字体颜色为白色，参数设置如图10.116所示。

图10.116 字符面板

第10章 常见仿真自然特效

步骤02 将文字放置到合适的位置，此时合成窗口中效果如图10.117所示。

图10.117 合成窗口中效果

提示 此文字层，用于后面制作粒子文字路径的参考层；在制作完粒子描绘文字路径后，可将此层删除或隐藏。

步骤03 按Ctrl+Y组合键，打开Solid Setting（固态层设置）对话框，设置固态层Name（名称）为"粒子"，Color（颜色）为白色，单击OK（确定）按钮。

步骤04 选择"粒子"层，在Effects & Presets（效果和预置）面板中展开Trapcode特效组，双击Particular（粒子）特效，如图10.118所示。添加特效后的效果如图10.119所示。

图10.118 双击特效　　图10.119 添加2特效后的效果

步骤05 确认时间在00:00:00:00帧的位置，在Effect Controls（特效控制）面板中，修改Particular（粒子）特效参数，展开Emitter（发射器）选项组，设置Particles/sec（每秒发射粒子数量）的值为500，在Emitter Type（发射器类型）右侧的下拉菜单中选择Sphere（球体），修改Position XY（XY轴位置）的值为（126，127），并单击Position XY（XY轴位置）左侧的码表按钮，在此位置设置关键帧。

步骤06 在Direction（方向）右侧的下拉菜单中选择Directional（方向），修改Velocity（速率）的值为10，Velocity Random（速率随机）的值为55，

Velocity from Motion（运动速度）的值为0，分别设置Emitter Size X（发射器X轴大小）和Emitter Size Y（发射器Y轴大小）的值为0，效果如图10.120所示。

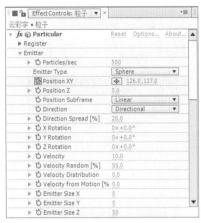

图10.120 设置粒子特效关键帧

步骤07 展开Particle（粒子）选项组，设置Life（生命）值为10，在Particle Type（粒子类型）右侧的下拉菜单中选择Cloudlet（云彩），Cloudlet Feather（云彩羽化）的值为0，Size（大小）的值为4，Size Random(大小随机)的值为100，Opacity Random（透明度随机）的值为85，参数设置如图10.121所示。

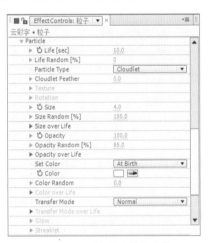

图10.121 设置粒子特效参数

步骤08 选择"粒子"层，分别调整时间，参照文字层"云"，修改Position XY（XY轴位置）值，根据读者的喜好可以设置绘制云字的时间长短，然后将文字层隐藏。

步骤09 这样就完成"云彩字效果"动画的整体制作了，按小键盘上的0键，可在合成窗口中预览动画13.122的效果。

图10.122 其中几帧的效果

10.16 气球飞舞

难易程度：★★★☆☆

实例说明：本例首先导入合成素材，并利用Color Balance（HLS）（色彩平衡）特效制作出变色的气球动画，创建固态图层，然后利用Particle Playground（粒子运动场）特效的参数修改替换气球，应用粒子运动制作出气球飞舞效果。本例最终的动画流程效果，如图10.123所示。

工程文件：第10章\气球飞舞

视频位置：movie\10.16 气球飞舞.avi

图10.123 气球飞舞动画流程效果

知识点

- Color Balance(HLS)（色彩平衡(HLS)）
- Particle Playground（粒子运动场）

10.16.1 制作变色气球

步骤01 执行菜单栏中的File（文件）| Import（导入）| File（文件）命令，或在Project（项目）窗口中双击，打开Import File（导入文件）对话框，选择配套资源中的"工程文件\第10章\气球飞舞\气球.psd、气球背景.jpg"素材，并在对话框下方的Import As（导入为）下拉菜单中选择Composition（合成）命令，如图10.124所示。单击打开按钮，将图片导入，导入后的效果，如图10.125所示。

图10.124 导入设置

图10.125 导入后的效果

步骤02 在Project（项目）窗口中，单击选择"气球"合成，然后执行菜单栏中的Composition（合成）| Composition Settings（合成设置）命令，打开Composition Settings（合成设置）对话框，参数设置如图10.126所示。

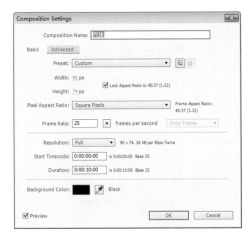

图10.126 合成设置对话框

步骤03 在Project（项目）窗口中，双击"气球"合成，打开合成，在时间线中可以看到"图层1"素材，如图10.127所示。

图10.127 打开项目

步骤04 在时间线窗口中，单击选择"图层1"层，在Effects & Presets（效果和预置）面板中展开Color Correction（色彩校正）选项，然后双击Color Balance（HLS）[色彩平衡（HLS）]特效，如图10.128所示。为气球应用色彩平衡特效以进行颜色动画的制作，并将时间调整为00:00:00:00帧的位置。

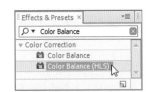

图10.128 双击Color Balance(HLS)特效

步骤05 在Effect Controls（特效控制）面板中，展开Color Balance（HLS）（色彩平衡）特效，设置Hue（色相）的值为0，并为其设置关键帧，如图10.129所示。

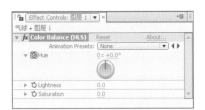

图10.129 00:00:00:00帧的位置参数

步骤06 按End键，将时间调整到末尾，然后设置Hue（色相）的值为3x，如图10.130所示。

图10.130 结束位置参数

步骤07 此时，拖动时间线上的时间滑块，可以看到气球的色彩变化情况，其中的几帧画面，如图10.131所示。

图10.131 其中的几帧画面

10.16.2 制作气球飞舞动画

步骤01 执行菜单栏中的Composition（合成）| New Composition（新建合成）命令，打开Composition Settings（合成设置）对话框，设置Composition Name（合成名称）为"气球飞舞"，Width（宽）为"720"，Height（高）为"576"，Frame Rate（帧率）为"25"，并设置Duration（持续时间）为6秒，如图10.132所示。

图10.132 合成设置

步骤02 执行菜单栏中的Layer（图层）| New（新建）| Solid（固态层）命令，打开Solid Settings（固态层设置）对话框，参数设置如图10.133所示。

图10.133 Solid Settings（固态层设置）对话框

步骤03 在时间线窗口中单击选择"粒子"层，在Effects & Presets（效果和预置）面板中展开Simulation（模拟）选项，然后双击Particle Playground（粒子运动场）特效，如图10.134所示。此时，拖动时间滑块，可以从合成窗口中看到粒子的动画效果，其中的一帧，如图10.135所示。

图10.134 双击粒子运动场特效

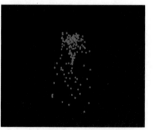

图10.135 粒子效果

步骤04 在Effect Controls（特效控制）面板中，展开Particle Playground（粒子运动场）| Cannon选项，设置Position（位置）的值为（388，578），Barrel Radius的值为120，以设置粒子的活动范围，其他参数设置如图10.136所示。

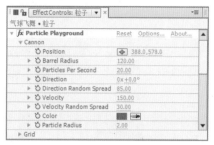

图10.136 粒子参数设置

步骤05 在Project（项目）窗口中，将"气球"合成拖动到时间线窗口中，并放在"粒子"层的下方，如图10.137所示。

图10.137 添加素材

步骤06 为了让粒子改变成气球，单击选择"粒子"层，在Effect Controls（特效控制）面板中，展开Particle Playground（粒子运动场）| Layer Map选项，在Use Layer（使用层）右侧的下拉菜单中，选择"气球"选项，设置Time Offset Type（时间偏移类型）为Relative Random（相对随机），并设置Random Time（随机时间）的值为3，如图10.138所示。

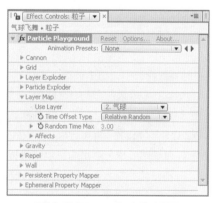

图10.138 Layer Map选项设置

提示 Layer Map主要用来设置用来替换粒子的层素材，以选择的层素材为粒子显示效果；Random Time（随机时间）主要用来设置替换粒子的素材偏移值，出现时间偏移可以使气球在显示过程中，出现多种颜色的效果，否则将按原素材的颜色变化出现相同的多气球变色效果。

步骤07 此时拖动时间滑块，可以看到一个动画效果，但气球并不是向上升起的，而是向下落的，这是因为粒子受到了重力的作用，展开Gravity（重力）选项，设置Force（力量）的值设置为0，去掉重力作用，如图10.139所示。

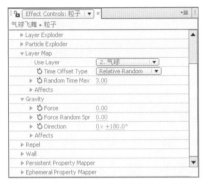

图10.139 Gravity（重力）选项设置

步骤08 设置气球的透明度。单击选择"粒子"层，按T键，打开透明度设置，设置Opacity（不透明度）的值为80%，此时的气球将出现半透明状态，如图10.140所示。

图10.140 修改透明度

步骤09 将"气球背景.jpg"图片拖动到时间窗口中，以制作出更好的效果，然后将"气球"合成素材关闭显示，如图10.141所示。

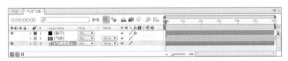

图10.141 关闭显示

步骤10 这样，就完成了"气球飞舞"动画的制作，按小键盘上的0键，可以预览动画效果。将文件保存并输出成动画效果，完成最后效果。

10.17 涌动的火山熔岩

难易程度： ★★★☆☆

实例说明： 本例主要讲解应用Fractal Noise（分形噪波）特效制作出熔岩涌动效果。通过运用Colorama

（彩光）特效，调节出熔岩内外焰的颜色变化，完成火山熔岩涌动的整体制作。本例最终的动画流程效果，如图10.142所示。

工程文件： 第10章\涌动的火山熔岩

视频位置： movie\10.17 涌动的火山熔岩.avi

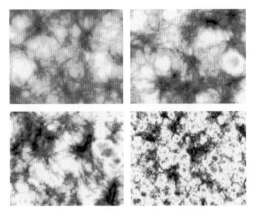

图10.142 涌动的火山熔岩动画流程效果

知识点

● Fractal Noise（分形噪波）

● Colorama（彩光）

10.17.1 新建合成

步骤01 执行菜单栏中的Composition（合成）| New Composition（新建合成）命令，打开Composition Settings（合成设置）对话框，设置Composition Name（合成名称）为"涌动的火山熔岩"，Width（宽）为"720"，Height（高）为"576"，Frame Rate（帧率）为"25"，并设置Duration（持续时间）为00:00:05:00秒，如图10.143所示。

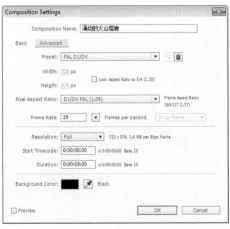

图10.143 合成设置

步骤02 单击OK（确定）按钮，在项目面板中，将会新建一个名为"涌动的火山熔岩"的合成，如图10.144所示。

图10.144 新建合成

10.17.2 添加分形噪波特效

步骤01 在"涌动的火山熔岩"合成的Timeline（时间线）面板中，按Ctrl + Y快捷键，此时将打开Solid Settings（固态层设置）对话框，修改Name（名称）为"熔岩"，设置Color（颜色）为"黑色"，如图10.145所示。

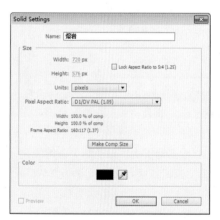

图10.145 打开固态层设置对话框

步骤02 单击OK（确定）按钮，在Timeline（时间线）面板中，将会创建一个名为"熔岩"的Solid（固态层），如图10.146所示。

图10.146 新建Solid（固态层）

步骤03 选择"熔岩"固态层，在Effects & Presets（效果和预置）面板中展开Noise & Grain（噪波和杂点）特效组，双击Fractal Noise（分形噪波）特效，如图10.147所示。

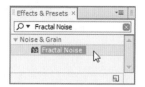

图10.147 添加Fractal Noise特效

步骤04 在Effect Controls（特效控制）面板中，为Fractal Noise（分形噪波）特效设置参数，从Fractal Type（分形类型）右侧的下拉菜单中选择Dynamic（动力学），Noise Type（噪波类型）右侧的下拉菜单中选择Soft Linear（柔和线性）；设置Contrast（对比度）的值为90，Brightness（亮度）的值为4；从Overflow（溢出设置）右侧的下拉菜单中选择Warp back（变形），具体参数设置，如图10.148所示。修改后的画面效果，如图10.149所示。

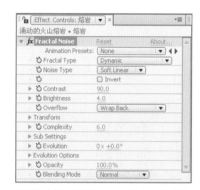

图10.148 设置Fractal Noise的参数

图10.149 修改后的画面效果

步骤05 选择"熔岩"固态层，将时间调整到00:00:00:00帧的位置，在Effect Controls（特效控制）面板中，分别单击Contrast（对比度）、Brightness（亮度）、Evolution（进化）左侧的码表 按钮，在当前位置设置关键帧；展开Transform（转换）选项组，单击Offset Turbulence（偏移）左侧的码表 按钮，在00:00:00:00帧的位置设置关键帧，如图10.150所示。

图10.150 在00：00：00：00帧设置关键帧

提示 Transform（转换）：该选项组主要控制图像的噪波的大小、旋转角度和位置偏移等设置。Rotation（旋转）：设置噪波图案的旋转角度。Uniform Scaling（等比缩放）：勾选该复选框，对噪波图案进行宽度和高度的等比缩放。Scale（缩放）：设置图案的整体大小，在勾选Uniform Scaling（等比缩放）复选框时可用。Scale Width/Height（缩放宽度/高度）：在没有勾选Uniform Scaling（等比缩放）复选框时，可用通过这两个选项，分别设置噪波图案的宽度和高度的大小。Offset Turbulence（偏移）：设置噪波的动荡位置。

步骤06 将时间调整到00:00:04:24帧的位置，修改Contrast（对比度）的值为300，Brightness（亮度）的值为25，Offset Turbulence（偏移）的值为（180，40），Evolution（进化）的值为2x，系统将在当前位置自动设置关键帧，具体参数设置如图10.151所示。

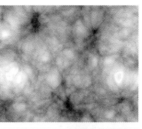

步骤07 这样就完成了熔岩涌动的动画，其中几帧画面的效果，如图10.152所示。

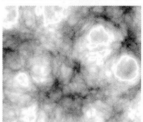

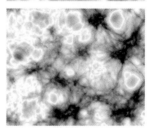

图10.152 其中几帧的画面效果

10.17.3 添加彩光特效

步骤01 下面来调节火山熔岩的颜色。在"涌动的火山熔岩"合成的Timeline（时间线）面板中，选择"熔岩"固态层，在Effects & Presets（效果和预置）面板中展开Color Correction（色彩校正）特效组，双击Colorama（彩光）特效，如图10.153所示。展开Output Cycle（输出色环）选项，默认状态下Colorama（彩光）特效的参数设置如图10.154所示。

图10.153 添加Colorama特效

图10.151 在00：00：04：24帧修改参数

201

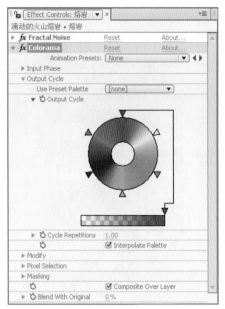

图10.154 默认状态

色环）选项组，从Use Preset Palette（使用预置图案）右侧的下拉菜单中选择Fire（火焰）选项，如图10.156所示。

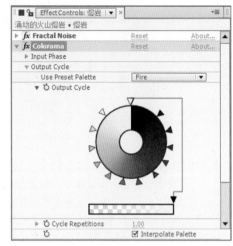

图10.156 调节colorama特效的颜色

步骤02 添加完特效，当Colorama（彩光）特效的参数为默认状态时的画面效果，如图10.155所示。

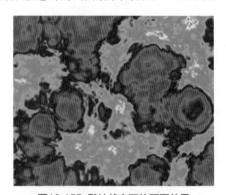

图10.155 默认状态下的画面效果

步骤03 在Effect Controls（特效控制）面板的Colorama（彩光）特效中，展开Output Cycle（输出

提示 Input Phase（输入相位）：该选项中有很多其他的选项，应用比较简单，主要是对彩色光的相位进行调整。Output Cycle（输出色环）：通过Use Preset Palette（使用预设色样）可以选择预置的多种色样来改变颜色；Output Cycle（输出色环）可以调节三角色块来改变图像中对应的颜色，在色环的颜色区域单击，可以添加三角色块将三角色块拉出色环即可删除三角色块；通过Cycle Repetitions（色环重复）可以控制彩色光的色彩重复次数。Blending With Original（混合初始状态）：设置修改图像与源图像的混合成程度。

步骤04 这样就完成了"涌动的火山熔岩"的整体制作，按小键盘上的0键播放预览。最后将文件保存并输出成动画。

第 11 章
璀璨的动感光线特效

内容摘要

本章主要讲解运用软件自带的特效来制作各种光线，包括使用Ramp（渐变）特效的制作出彩色光环，应用Bezier Warp（贝塞尔弯曲）特效调节出弯曲光线以及通过使用Vegas（描绘）特效制作出光线沿图像边缘运动的画面效果。通过本章的学习掌握几种光线的制作方法，可使整个动画更加华丽且更富有灵动感。

教学目标

- 学习旋转星星动画的制作
- 学习延时光线动画的制作
- 掌握空间网格动画的制作
- 掌握舞动精灵动画的制作
- 掌握流光线条动画的制作
- 掌握梦幻飞散精灵动画的制作

11.1 旋转的星星

难易程度：★ ★ ☆ ☆ ☆

实例说明：本例主要讲解利用Radio Waves（无线电波）特效制作旋转的星星效果。本例最终的动画流程效果，如图11.1所示。

工程文件：第11章\旋转的星星

视频位置：movie\11.1 旋转的星星.avi

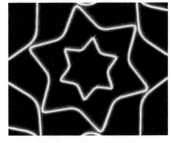

图11.1 动画流程画面

知识点

- Radio Waves（无线电波）
- Starglow（星光）

操作步骤

步骤01 执行菜单栏中的Composition（合成）| New Composition（新建合成）命令，打开Composition Settings（合成设置）对话框，设置Composition Name（合成名称）为"星星"，Width（宽）为"720"，Height（高）为"576"，Frame Rate（帧率）为"25"，并设置Duration（持续时间）为00:00:10:00秒。

步骤02 执行菜单栏中的Layer(层)|New（新建）|Solid（固态层）命令，打开Solid Settings(固态层设

置)对话框，设置Name（名称）为"五角星"，Color（颜色）为"黑色"。

步骤03 为"五角星"层添加Radio Waves（无线电波）特效。在Effects & Presets（效果和预置）面板中展开Generate（创造）特效组，然后双击Radio Waves（无线电波）特效。

步骤04 在Effect Controls（特效控制）面板中，修改Radio Waves（无线电波）特效的参数，设置Render Quality（渲染品质）的值为10；展开Polygon（多边形）选项组，设置Sides（边数）的值为6，Curve Size（曲线大小）的值为0.5，Curvyness（弯曲度）的值为0.25，选中Star（星形）复选框，设置Star Depth（星形深度）的值为-0.3；展开Wave Motion（波形运动）选项组，设置Spin（扭转）的值为40；展开Stroke（描边）选项组，设置Color（颜色）为白色，如图11.2所示。合成窗口效果如图11.3所示。

图11.2 设置无线电波参数

图11.3 设置无线电波参数后效果

步骤05 为"五角星"层添加Starglow（星光）特效。在Effects & Presets（效果和预置）面板中展开Trapcode特效组，然后双击Starglow（星光）特效。

步骤06 在Effect Controls（特效控制）面板中，修改Starglow（星光）特效的参数，在Preset（预设）下拉菜单中选择Cold Heaven2（冷天2）选项，设置Streak Length（光线长度）的值为7，如图11.4所示。合成窗口效果如图11.5所示。

图11.4 设置星光参数

图11.5 设置星光参数后效果

步骤07 这样就完成了旋转的星星整体动画的制作，按小键盘上的0键，即可在合成窗口中预览动画。

11.2 延时光线

难易程度： ★★☆☆☆

实例说明： 本例主要讲解利用Stroke（描边）特效制作延时光线效果。本例最终的动画流程效果，如图11.6所示。

工程文件： 第11章\延时光线

视频位置： movie\11.2 延时光线.avi

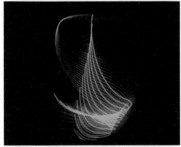

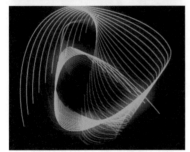

图11.6 动画流程画面

知识点

- 学习Stroke（描边）特效的使用
- 学习Echo（重复）特效的使用
- 学习Glow（发光）特效的使用

操作步骤

步骤01 执行菜单栏中的Composition（合成）| New Composition（新建合成）命令，打开Composition Settings（合成设置）对话框，设置Composition Name（合成名称）为"延时光线"，Width（宽）为"720"，Height（高）为"576"，Frame Rate（帧率）为"25"，并设置Duration（持续时间）为00：00：05：00秒。

步骤02 执行菜单栏中的Layer(层)|New（新建）|Solid（固态层）命令，打开Solid Settings(固态层设置)对话框，设置Name（名称）为"路径"，Color（颜色）为"黑色"。

步骤03 在时间线面板中，选中"路径"层，在工具栏中选择Pen Tool（钢笔工具）![pen]，在图层上绘制一个"S"路径，按M键打开Mask Path（蒙版形状）属性，将时间调整到00:00:00:00帧的位置，单击Mask Path（蒙版形状）左侧的码表![stopwatch]按钮，在当前位置设置关键帧，如图11.7所示。

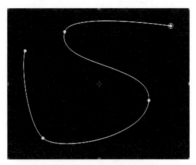

图11.7 设置0秒蒙版形状

步骤04 将时间调整到00:00:02:13帧的位置，调整Mask（蒙版）形状，如图11.8所示。

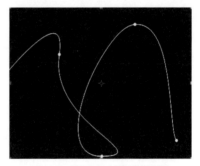

图11.8 设置2秒13帧蒙版形状

步骤05 将时间调整到00:00:04:24帧的位置，调整Mask（蒙版）形状，如图11.9所示。

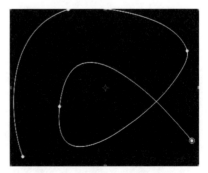

图11.9 设置4秒24帧蒙版形状

步骤06 为"路径"层添加Stroke（描边）特效。在Effects & Presets（效果和预置）面板中展开Generate

（创造）特效组，然后双击Stroke（描边）特效，如图11.10所示。

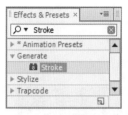

图11.10 添加描边特效

步骤07 在Effects Controls（特效控制）面板中，修改Stroke（描边）特效的参数，设置Color（颜色）的值为蓝色（R:0，G:162，B:255），Brush Size（画笔粗细）的值为3，Brush Hardness（画笔硬度）的值为25，将时间调整到00:00:00:00帧的位置，设置Start（开始）的值为0，End（结束）的值为100，单击Start（开始）和End（结束）左侧的码表按钮，在当前位置设置关键帧。

步骤08 将时间调整到00:00:04:24帧的位置，设置Start（开始）的值为100，End（结束）的值为0，系统会自动设置关键帧，如图11.11所示。合成窗口效果如图11.12所示。

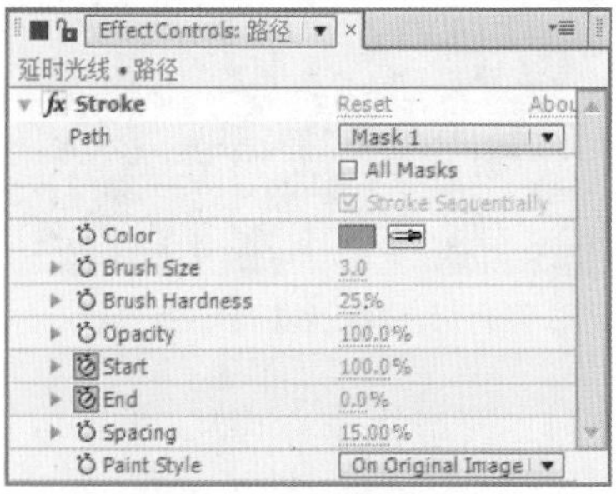

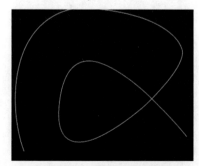

图11.11 设置描边参数

图11.12 设置描边后效果

步骤09 执行菜单栏中的Layer(层)|New（新建）|Adjustment Layer（调节层）命令，为"Adjustment

Layer"层添加Echo（拖尾）特效。在Effects & Presets（效果和预置）面板中展开Time（时间）特效组，然后双击Echo（拖尾）特效。

步骤10 在Effects Controls（特效控制）面板中，修改Echo（拖尾）特效的参数，设置Echo Time（重复时间）的值为-0.1，Number Of Echoes（重复数量）的值为50，Starting Intensity（开始帧的强度）的值为0.85，Decay（减弱）的值为0.95，如图11.13所示。合成窗口效果如图11.14所示。

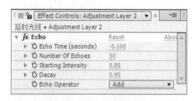

图11.13 设置重复参数

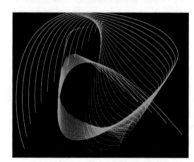

图11.14 设置重复后效果

步骤11 为"Adjustment Layer"层添加Glow（发光）特效。在Effects & Presets（效果和预置）面板中展开Stylize（风格化）特效组，然后双击Glow（发光）特效。

步骤12 在Effects Controls（特效控制）面板中，修改Glow（发光）特效的参数，设置Glow Threshold（发光阈值）的值为40，Glow Radius（发光半径）的值为80，如图11.15所示。合成窗口效果如图11.16所示。

图11.15 设置发光参数

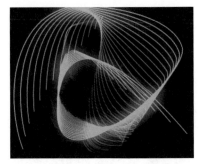

图11.16 设置发光后效果

步骤13 这样就完成了延时光线的整体制作，按小键盘上的0键，即可在合成窗口中预览动画。

11.3 流光线条

难易程度：★★★☆☆

实例说明： 本例主要讲解流光线条动画的制作。首先利用Fractal Noise（分形噪波）特效制作出线条效果，通过调节Bessel Warp（贝塞尔曲线变形）特效制作出光线的变形，然后添加第3方插件Particular（粒子）特效，制作出上升的圆环从而完成动画的制作。本例最终的动画流程效果，如图11.17所示。

工程文件： 第11章\流光线条

视频位置： movie\11.3 流光线条.avi

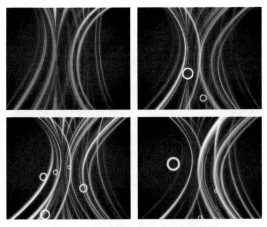

图11.17 流动线条最终动画流程效果

知识点

- 了解Shine（光）特效参数的设置
- 学习Shine（光）特效的使用
- 掌握扫光字动画的制作技巧

11.3.1 利用蒙版制作背景

步骤01 执行菜单栏中的Composition（合成）| New Composition（新建合成）命令，打开Composition Settings（合成设置）对话框，设置Composition Name（合成名称）为"流光线条效果"，Width（宽）为"720"，Height（高）为"576"，Frame Rate（帧率）为"25"，并设置Duration（持续时间）为00:00:05:00秒，如图11.18所示

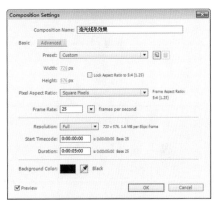

图11.18 建立合成

步骤02 执行菜单栏中的File（文件）| Import（导入）| File（文件）命令，打开Import File（导入文件）对话框，选择配套资源中的"工程文件\第11章\流光线条效果\圆环.psd"素材，单击【打开】按钮，如图11.19所示，"圆环.psd"素材将导入到Project（项目）面板中。

图11.19 导入psd文件

步骤03 按Ctrl+Y组合键，打开Solid Settings（固态层设置）对话框，设置Name（名称）为"背景"，

Color（颜色）为"紫色"（R:65，G:4，B:67），如图11.20所示。

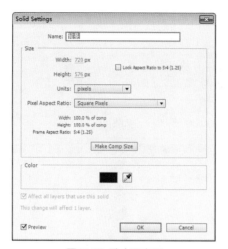

图11.20 建立固态层

步骤04 为"背景"固态层绘制蒙版，单击工具栏中的Ellipse Tool（椭圆工具）⬭按钮，绘制椭圆蒙版，如图11.21所示。

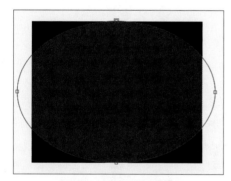

图11.21 绘制椭圆形蒙版

步骤05 按F键，打开"背景"固态层的Mask Feather（蒙版羽化）选项，设置Mask Feather（蒙版羽化）的值为（200，200），如图11.22所示。此时的画面效果，如图11.23所示。

图11.22 设置羽化属性

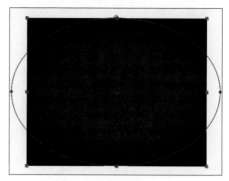

图11.23 设置属性后效果

步骤06 按Ctrl+Y组合键，打开Solid Settings（固态层设置）对话框，设置Name（名称）为"流光"，Width（宽）为"400"，Height（高）为"650"，Color（颜色）为白色，如图11.24所示。

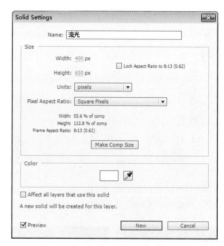

图11.24 建立固态层

步骤07 将"流光"层的Mode（模式）修改为Screen（屏幕）。

步骤08 选择"流光"固态层，在Effects & Presets（效果和预置）面板中展开Noise & Grain（噪波与杂点）特效组，然后双击Fractal Noise（分形噪波）特效，如图11.25所示。

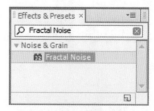

图11.25 添加特效

步骤09 将时间调整到00:00:00:00帧的位置，在Effect Controls（特效控制）面板中，修改Fractal Noise（分形噪波）特效的参数，设置Contrast（对比度）的值为450，Brightness（亮度）的值为-80；展开Transform（转换）选项组，取消勾选Uniform Scaling（等比缩放）复选框，设置Scale Width（缩放宽度）的值为15，Scale Height（缩放高度）的值为3500，Offset Turbulence（乱流偏移）的值为（200，325），Evolution（进化）的值为0，然后单击Evolution（进化）左侧的码表 按钮，在当前位置设置关键帧，如图11.26所示。

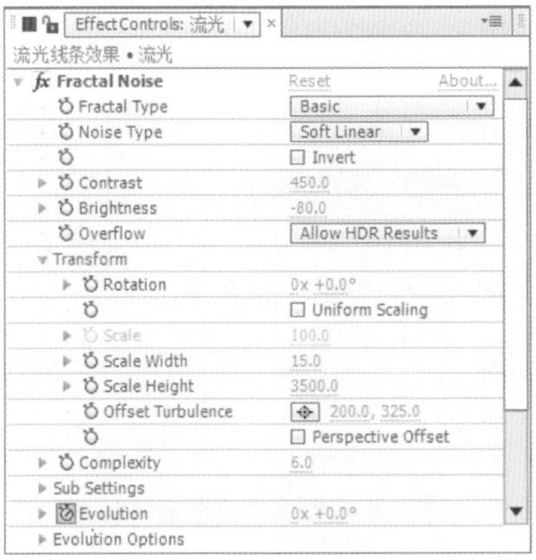

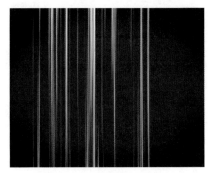

图11.26 设置分形噪波特效

步骤10 将时间调整到00:00:04:24帧的位置，修改Evolution（进化）的值为1x，系统将在当前位置自动设置关键帧，此时的画面效果如图11.27所示。

图11.27 设置特效后的效果

11.3.2 添加特效调整画面

步骤01 为"流光"层添加Bezier Warp（贝塞尔曲线变形）特效，在Effects & Presets（效果和预置）面板中展开Distort（扭曲）特效组，双击Bezier Warp（贝赛尔曲线变形）特效，如图11.28所示。

图11.28 添加贝塞尔曲线变形特效

步骤02 在Effect Controls（特效控制）面板中，修改Bezier Warp（贝塞尔曲线变形）特效的参数，如图11.29所示。

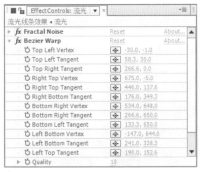

图11.29 设置贝赛尔曲线变形参数

步骤03 在调整图形时，直接修改特效的参数比较麻烦，此时，可以在Effect Controls（特效控制）面板中，选择Bezier Warp（贝塞尔曲线变形）特效，从合成窗口中，可以看到调整的节点，直接在合成窗口中的图像上，拖动节点进行调整，自由度比较高，如图11.30所示。调整后的画面效果如图11.31所示。

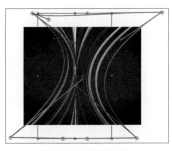

图11.30 调整控制点

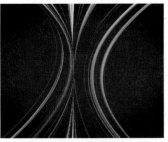

图11.31 画面效果

步骤04 为"流光"层添加Hue/Saturation（色相/饱和度）特效。在Effects & Presets（效果和预置）面板中展开Color Correction（色彩校正）特效组，双击Hue/Saturation（色相/饱和度）特效，如图11.32所示。

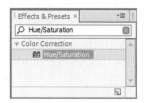

图11.32 添加色相/饱和度特效

步骤05 在Effect Controls（特效控制）面板中，修改Hue/Saturation（色相/饱和度）特效的参数，勾选Colorize（着色）复选框，设置Colorize Hue（着色色相）的值为−55，Colorize Saturation（着色饱和度）的值为66，如图11.33所示。

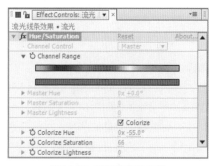

图11.33 设置特效的参数

步骤06 为"流光"层添加Glow（发光）特效，在Effects & Presets（效果和预置）面板中展开Stylize（风格化）特效组，然后双击Glow（发光）特效，如图11.34所示。

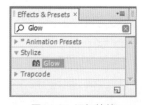

图11.34 添加特效

步骤07 在Effect Controls（特效控制）面板中，修改Glow（发光）特效的参数，设置Glow Threshold（发光阈值）的值为20%，Glow Radius（发光半径）的值为15，如图11.35所示。

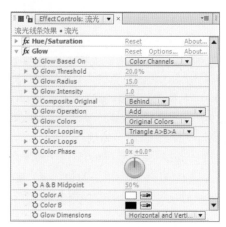

图11.35 设置发光特效的属性

步骤08 在时间线面板中打开"流光"层的三维属性开关，展开Transform（转换）选项组，设置Position（位置）的值为（309，288，86），Scale（缩放）的值为（123，123，123），如图11.36所示。可在合成窗口看到效果，如图11.37所示。

图11.36 设置位置缩放属性

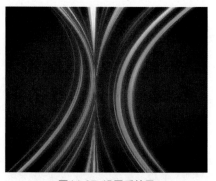

图11.37 设置后效果

步骤09 选择"流光"层，按Ctrl+D组合键，将复制出"流光2"层，展开Transform（转换）选项组，设置Position（位置）的值为（408，288，0），Scale（缩放）的值为（97，116，100），Z Rotation（Z轴旋转）的值为−4，如图11.38所示。可以在合成窗口中看到效果，如图11.39所示。

图11.38 设置复制层的属性

图11.39 画面效果

步骤10 修改Bezier Warp（贝塞尔曲线变形）特效的参数，使其与"流光"的线条角度有所区别，如图11.40所示。

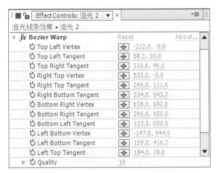

图11.40 设置贝塞尔曲线变形参数

步骤11 在合成窗口中看到的控制点的位置发生了变化，如图11.41所示。

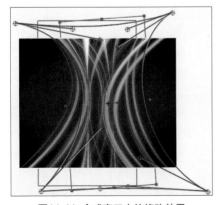

图11.41 合成窗口中的修改效果

步骤12 修改Hue / Saturation（色相/饱和度）特效的参数，设置Colorize Hue（着色色相）的值为265，Colorize Saturation（着色饱和度）的值为75，如图11.42所示。

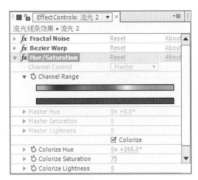

图11.42 调整复制层的着色饱和度

步骤13 设置完后的可以在合成窗口中看到效果，如图11.43所示。

图11.43 调整着色饱和度后的画面效果

11.3.3 添加"圆环"素材

步骤01 在Project（项目）面板中选择"圆环.psd"素材，将其拖动到"流光线条效果"合成的时间线面板中，然后单击"圆环.psd"左侧的眼睛 ◉ 图标，将该层隐藏，如图11.44所示。

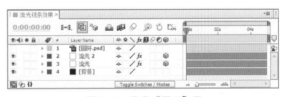

图11.44 隐藏"圆环"层

步骤02 按Ctrl+Y组合键，打开Solid Settings（固态层设置）对话框，设置Name（名称）为"粒子"，Color（颜色）为"白色"，如图11.45所示。选择"粒子"固态层，在Effects & Presets（效果和预置）

面板中展开Trapcode特效组，然后双击Particular（粒子）特效，如图11.46所示。

图11.45 建立固态层

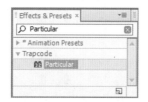

图11.46 添加特效

步骤03 在Effect Controls（特效控制）面板中，修改Particular（粒子）特效的参数，展开Emitter（发射器）选项组，设置Particles/sec（每秒发射粒子数）的值为5，Position（位置）的值为（360，620）；展开Particle（粒子）选项组，设置Life（生命）的值为2.5，Life Random（生命随机）的值为30，如图11.47所示。

图11.47 设置发射器属性的值

步骤04 展开Texture（纹理）选项组，在Layer（层）下拉菜单中选择"2.圆环.psd"，然后设置Size（大小）的值为20，Size Random（大小随机）的值为60，如图11.48所示。

图11.48 设置粒子属性的值

步骤05 展开Physics（物理）选项组，修改Gravity（重力）的值为-100，如图11.49所示。

图11.49 设置物理学的属性

步骤06 在Effects & Presets（效果和预置）面板中展开Stylize（风格化）特效组，然后双击Glow（发光）特效，如图11.50所示。

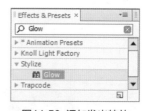

图11.50 添加发光特效

11.3.4 添加摄影机

步骤01 执行菜单栏中的Layer（层）| New（新建）| Camera（摄像机）命令，打开Camera Settings（摄像机设置）对话框，设置Preset（预置）为24mm，如图11.51所示。单击OK（确定）按钮，在时间线面板中将会创建一个摄像机。

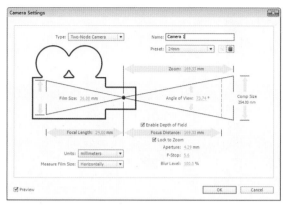

图11.51 建立摄像机

步骤02 将时间调整到00:00:00:00帧的位置，选择 "Camera 1"层，展开Transform（转换）、Camera Options（摄像机设置）选项组，然后分别单击Point of Interest（中心点）和Position（位置）左侧的码表 ⌚ 按钮，在当前位置设置关键帧，并设置Point of Interest（中心点）的值为（426，292，140），Position（位置）的值为（114，292，-270）；然后分别设置Zoom（缩放）的值为512，Depth of Field（景深）为On（打开），Focus Distance（焦距）的值为512，Aperture（光圈）的值为84，Blur Level（模糊级）的值为122%，如图11.52所示。

图11.52 设置摄像机的参数

步骤03 将时间调整到00:00:02:00帧的位置，修改 Point of Interest（中心点）的值为（364，292，25），Position（位置）的值为（455，292，-480），如图11.53所示。

图11.53 制作摄像机动画

步骤04 此时可以看到画面视角的变化，如图11.54所示。

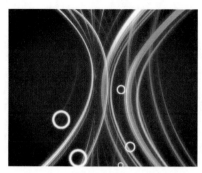

图11.54 设置摄像机后画面视角的变化

步骤05 这样就完成了"流光线条"的整体制作，按小键盘上的0键，在合成窗口中预览动画，效果如图11.55所示。

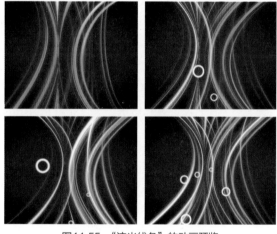

图11.55 "流光线条"的动画预览

11.4 舞动的精灵

难易程度： ★★★☆☆

实例说明： 本例主要讲解舞动的精灵动画的制作。利用Vegas（描绘）特效和钢笔路径绘制光线，配合Turbulent Displace（动荡置换）特效使线条达到蜿蜒的效果，完成舞动的精灵动画的制作。本例最终的动画流程效果，如图11.56所示。

工程文件： 第11章\舞动的精灵

视频位置： movie\11.4 舞动的精灵.avi

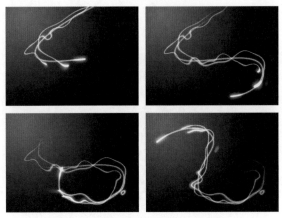

图11.56 舞动的精灵最终动画流程效果

知识点

- 了解固态层的创建及路径的绘制方法
- 学习Vegas（描绘）特效的参数设置
- 学习舞动的精灵动画的制作技巧

11.4.1 为固态层添加特效

步骤01 执行菜单栏中的Composition（合成）| New Composition（新建合成）命令，打开Composition Settings（合成设置）对话框，设置Composition Name（合成名称）为"光线"，Width（宽）为"720"，Height（高）为"576"，Frame Rate（帧率）为"25"，并设置Duration（持续时间）为00:00:05:00秒，如图11.57所示。

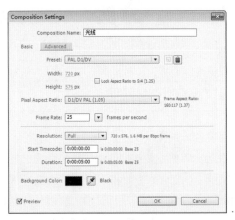

图11.57 建立合成

步骤02 按Ctrl+Y组合键，打开Solid Settings（固态层设置）对话框，设置Name（名称）为"拖尾"，Color（颜色）为黑色，如图11.58所示。

图11.58 建立固态层

步骤03 选择工具栏中的Pen Tool（钢笔工具），确认选择"拖尾"层，在合成窗口中绘制一条路径，如图11.59所示。

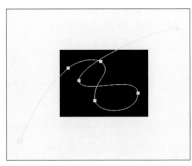

图11.59 绘制路径

步骤04 在Effects & Presets（效果和预置）面板中展开Generate（创造）特效组，然后双击Vegas（勾画）特效，如图11.60所示。

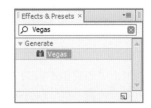

图11.60 添加特效

步骤05 将时间调整到00:00:00:00帧的位置，在Effect Controls（特效控制）面板中，展开Vegas（勾画）选项组，单击Stroke（描边）下拉菜单选择Mask/Path（蒙版/路径）；展开Mask/Path（蒙版/路径）选项组，从Path（路径）下拉菜单选择Mask 1（蒙版1）；展开Segments（线段）选项组，修改Segments（线段）值为1，单击Rotation（旋转）左侧的码表按钮在当前建立关键帧，修改Rotation（旋转）的值为-47；展开Rendering（渲染）选项组，设置Color（颜色）为白色，width（宽度）为1.2，Hardness（硬度）的值为0.45，设置Mid-Point Opacity（中间点不透明度）的值为-1，设置Mid-Point Position（中间点位置）的值为0.9，如图11.61所示。

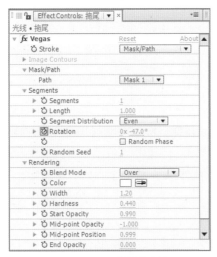

图11.61 设置特效的参数

步骤06 调整时间到00:00:04:00帧的位置，修改Rotation（旋转）的值为-1x-48，如图11.62所示。拖动时间滑块可在合成窗口中看到预览效果，如图11.63所示。

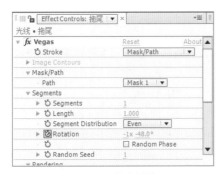

图11.62 修改特效

图11.63 描绘特效的效果

步骤07 在Effects & Presets（效果和预置）面板中展开Stylized（风格化）特效组，然后双击Glow（发光）特效，如图11.64所示。

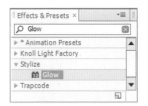

图11.64 添加特效

步骤08 在Effect Controls（特效控制）面板中，展开Glow（发光）选项组，修改Glow Threshold（发光阈值）的值为20%，Glow Radius（发光半径）的值为6，Glow Intensity（发光强度）的值为2.5，设置Glow Color（发光色）为A & B Colors（A和B颜色），Color A（颜色A）为红色（R:255，G:0，B:0），Color B（颜色B）为黄色（R:255，G:190，B:0），如图11.65所示。

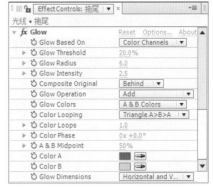

图11.65 设置发光特效的参数

步骤09 选择"拖尾"固态层，按Ctrl+D组合键复制出新的一层并重命名为"光线"，修改"光线"层的Mode（模式）为Add（相加），如图11.66所示。

图11.66 设置层的模式

步骤10 在Effect Controls（特效控制）面板中，展开Vegas（勾画）选项组，修改Length（长度）的值为0.07，修改Width（宽度）的值为6，如图11.67所示。

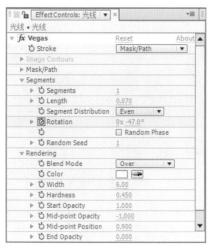

图11.67 修改描绘特效的属性

步骤11 展开Glow（发光）选项组，修改Glow Threshold（发光阈值）的值为31%，Glow Radius（发光半径）的值为25，Glow Intensity（发光强度）的值为3.5，Color A（颜色A）为浅蓝色（R:55，G:155，B:255），Color B（颜色B）为深蓝色（R:20，G:90，B:210），如图11.68所示。

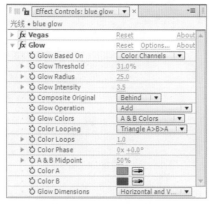

图11.68 修改发光特效属性

11.4.2 建立合成

步骤01 执行菜单栏中的Composition（合成）| New Composition（新建合成）命令，打开Composition Settings（合成设置）对话框，设置Composition Name（合成名称）为"舞动的精灵"，Width（宽）为"720"，Height（高）为"576"，Frame Rate（帧率）为"25"，并设置Duration（持续时间）为00:00:05:00秒，如图11.69所示。

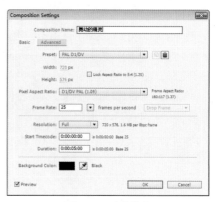

图11.69 建立特效

步骤02 按Ctrl+Y组合键，打开Solid Settings（固态层设置）对话框，设置Name（名称）为"背景"，Color（颜色）为"黑色"，如图11.70所示。

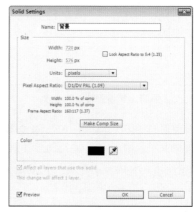

图11.70 建立固态层

步骤03 在Effects & Presets（效果和预置）面板中展开Generate（创造）特效组，然后双击Ramp（渐变）特效，如图11.71所示。

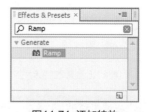

图11.71 添加特效

步骤04 在Effect Controls（特效控制）面板中，展开Ramp（渐变）选项组，设置Start of Ramp（渐变开始）的值为（90，55），Start Color（开始色）为深绿色（R:17，G:88，B:103），End of Ramp（渐变结束）为（430，410），End Color（结束色）为黑色，如图11.72所示。

图11.72 设置属性的值

11.4.3 复制"光线"

步骤01 将"光线"合成拖动到"舞动的精灵"合成的时间线中，修改"光线"层的Mode（模式）为Add（相加），如图11.73所示。

图11.73 添加"光线"合成层

步骤02 按Ctrl+D组合键复制出一层，选中"光线2"层，调整时间到00:00:00:03帧的位置，按键盘上的［键，将入点设置到当前帧，如图11.74所示。

图11.74 复制光线合成层

步骤03 确认选择"光线2"层，在Effects & Presets（效果和预置）面板中展开Distort（扭曲）特效组，然后双击Turbulent Displace（动荡置换）特效，如图11.75所示。

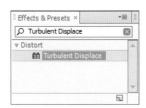

图11.75 添加特效

步骤04 在Effect Controls（特效控制）面板中，设置Amount（数量）的值为195，Size（大小）的值为57，Antialiasing for Best Quality（抗锯齿质量）为High（高），如图11.76所示。

图11.76 设置特效参数

步骤05 选择"光线2"层，按Ctrl+D组合键复制出新的一层，调整时间到00:00:00:06帧的位置，按［键，将入点设置到当前帧，如图11.77所示。

图11.77 复制光线层

步骤06 在Effect Controls（特效控制）面板中，设置Amount（数量）的值为180，Size（大小）的值为25，Offset（位置）为（330，288），如图11.78所示。

图11.78 修改动荡置换参数

步骤07 这样就完成了"舞动的精灵"的整体制作，按小键盘上的0键，在合成窗口中预览动画，效果如图11.79所示。

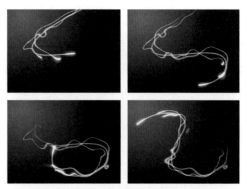

图11.79 "舞动的精灵"的动画效果

11.5 空间网格

难易程度： ★ ★ ☆ ☆ ☆

实例说明： 本例主要讲解空间网格动画的制作。首先应用Grid（网格）特效制作出网格效果，通过对Basic 3D（基本3D）特效的调节使网格具有空间感，完成空间网格的整体制作。本例最终的动画流程效果，如图11.80所示。

工程文件： 第11章\空间网格

视频位置： movie\11.5 空间网格.avi

图11.80 空间网格最终动画流程效果

知识点

- 学习如何添加Gird（网格）和Basic 3D特效
- 改变网格的颜色的方法
- 掌握空间网格的制作技巧

11.5.1 制作跳动的网格

步骤01 执行菜单栏中的Composition（合成）| New Composition（新建合成）命令，打开Composition

Settings（合成设置）对话框，设置Composition Name（合成名称）为"网格跳动"，Width（宽）为"1000"，Height（高）为"500"，Frame Rate（帧率）为"25"，并设置Duration（持续时间）为00:00:10:00秒，如图11.81所示。

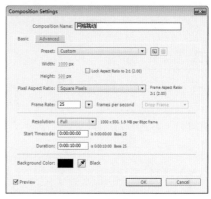

图11.81 合成设置

步骤02 单击OK（确定）按钮，在项目面板中，将会新建一个名为"网格跳动"的合成，如图11.82所示。

图11.82 新建合成

步骤03 按Ctrl+Y组合键，此时将打开Solid Settings（固态层设置）对话框，修改Name（名称）为"网格"，设置Color（颜色）为"黑色"，如图11.83所示。

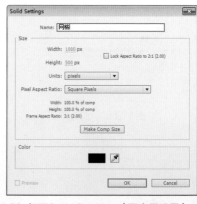

图11.83 打开Solid Settings（固态层设置）对话框

步骤04 选择"网格"固态层，在Effects & Presets（效果和预置）面板中展开Generate（创造）特效组，双击Grid（网格）特效，如图11.84所示。效果如图11.85所示。

图11.84 添加特效

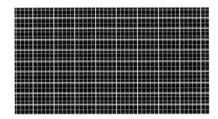

图11.85 效果图

步骤05 在Effect Controls（特效控制）面板中，为Grid（网格）特效设置参数，从Size From（大小来自）下拉菜单中选择Width & Height Sliders（宽度和高度滑块），设置Width（宽度）的值为20，Height（高度）的值为20，Border（边框）的值为3，修改Color（颜色）为白色，如图11.86所示。修改后的画面效果，如图11.87所示。

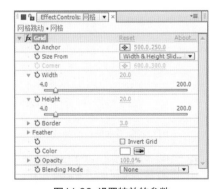

图11.86 设置特效的参数

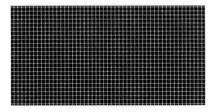

图11.87 画面效果

> **提示** Anchor（定位点）：通过右侧的参数，可以调节水平和垂直的网格数量。Size From：从右侧的下拉菜单中可以选择不同的起始点。根据选择的不同，会激活下方不同的选项。下拉菜单中共包括Corner Point（边角点）、Width Slider（宽度滑动）和Width & Height Sliders（宽度和高度滑块）3个选项。Border（边框）：设置网格的粗细。Invert Grid（反转网格）：勾选该复选框，将反转显示网格效果。Color（颜色）：设置网格线的颜色。Opacity（不透明度）：设置网格的不透明度。

步骤06 选择"网格"层，将时间调整到00:00:00:00帧的位置，在Effect Controls（特效控制）面板中，单击Anchor（定位点）左侧的码表按钮，在当前位置设置关键帧。

步骤07 将时间调整到00:00:09:24帧的位置，在当前位置修改Anchor（定位点）的值为（500，1000），如图11.88所示。

图11.88 为Anchor（定位点）设置关键帧

11.5.2 制作网格叠加

步骤01 执行菜单栏中的Composition（合成）| New Composition（新建合成）命令，打开Composition Settings（合成设置）对话框，设置Composition Name（合成名称）为"网格叠加"，Width（宽）为"352"，Height（高）为"288"，Frame Rate（帧率）为"25"，并设置Duration（持续时间）为00:00:10:00秒，如图11.89所示。

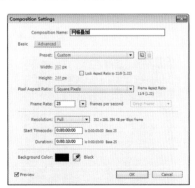

图11.89 Composition Settings（合成设置）对话框

步骤02 在项目面板中选择"网格跳动"合成，将其拖动到"网格叠加"合成的时间线面板中，如图11.90所示。

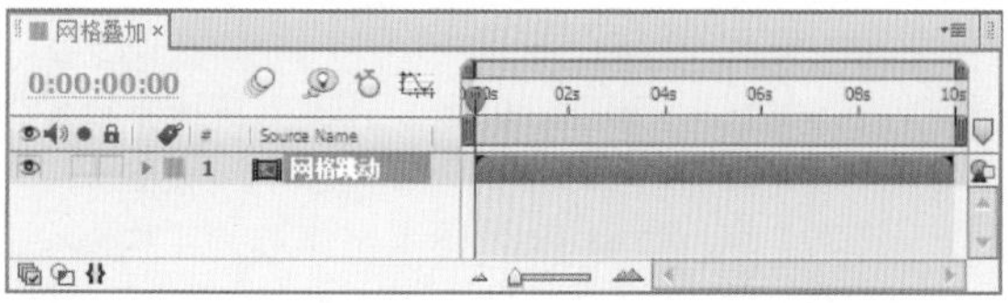

图11.90 导入素材

步骤03 选择"网格跳动"合成层，在Effects & Presets（效果和预置）面板中展开Obsolete（旧版本）特效组，双击Basic 3D（基本3D）特效，如图11.91所示。效果如图11.92所示。

图11.91 添加特效 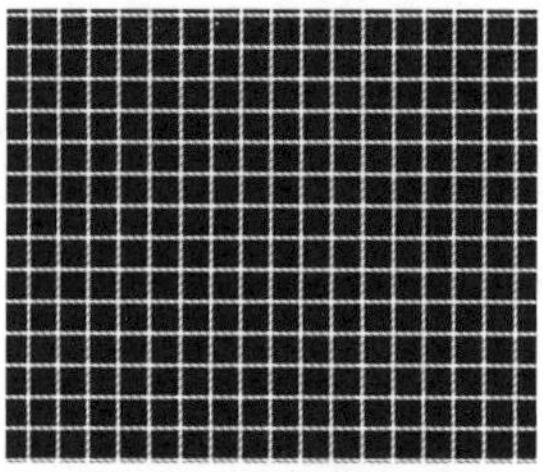　　　图11.92 效果图

步骤04 在Effect Controls（特效控制）面板中，为Basic 3D（基本3D）特效设置参数，设置Swivel（旋转）的值为50，如图11.93所示。设置完成后的画面效果，如图11.94所示。

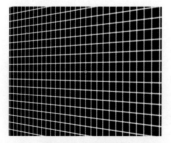

图11.93 参数设置

图11.94 画面效果

提示 Swivel（旋转）：调整图像水平旋转的角度。Tilt（倾斜）：调整图像垂直旋转的角度。Distance to Image（距离图像）：设置图像拉近或推远的距离。Specular Highlight（镜面反光）：模拟阳光照射在图像上而产生的光晕效果，看起来就好像在图像的上方发生的一样。Preview（预览）：勾选"Draw Preview Wireframe"复选框，在预览时图像会以线框的形式显示，这样就可以加快图像的显示速度。

步骤05 选择"网格跳动"合成层，按Ctrl+D组合键，复制"网格跳动"合成层，将复制出的"网格跳动"合成层重命名为"网格跳动2"，如图11.95所示。

图11.95 重命名为"网格跳动2"

步骤06 选择"网格跳动2"合成层，在Effect Controls（特效控制）面板中，为Basic 3D（基本3D）特效设置参数，设置Swivel（旋转）的值为123，Distance to Image（图像距离）的值为-45，如图11.96所示。设置完成后的画面效果，如图11.97所示。

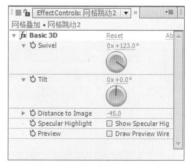

图11.96 修改特效的参数

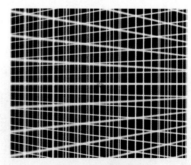

图11.97 画面效果

步骤07 选择"网格跳动""网格跳动2"两个合成层,按T键,同时打开两个合成层的Opacity(不透明度),然后在时间线面板的空白处单击,取消选择。设置"网格跳动"合成层的Opacity(不透明度)值为50%,"网格跳动2"合成层的Opacity(不透明度)值为70%,如图11.98所示。

图11.98 设置两个合成层的Opacity(不透明度)

11.5.3 制作网格光晕

步骤01 新建一个Composition Name(合成名称)为"模糊网格",Width(宽)为"352",Height(高)为"288",Frame Rate(帧率)为"25",Duration(持续时间)为00:00:10:00秒的合成,如图11.99所示。

图11.99 合成设置

步骤02 按Ctrl+Y组合键,此时将打开Solid Settings(固态层设置)对话框,修改Name(名称)为"背景",设置Color(颜色)为"黑色",如图11.100所示。

图11.100 固态层设置对话框

步骤03 在项目面板中选择"网格叠加"合成,将其拖动到"模糊网格"合成的时间线面板中,并放在顶层,如图11.101所示。

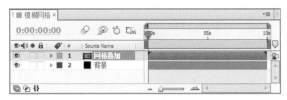

图11.101 导入素材

步骤04 选择"网格叠加"合成层,按Ctrl+D组合键,复制"网格叠加"合成层,将复制出的"网格叠加"合成层重命名为"网格叠加2",如图11.102所示。

图11.102 复制并重命名为"网格叠加2"

步骤05 选择"网格叠加2"合成层,在Effects & Presets(效果和预置)面板中展开Blur & Sharpen(模糊与锐化)特效组,双击Gaussian Blur(高斯模糊)特效,如图11.103所示。效果如图11.104所示。

图11.103 添加特效

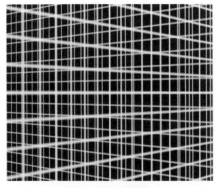

图11.104 效果图

步骤06 在Effect Controls（特效控制）面板中，为Gaussian Blur（高斯模糊）特效设置参数，设置Blurriness（模糊量）的值为14，如图11.105所示。修改后的画面效果，如图11.106所示。

图11.105 设置特效的参数

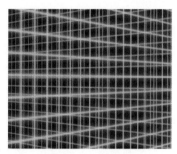

图11.106 画面效果

步骤07 选择"网格叠加2"合成层，按Ctrl+D组合键，复制"网格叠加2"合成层，将复制出的"网格叠加2"合成层重命名为"网格叠加3"，如图11.107所示。

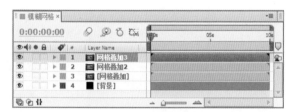

图11.107 复制"网格叠加3"

步骤08 选择"网格叠加"合成层，按T键，打开该层的Opacity（不透明度）选项，设置Opacity（不透明度）的值为90%，如图11.108所示。

图11.108 设置Opacity（不透明度）的值为90%

步骤09 这样就完成了网格光晕的效果，完成后的画面效果，如图11.109所示。

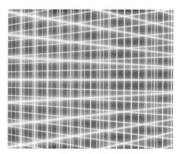

图11.109 完成后的画面效果

步骤10 新建一个Composition Name（合成名称）为"空间网格"，Width（宽）为"352"，Height（高）为"288"，Frame Rate（帧率）为"25"，Duration（持续时间）为00:00:10:00秒的合成。

步骤11 在项目面板中选择"模糊网格"合成，将其拖动到"空间网格"合成的时间线面板中，如图11.110所示。

图11.110 导入素材

步骤12 选择"模糊网格"合成层，在Effects & Presets（效果和预置）面板中展开Color Correction（色彩校正）特效组，双击Curves（曲线）特效，如图11.111所示。

步骤13 在Effect Controls（特效控制）面板中，从Channel（通道）下拉菜单中选择Blue（蓝色），调节Curves（曲线）形状，如图11.112所示。

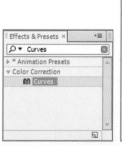

图11.111 添加特效

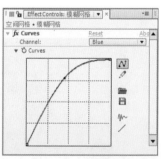

图11.112 调节形状

步骤14 当调节完Curves（曲线）特效形状后的画面效果，如图11.113所示。

图11.113 画面效果

步骤15 这样就完成了"空间网格"的整体制作，按小键盘上的0键播放预览。最后将文件保存并输出成动画。

11.6 旋转光环

难易程度： ★★☆☆☆

实例说明： 本例主要讲解旋转光环效果的制作。首先利用Basic 3D（基础3D）特效制作出光环的3D效果，通过设置Polar Coordinates（极坐标）、Glow（发光）特效制作圆环发光效果，然后利用Curves（曲线）对圆环进行颜色调整，完成整个动画的制作。本例最终的动画流程效果，如图11.114所示。

工程文件： 第11章\旋转光环

视频位置： movie\11.6 旋转光环.avi

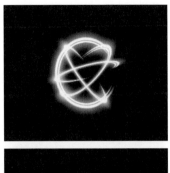

图11.114 旋转光环最终动画流程效果

知识点

- 学习Rectangle Tool（矩形工具）的使用
- 学习利用Polar Coordinates（极坐标）特效制作圆环的方法
- 掌握旋转光环动画的制作技巧

11.6.1 建立蒙版制作光线

步骤01 执行菜单栏中的Composition（合成）| New Composition（新建合成）命令，打开Composition Settings（合成设置）对话框，设置Composition Name（合成名称）为"光线"，Width（宽）为"720"，Height（高）为"576"，Frame Rate（帧率）为"25"，并设置Duration（持续时间）为00:00:05:00秒，如图11.115所示。

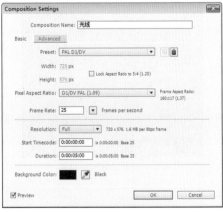

图11.115 建立合成

步骤02 按Ctrl+Y组合键，打开Solid Settings（固态层设置）对话框，修改Name（名称）为"光线"，设置Color（颜色）为"白色"，如图11.116所示。

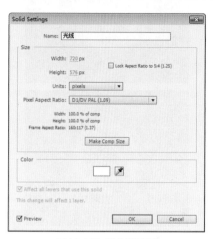

图11.116 建立固态层

步骤03 选择工具栏中的Rectangle Tool（矩形工具），在合成窗口中绘制一个长条状的矩形蒙版。在时间线面板中展开Mask 1（蒙版1）选项组，单击Mask Feather（蒙版羽化）属性右侧的约束比例按钮，取消约束比例，修改Mask Feather（蒙版羽化）的值为（100，4），如图11.117所示。此时的画面效果如图11.118所示。

图11.117 设置属性

图11.118 设置后的效果

步骤04 选择Mask 1（蒙版1），按Ctrl+D复制一个蒙版Mask 2（蒙版2），修改Mask 2（蒙版2）的Mask

Feather（蒙版羽化）值为（100，10），如图11.119所示。此时可以看到Mask 2的画面效果如图11.120所示。

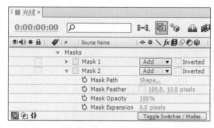

图11.119 设置属性

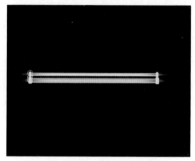

图11.120 设置后的效果

11.6.2 创建"光环"合成动画

步骤01 执行菜单栏中的Composition（合成）| New Composition（新建合成）命令，打开Composition Settings（合成设置）对话框，设置Composition Name（合成名称）为"光环"，Width（宽）为"720"，Height（高）为"576"，Frame Rate（帧率）为"25"，并设置Duration（持续时间）为00：00：05：00秒，如图11.121所示。

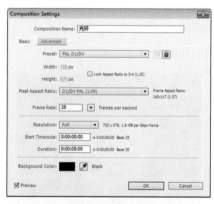

图11.121 建立合成

步骤02 将"光线"合成导入"光环"合成的时间线面板，选择"光线"层，在Effects & Presets（效果和预置）面板中展开Distort（扭曲）特效组，然后双击Polar Coordinates（极坐标）特效。

步骤03 在Effect Controls（特效控制）面板中，修改Interpolation（插值）的值为100%，设置Type of Conversion（变换类型）为Rect to Polar（矩形到极线），如图11.122所示。

图11.122 设置特效参数

步骤04 在Effects & Presets（效果和预置）面板中展开Stylize（风格化）特效组，然后双击Glow（发光），如图11.123所示。

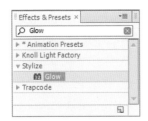

图11.123 添加特效

步骤05 在Effect Controls（特效控制）面板中，修改Glow Threshold（发光阈值）的值为40%，Glow Radius（发光半径）的值为50，Glow Intensity（放光强度）的值为2，Glow Colors（发光色）为A&B Colors（A和B颜色），Color A（颜色A）为黄色（R:255，G:250，B:0），Color B（颜色B）为绿色（R:25，G:255，B:0），如图11.124所示。

图11.124 设置属性的值

步骤06 在时间线面板中按R键打开Rotation（旋转）属性，调整时间到00:00:00:00帧的位置，在当前建立关键帧；调整时间到00:00:04:24帧的位置，修改Rotation（旋转）的值为6x，如图11.125所示。

图11.125 设置旋转属性

11.6.3 制作旋转光环动画

步骤01 执行菜单栏中的Composition（合成）| New Composition（新建合成）命令，打开Composition Settings（合成设置）对话框，设置Composition Name（合成名称）为"光环组"，Width（宽）为"720"，Height（高）为"576"，Frame Rate（帧率）为"25"，并设置Duration（持续时间）为00:00:05:00秒，如图11.126所示。

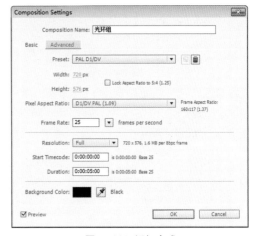

图11.126 添加合成

步骤02 将"光环"合成导入时间线中，重命名为"光环1"，在Effects & Presets（效果和预置）面板中展开Obsolete（旧版本）特效组，然后双击Basic 3D（基础3D），如图11.127所示。

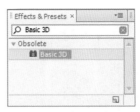

图11.127 添加基础3D特效

步骤03 按Ctrl+D组合键3次，复制出3层，分别重命名为"光环2""光环3"和"光环4"，在Effect Controls（特效控制）面板中，修改"光环2"的Basic 3D（基础3D）属性中的Swivel（旋转）的值为123，修改Tilt（倾斜）的值为-43，如图11.128所示。

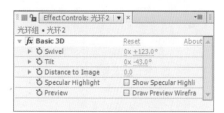

图11.128 "光环2"参数设置

步骤04 修改"光环3"的Basic 3D（基础3D）属性中的Swivel（旋转）的值为-48，修改Tilt（倾斜）的值为-107，如图11.129所示。

图11.129 修改"光环3"的特效参数

步骤05 修改"光环4"的Basic 3D（基础3D）属性中的Swivel（旋转）的值为-73，修改Tilt（倾斜）的值为-36，如图11.130所示。

图11.130 修改"光环4"的特效参数

步骤06 这样就完成了"旋转光环"动画的制作，按空格键或小键盘上的0键，可看到动画的效果，如图11.131所示。

图11.131 "旋转光环"动画效果

11.7 连动光线

难易程度： ★ ★ ☆ ☆ ☆

实例说明： 本例主要讲解连动光线动画的制作。首先利用Ellipse Tool（椭圆工具）绘制椭圆形路径，然后通过添加3D Storke（3D笔触）特效并设置相关参数，制作出连动光线效果，最后添加Starglow（星光）特效为光线添加光效，完成连动光线动画的制作。本例最终的动画流程效果，如图11.132所示。

工程文件： 第11章\连动光线

视频位置： movie\11.7 连动光线.avi

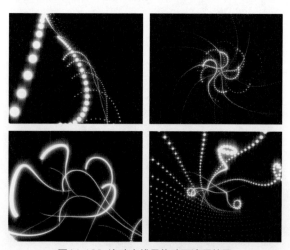

图11.132 连动光线最终动画流程效果

知识点

- 学习利用3D Storke（3D笔触）特效
- 设置Adjust Step（调节步幅）参数使线与点相互变化的方法
- 掌握利用Starglow（星光）特效使线与点发出绚丽的光芒的技巧

11.7.1 绘制笔触添加特效

步骤01 执行菜单栏中的Composition（合成）| New Composition（新建合成）命令，打开Composition Settings（合成设置）对话框，设置Composition Name（合成名称）为"连动光线"，Width（宽）为"720"，Height（高）为"576"，Frame Rate（帧率）为"25"，并设置Duration（持续时间）为00:00:05:00秒，如图11.133所示。

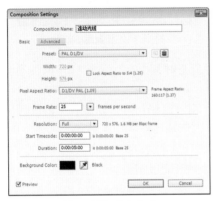

图11.133 建立合成

步骤02 按Ctrl+Y组合键，打开Solid Settings（固态层设置）对话框，设置Name（名称）为"光线"，Color（颜色）为"黑色"，如图11.134所示。

图11.134 建立固态层

步骤03 确认选择"光线"层，在工具栏中选择Ellipse Tool（椭圆工具）◎，在合成窗口绘制一个正圆，如图11.135所示。

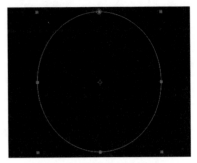

图11.135 绘制正圆蒙版

步骤04 在Effects & Presets（效果和预置）面板中展开Trapcode特效组，然后双击3D Stroke（3D笔触）特效，如图11.136所示。

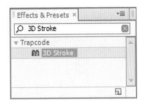

图11.136 添加特效

步骤05 在Effect Controls（特效控制）面板中，设置End（结束）的值为50；展开Taper（锥形）选项组，选择Enable（开启）复选框，取消Compress to fit（适合合成）复选框；展开Repeater（重复）选项组，选择Enable（开启）复选框，取消Symmetric Doubler（对称复制）复选框，设置Instances（实例）参数的值为15，Scale（缩放）参数的值为115，如图11.137所示。此时合成窗口中的画面效果如图11.138所示。

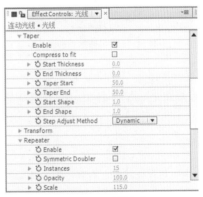

图11.137 设置参数

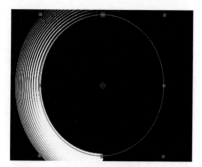

图11.138 画面效果

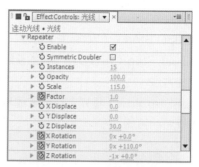

图11.141 设置属性参数

步骤06 确认时间在00：00：00：00帧的位置，展开Transform（转换）选项组，分别单击Bend（弯曲）、X Rotation（X轴旋转）、Y Rotation（Y轴旋转）、Z Rotation（Z轴旋转）左侧的码表 🕘 按钮，建立关键帧，修改X Rotation（X轴旋转）的值为155，Y Rotation（Y轴旋转）的值为1x＋150，Z Rotation（Z轴旋转）的值为330，如图11.139所示。设置旋转属性后的画面效果如图11.140所示。

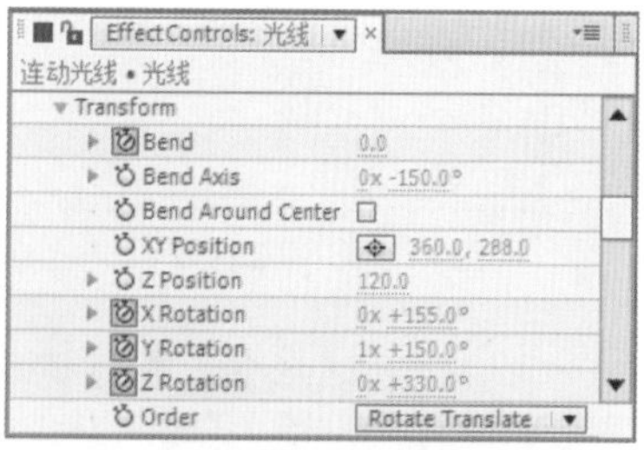

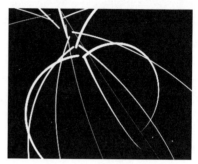

图11.142 设置后的效果

步骤08 调整时间到00：00：02：00帧的位置，在Transform（转换）选项组中，修改Bend（弯曲）的值为3，X Rotation（X轴旋转）的值为105，Y Rotation（Y轴旋转）的值为1x＋200，Z Rotation（Z轴旋转）的值为320，如图11.143所示。此时的画面效果如图11.144所示。

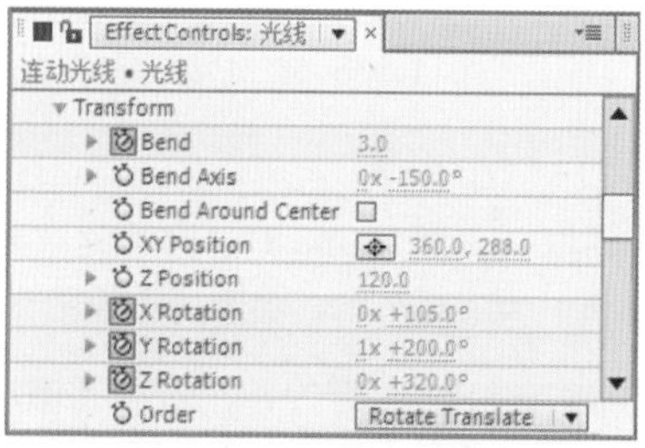

图11.139 设置特效属性

图11.140 设置画面效果

步骤07 展开Repeater（重复）选项组，分别单击Factor（因数）、X Rotation（X轴旋转）、Y Rotation（Y轴旋转）、Z Rotation（Z轴旋转）左侧的码表 🕘 按钮，修改Y Rotation（Y轴旋转）的值为110，Z Rotation（Z轴旋转）的值为−1x，如图11.141所示。可在合成窗口看到设置参数后的效果如图11.142所示。

图11.143 设置属性的参数

图11.144 设置后效果

步骤09 在Repeater（重复）选项组中，修改X Rotation（X轴旋转）的值为100，修改Y Rotation（Y轴旋转）的值为160，修改Z Rotation（Z轴旋转）的值为−145，如图11.145所示。此时的画面效果如图11.146所示。

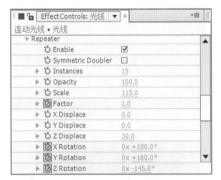

图11.145 设置参数

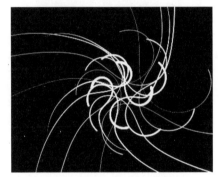

图11.146 设置参数后的效果

步骤10 调整时间到00:00:03:10帧的位置，在Transform（转换）选项组中，修改Bend（弯曲）的值为2，X Rotation（X轴旋转）的值为19，Y Rotation（Y轴旋转）的值为1x+230，Z Rotation（Z轴旋转）的值为300，如图11.147所示。此时合成窗口中画面的效果如图11.148所示。

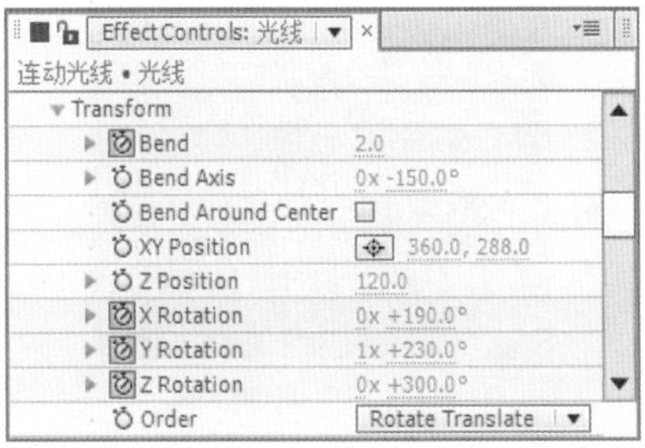

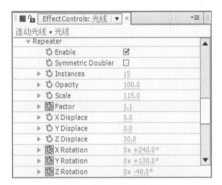

图11.147 设置参数

图11.148 修改参数后效果

步骤11 在Repeater（重复）选项组中，修改Factor（因数）的值为1.1，X Rotation（X轴旋转）的值为240，修改Y Rotation（Y轴旋转）的值为130，修改Z Rotation（Z轴旋转）的值为−40，如图11.149所示。此时的画面效果如图11.150所示。

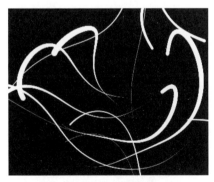

图11.149 设置属性参数

图11.150 画面效果

步骤12 调整时间到00:00:04:20帧的位置，在Transform（转换）选项组中，修改Bend（弯曲）的值为9，X Rotation（X轴旋转）的值为200，Y Rotation（Y轴旋转）的值为1x+320，Z Rotation（Z轴旋转）的值为290，如图11.151所示。此时在合成窗口中看到的画面效果如图11.152所示。

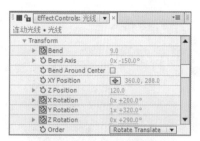

图11.151 设置属性的参数

图11.152 画面效果

步骤13 在Repeater（重复）选项组中，修改Factor（因数）的值为0.6，X Rotation（X轴旋转）的值为95，修改Y Rotation（Y轴旋转）的值为110，修改Z Rotation（Z轴旋转）的值为77，如图11.153所示。此时合成窗口中的画面效果如图11.154所示。

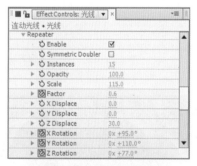

图11.153 设置属性的参数

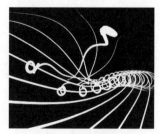

图11.154 画面效果

11.7.2 制作线与点的变化

步骤01 调整时间到00:00:01:00帧的位置，展开Advanced（高级）选项组，单击Adjust Step（调节步

幅）左侧的码表按钮，在当前建立关键帧，修改Adjust Step（调节步幅）的值为900，如图11.155所示。此时合成窗口中的画面效果如图11.156所示。

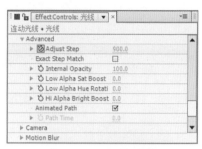

图11.155 设置属性参数

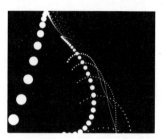

图11.156 画面效果

步骤02 调整时间到00:00:01:10帧的位置，设置Adjust Step（调节步幅）的值为200，如图11.157所示。此时合成窗口中的画面效果如图11.158所示。

图11.157 设置属性参数

图11.158 画面效果

步骤03 调整时间到00:00:01:20帧的位置，设置Adjust Step（调节步幅）的值为900，如图11.159所示。此时合成窗口中的画面效果如图11.160所示。

图11.159 设置属性参数

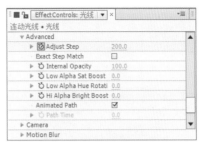

图11.163 设置属性参数

图11.160 画面效果

图11.164 画面效果

步骤04 调整时间到00:00:02:15帧的位置，设置Adjust Step（调节步幅）的值为200，如图11.161所示。此时合成窗口中的画面效果如图11.162所示。

步骤06 调整时间到00:00:04:05帧的位置，设置Adjust Step（调节步幅）的值为900，如图11.165所示。此时合成窗口中的画面效果如图11.166所示。

图11.161 设置属性参数

图11.165 设置属性参数

图11.162 画面效果

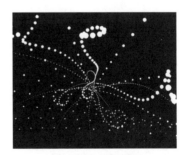

图11.166 画面效果

步骤05 调整时间到00:00:03:10帧的位置，设置Adjust Step（调节步幅）的值为200，如图11.163所示。此时合成窗口中的画面效果如图11.164所示。

步骤07 调整时间到00:00:04:20帧的位置，设置Adjust Step（调节步幅）的值为300，如图11.167所示。此时合成窗口中的画面效果如图11.168所示。

图11.167 设置属性参数

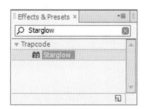

图11.168 画面效果

11.7.3 添加星光特效

步骤01 确认选择"光线"固态层，在Effects & Presets（效果和预置）面板中展开Trapcode特效组，然后双击Starglow（星光）特效，如图11.169所示。

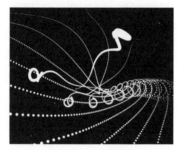

图11.169 添加Starglow（星光）特效

步骤02 在Effect Controls（特效控制）面板中，设置Presets（预设）为Warm Star（暖星），设置Streak Length（光线长度）的值为10，如图11.170所示。

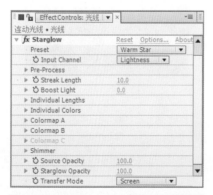

图11.170 设置Starglow（星光）特效参数

步骤03 这样就完成了"连动光线"效果的整体制作，按小键盘上的0键，在合成窗口中预览动画，如图11.171所示。

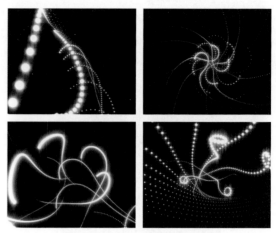

图11.171 "连动光线"动画流程

11.8 梦幻飞散精灵

难易程度：★★★☆☆

实例说明：本例主要讲解利用CC Particle World（CC 粒子仿真世界）特效制作梦幻飞散精灵效果。本例最终的动画流程效果，如图11.172所示。

工程文件：第11章\梦幻飞散精灵

视频位置：movie\11.8 梦幻飞散精灵.avi

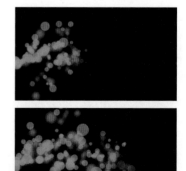

图11.172 动画流程画面

- 学习CC Particle World（CC 粒子仿真世界）特效的使用
- 学习Fast Blur（快速模糊）特效的使用

11.8.1 制作粒子1

步骤01 执行菜单栏中的Composition（合成）| New Composition（新建合成）命令，打开Composition Settings（合成设置）对话框，设置Composition Name（合成名称）为"梦幻飞散精灵"，Width（宽）为"720"，Height（高）为"405"，Frame Rate（帧率）为"25"，并设置Duration（持续时间）为00:00:05:00秒。

步骤02 执行菜单栏中的Layer（图层）|New（新建）|Solid（固态层）命令，打开Solid Settings（固态层设置）对话框，设置Name（名称）为"粒子"，Color（颜色）为紫色（R:253，G:86，B:255）。

步骤03 为"粒子"层添加CC Particle World（CC 粒子仿真世界）特效。在Effects & Presets（效果和预置）中展开Simulation（模拟）特效组，然后双击CC Particle World（CC 粒子仿真世界）特效。

步骤04 在Effect Controls（特效控制台）面板中，修改CC Particle World（CC 粒子仿真世界）特效的参数，设置Birth Rate（生长速率）的值为0.6，Longevity（寿命）的值为2.09，展开Producer（产生点）选项组，设置Radius Z（Z轴半径）的值为0.435，将时间调整到00:00:00:00帧的位置，设置Position X（X轴位置）的值为-0.53，Position Y（Y轴位置）的值为0.03，同时单击和Position Y（Y轴位置）左侧的码表 按钮，在当前位置设置关键帧。

步骤05 将时间调整到00:00:03:00帧的位置，设置Position X（X轴位置）的值为0.78，Position Y（Y轴位置）的值为0.01，系统会自动设置关键帧，如图11.173所示。合成窗口效果9.174所示。

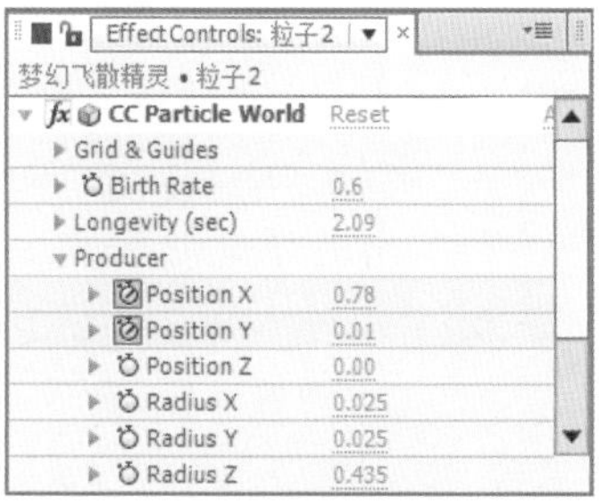

图11.173 设置【产生点】参数

图11.174 设置【产生点】参数后效果

步骤06 展开Physics（物理学）选项组，从Animation（动画）下拉菜单中选择Viscouse（黏性）选项，设置Velocity（速率）的值为1.06，Gravity（重力）的值为0，展开Particle（粒子）选项组，从Particle Type（粒子类型）下拉菜单中选择Lens Concave（凸透镜）选项，设置Birth Size（生长大小）的值为0.357，Death Size（消逝大小）的值为0.587，如图11.175所示。此时，合成窗口效果如图11.176所示。

图11.175 设置参数

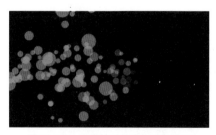

图11.176 设置粒子仿真世界后效果

11.8.2 制作粒子2

步骤01 选中"粒子"层，按Ctrl+D组合键复制出另一个图层，将该图层更改为"粒子2"，为"粒子2"文字层添加Fast Blur（快速模糊）特效。在Effects & Presets（效果和预置）中展开Blur &

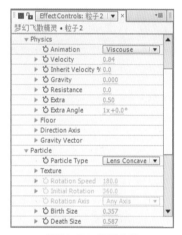

Sharpen（模糊与锐化）特效组，然后双击Fast Blur（快速模糊）特效。

步骤02 在Effect Controls（特效控制台）面板中，修改Fast Blur（快速模糊）特效的参数，设置Blurriness（模糊量）的值为15，如图11.177所示。此时，合成窗口效果如图11.178所示。

图11.177 设置快速模糊参数

图11.178 设置快速模糊后效果

步骤03 选中"粒子2"层，在Effect Controls（特效控制台）面板中，修改CC Particle World（粒子仿真世界）特效的参数，设置Birth Rate（生长速率）的值为0.6，Longevity（寿命）的值为2.09，将时间调整到00:00:00:00帧的位置，设置Position X（X轴位置）的值为-0.53，Position Y（Y轴位置）的值为0.03，同时单击Position X（X轴位置）和Position Y（Y轴位置）左侧的码表按钮，在当前位置设置关键帧。

步骤04 将时间调整到00:00:03:00帧的位置，设置Position X（X轴位置）的值为0.78，Position Y（Y轴位置）的值为0.01，系统会自动设置关键帧，如图11.179所示。此时，合成窗口效果如图11.180所示。

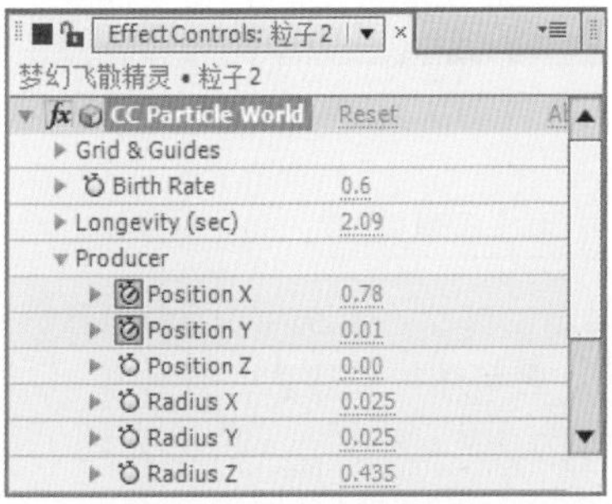

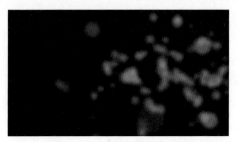

图11.180 设置关键帧后效果

步骤05 展开Physics（物理学）选项组，设置Velocity（速率）的值为0.84，Gravity（重力）的值为0，如图11.181所示。此时，合成窗口效果如图11.182所示。

图11.181 设置物理学参数

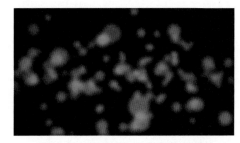

图11.182 设置"粒子2"参数后效果

步骤06 这样就完成了梦幻飞散精灵效果的整体制作，按小键盘上的0键，即可在合成窗口中预览动画。

图11.179 设置关键帧参数

第 ⑫ 章

影视特效的完美表现

内容摘要

　　本章主要讲解影视特效的完美表现。影视特效在现在影视中已经十分普遍，本章主要讲解影视特效中一些常见特效的制作方法，通过学习掌握电影中常见特效的制作方法和技巧。

教学目标

- 掌握流星雨效果
- 学习滴血文字动画的制作
- 学习墙面破碎出字动画的制作
- 掌握电光球特效的制作
- 掌握时间倒计时动画的制作

- 掌握数字人物动画的制作
- 掌握飞行烟雾动画的制作
- 掌握地面爆炸动画的制作
- 掌握魔戒动画的制作

12.1 流星雨效果

难易程度：★★☆☆☆

实例说明：本例主要讲解利用Particle Playground（粒子运动场）特效制作流星雨效果。本例最终的动画流程效果，如图12.1所示。

工程文件：第12章\流星雨效果

视频位置：movie\12.1 流星雨效果.avi

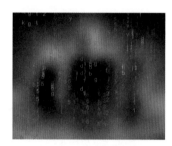

图12.1 动画流程画面

知识点

- 学习Particle Playground（粒子运动场）特效的使用
- Echo（重复）特效的使用

操作步骤

步骤01 执行菜单栏中的File（文件）|Open Project（打开项目）命令，选择配套资源中的"工程文件\第12章\流星雨效果\流星雨效果练习.aep"文件，将文件打开。

步骤02 执行菜单栏中的Layer(层)|New（新建）|Solid（固态层）命令，打开Solid Settings(固态层设置)对话框，设置Name（名称）为"载体"，Color（颜色）为"黑色"。

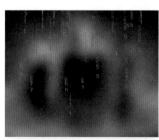

步骤03 为"载体"层添加Particle Playground（粒子运动场）特效。在Effects & Presets（效果和预置）面板中展开Simulation（模拟）特效组，然后双击Particle Playground（粒子运动场）特效。

步骤04 在Effects Controls（特效控制）面板中，修改Particle Playground（粒子运动场）特效的参数，展开Cannon（加农）选项组，设置Position（位置）的值为（360, 10），Barrel Radius（粒子的活动半径）的值为300，Particles Per Second（每秒发射粒子数）的值为70，Direction（方向）的值为180，Velocity Random Spread（随机分散速度）的值为15，Color（颜色）为蓝色（R:40，G:93，B:125），Particles Radius（粒子半径）的值为25，如图12.2所示。合成窗口效果如图12.3所示。

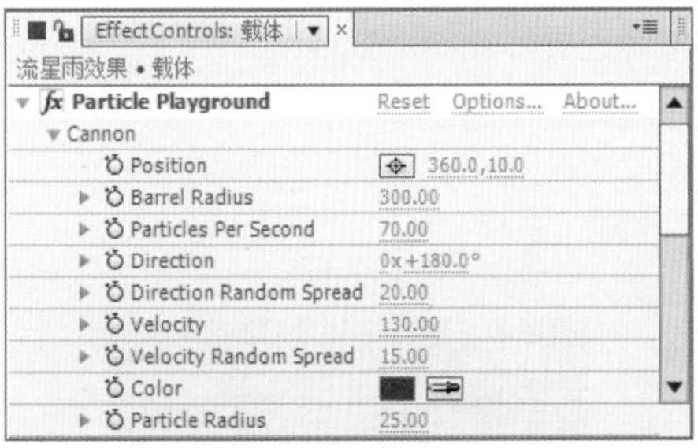

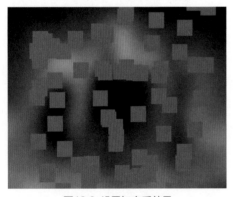

图12.2 设置加农参数

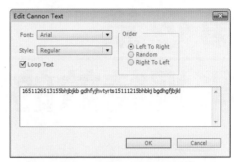

图12.4 设置文字编辑对话框

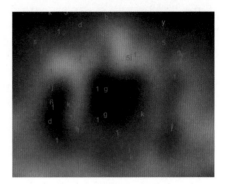

图12.5 设置文字后效果

步骤06 为"载体"层添加Glow（发光）特效。在Effects & Presets（效果和预置）面板中展开Stylize（风格化）特效组，然后双击Glow（发光）特效。

步骤07 在Effects Controls（特效控制）面板中，修改Glow（发光）特效的参数，设置Glow Threshold（发光阈值）的值为44，Glow Radius（发光半径）的值为197，Glow Intensity（发光强度）的值为1.5，如图12.6所示。合成窗口效果如图12.7所示。

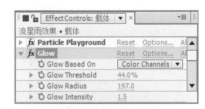

图12.6 设置发光参数

图12.3 设置加农后效果

步骤05 单击Particle Playground（粒子运动场）项目右边的Options选项，设置Particle Playground（粒子运动场）对话框，单击Edit Cannon Text（编辑文字）按钮，弹出Edit Cannon Text（编辑文字）对话框，在对话框文字输入区输入任意数字与字母，单击两次OK（确定）按钮，完成文字编辑，如图12.4所示。合成窗口效果如图12.5所示。

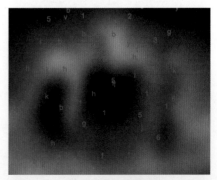

图12.7 设置发光后效果

步骤08 为"载体"层添加Echo（拖尾）特效。在Effects & Presets（效果和预置）面板中展开Time（时间）特效组，然后双击Echo（拖尾）特效。

步骤09 在Effects Controls（特效控制）面板中，修改Echo（拖尾）特效的参数，设置Echo Time（重复时间）的值为−0.05，Number of Echoes（重复数量）的值为10，Decay（衰减）的值为0.8，如图12.8所示。合成窗口效果如图12.9所示。

图12.8 设置重复参数

图12.9 设置重复后效果

步骤10 这样就完成了"流星雨效果"的整体制作，按小键盘上的0键，即可在合成窗口中预览动画。

12.2 滴血文字

难易程度：★★☆☆☆

实例说明：本例主要讲解利用Liquify（液化）特效制作滴血文字效果。本例最终的动画流程效果，如图12.10所示。

工程文件：第12章\滴血文字

视频位置：movie\12.2 滴血文字.avi

图12.10 动画流程画面

知识点

- 学习Roufhen Edges（粗糙边缘）特效的使用
- 学习Liquify（液化）特效的使用

操作步骤

步骤01 执行菜单栏中的File（文件）|Open Project（打开项目）命令，选择配套资源中的"工程文件\第12章\滴血文字\滴血文字练习.aep"文件，将文件打开。

步骤02 为文字层添加Roufhen Edges（粗糙边缘）特效。在Effects & Presets（效果和预置）面板中展开Stylize（风格化）特效组，然后双击Roufhen Edges（粗糙边缘）特效。

步骤03 在Effects Controls（特效控制）面板中，修改Roufhen Edges（粗糙边缘）特效的参数，设置Border（边界）的值为6，如图12.11所示。合成窗口效果如图12.12所示。

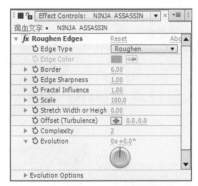

图12.11 设置Roufhen Edges（粗糙边缘）特效参数

图12.12 合成窗口中效果

步骤04 为文字层添加Liquify（液化）特效。在Effects & Presets（效果和预置）面板中展开Distort（扭曲）特效组，然后双击Liquify（液化）特效。

步骤05 在Effects Controls（特效控制）面板中，修改Liquify（液化）特效的参数，在Tools（工具）下单击变形工具 按钮，展开Warp Tool Options选项，设置Brush Size（笔触大小）的值为10，设置Brush Pressure（笔触压力）的值为100，如图12.13所示。

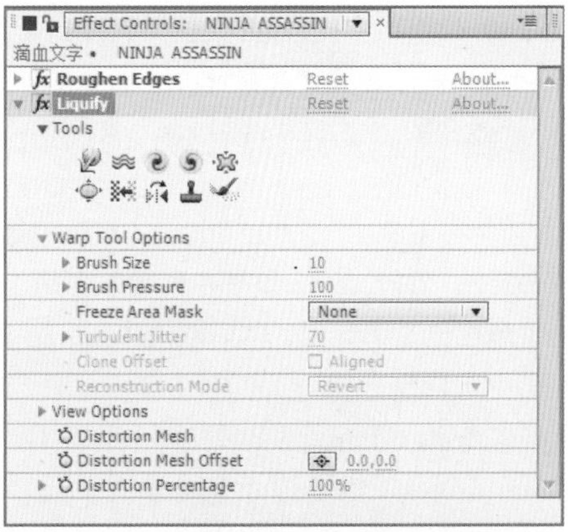

图12.14 合成窗口中效果

步骤07 将时间调整到00:00:00:00帧的位置，在Effects Controls（特效控制）面板中，修改Liquify（液化）特效的参数，设置Distortion Percentage（变形百分比）的值为0%，单击Distortion Percentage（变形百分比）左侧的码表 按钮，在当前位置设置关键帧。

步骤08 将时间调整到00:00:01:10帧的位置，设置Distortion Percentage（变形百分比）的值为200%，系统会自动设置关键帧，如图12.15所示。

图12.15 添加关键帧

步骤09 这样就完成了"滴血文字"的整体制作，按小键盘上的0键，即可在合成窗口中预览动画。

12.3 墙面破碎出字

难易程度： ★★★☆☆

实例说明： 本例主要讲解利用Shatter（碎片）特效制作墙面破碎出字效果。本例最终的动画流程效果，如图12.16所示。

工程文件： 第12章\破碎出字

视频位置： movie\12.3 墙面破碎出字.avi

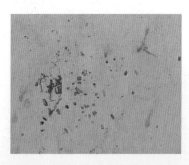

步骤06 在合成窗口的文字中拖动鼠标，使文字产生变形效果，变形后具体效果如图12.14所示。

图12.13 设置Liquify（液化）特效的参数

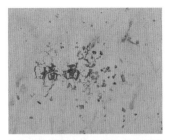

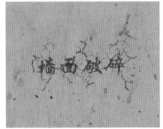

图12.16 动画流程画面

图12.17 设置字体

图12.18 设置字体后效果

知识点

- Shatter（碎片）
- Light（灯光）命令
- Rectangle Tool（矩形工具）▢

操作步骤

步骤01 执行菜单栏中的File（文件）|Open Project（打开项目）命令，选择配套资源中的"工程文件\第12章\破碎出字\破碎出字练习.aep"文件，将"破碎出字练习.aep"文件打开。

步骤02 执行菜单栏中的Composition（合成）| New Composition（新建合成）命令，打开Composition Settings（合成设置）对话框，设置Composition Name（合成名称）为"文字"，Width（宽）为"720"，Height（高）为"576"，Frame Rate（帧率）为"25"，并设置Duration（持续时间）为00:00:04:00秒。

步骤03 在Project（项目）面板中，选择"纹理"素材，将其拖动到"文字"合成的时间线面板中。

步骤04 执行菜单栏中的Layer（层）|New（新建）|Text（文本）命令，输入"墙面破碎"，在Character（字符）面板中，设置文字字体为STXingkai，字号为25px，字间距为86，字体颜色为灰色（R:129，G:129，B:129）如图12.17所示。合成窗口效果如图12.18所示。

步骤05 执行菜单栏中的Composition（合成）| New Composition（新建合成）命令，打开Composition Settings（合成设置）对话框，设置Composition Name（合成名称）为"破裂"，Width（宽）为"720"，Height（高）为"576"，Frame Rate（帧率）为"25"，并设置Duration（持续时间）为00:00:04:00秒。

步骤06 在Project（项目）面板中，选择"文字"合成，将其拖动到"破裂"合成的时间线面板中。

步骤07 执行菜单栏中的Layer(层)|New（新建）|Light（灯光）命令，打开Light Settings(灯光层设置)对话框，从Light Type（灯光类型）下拉菜单中选择Point（点光），Color（颜色）为白色，Intensity（强度）为154%。

步骤08 为"文字"文字层添加Shatter(碎片)特效。在Effects & Presets（效果和预置）面板中展开Simulation(模拟)特效组，然后双击Shatter（碎片）特效。

步骤09 在Effect Controls（特效控制）面板中，修改Shatter(碎片)特效的参数，在View（视图）下拉菜单中选择Rendered（渲染），从Render（渲染）下拉菜单中选择Pieces（片状）选项；展开Shape（形状）选项组，从Pattern（图案）下拉菜单中选择Glass（玻璃），设置Repetitions（重复）的值为60，Extrusion Depth（挤压深度）的值为0.21，如图12.19所示。

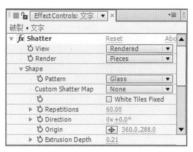

图12.19 设置形状参数

步骤10 展开Force 1（焦点1）选项组，设置Depth（深度）的值为0.05，Radius（半径）的值为0.2；将时间调整到00:00:00:10帧的位置，设置Position(位置)的值为（-30，283），单击Position（位置）左侧的码表按钮，在当前位置设置关键帧如图12.20所示。

图12.20 设置位置关键帧

步骤11 将时间调整到00:00:03:07帧的位置，设置Position（位置）的值为（646，283），系统会自动设置关键帧，如图12.21所示。

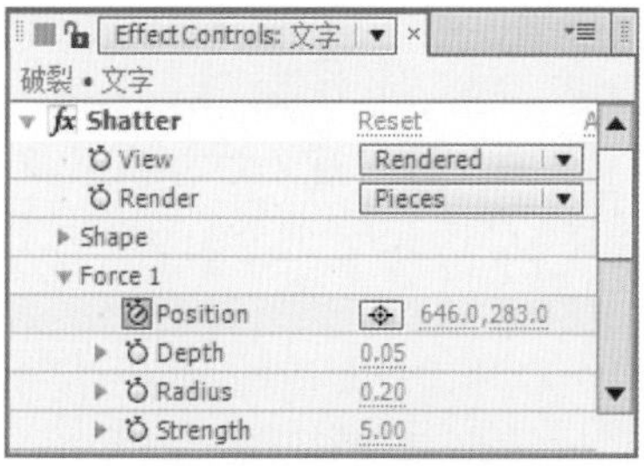

图12.21 设置力量参数

步骤12 展开Physics（物理学）选项组，设置Rotation Speed（旋转速度）的值为1，Randomness（随机度）的值为1，Viscosity（黏性）的值为0.1，Mass Variance（变量）的值为25%，如图12.22所示。

图12.22 设置物理学参数

步骤13 执行菜单栏中的Composition（合成）| New Composition（新建合成）命令，打开Composition Settings（合成设置）对话框，设置Composition Name（合成名称）为"蒙版动画"，Width（宽）为"720"，Height（高）为"576"，Frame Rate（帧率）为"25"，并设置Duration（持续时间）为00:00:04:00秒。

步骤14 在Project（项目）面板中，选择"文字"合成，将其拖动到"蒙版动画"合成的时间线面板中。

步骤15 将时间调整到00:00:00:10帧的位置，选择"文字"层，在工具栏中选择Rectangle Tool（矩形工具），绘制一个长方形路径，按M键打开Mask Path（蒙版形状）属性，选择Inverted（反选）复选框，单击Mask Path（蒙版形状）左侧的码表按钮，在当前位置设置关键帧，如图12.23所示。

图12.23 绘制矩形路径

步骤16 将时间调整到00:00:02:18帧的位置，选择矩形左侧两个描点从左侧拖动到右侧，系统会自动设置关键帧，如图12.24所示。

图12.24 设置2秒18帧蒙版效果

步骤17 在Project（项目）面板中，选择"破裂"和"蒙版动画"合成，将其拖动到"破碎出字"合成的时间线面板中。

步骤18 在时间线面板中，设置"蒙版动画"的Mode（模式）为Multiply（正片叠底）如图12.25所示。合成窗口效果如图12.26所示。

图12.25 设置正片叠底

图12.26 设置正片叠底后效果

步骤19 这样就完成了墙面破碎出字的整体制作，按小键盘上的0键，即可在合成窗口中预览动画。

12.4 数字人物

难易程度：★★★☆☆

实例说明：本例主要讲解利用Enable Per-character 3D（启用逐字3D化）制作数字人物效果。本例最终的动画流程效果，如图12.27所示。

工程文件：第12章\数字人物

视频位置：movie\12.4 数字人物.avi

图12.27 数字人物动画流程效果

知识点

- Invert（反转）特效的使用
- Enable Per-character 3D（启用逐字3D化）属性的使用
- Tritone（调色）调色命令的使用
- Glow（发光）特效的使用

12.4.1 新建数字合成

步骤01 打开配套资源中的"工程文件\第2章\数字人物\数字人物练习.aep"文件，执行菜单栏中的Composition（合成）|New Composition(新建合成)命令，打开Composition Settings(合成设置）对话框，设置Composition Name(合成名称）为"人物"，Width(宽）为"720"，Height(高）为"576"，Frame Rate(帧速率）为"25"，并设置Duration(持续时间）为00:00:05:00秒。

步骤02 打开"人物"合成，在项目面板中，选择"头像.jpg"素材，将其拖动到"人物"合成的时间线面板中。

步骤03 选中"头像.jpg"层，为"头像.jpg"层添加Invert（反向）特效。在Effects&Presets（效果和预置）面板中展开Channel(通道)特效组，然后双击Invert（反转）特效，如图12.28所示。合成窗口效果如图12.29所示。

图12.28 参数设置

图12.29 设置参数后效果

步骤04 切换到"数字"合成，执行菜单栏中的Layer（图层）|New（新建）|Text（文字）命令，并重命名为"数字蒙版"，在"人物"的合成窗口中输入1~9的任何数字，直到覆盖住人物为主，设置字体为"Arial"，字号为"10px"，字体颜色为白色，其他参数设置如图12.30所示。效果如图12.31所示。

图12.30 字体设置　　　　图12.31 效果图

步骤05 选中"数字蒙版"文字层，打开运动模糊按钮，在时间线面板中，展开文字层，然后单击Text（文字）右侧Animate后的三角形 按钮，从菜单中选择Enable Per-character 3D（启用逐字3D化）命令，"数字蒙版"文字层的三维层设置会变成。

步骤06 将"人物"合成拖动到时间线面板中，选中"人物"层，设置其轨道模式为Alpha Matte"数字蒙版"（Alpha蒙版"数字蒙版"），如图12.32所示。

图12.32 时间线面板的修改

步骤07 在时间线面板中展开文字层，将时间调整到00:00:00:00帧的位置，然后单击Text（文字）右侧Animate后的三角形 按钮，从菜单中选择Position(位置)命令，设置Position(位置)的值为（0，0，-1500），单击Animator 1（动画1）右侧Add后面的三角形 按钮，从菜单中选择Property（特性）|Character Offset（字符偏移）选项，设置Character Offset（字符偏移）的值为10，单击Position(位置)和Character Offset（字符偏移）左侧的码表 按钮，在当前位置设置关键帧。

步骤08 将时间调整到00:00:03:00帧的位置，设置Position（位置）的值为（0，0，0），系统会自动创建关键帧，如图12.33所示。

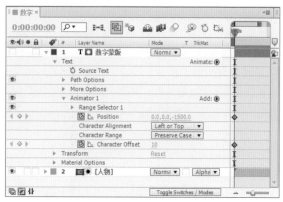

图12.33 设置参数及设置关键帧

步骤09 将时间调整到00:00:04:24帧的位置，设置Character Offset（字符偏移）数值为50，系统会自动创建关键帧，如图12.34所示。

图12.34 设置关键帧

步骤10 选择"数字蒙版"层，展开Text（文字）|Animator 1（动画1）|Range Selector 1（范围选择器1）|Advanced（高级）选项组，从Shape（形状）下拉菜单中选择Ramp Up（向上倾斜）选项，设置Randomize Order（随机顺序）为On（打开），如图12.35所示。合成窗口效果如图12.36所示。

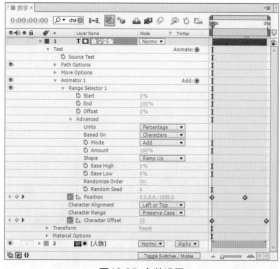

图12.35 参数设置

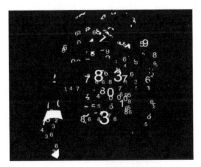

图12.36 设置参数后效果

12.4.2 新建数字人物合成

步骤01 执行菜单栏中的Composition（合成）|New Composition(新建合成）命令，打开Composition Settings（合成设置）对话框，设置Composition Name(合成名称）为"数字人物"，Width（宽）为"720"，Height（高）为"576"，Frame Rat（帧速率）为"25"，并设置Duration（持续时间）为00:00:05:00秒。

步骤02 打开"数字人物"合成，在项目面板中，选择"数字"合成，将其拖动到"数字人物"合成的时间线面板中。

步骤03 选中"数字"层，按S键展开Scale（缩放）属性，将时间调整到00:00:00:00帧的位置，设置Scale（缩放）数值为（500，500），单击Scale（缩放）左侧的码表按钮，在当前位置设置关键帧。

步骤04 将时间调整到00:00:03:00帧的位置，设置Scale（缩放）数值为（100，100），系统会自动创建关键帧，选择两个关键帧按F9键，使关键帧平滑，如图12.37所示。

图12.37 关键帧设置

步骤05 选中"数字"层，在Effects&Presets（效果和预置）面板中展开Color Correction（色彩校正）特效组，双击Tritone（浅色调）特效。

步骤06 在Effect Controls（特效控制）面板中，设置Midtones（中间调）颜色为绿色（R:75，G:125，B:125），如图12.38所示。效果如图12.39所示。

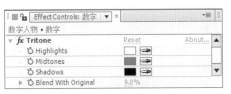

图12.38 参数设置

图12.39 效果图

步骤07 选中"数字"层，在Effects&Presets（效果和预置）面板中展开Stylize（风格化）特效组，双击Glow（发光）特效，如图12.40所示。效果如图12.41所示。

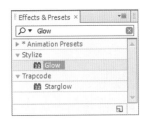

图12.40 添加发光特效

图12.41 发光效果

步骤08 选中"数字"层，将该层打开快速模糊按钮，如图12.42所示。

图12.42 打开快速模糊按钮

步骤09 这样就完成了"数字人物"的整体制作，按小键盘上的0键，即可在合成窗口中预览动画。

12.5 飞行烟雾

难易程度：★★★★☆

实例说明：本例主要讲解利用Particular（粒子）特效制作飞行烟雾效果。本例最终的动画流程效果，如图12.43所示。

工程文件：第12章\飞行烟雾

视频位置：movie\12.5 飞行烟雾.avi

图12.43 动画流程画面

知识点

- 学习Particular（粒子）特效的使用
- 学习Light（灯光）特效的使用

12.5.1 制作烟雾合成

步骤01 执行菜单栏中的Composition（合成）| New Composition（新建合成）命令，打开Composition Settings（合成设置）对话框，设置Composition Name（合成名称）为"烟雾"，Width（宽）为"300"，Height（高）为"300"，Frame Rate（帧率）为"25"，并设置Duration（持续时间）为00：00：03：00秒，如图12.44所示。

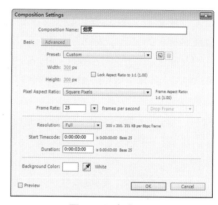

图12.44 合成设置

步骤02 执行菜单栏中的File（文件）| Import（导入）| File（文件）命令，打开Import File（导入文件）对话框，选择配套资源中的"工程文件\第12章\飞形烟雾\背景.jpg、large_smoke.jpg"素材，如图12.45所示。单击【打开】按钮，将"背景.jpg、large_smoke.jpg"素材导入到Project（项目）面板中。

图12.45 Import File（导入文件）对话框

步骤03 为了操作方便，执行菜单栏中的Layer（层）|New（新建）|Solid（固态）命令，打开Solid Settings（固态层设置）对话框，设置Name（名称）为"黑背景"，Width（宽度）数值为300px，Height（高度）数值为300px，Color（颜色）值为黑色，如图12.46所示。

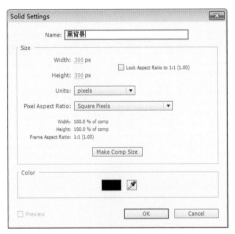

图12.46 "黑背景"固态层设置

步骤04 执行菜单栏中的Layer（层）|New（新建）|Solid（固态）命令，打开Solid Settings（固态层设置）对话框，设置Name（名称）为"叠加层"，Width（宽度）数值为300px，Height（高度）数值为300px，Color（颜色）值为白色，如图12.47所示。

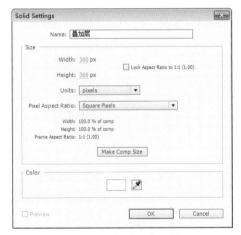

图12.47 "叠加层"设置

步骤05 在Project（项目）面板中，选择"large_smoke.jpg"素材，将其拖动到"large_smoke"合成的时间线面板中，如图12.48所示。

图12.48 添加素材

步骤06 选中"large_smoke.jpg"层，按S键展开Scale（缩放）属性，取消链接 按钮，设置Scale（缩放）数值为（47，61），参数设置如图12.49所示。

图12.49 参数设置

步骤07 选中"叠加层"，设置层跟踪模式为Luma Matte large_smoke.jpg，这样单独的云雾就被提出来了，如图12.50所示。效果如图12.51所示。

图12.50 通道设置

图12.51 效果图

步骤08 选中"黑背景"层，将该层删除，如图12.52所示。

图12.52 删除"黑背景"层

12.5.2 制作总合成

步骤01 执行菜单栏中的Composition（合成）| New Composition（新建合成）命令，打开Composition Settings（合成设置）对话框，设置Composition Name（合成名称）为"总合成"，Width（宽）为"1024"，Height（高）为"576"，Frame Rate（帧率）为"25"，并设置Duration（持续时间）为00:00:03:00秒。

步骤02 打开"总合成"，在Project（项目）面板中，选择"背景.jpg"素材，将其拖动到"总合成"的时间线面板中，如图12.53所示。

图12.53 添加素材

步骤03 选中"背景.jpg"层，打开三维层按钮 ⬡，按S键展开Scale（缩放）属性，设置Scale（缩放）数值为105，如图12.54所示。

图12.54 Scale（缩放）设置

步骤04 执行菜单栏中的Layer（层）| New（新建）| Light（灯光）命令，打开Light Settings（灯光设置）对话框，设置Name（名称）为"Emitter1"，如图12.55所示。单击OK（确定）按钮，此时效果如图12.56所示。

图12.55 Light（灯光）设置

图12.56 画面效果

步骤05 将"总合成"窗口切换到Top（顶视图），如图12.57所示。

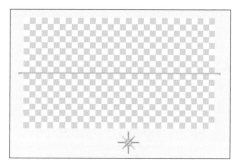

图12.57 Top（顶视图）效果

步骤06 将时间调整到00:00:00:00帧的位置，选中"灯光"层，按P键展开Position（位置）属性，设置Position（位置）数值为（698，153，−748），单击码表 ⏱ 按钮，在当前位置添加关键帧；将时间调整到00:00:02:24帧的位置，设置Position（位置）数值为（922，464，580），系统会自动创建关键帧，如图12.58所示。

图12.58 关键帧设置

步骤07 选中"灯光"层，按Alt键，同时用鼠标单击Poaition（位置）左侧的码表 ⏱ 按钮，在时间线面板中输入"wiggle(.6,150)"，如图12.59所示。

图12.59 表达式设置

步骤08 将"总合成"窗口切换到Active Camera（摄像机视图），如图12.60所示。

图12.60 视图切换

步骤09 在Project（项目）面板中选择"烟雾"合成，将其拖动到"总合成"的时间线面板中，效果如图12.61所示。

图12.61 添加"烟雾"合成

步骤10 选中"烟雾"层，单击该层左侧的隐藏 👁 按钮，将其隐藏，如图12.62所示。

图12.62 隐藏"烟雾"合成

步骤11 执行菜单栏中的Layer（层）|New（新建）|Solid（固态）命令，打开Solid Settings（固态层设置）对话框，设置Name（名称）为"粒子烟"，Width（宽度）数值为1024px，Height（高度）数值为576px，Color（颜色）值为黑色，如图12.63所示。

图12.63 固态层设置

步骤12 选中"粒子烟"层，在Effects & Presets（效果和预置）面板中展开Trapcode特效组，双击Particular（粒子）特效，如图12.64所示。

图12.64 添加Particular（粒子）特效

步骤13 在Effect Controls（特效控制）面板中，展开Emitter（发射器）选项组，设置Particular/sec（粒子数量）为200，在Emitter Type（发射类型）右侧的下拉列表框中选择Light（灯光发射），设置Velocity（速度）数值为7，Velocity Random（速度随机）数值为0，Velocity Distribution（速率分布）数值为0，Velocity from Motion（粒子拖尾长度）数值为0，Emitter Size X（发射器X轴粒子大小）数值为0，Emitter Size Y（发射器Y轴粒子大小）数值为0，Emitter Size Z（发射器Z轴粒子大小）数值为0，参数设置如图12.65所示，效果如图12.66所示。

图12.65 Emitter（发射器）参数设置

图12.66 效果图

步骤14 展开Particle（粒子）选项组，设置Life（生存）数值为3，在Particle Type（粒子类型）右侧的下拉列表框中选择Sprite（幽灵），展开Tuxture（纹理）选项组，在Layer（层）右侧的下拉列表中选择"烟雾"，参数设置如图12.67所示，效果如图12.68所示。

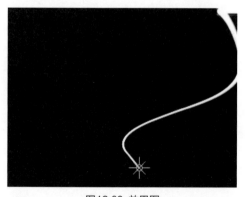

图12.67 Particle（粒子）参数设置

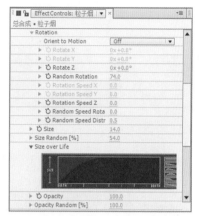

图12.69 Rotation（旋转）参数设置

图12.70 效果图

步骤16 选中"灯光"层，单击该层左侧的隐藏👁按钮，将其隐藏，此时画面效果如图12.71所示。

图12.71 画面效果图

步骤17 选中"粒子烟"层，在Effects & Presets（效果和预置）面板中展开Color Correction（色彩校正）特效组，然后双击Tint（色调）特效，如图12.72所示。

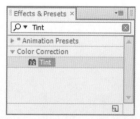

图12.72 添加Tint（色调）特效

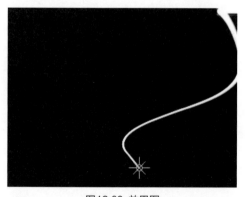

图12.68 效果图

步骤15 展开Particular（粒子）|Particle（粒子）|Rotation（旋转）选项组，设置Random Rotation（随机旋转）数值为74，Size（大小）数值为14，Size Random（随机大小）数值为54，Opacity Random（不透明度随机）数值为100，其他参数设置如图12.69所示，效果如图12.70所示。

步骤18 在Effect Controls（特效控制）面板中，设置Map White To（白色映射）颜色为浅蓝色（R:213，G:241，B:243），如图12.73所示。

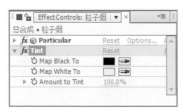

图12.73 参数设置

步骤19 选中"粒子烟"层，在Effects & Presets（效果和预置）面板中展开Color Correction（色彩校正）特效组，双击Curves（曲线）特效，如图12.74所示。

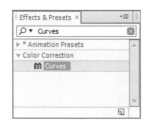

图12.74 添加Curves（曲线）特效

步骤20 在Effect Controls（特效控制）面板中，设置Curves（曲线）形状如图12.75所示，效果如图12.76所示。

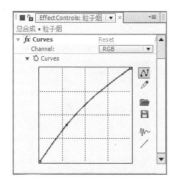

图12.75 调整Curves（曲线）形状

图12.76 效果图

步骤21 选中"Emetter1"层，按Ctrl+D组合键复制出"Emetter2"层，如图12.77所示。

图12.77 复制层

步骤22 选中"Emetter2"层，单击该层左侧的显示与隐藏 👁 按钮，将其显示，如图12.78所示。

图12.78 显示图层

步骤23 将"总合成"窗口切换到Top（顶视图），如图12.79所示。

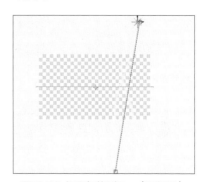

图12.79 视图切换到Top（顶视图）

步骤24 将时间调整到00:00:00:00帧的位置，手动调整"Emetter2"位置；将时间调整到00:00:02:24帧的位置，手动调整"Emetter2"位置，形状如图12.80所示。

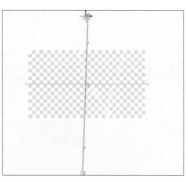

图12.80 形状调整

步骤25 选中"Emetter2"层，按Ctrl+D组合键复制出"Emetter3"层，如图12.81所示。

图12.81 复制层

步骤26 选中"Emetter3"层，默认Top（顶视图）形状如图12.82所示。

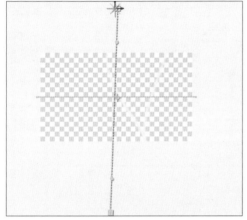

图12.82 默认Top（顶视图）形状

步骤27 将时间调整到00:00:00:00帧的位置，手动调整"Emetter3"位置；将时间调整到00:00:02:24帧的位置，手动调整"Emetter3"位置，形状如图12.83所示。

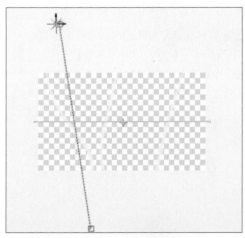

图12.83 形状调整

步骤28 选中"Emetter2、Emetter3"层，单击层左侧的显示与隐藏👁按钮，将其隐藏，如图12.84所示。

图12.84 隐藏设置

步骤29 这样就完成了飞行烟雾的整体制作，按小键盘上的0键，即可在合成窗口中预览动画。

12.6 魔戒

难易程度： ★★★★☆

实例说明： 本例主要讲解利用CC Particle Word（CC 粒子仿真世界）特效制作魔戒效果。本例最终的动画流程效果，如图12.85所示。

工程文件： 第12章\魔戒

视频位置： movie\12.6 魔戒.avi

图12.85 动画流程画面

知识点

- 学习CC Particle Word（CC 粒子仿真世界）特效的使用
- 学习CC Vector Blur（通道矢量模糊）特效的使用
- 学习Mesh Warp（网格变形）特效的使用
- 学习Turbulent Displace（动荡置换）特效的使用

12.6.1 制作光线合成

步骤01 执行菜单栏中的Composition（合成）| New Composition（新建合成）命令，打开Composition Settings（合成设置）对话框，设置Composition Name（合成名称）为"光线"，Width（宽）为"1024"，Height（高）为"576"，Frame Rate（帧率）为"25"，并设置Duration（持续时间）为00:00:03:00秒，如图12.86所示。

图12.86 合成设置

步骤02 执行菜单栏中的Layer（层）|New（新建）|Solid（固态）命令，打开Solid Settings（固态层设置）对话框，设置Name（名称）为"黑背景"，Color（颜色）为"黑色"，如图12.87所示。

图12.87 固态层设置

步骤03 执行菜单栏中的Layer（层）|New（新建）|Solid（固态）命令，打开Solid Settings（固态层设置）对话框，设置Name（名称）为"黑背景"，Color（颜色）为"白色"，如图12.88所示。

图12.88 固态层设置

步骤04 选中"内部线条"层，在Effects & Presets（效果和预置）面板中展开Simulation（模拟）特效组，双击CC Particle World（CC 粒子仿真世界）特效，如图12.89所示。

图12.89 添加CC Particle World(CC 粒子仿真世界)特效

步骤05 在Effect Controls（特效控制）面板中，设置Birth Rate（出生率）数值为0.8，Longevity（寿命）数值为1.29；展开Producer（发生器）选项组，设置Position X（X轴位置）数值为−0.45，Position Z（Z轴位置）数值为0，Radius Y（Y轴半径）数值为0.02，Radius Z（Z轴半径）数值为0.195，参数设置如图12.90所示，效果如图12.91所示。

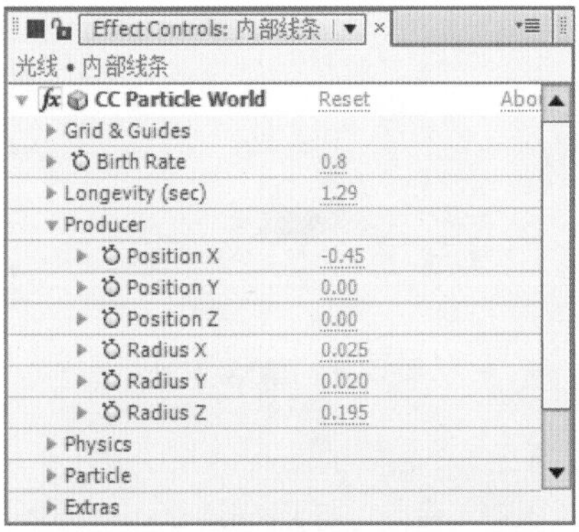

图12.90 Producer（发生器）参数设置

图12.91 画面效果

步骤06 展开Physics（物理学）选项组，从Animation（动画）右侧的下拉列表框中选择Direction Axis（沿轴发射）运动效果，设置Gravity（重力）数值为0，参数设置如图12.92所示，效果如图12.93所示。

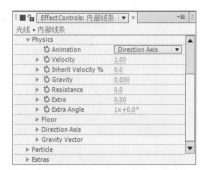

图12.92 Physics（物理学）参数

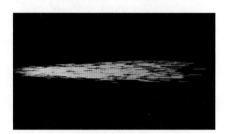

图12.93 画面效果

步骤07 选中"内部线条"层，在Effect Controls（特效控制）面板中，按Alt单击Velocity（速度）左侧的码表按钮，在时间线面板中输入wiggle(8,.25)，如图12.94所示。

图12.94 表达式设置

步骤08 展开Particle（粒子）选项组，从Particle Type（粒子类型）右侧下拉列表框中选择Lens Convex（凸透镜）粒子类型，设置Birth Size（产生粒子大小）数值为0.21，Death Size（死亡粒子大小）数值为0.46，参数设置如图12.95所示。效果如图12.96所示。

图12.95 Particle（粒子）参数设置

图12.96 效果图

步骤09 为了使粒子达到模糊效果，继续添加特效，选中"内部线条"层，在Effects & Presets（效果和预置）面板中展开Blur & Sharpen（模糊与锐化）特效组，双击Fast Blur（快速模糊）特效，如图12.97所示。

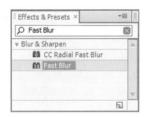

图12.97 添加Fast Blur（快速模糊）特效

步骤10 在Effect Controls（特效控制）面板中，设置Blurriness（模糊）数值为41，效果如图12.98所示。

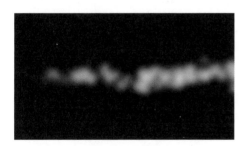

图12.98 效果图

步骤11 为了使粒子产生一些扩散线条的效果，在Effects & Presets（效果和预置）面板中展开Blur & Sharpen（模糊与锐化）特效组，然后双击CC Vector Blur（CC矢量模糊）特效，如图12.99所示。

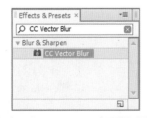

图12.99 添加CC Vector Blur（通道矢量模糊）特效

步骤12 设置Amount（数量）数值为88，从Property（参数）右侧的下拉列表框中选择Alpha（Alpha通道）选项，参数设置如图12.100所示。

图12.100 参数设置

步骤13 这样"内部线条"就制作完成了，下面来制作分散线条，执行菜单栏中的Layer（层）|New（新建）|Solid（固态）命令，打开Solid Settings（固态层设置）对话框，设置Name（名称）为"分散线条"，Color（颜色）为"白色"，如图12.101所示。

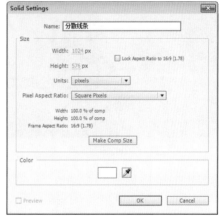

图12.101 固态层设置

步骤14 选中"分散线条"层，在Effects & Presets（效果和预置）面板中展开Simulation（模拟）特效组，双击CC Particle World（CC 粒子世界）特效，如图12.102所示。

图12.102 添加CC Particle World(CC 粒子仿真世界)特效

步骤15 在Effect Controls（特效控制）面板中，设置Birth Rate（出生率）数值为1.7，Longevity（寿命）数值为1.17；展开Producer（发生器）选项组，设置Position X（X轴位置）数值为−0.36，Position Z（Z轴位置）数值为0，Radiu Y（Y轴半径）数值为0.22，Radius Z（Z轴半径）数值为0.015，参数设置如图12.103所示，效果如图12.104所示。

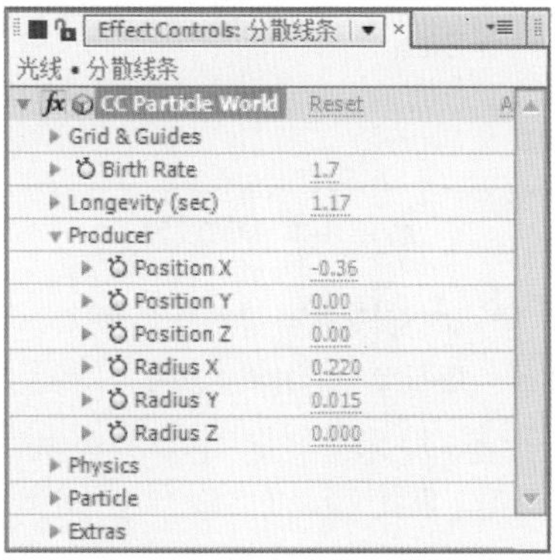

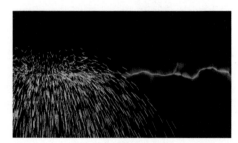

图12.103 Producer（发生器）参数设置

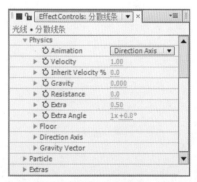

图12.104 画面效果

步骤16 展开Physics（物理学）选项组，从Animation（动画）右侧的下拉列表框中选择Direction Axis（沿轴发射）运动效果，设置Gravity（重力）数值为0，参数设置如图12.105所示，效果如图12.106所示。

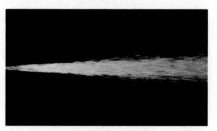

图12.106 画面效果

步骤17 选中"内部线条"层，在Effect Controls（特效控制）面板中，按Alt单击Velocity（速度）左侧的码表按钮，在时间线面板中输入wiggle(8,.4)，如图12.107所示。

图12.107 表达式设置

步骤18 展开Particle（粒子）选项组，从Particle Type（粒子类型）右侧下拉列表框中选择Lens Convex（凸透镜）粒子类型，设置Birth Size（产生粒子颜色）数值为0.1，Death Size（死亡粒子颜色）数值为0.1，Size Variation（尺寸变化）数值为61%，Max Opacity（最大透明度）数值为100%，参数设置如图12.108所示。效果如图12.109所示。

图12.108 Particle（粒子）参数设置

图12.109 效果图

图12.105 Physics（物理学）参数

步骤19 为了使粒子达到模糊效果，继续添加特效，选中"分散线条"层，在Effects & Presets（效果和预置）面板中展开Blur & Sharpen（模糊与锐化）特效组，双击Fast Blur（快速模糊）特效，如图12.110所示。

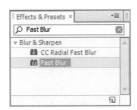

图12.110 添加Fast Blur（快速模糊）特效

步骤20 在Effect Controls（特效控制）面板中，设置Blurriness（模糊）数值为40，效果如图12.111所示。

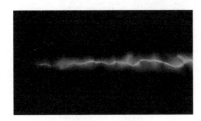

图12.111 效果图

步骤21 为了使粒子产生一些扩散线条的效果，在Effects & Presets（效果和预置）面板中展开Blur & Sharpen（模糊与锐化）特效组，然后双击CC Vector Blur（CC矢量模糊）特效，如图12.112所示。

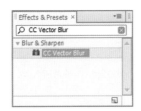

图12.112 添加CC Vector Blur（通道矢量模糊）特效

步骤22 设置Amount（数量）数值为24，从Property（参数）右侧的下拉列表框中选择Alpha（Alpha通道）选项，参数设置如图12.113所示。

图12.113 参数设置

步骤23 执行菜单栏中的Layer（层）|New（新建）|Solid（固态）命令，打开Solid Settings（固态层设置）对话框，设置Name（名称）为"点光"，Color（颜色）为"白色"，如图12.114所示。

图12.114 固态层设置

步骤24 选中"点光"层，在Effects & Presets（效果和预置）面板中展开Simulation（模拟）特效组，然后双击CC Particle World（CC 粒子世界）特效，如图12.115所示。

图12.115 添加CC 粒子仿真世界特效

步骤25 在Effect Controls（特效控制）面板中，设置Birth Rate（出生率）数值为0.1，Longevity（寿命）数值为2.79；展开Producer（发生器）选项组，设置Position X（X轴位置）数值为-0.45，Position Z（Z轴位置）数值为0，Radius Y（Y轴半径）数值为0.3，Radius Z（Z轴半径）数值为0.195，参数设置如图12.116所示，效果如图12.117所示。

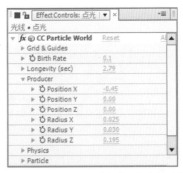

图12.116 Producer（发生器）参数设置

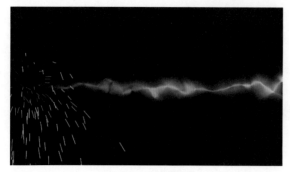

图12.117 画面效果

步骤26 展开Physics（物理学）选项组，从Animation（动画）右侧的下拉列表框中选择Direction Axis（沿轴发射）运动效果，设置Velocity（速度）数值为0.25，Gravity（重力）数值为0，参数设置如图12.118所示，效果如图12.119所示。

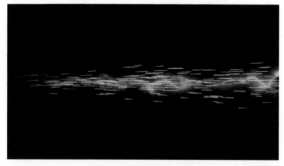

图12.118 Physics（物理学）参数

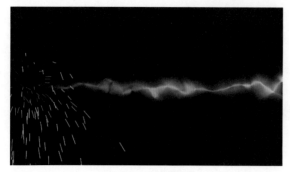

图12.119 画面效果

步骤27 展开Particle（粒子）选项组，从Particle Type（粒子类型）右侧下拉列表框中选择Lens Convex（凸透镜）粒子类型，设置Birth Size（产生粒子颜色）数值为0.04，Death Size（死亡粒子颜色）数值为0.02，参数设置如图12.120所示。效果如图12.121所示。

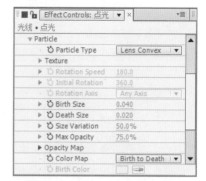

图12.120 Particle（粒子）参数设置

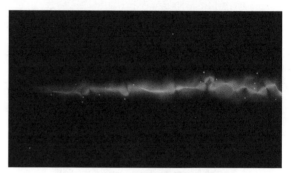

图12.121 效果图

步骤28 选中"点光"层，将时间调整到00:00:00:22帧的位置，按Alt+[组合键以当前时间为入点，如图12.122所示。

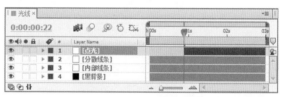

图12.122 设置层入点

步骤29 将时间调整到00:00:00:00帧的位置，按[键将"点光"的入点调整至此，然后拖动"点光"层后面边缘，使其与"分散线条"的尾部对齐，如图12.123所示。

图12.123 层设置

步骤30 将时间调整到00:00:00:00帧的位置，选中"点光"层，按T键展开Opacity（不透明度）属性，设置Opacity（不透明度）数值为0，单击码表 ⏱ 按钮，在当前位置添加关键帧；将时间调整到00:00:00:09帧的位置，设置Opacity（不透明度）数值为100%，系统会自动创建关键帧，如图12.124所示。

图12.124 关键帧设置

步骤31 执行菜单栏中的Layer（层）| New（新建）| Adjustment Layer（调节）命令，打开Solid Settings（固态层设置）对话框，设置Name（名称）为"调节层"，Color（颜色）为"白色"，如图12.125所示。

图12.125 新建"调节层"

步骤32 选中"调节层"，在Effects & Presets（效果和预置）面板中展开Distort（扭曲）特效组，双击Mesh Warp（网格变形）特效，如图12.126所示，效果如图12.127所示。

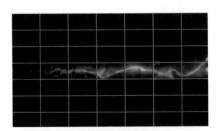

图12.126 添加Mesh Warp（网格变形）特效

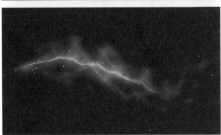

图12.127 效果图

步骤33 在Effect Controls（特效控制）面板中，设置Rows（行）数值为4，Columns（列）数值为4，参数设置如图12.128所示，调整网格形状，效果如图12.129所示。

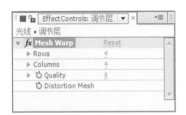

图12.128 参数设置

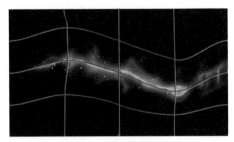

图12.129 调整后的效果

步骤34 这样"光线"合成就制作完成了，按小键盘上的0键预览其中几帧动画效果，如图12.130所示。

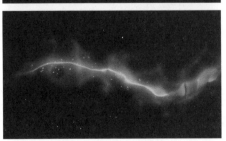

图12.130 动画流程画面

12.6.2 制作蒙版合成

步骤01 执行菜单栏中的Composition（合成）| New Composition（新建合成）命令，打开Composition Settings（合成设置）对话框，设置Composition Name（合成名称）为"蒙版合成"，Width（宽）为"1024"，Height（高）为"576"，Frame Rate（帧率）为"25"，并设置Duration（持续时间）为00:00:03:00秒，如图12.131所示。

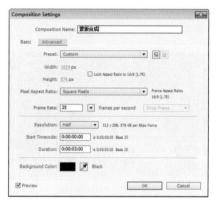

图12.131 合成设置

步骤02 执行菜单栏中的File（文件）| Import（导入）| File（文件）命令，打开Import File（导入文件）对话框，选择配套资源中的"工程文件\第10章\魔戒\背景.jpg"素材，如图12.132所示。单击打开按钮，素材将导入到Project（项目）面板中。

图12.132 添加素材

步骤03 从Project（项目）面板拖动"背景.jpg、光线"素材到"蒙版合成"时间线面板中，如图12.133所示。

图12.133 添加素材

步骤04 选中"光线"层，按Enter（回车键）键重新命名为"光线1"，并将其叠加模式设置为Screen（屏幕），如图12.134所示。

图12.134 层设置

步骤05 选中"光线1"层，按R键展开Rotation（旋转）属性，设置Rotation数值为0x-100，按P键展开Position（位置）属性，设置Position（位置）数值为（366，-168），如图12.135所示。

图12.135 参数设置

步骤06 选中"光线1"，在Effects & Presets（效果和预置）面板中展开Color Correction（色彩校正）特效组，双击Curves（曲线）特效，如图12.136所示。

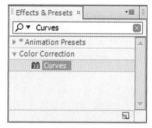

图12.136 添加Curves（曲线）特效

步骤07 在Effect Controls（特效控制）面板中，调整Curves（曲线）形状，如图12.137所示。

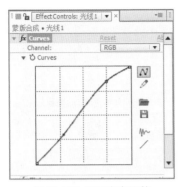

图12.137 RGB颜色调整

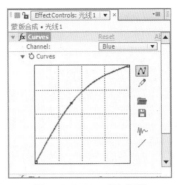

图12.140 Blue颜色调整

步骤08 从Channel（通道）右侧下拉列表中选择Red（红色）通道，调整Curves（曲线）形状，如图12.138所示。

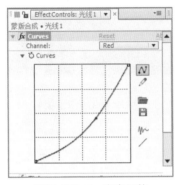

图12.138 Red颜色调整

步骤09 从Channel（通道）右侧下拉列表中选择Green（绿色）通道，调整Curves（曲线）形状，如图12.139所示。

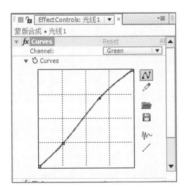

图12.139 Green颜色调整

步骤10 从Channel（通道）右侧下拉列表中选择Blue（蓝色）通道，调整Curves（曲线）形状，如图12.140所示。

步骤11 选中"光线1"，在Effects & Presets（效果和预置）面板中展开Color Correction（色彩校正）特效组，双击Tint（色调）特效，如图12.141所示，设置Amount to Tint（色调应用数量）为50%，效果如图12.142所示。

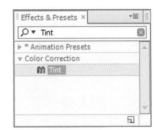

图12.141 添加Curves（曲线）特效

图12.142 默认Curves（曲线）形状

步骤12 选中"光线1"，按Ctrl+D组合键复制出"光线2"，如图12.143所示。

图12.143 复制层

步骤13 选中"光线2"层，按R键展开Rotation（旋转）属性，设置Rotation数值为0x-81，按P键展开Position（位置）属性，设置Position（位置）数值为（480，-204），如图12.144所示。

图12.144 参数设置

步骤14 选中"光线2"，按Ctrl+D组合键复制出"光线3"，如图12.145所示。

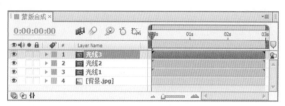

图12.145 复制层

步骤15 选中"光线3"层，按R键展开Rotation（旋转）属性，设置Rotation数值为0x-64，按P键展开Position（位置）属性，设置Position（位置）数值为（596、-138），如图12.146所示。

图12.146 参数设置

12.6.3 制作总合成

步骤01 执行菜单栏中的Composition（合成）| New Composition（新建合成）命令，打开Composition Settings（合成设置）对话框，设置Composition Name（合成名称）为"蒙版合成"，Width（宽）为"1024"，Height（高）为"576"，Frame Rate（帧率）为"25"，并设置Duration（持续时间）为00:00:03:00秒。

步骤02 从Project（项目）面板拖动"背景.jpg、蒙版合成"素材到"蒙版合成"时间线面板中，如图12.147所示。

图12.147 添加素材

步骤03 选中"蒙版合成"，选择工具栏里的Rectangle（矩形工具），在总合成窗口绘制矩形蒙版，如图12.148所示。

图12.148 绘制蒙版

步骤04 将时间调整到00:00:00:00帧的位置，拖动蒙版上方两个锚点向下移动，直到看不到光线为止，单击码表按钮，在当前位置添加关键帧，将时间调整到00:00:01:18帧的位置，拖动蒙版上方两个锚点向上移动，系统会自动创建关键帧，如图12.149所示。

图12.149 动画效果图

步骤05 选中"Mask1"层按F键展开Mask Feather（蒙版羽化）属性，设置Mask Feather（蒙版羽化）数值为50，如图12.150所示。

图12.150 Mask Feather（蒙版羽化）设置

步骤06 这样就完成了"魔戒"的整体制作，按小键盘上的0键，即可在合成窗口中预览动画。

12.7 电光球特效

难易程度：★★★☆☆

实例说明： 本例主要讲解电光球特效的制作。首先利用Advanced Lightning（高级闪电）特效制作出电光线效果，然后通过CC Lens（CC镜头）特效制作出球形效果。本例最终的动画流程效果，如图12.151所示。

工程文件：第12章\电光球特效

视频位置：movie\12.7 电光球特效.avi

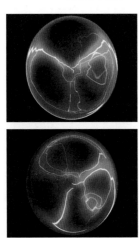

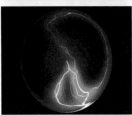

图12.151 电光球特效最终动画流程效果

知识点

- 学习Advanced Lightning（高级闪电）特效的设置及闪电效果的制作
- 掌握CC Lens（CC镜头）制作圆球的方法
- 掌握电光球特效的制作技巧。

12.7.1 建立"光球"层

步骤01 执行菜单栏中的Composition（合成）| New Composition（新建合成）命令，打开Composition Settings（合成设置）对话框，设置Composition Name（合成名称）为"光球"，Width（宽）为"720"，Height（高）为"576"，Frame Rate（帧率）为"25"，并设置Duration（持续时间）为00:00:10:00秒，如图12.152所示。

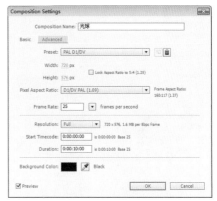

图12.152 建立"光球"合成

步骤02 按Ctrl+Y组合键，打开Solid Settings（固态层设置）对话框，修改Name（名称）为"光球"，设置Color（颜色）为"蓝色"（R:35，G:26，B:255），如图12.153所示。

图12.153 建立"光球"固态层

步骤03 在Effects & Presets（效果和预置）面板中展开Generate（创造）特效组，然后双击Circle（圆）特效，如图12.154所示。

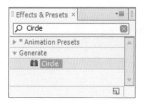

图12.154 添加圆特效

步骤04 在Effect Controls（特效控制）面板中，设置Feather Outer Edge（羽化外侧边）的值为350，从Blending Mode（混合模式）下拉菜单中，选择Stencil Alpha（通道模板），如图12.155所示。

图12.155 设置圆特效的属性

12.7.2 创建"闪光"特效

步骤01 按Ctrl+Y组合键，打开Solid Settings（固态层设置）对话框，修改Name（名称）为"闪光"，设置Color（颜色）为"黑色"，如图12.156所示。

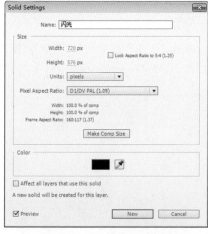

图12.156 建立"闪光"固态层

步骤02 在Effects & Presets（效果和预置）面板中展开Generate（创造）特效组，然后双击Advanced Lightning（高级闪电）特效，如图12.157所示。

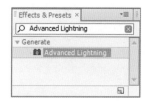

图12.157 添加高级闪电特效

步骤03 在Effect Controls（特效控制）面板中，设置Lightning Type（闪电类型）为Anywhere（随机），Origin（起点）的值为（360，288），Glow Color（发光颜色）为紫色（R:230，G:50，B:255），如图12.158所示。

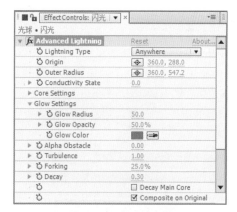

图12.158 修改效参数

步骤04 设置特效参数后，可在合成窗口中看到特效的效果，如图12.159所示。

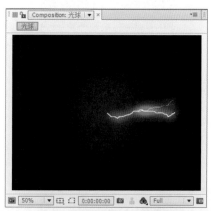

图12.159 修改参数后的闪电效果

步骤05 确认选择闪光固态层，在Effects & Presets（效果和预置）面板中展开Distort（扭曲）特效组，然后双击CC Lens（CC镜头）特效，如图12.160所示。

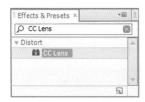

图12.160 添加CC镜头特效

步骤06 在Effect Controls（特效控制）面板中，修改Size（大小）的值为57，如图12.161所示。

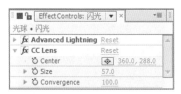

图12.161 设置CC镜头特效参数

12.7.3 制作闪电旋转动画

步骤01 在时间线面板修改"闪光"层的Mode（模式）为Screen（屏幕），调整时间到00:00:00:00帧的位置，在Effect Controls（特效控制）面板中，单击Outer Radius（外半径）和Conductivity State（传导状态）左侧的码表按钮，在当前建立关键帧，设置Outer Radius（外半径）的值为（300，0），Conductivity State（传导状态）的值为10，如图12.162所示。此时合成窗口中的画面效果如图12.163所示。

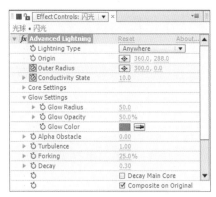

图12.162 设置特效参数

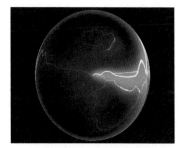

图12.163 画面效果

步骤02 调整时间到00:00:02:00帧的位置，调整Outer Radius（外半径）的值为（600，240），如图12.164所示。此时合成窗口中的效果如图12.165所示。

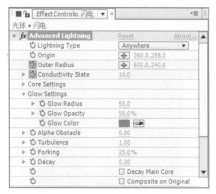

图12.164 设置特效参数

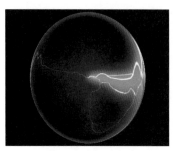

图12.165 画面效果

步骤03 调整时间到00:00:03:15帧的位置，调整Outer Radius（外半径）的值为（300，480）；调整时间到00:00:04:15帧的位置，调整Outer Radius（外半径）的值为（360，570）；调整时间到00:00:05:12帧的位置，单击Outer Radius（外半径）左侧的添加/删除关键帧按钮在当前建立关键帧；调整时间到00:00:06:10帧的位置，调整Outer Radius（外半径）的值为（300，480）；调整时间到00:00:08:00帧的位置，调整Outer Radius（外半径）的值为（600，240）；调整时间到00:00:09:24帧的位置，调整Outer

Radius（外半径）的值为（300，0），Conductivity State（传导状态）的值为100，如图12.166所示。拖动时间滑块可在合成窗口看到效果，如图12.167所示。

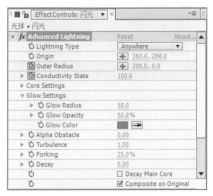

图12.166 设置特效参数

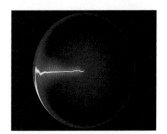

图12.167 动画效果预览

12.7.4 复制"闪光"

步骤01 确认选择"闪光"固态层，按Ctrl+D复制一层，设置Scale（缩放）的值为（−100，−100），如图12.168所示。可在合成窗口只看到设置后的效果，如图12.169所示。

图12.168 修改闪光的缩放值

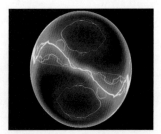

图12.169 画面效果

步骤02 为了制造闪电的随机性，可在Effect Controls（特效控制）面板中将Advanced Lightning（高级闪电）特效中的Origin（起点）的值修改为（350，260）。

步骤03 这样就完成了"电光球特效"动画制作，按空格键或小键盘上的0键，可在合成窗口看到动画效果，如图12.170所示。

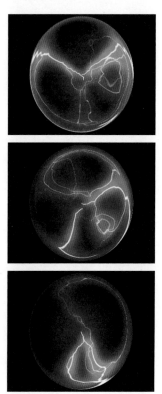

图12.170 "电光球特效"动画预览

12.8 时间倒计时

难易程度： ★★★☆☆

实例说明： 本例主要讲解时间倒计时动画的制作。应用Linear Wipe（线性擦除）、Polar Coordinates（极坐标）特效制作出时间倒计时效果，通过添加Adjustment Layer（调整层）来调节图像的颜色，完成时间倒计时的整体制作。本例最终的动画流程效果，如图12.171所示。

工程文件： 第12章\时间倒计时

视频位置： movie\12.8 时间倒计时.avi

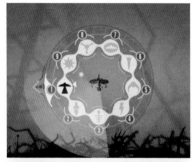

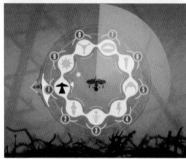

图12.171 时间倒计时最终动画流程效果

知识点

- 学习Polar Coordinates（极坐标）特效的具体使用方法
- Adjustment Layer（调整层）的使用
- 掌握时间倒计时的制作

12.8.1 黑白渐变

步骤01 执行菜单栏中的Composition（合成）| New Composition（新建合成）命令，打开Composition Settings（合成设置）对话框，设置Composition Name（合成名称）为"黑白渐变"，Width（宽）为"352"，Height（高）为"288"，Frame Rate（帧率）为"25"，并设置Duration（持续时间）为00:00:05:00秒，如图12.172所示。

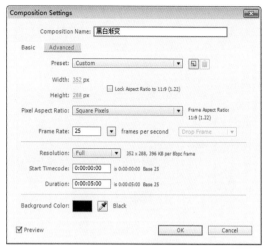

图12.172 合成设置

步骤02 执行菜单栏中的File（文件）| Import（导入）| File（文件）命令，或在Project（项目）面板中双击，打开Import File（导入文件）对话框，选择配套资源中的"工程文件\第12章\时间倒计时\背景.jpg"素材，如图12.173所示。

图12.173 Import File对话框

步骤03 按Ctrl+Y快捷键，打开Solid Settings（固态层设置）对话框，设置Name（名称）为"渐变"，Width（宽度）的值为176，Height（高度）的值为288，Color（颜色）为黑色，如图12.174所示。

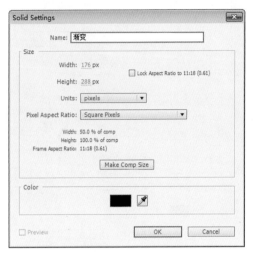

图12.174 Solid Settings（固态层设置）对话框

步骤04 选择"渐变"层，在Effects & Presets（效果和预置）面板中展开Generate（创造）特效组，双击Ramp（渐变）特效，如图12.175所示。

图12.175 添加Ramp（渐变）特效

步骤05 在Effect Controls（特效控制）面板中，为Ramp（渐变）特效设置参数，设置Start of Ramp（渐变开始）的值为（86，143），End of Ramp（渐变结束）的值为（174，142），如图12.176所示。设置完成后的画面效果，如图12.177所示。

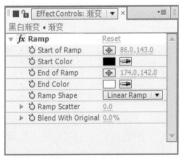

图12.176 设置参数

图12.177 添加特效后的画面效果

步骤06 选择"渐变"固态层，按P快捷键，打开该层的Position（位置）选项，设置Position（位置）的值为（96，144），如图12.178所示。

图12.178 设置Position（位置）的值

步骤07 将"渐变"固态层Position（位置）的值修改为（96，144）后的画面效果，如图12.179所示。

图12.179 修改Position（位置）后的画面效果

12.8.2 制作扫描效果

步骤01 按Ctrl+N快捷键，打开Composition Settings（合成设置）对话框，设置Composition Name（合成名称）为"扫描"，Width（宽）为"352"，Height（高）为"288"，Frame Rate（帧率）为"25"，并设置Duration（持续时间）为00:00:05:00秒，如图12.180所示。

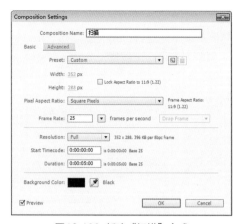

图12.180 新建"扫描"合成

步骤02 在项目面板中依次选择"黑白渐变"合成和"背景.jpg"图片两个素材,将其拖动到"扫描"合成的时间线面板中,如图12.181所示。

图12.181 导入"黑白渐变""背景.jpg"2个素材

步骤03 选择"黑白渐变"合成层,在Effects & Presets(效果和预置)面板中展开Transition(转换)特效组,双击Linear Wipe(线性擦除)特效,如图12.182所示,效果如图12.183所示。

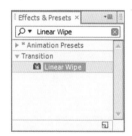

图12.182 添加线性擦除特效

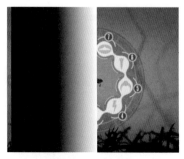

图12.183 效果图

步骤04 在Effect Controls(特效控制)面板中,为Linear Wipe(线性擦除)特效设置参数,设置Transition Completion(完成过渡)的值为30%,Wipe Angle(擦除角度)的值为90,Feather(羽化)的值为67,如图12.184所示。设置完成后的画面效果,如图12.185所示。

图12.184 特效设置参数

图12.185 画面效果

步骤05 将时间调整到00:00:00:00帧的位置,按R快捷键,打开该层的Rotation(旋转)选项,单击Rotation(旋转)左侧的码表🕐按钮,在当前位置设置关键帧,如图12.186所示。

图12.186 在00:00:00:00帧的位置设置关键帧

步骤06 将时间调整到00:00:04:24帧的位置,修改Rotation(旋转)的值为−2x,系统将在当前位置自动创建关键帧,如图12.187所示。

图12.187 修改Rotation(旋转)的值

步骤07 确认当前选择的为"黑白渐变"层，在 Effects & Presets（效果和预置）面板中展开Distort（扭曲）特效组，双击Polar Coordinates（极坐标）特效，如图12.188所示。

图12.188 添加Polar Coordinates（极坐标）特效

步骤08 在Effect Controls（特效控制）面板中，为 Polar Coordinates（极坐标）特效设置参数，设置 Interpolation（插值）的值为100%，从Type of Conversion（转换类型）下拉菜单中选择Rect to Polar（矩形到极线），如图12.189所示。设置完成后的画面效果，如图12.190所示。

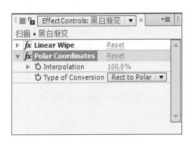

图12.189 设置参数

图12.190 设置后的画面效果

提示 Polar Coordinates（极坐标）特效：可以将图像的直角坐标和极坐标进行相互转换，产生变形效果。Interpolation（插值）：用来设置应用极坐标时的扭曲变形程度。Type of conversion（转换类型）：用来切换坐标类型，可从右侧的下拉菜单中选择Polar To Rect（极线到矩形）或Rect To Polar（矩形到极线）。

步骤09 在时间线面板中的空白处单击鼠标右键，在弹出的快捷菜单中选择New（新建）| Adjustment Layer（调整层）命令，创建一个Adjustment Layer 1（调整层1），并将其重命名为"调整层"，如图12.191所示。

图12.191 新建Adjustment Layer（调整层）

步骤10 选择"调整层"，在Effects & Presets（效果和预置）面板中展开Color Correction（色彩校正）特效组，双击Hue/Saturation（色相/饱和度）特效，如图12.192所示。

图12.192 添加色相/饱和度特效

步骤11 在Effect Controls（特效控制）面板中，为 Hue/Saturation（色相/饱和度）特效设置参数，勾选 Colorize（着色）复选框，设置Colorize Hue（着色色相）的值为200，Colorize Saturation（着色饱和度）的值为80，Colorize Lightness（着色亮度）的值为25，如图12.193所示。设置完成后的画面效果，如图12.194所示。

图12.193 设置参数

图12.194 设置后的画面效果

步骤12 设置"背景"素材层的Track Matte（轨道蒙版）为"Alpha Matte[黑白渐变]"，如图12.195所示。

图12.195 选择Alpha Matte [黑白渐变]

步骤13 这样就制作完成了扫描动画效果，其中几帧画面的效果，如图12.196所示。

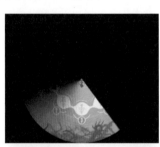

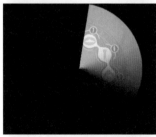

图12.196 其中几帧画面的效果

12.8.3 添加背景

步骤01 新建一个Composition Name（合成名称）为"时间倒计时"，Width（宽）为"352"，Height（高）为"288"，Frame Rate（帧率）为"25"，Duration（持续时间）为00:00:05:00秒的合成。

步骤02 在项目面板中依次选择"扫描"合成和"背景.jpg"图片2个素材，将其拖动到"时间倒计时"合成的时间线面板中，如图12.197所示。

图12.197 新建"时间倒计时"合成

步骤03 这样就完成了"时间倒计时"的整体制作，按小键盘上的0键播放预览。最后将文件保存并输出成动画。

12.9 地面爆炸

难易程度：★★★☆☆

实例说明：本例主要讲解利用Particular（粒子）特效制作地面爆炸效果。本例最终的动画流程效果，如图12.198所示。

工程文件：第12章\地面爆炸

视频位置：movie\12.9 地面爆炸.avi

图12.198 动画流程画面

知识点

● 学习Particle（粒子）特效的使用

● 学习Ramp（渐变）特效的使用

● 学习Time-Reverse Layer（时间倒播）特效的使用

12.9.1 制作爆炸合成

步骤01 执行菜单栏中的Composition（合成）| New Composition（新建合成）命令，打开Composition Settings（合成设置）对话框，设置Composition Name（合成名称）为"爆炸"，Width（宽）为"1024"，Height（高）为"576"，Frame Rate（帧率）为"25"，并设置Duration（持续时间）为00:00:05:00秒，如图12.199所示。

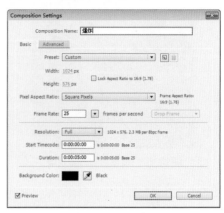

图12.199 合成设置

步骤02 执行菜单栏中的File（文件）| Import（导入）| File（文件）命令，打开Import File（导入文件）对话框，选择配套资源中的"工程文件\第12章\地面爆炸\爆炸素材.mov、背景.jpg、裂缝.jpg"素材，如图12.200所示。单击【打开】按钮，"爆炸素材.mov、背景.jpg、裂缝.jpg"素材将导入到Project（项目）面板中。

图12.200 Import File（导入文件）对话框

步骤03 打开"爆炸"合成，在Project（项目）面板中，选择"爆炸素材.mov"素材，将其拖动到"爆炸"合成的时间线面板中，如图12.201所示。

图12.201 添加素材

步骤04 选中"爆炸素材.mov"层，按Enter（回车键）键重新命名为"爆炸素材1.mov"，打开Stretch（伸展）属性，设置Stretch（伸展）数值为260%，参数设置，如图12.202所示。

图12.202 Stretch（伸展）参数设置

步骤05 将时间设置到00:00:01:04帧的位置，按[键，设置"爆炸素材.mov"起点位置，按P键展开Position（位置）属性，设置Position（位置）数值为（570、498）；将时间调整到00:00:03:05帧的位置，按Alt+]组合键，设置该层终点位置，如图12.203所示。

图12.203 Position（位置）参数设置

步骤06 选中"爆炸素材1.mov"层，选择工具栏里的Pen Tool（钢笔工具），在"爆炸"合成中绘制一个闭合蒙版，如图12.204所示。

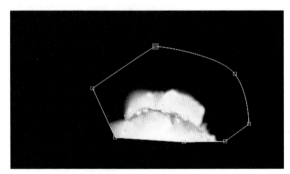

图12.204 绘制蒙版

步骤07 选中"Mask1"层按F键展开Mask Feather（蒙版羽化）属性，设置Mask Feather（蒙版羽化）数值为58，如图12.205所示。

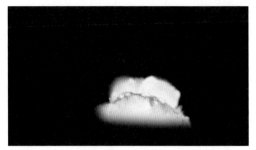

图12.205 羽化数值

步骤08 选中"爆炸素材1.mov"层，在Effects & Presets（效果和预置）面板中展开Color Correction（色彩校正）特效组，双击Curves（曲线）特效，如图12.206所示。

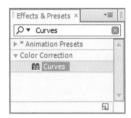

图12.206 添加Curves（曲线）特效

步骤09 在Effects Controls（特效控制）面板中，调节Curves（曲线）形状如图12.207所示，此时画面效果如图12.208所示。

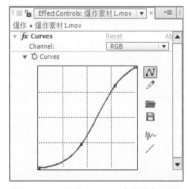

图12.207 调节Curves（曲线）形状

图12.208 画面效果

步骤10 选中"爆炸素材1.mov"层，按Ctrl+D组合键复制出"爆炸素材1.mov2"层，并按Enter（回车键）键重新命名为"爆炸素材2.mov"，如图12.209所示。

图12.209 复制层设置

步骤11 选中"爆炸素材2.mov"层，将时间调整到00:00:01:15帧的位置，按[键，设置该层起点，如图12.210所示。

图12.210 起点设置

步骤12 按P键展开Position（位置）属性，设置Position（位置）数值为（660，486），如图12.211所示。

图12.211 Position（位置）参数设置

步骤13 选中"爆炸素材2.mov"层，设置其叠加模式为Lighter Color（亮色），如图12.212所示。

图12.212 叠加模式设置

步骤14 选中"爆炸素材2.mov"层，按Ctrl+D组合键复制出"爆炸素材2.mov2"层，并按Enter（回车键）键重新命名为"爆炸素材3.mov"，如图12.213所示。

图12.213 复制层设置

步骤15 选中"爆炸素材3.mov"层，按P键展开Position（位置）属性，设置Position（位置）数值为（570、498），如图12.214所示。

图12.214 Position（位置）参数设置

步骤16 设置该层叠加模式为Screen（屏幕），如图12.215所示。

图12.215 叠加模式设置

步骤17 选中"爆炸素材3.mov"层，按Ctrl+Alt+R组合键，使该层素材倒播，打开Stretch（伸展）属性，设置Stretch（伸展）数值为-450%，参数设置，如图12.216所示。

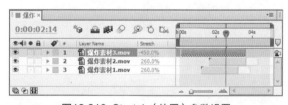

图12.216 Stretch（伸展）参数设置

步骤18 将时间调整到00:00:03:06帧的位置，按[键，设置起点位置，如图12.217所示。

图12.217 起点位置设置

步骤19 选中"爆炸素材3.mov"层,按Ctrl+D组合键复制出"爆炸素材3.mov2"层,并按Enter(回车键)键重命名为"爆炸素材4.mov",如图12.218所示。

图12.218 复制层设置

步骤20 选中"爆炸素材4.mov"层,按P键展开Position(位置)属性,设置Position(位置)数值为(648、498),如图12.219所示。

图12.219 Position(位置)参数设置

步骤21 设置该层叠加模式为Lighter Color(亮色),如图12.220所示。

图12.220 叠加模式设置

步骤22 将时间调整到00:00:03:17帧的位置,按[键,设置起点位置,如图12.221所示。

图12.221 起点位置设置

12.9.2 制作地面爆炸合成

步骤01 执行菜单栏中的Composition(合成)| New Composition(新建合成)命令,打开Composition Settings(合成设置)对话框,新建一个Composition

Name(合成名称)为"地面爆炸",Width(宽)为"1024",Height(高)为"576",Frame Rate(帧率)为"25",Duration(持续时间)为00:00:05:00秒的合成。

步骤02 打开"地面爆炸"合成,在Project(项目)面板中选择"背景.jpg"合成,将其拖动到"地面爆炸"合成的时间线面板中,如图12.222所示。

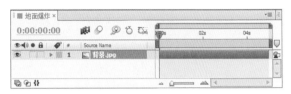

图12.222 添加"背景"素材

步骤03 选中"背景"层,在Effects & Presets(效果和预置)面板中展开Color Correction(色彩校正)特效组,双击Curves(曲线)特效,如图12.223所示。

图12.223 添加Curves(曲线)特效

步骤04 在Effects Controls(特效控制)面板中,调节Curves(曲线)形状如图12.224所示,此时画面效果如图12.225所示。

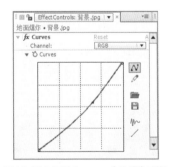

图12.224 调节Curves(曲线)形状

图12.225 画面效果

步骤05 在Project（项目）面板中选择"裂缝.jpg"合成，将其拖动到"地面爆炸"合成的时间线面板中，如图12.226所示。

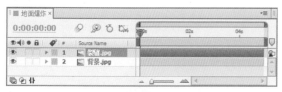

图12.226 添加"裂缝"素材

步骤06 选中"裂缝"层，设置该层叠加模式为Multiply（正片叠底），如图12.227所示。

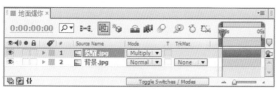

图12.227 叠加模式设置

步骤07 按P键展开Position（位置）属性，设置Position（位置）数值为（552、531），参数设置，如图12.228所示。

图12.228 参数设置

步骤08 选中"裂缝"层，选择工具栏里的Ellipse Tool（椭圆工具），在"地面爆炸"合成窗口绘制一个椭圆蒙版，如图12.229所示。

图12.229 绘制蒙版

步骤09 选中"Mask1"层，按F键展开Mask Feather（蒙版羽化）属性，设置Mask Feather（蒙版羽化）数值为45，如图12.230所示。

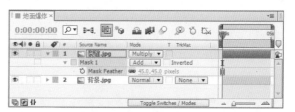

图12.230 蒙版羽化设置

步骤10 将时间调整到00:00:01:13帧的位置，设置Mask Expansion（蒙版扩展）数值为－18，单击码表按钮，在当前位置添加关键帧；将时间调整到00:00:01:24帧的位置，设置Mask Expansion（蒙版扩展）数值为350，系统会自动创建关键帧，如图12.231所示。

图12.231 关键帧设置

步骤11 执行菜单栏中的Layer（层）|New（新建）|Solid（固态）命令，打开Solid Settings（固态层设置）对话框，设置Name（名称）为"粒子"，Width（宽度）数值为1024px，Height（高度）数值为576px，Color（颜色）值为黑色，如图12.232所示。

图12.232 固态层设置

步骤12 选中"粒子"层，在Effects & Presets（效果和预置）面板中展开Trapcode特效组，双击Particular（粒子）特效，如图12.233所示。

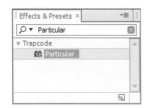

图12.233 Particular（粒子）特效

步骤13 在Effect Controls（特效控制）面板中，展开 Emitter（发射器）选项组，设置Particular/sec（粒子数量）为200，在Emitter Type（发射类型）右侧的下拉列表框中选择Sphere（球体），设置Position XY（XY 轴位置）数值为（232、–52），Velocity（速度）数值为20，Velocity Random（速度随机）数值为30，Velocity Distribution（速率分布）数值为5，Emitter Size X（发射器X轴粒子大小）数值为10，Emitter Size Y（发射器Y轴粒子大小）数值为10，Emitter Size Z（发射器Z轴粒子大小）数值为10，参数设置如图12.234所示，效果如图12.235所示。

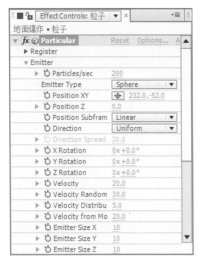

图12.234 Emitter（发射器）参数设置

图12.235 效果图

步骤14 选中"粒子"层，将时间调整到00:00:00:00帧的位置，设置Position XY（XY轴位置）数值为（232、–52），单击码表按钮，在当前位置添加关键帧；将时间调整到00:00:01:05帧的位置，设置Position XY（XY轴位置）数值为（554，422），系统会自动创建关键帧，如图12.236所示。

图12.236 关键帧设置

步骤15 展开Particle（粒子）选项组，设置Life（生存）数值为3，在Particle Type（粒子类型）右侧的下拉列表框中选择Cloudlet（云），设置Size（尺寸）数值为18，手动调整Size Over Life（尺寸生命）形状，Opacity（不透明度）数值为5，Opacity Random（不透明度随机）数值为100，Color（颜色）为灰色（R:207，G:207，B:207），参数设置如图12.237所示，效果如图12.238所示。

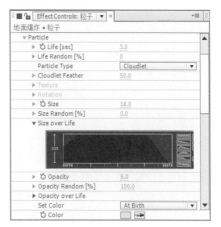

图12.237 参数设置

图12.238 效果图

步骤16 选中"粒子"层，在Effects & Presets（效果和预置）面板中展开Generate（创造）特效组，双击Ramp（渐变）特效，如图12.239所示，效果如图12.240所示。

图12.239 添加Ramp（渐变）特效

图12.240 效果图

步骤17 在Effect Controls（特效控制）面板中，设置Start of Ramp（渐变开始）数值为（284，18），Start Color（开始色）数值为灰色（R:138，G:138，B:138），End Color（结束色）为橘黄色（R:255，G:112，B:25），如图12.241所示，效果如图12.242所示。

图12.241 参数设置

图12.242 效果图

步骤18 选中"粒子"层，将时间调整到00:00:00:24帧的位置，设置End of Ramp（终点）数值为（562、432），单击码表按钮，在当前位置添加关键帧；将时间调整到00:00:01:09帧的位置，设置End of Ramp（终点）数值为（920，578）；将时间调整到00:00:02:16帧的位置，设置End of Ramp（终点）数值为（5014，832），如图12.243所示。

图12.243 关键帧设置

步骤19 选中"粒子"层，在Effects & Presets（效果和预置）面板中展开Color Correction（色彩校正）特效组，双击Curves（曲线）特效，如图12.244所示。

图12.244 添加Curves（曲线）特效

步骤20 在Effects Controls（特效控制）面板中，调节Curves（曲线）形状如图12.245所示，此时画面效果如图12.246所示。

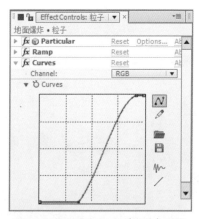

图12.245 调节Curves（曲线）形状

图12.246 画面效果

步骤21 将时间调整到00:00:02:20帧的位置，选中"粒子"层，按T键展开Opacity（不透明度）属性，设置Opacity（不透明度）数值为100，单击码表 ⏱ 按钮，在当前位置添加关键帧；将时间调整到00:00:03:11帧的位置，设置Opacity（不透明度）数值为0，系统会自动创建关键帧，如图12.247所示。

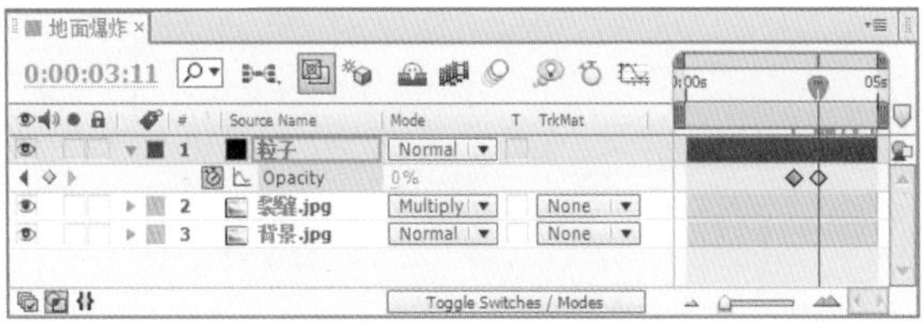

图12.247 关键帧设置

步骤22 在Project（项目）面板中选择"爆炸"合成，将其拖动到"地面爆炸"合成的时间线面板中，如图12.248所示。

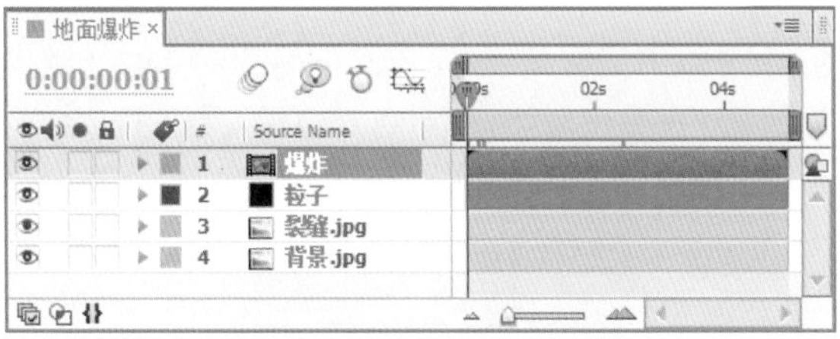

图12.248 添加"爆炸"合成

步骤23 选中"爆炸"合成，设置该层叠加模式为Screen（屏幕），如图12.249所示。

图12.249 叠加模式设置

步骤24 选中"爆炸"合成，在Effects & Presets（效果和预置）面板中展开Color Correction（色彩校正）特效组，双击Levels（色阶）特效，如图12.250所示。

图12.250 添加Levels（色阶）特效

步骤25 在Effect Controls（特效控制）面板中，设置Input Black（输入黑色）数值为99，参数设置如图12.251所示。

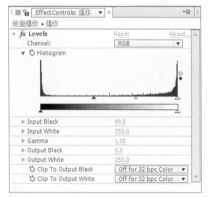

图12.251 参数设置

步骤26 执行菜单栏中的Layer（层）|New（新建）|Solid（固态）命令，打开Solid Settings（固态层设置）对话框，设置Name（名称）为"蒙版"，Width（宽度）数值为1024px，Height（高度）数值为576px，Color（颜色）值为黑色，如图12.252所示。

图12.252 固态层设置

步骤27 选中"蒙版"层，选择工具栏里的Ellipse Tool（椭圆工具） ◯ ，在"地面爆炸"合成窗口中绘制一个椭圆蒙版，如图12.253所示。

图12.253 绘制蒙版

步骤28 按P键展开Position（位置）属性，设置Position（位置）数值为（610、464），如图12.254所示。

图12.254 Position（位置）

步骤29 选中"蒙版"层，按F键展开Mask Feather（蒙版羽化）属性，设置Mask Feather（蒙版羽化）数值为128，如图12.255所示。

图12.255 Mask Feather（蒙版羽化）设置

步骤30 将时间调整到00:00:01:11帧的位置，按T键展开Opacity（不透明度）属性，设置Opacity（不透明度）数值为0，单击码表 ◎ 按钮，在当前位置添加关键帧；将时间调整到00:00:01:20帧的位置，设置Opacity（不透明度）数值为85，系统会自动创建关键帧；将时间调整到00:00:02:17帧的位置，设置Opacity（不透明度）数值为85；将时间调整到

00:00:03:06帧的位置，设置Opacity（不透明度）数值为28，关键帧如图12.256所示。

图12.256 关键帧设置

步骤31 执行菜单栏中的Layer（层）|New（新建）|Solid（固态）命令，打开Solid Settings（固态层设置）对话框，设置Name（名称）为"烟雾"，Width（宽度）数值为1024px，Height（高度）数值为576px，Color（颜色）值为黑色，如图12.257所示。

图12.257 固态层设置

步骤32 选中"烟雾"层，在Effects & Presets（效果和预置）面板中展开Trapcode特效组，双击Particular（粒子）特效，如图12.258所示。

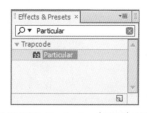

图12.258 Particular（粒子）特效

步骤33 在Effect Controls（特效控制）面板中，展开Emitter（发射器）选项组，在Emitter Type（发射类型）右侧的下拉列表框中选择Box（盒子），设置Position XY（XY轴位置）数值为（582，590），Velocity（速度）数值为240，参数设置如图12.259所示，效果如图12.260所示。

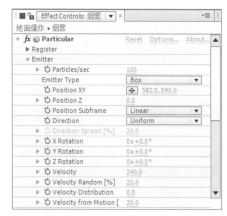

图12.259 Emitter（发射器）参数设置

图12.260 效果图

步骤34 展开Particle（粒子）选项组，设置Life（生存）数值为2，在Particle Type（粒子类型）右侧的下拉列表框中选择Cloudlet（云），设置Size（尺寸）数值为80，Opacity（不透明度）数值为4，Color（颜色）为灰色（R:57，G:57，B:57），参数设置如图12.261所示，效果如图12.262所示。

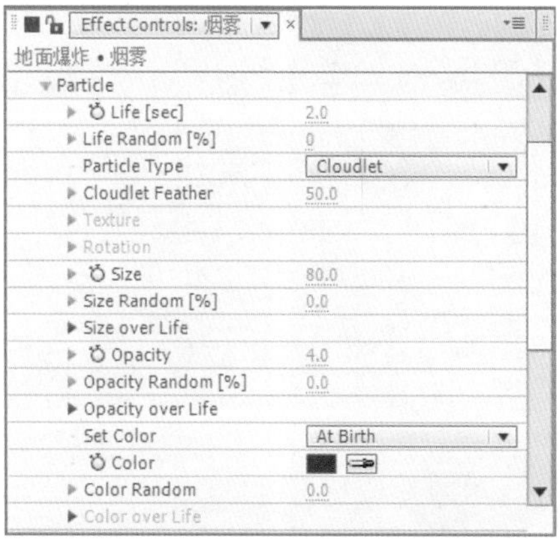

图12.261 Particle（粒子）参数设置

图12.262 效果图

步骤35 选中"烟雾"层，将时间调整到00:00:02:06帧的位置，按[键设置该层起点；将时间调整到00:00:02:13帧的位置，设置Opacity（不透明度）数值为0，单击码表⏱按钮，在当前位置添加关键帧；将时间调整到00:00:03帧的位置，设置Opacity（不透明度）数值为100，系统会自动创建关键帧，如图12.263所示。

图12.263 关键帧设置

步骤36 这样就完成了地面爆炸的整体制作，按小键盘上的0键，即可在合成窗口中预览动画。

第13章

ID演绎及宣传片表现

内容摘要

公司ID即公司的标志，是公众对它们的印象的理解，宣传片是目前宣传企业形象的最好手段之一，它能有效地把企业形象提升到一个新的层次，更好地把企业的产品和服务展示给大众，能详细说明产品的功能、用途及其优点，诠释企业的文化理念，所以宣传片已经成为企业必不可少的形象宣传工具之一。本章通过两个具体的实例，详细讲解了公司ID及公益宣传片的制作方法与技巧，让读者可以快速掌握宣传片的制作精髓。

教学目标

- 掌握《Music频道》ID演绎动画的制作
- 掌握神秘宇宙探索宣传片动画的制作
- 掌握公益宣传片的制作技巧

13.1 《Music频道》ID演绎

难易程度： ★ ★ ★ ☆ ☆

实例说明： 本例重点讲解利用3D Stroke（3D笔触）、Starglow（星光）特效制作流动光线效果。利用Gaussian Blur（高斯模糊）等特效制作Music字符运动模糊效果。本例最终的动画流程效果，如图13.1所示。

工程文件： 第13章\Music\《Music频道》ID演绎

视频位置： movie\13.1《Music频道》ID演绎.avi

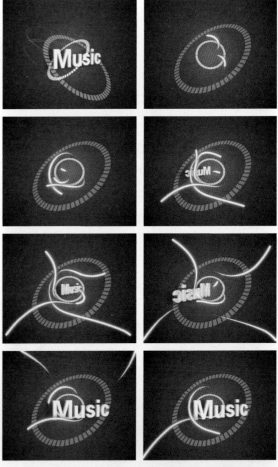

图13.1 《Music频道》ID演绎最终动画流程效果

知识点

知识点

- 学习序列素材的导入及设置方法
- 掌握利用Gaussian Blur（高斯模糊）特效制作运动模糊特效
- 掌握利用3D Stroke（3D笔触）、Starglow（星光）特效制作流动的光线的技巧

13.1.1 导入素材与建立合成

步骤01 导入三维素材。执行菜单栏中的File（文件）| Import（导入）| File（文件）命令，打开Import File（导入文件）对话框，选择配套资源中的"工程文件\第13章\Music\c1\c1.000.tga"素材，然后勾选Targa Sequence（TGA序列）复选框，如图13.2所示。

图13.2 Import File（导入文件）对话框

步骤02 单击"打开"按钮，此时将打开"Interpret Footage：c1.000.[001-027].tga"对话框，在Alpha通道选项组中选择Premultiplied-Matted With Color（预设-无蒙版）单选按钮，设置颜色为黑色，如图13.3所示。单击OK（确定）按钮，将素材黑色背景抠除。素材将以序列的方式导入到Project（项目）面板中。

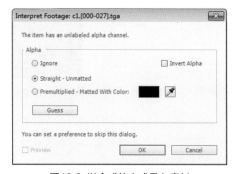

图13.3 以合成的方式导入素材

步骤03 使用相同的方法将"工程文件\第13章\Music\c2"文件夹内的.tga文件导入到Project（项目）面板中。导入后的Project（项目）面板如图13.4所示。

图13.4 导入合成素材

步骤04 执行菜单栏中的File（文件）| Import（导入）| File（文件）命令，打开Import File（导入文件）对话框，选择配套资源中的"工程文件\第13章\Music\单帧.tga、锯齿.psd。"，如图13.5所示。

图13.5 导入文件对话框

步骤05 执行菜单栏中的Composition（合成）| New Composition（新建合成）命令，打开Composition Settings（合成设置）对话框，设置Composition Name（合成名称）为"Music动画"，Width（宽）为"720"，Height（高）为"576"，Frame Rate（帧率）为"25"，并设置Duration（持续时间）为00:00:05:05秒，如图13.6所示。单击OK（确定）按钮，在Project（项目）面板中，将会新建一个名为"Music动画"的合成，如图13.7所示。

图13.6 合成设置

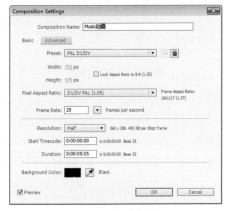

图13.7 新建合成

13.1.2 制作Music动画

步骤01 在Project（项目）面板中选择"c1.[000-027].tga""单帧.tga""c2.[116-131].tga"素材，将其拖动到时间线面板中，分别在"c1.[000-027].tga"和"c2.[116-131].tga"素材上单击鼠标右键，从弹出的快捷菜单中选择Time（时间）|Time Stretch（时间拉伸）命令，打开Time Stretch（时间拉伸）对话框，设置"c1.[000-027].tga"New Duration（新持续时间）为00:00:01:03，设置"c2.[116-131].tga"New Duration（新持续时间）为00:00:00:15，如图13.8所示。

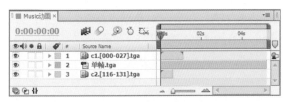

图13.8 调整后的效果

步骤02 调整时间到00:00:01:02帧的位置，选择"单帧.tga"素材层，按Alt+[组合键，将其入点设置到当前位置，效果如图13.9所示。

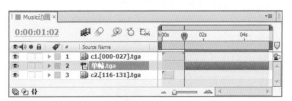

图13.9 设置入点

步骤03 调整时间到00:00:04:14帧的位置，选择"单帧.tga"素材层，按Alt+]组合键，将其出点设置到当前位置。调整"c2.[116-131].tga"素材层，将其入点设置到当前位置，完成效果，如图13.10所示。

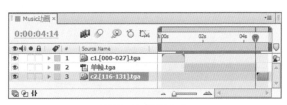

图13.10 设置出点

步骤04 调整时间到00:00:01:02帧的位置，打开"单帧.tga"素材层的三维属性开关。按R键，打开Rotation（旋转）属性，单击Y Rotation（Y轴旋转）左侧的码表按钮，为其建立关键帧，如图13.11所示。此时画面效果如图13.12所示。

图13.11 建立关键帧　　　图13.12 调整效果

步骤05 调整时间到00:00:04:14帧的位置，修改Y Rotation（Y轴旋转）的值为-38，系统自动建立关键帧，如图13.13所示。修改Y Rotation（Y轴旋转）属性后的效果如图13.14所示。

图13.13 修改属性　　　图13.14 修改后的效果

步骤06 这样"Music动画"的合成就制作完成了，按小键盘上的"0"键，在合成窗口中预览动画，其中几帧的效果如图13.15所示。

图13.15 "Music动画"合成的预览图

13.1.3 制作光线动画

步骤01 执行菜单栏中的Composition（合成）| New Composition（新建合成）命令，打开Composition Settings（合成设置）对话框，设置Composition Name（合成名称）为"光线"，Width（宽）为"720"，Height（高）为"576"，Frame Rate（帧率）为"25"，并设置Duration（持续时间）为00:00:01:20秒，如图13.16所示。

图13.16 新建合成

步骤02 按Ctrl + Y组合键，打开Solid Settings（固态层设置）对话框，设置Name（名称）为"光线"，Width（宽）为"720"，Height（高）为"576"，Color（颜色）为黑色，如图13.17所示。

图13.17 新建固态层

步骤03 选择"光线"固态层，单击工具栏中的Pen Tool（钢笔工具）按钮，绘制一个平滑的路径，如图13.18所示。

步骤04 在Effects & Presets（特效面板）中展开Trapcode特效组，然后双击3D Stroke（3D笔触）特效，如图13.19所示。

图13.18 绘制平滑路径　　　　图13.19 添加3特效

步骤05 调整时间到00:00:00:00帧的位置，在Effect Controls（特效控制）面板中，修改3D Stroke（3D笔触）特效的参数，设置Color（颜色）为白色，Thickness（厚度）的值为1，End（结束）的值为24，Offset（偏移）的值为-30，并单击End（结束）和Offset（偏移）左侧的码表按钮；展开Taper（锥形）选项组，勾选Enable（启用）复选框，如图13.20所示。画面效果如图13.21所示。

图13.20 3D描边参数设置　　图13.21 画面效果

步骤06 调整时间到00:00:00:14帧的位置，修改End（结束）的值为50，Offset（偏移）的值为11，如图13.22所示。

图13.22 00:00:00:14帧的位置参数设置

步骤07 调整时间到00:00:01:07帧的位置，修改End（结束）的值为30，Offset（偏移）的值为90，如图13.23所示。

图13.23 00:00:01:07帧的位置参数设置

步骤08 在Effects & Presets（特效面板）中展开Trapcode特效组，然后双击Starglow（星光）特效，如图13.24所示。

步骤09 在Effect Controls（特效控制）面板中，修改Starglow（星光）特效的参数，在Preset（预设）下拉菜单中选择Warm Star（暖色星光）选项；展开Pre-Process（预设）选项组，设置Threshold（阈值）的值为160，修改Boost Light（发光亮度）的值为3，如图13.25所示。

图13.24 添加特效　　图13.25 设置参数

步骤10 展开Colormap A（颜色图A）选项组，从Preset（预设）下拉菜单中选择One Color（单色），并设置Color（颜色）为橙色（R:255；G:166；B:0），如图13.26所示。

图13.26 设置Colormap A（颜色贴图A）

步骤11 确认选择"光线"素材层，按Ctrl+D组合键，复制"光线"层并重命名为"光线2"，如图13.27所示。

图13.27 复制"光线"素材层

步骤12 选中"光线2"层，按P键，打开Position（位置）属性，修改Position（位置）属性值为（368，296），如图13.28所示。

图13.28 修改Position（位置）属性

步骤13 按Ctrl+D组合键复制"光线2"并重命名为"光线3"，选中"光线3"素材层，按S键，打开Scale（缩放）属性，关闭等比缩放开关，并修改Scale（缩放）的值为（-100，100），如图13.29所示。

图13.29 修改Scale（缩放）的值

步骤14 选中"光线3"素材层，按U键，打开建立了关键帧的属性，选中End（结束）属性以及Offset（偏移）属性的全部关键帧，调整时间到00:00:00:12帧的位置，拖动所有关键帧使入点与当前时间对齐，如图13.30所示。

图13.30 调整关键帧位置

步骤15 选中"光线3"素材层，按Ctrl+D组合键复制"光线3"，并重命名为"光线4"，按P键，打开Position（位置）属性，修改Position（位置）值为（360，288），如图13.31所示。

图13.31 修改Position（位置）属性

13.1.4 制作光动画

步骤01 执行菜单栏中的Composition（合成）| New Composition（新建合成）命令，打开Composition Settings（合成设置）对话框，设置Composition Name（合成名称）为"光"，Width（宽）为"720"，Height（高）为"576"，Frame Rate（帧率）为"25"，并设置Duration（持续时间）为00:00:03:20秒，如图13.32所示。

图13.32 新建合成

步骤02 按Ctrl+Y组合键，打开Solid Settings（固态层设置）对话框，设置Name（名称）为"光1"，Width（宽）为"720"，Height（高）为"576"，Color（颜色）为黑色，如图13.33所示。

图13.33 新建固态层

步骤03 选择"光1"固态层，单击工具栏中的Pen Tool（钢笔工具）按钮，在"光1"合成窗口中绘制一个平滑的路径，如图13.34所示。

步骤04 在Effects & Presets（特效面板）中展开Trapcode特效组，然后双击3D Stroke（3D笔触）特效，如图13.35所示。

图13.34 绘制平滑路径　　图13.35 添加特效

步骤05 调整时间到00:00:00:00帧的位置，在Effect Controls（特效控制）面板中，修改3D Stroke（3D笔触）特效的参数，设置Color（颜色）为白色，Thickness（厚度）的值为5，End（结束）的值为0，Offset（偏移）的值为0，并单击End（结束）和Offset（偏移）左侧的码表按钮；展开Taper（锥形）选项组，勾选Enable（启用）复选框，如图13.36所示。

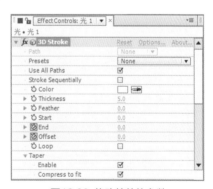

图13.36 修改特效的参数

步骤06 调整时间到00:00:01:07帧的位置，修改Offset（偏移）的值为15，系统自动建立关键帧，如图13.37所示。

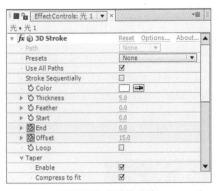

图13.37 修改偏移值

步骤07 调整时间到00:00:01:22帧的位置，修改End（结束）的值为100，Offset（偏移）的值为90，系统自动建立关键帧，如图13.38所示。

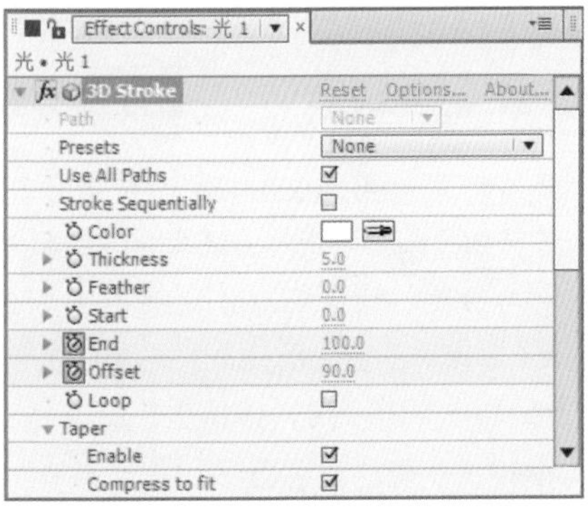

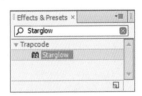

图13.38 修改End（结束）与Offset（偏移）的值

步骤08 在Effects & Presets（特效面板）中展开Trapcode特效组，然后双击Starglow（星光）特效，如图13.39所示。

图13.39 添加特效

步骤09 在Effect Controls（特效控制）面板中，修改Starglow（星光）特效的参数，在Preset（预设）下拉菜单中选择Warm Star（暖色星光）；展开Pre-Process（预设）选项组，设置Threshold（阈值）的值为160，修改Streak Length（光线长度）的值为5，如图13.40所示。

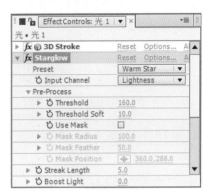

图13.40 设置参数

步骤10 按Ctrl+Y组合键，打开Solid Settings（固态层设置）对话框，设置Name（名称）为"光2"，Width（宽）为"720"，Height（高）为"576"，Color（颜色）为黑色，如图13.41所示。

图13.41 新建固态层

步骤11 选择"光2"固态层，单击工具栏中的Pen Tool（钢笔工具）按钮，在"光2"合成窗口中绘制一个平滑的路径，如图13.42所示。

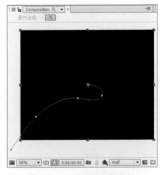

图13.42 绘制平滑路径

步骤12 单击时间线面板中的"光2"固态层,按Ctrl+D组合键复制"光2"层,并重命名为"光3",以同样的方法复制出"光4""光5",如图13.43所示。

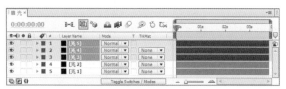

图13.43 复制光层

步骤13 调整时间到00:00:00:00帧的位置,选中"光1"素材层,在Effect Controls(特效控制)面板中选中3D Stroke(3D笔触)和Starglow(星光)两个特效,按Ctrl+C组合键复制特效,在"光2"素材层的Effect Controls(特效控制)面板中,按Ctrl+V键粘贴特效,如图13.44所示。此时的画面效果如图13.45所示。

图13.44 粘贴特效　　　　图13.45 特效预览

步骤14 调整时间到00:00:00:09帧的位置,在"光3"素材层的Effect Controls(特效控制)面板中,按Ctrl+V键粘贴特效,如图13.46所示,粘贴特效后的效果如图13.47所示。

图13.46 粘贴特效　　　图13.47 复制特效的效果预览

步骤15 选中时间线面板中的"光3"固态层,按R键,打开Rotation(旋转)属性,修改Rotation(旋转)的值为75,如图13.48所示。此时的画面效果如图13.49所示。

图13.48 修改属性　　　　图13.49 旋效果预览

步骤16 调整时间到00:00:00:15帧的位置,在"光4"素材层的Effect Controls(特效控制)面板中,按Ctrl+V键粘贴特效,如图13.50所示。此时的画面效果如图13.51所示。

图13.50 粘贴特效　　　图13.51 复制特效的效果预览

步骤17 选中时间线面板中的"光4"固态层,按R键,打开Rotation(旋转)属性,修改Rotation(旋转)的值为175,如图13.52所示。此时的画面效果如图13.53所示。

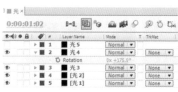

图13.52 修改属性　　　　图13.53 旋转后效果

步骤18 调整时间到00:00:00:23帧的位置,在"光5"素材层的Effect Controls(特效控制)面板中,按Ctrl+V键粘贴特效,如图13.54所示。此时的画面效果如图13.55所示。

图13.54 粘贴特效　　图13.55 复制特效的效果预览

步骤19 在时间线面板中选中"光1"固态层，按Ctrl+D组合键复制"光1"图层，并重命名为"光6"，按U键，打开"光6"建立关键帧的属性，调整时间到00:00:01:10帧的位置，选中时间线中的"光线6"的全部关键帧，向右拖动使起始帧与当前时间对齐，如图13.56所示。

图13.56 调整关键帧位置

步骤20 光动画就制作完成了，按空格键或小键盘上的"0"键进行预览，其中几帧的效果如图13.57所示。

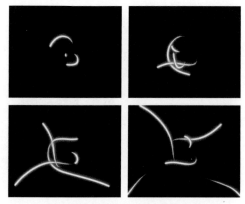

图13.57 "光"合成的动画预览图

13.1.5 制作最终合成动画

步骤01 执行菜单栏中的Composition（合成）| New Composition（新建合成）命令，打开Composition Settings（合成设置）对话框，设置Composition Name（合成名称）为"最终合成"，Width（宽）为"720"，Height（高）为"576"，Frame Rate（帧率）为"25"，并设置Duration（持续时间）为00:00:10:00秒，并将"光""光线""Music动画""锯齿.psd"素材导入时间线，如图13.58所示。

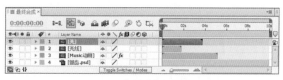

图13.58 将素材导入时间线面板

步骤02 按Ctrl+Y组合键，打开Solid Settings（固态层设置）对话框，设置Name（名称）为"背景"，Width（宽）为"720"，Height（高）为"576"，Color（颜色）为黑色，如图13.59所示。

步骤03 在Effects & Presets（特效面板）中展开Generate（创造）特效组，然后双击Ramp（渐变）特效，如图13.60所示。

图13.59 建立固态层　　图13.60 添加渐变特效

步骤04 在Effect Controls（特效控制）面板中，修改Ramp（渐变）特效参数，设置Ramp Shape（渐变形状）为Radial Ramp（放射渐变），Start of Ramp（渐变开始）的值为（360，288），Start Color（开始色）为红色（R:255；G:30；B:92），End of Ramp（渐变结束）的值为（360，780），End Color（结束颜色）为暗红色（R:40；G:1；B:5），效果如图13.61所示。

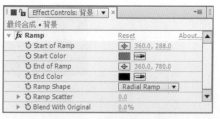

图13.61 设置渐变特效参数

步骤05 选中"锯齿.psd"层，打开三维属性开关，按Ctrl+D组合键，复制三次"锯齿.psd"并分别重命名为"锯齿2""锯齿3""锯齿4"，如图13.62所示。

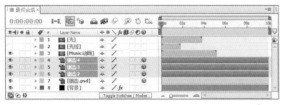

图13.62 复制"锯齿.psd"素材层

步骤06 调整时间到00:00:01:22帧的位置，选中"锯齿.psd"素材层，展开Transform（转换）选项组，单击Scale（缩放）属性左侧的码表⏱按钮，建立关键帧，修改Scale（缩放）的值为（30，30，30）；调整时间到00:00:02:05帧的位置，修改Scale（缩放）的值为（104，104，104）；调整时间到00:00:02:09帧的位置，修改Scale（缩放）的值为（79，79，79），单击Z Rotation（Z轴旋转）左侧的码表⏱按钮，建立关键帧；调整时间到00:00:04:08帧的位置，修改Scale（缩放）的值为（79，79，79），修改Z Rotation（Z轴旋转）的值为30，调整时间到00:00:04:15帧的位置，修改Scale（缩放）的值为（0，0，0），建立好关键帧后时间线面板如图13.63所示。

图13.63 "锯齿.psd"的关键帧设置

步骤07 确认选中"锯齿.psd"素材层，按P键，打开Position（位置）属性，并修改Position（位置）属性值为（410，340，0），按R键，打开Rotation（旋转）属性面板，修改X Rotation（X轴旋转）属性的值为-54，修改Y Rotation（Y轴旋转）属性值为-30，按T键，打开Opacity（不透明度）属性，修改Opacity（不透明度）属性的值为44%，如图13.64所示。

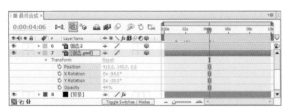

图13.64 设置Rotation（旋转）属性面板

步骤08 调整时间到00:00:01:05，单击"锯齿2"素材层，打开Transform（转换）选项组，修改Position（位置）属性的值为（350，310，0）。单击Scale（缩放）左侧的码表⏱按钮，在当前建立关键帧。修改X Rotation（X轴旋转）的值为-57，修改Y Rotation（Y轴旋转）的值为33，如图13.65所示。

图13.65 设置"锯齿2"的属性值并建立关键帧

步骤09 调整时间到00:00:01:06帧的位置，修改Scale（缩放）属性的值为（28，28，28）；调整时间到00:00:01:15帧的位置，修改Scale（缩放）属性的值为（64，64，64）；调整时间到00:00:01:20帧的位置，修改Scale（缩放）属性的值为（51，51，51），单击Z Rotation（Z轴旋转）左侧的码表⏱按钮，在当前建立关键帧；调整时间到00:00:04:03帧的位置，修改Scale（缩放）属性的值为（51，51，51），修改Z Rotation（Z轴旋转）的值为80；调整时间到00:00:04:09帧的位置，修改Scale（缩放）属性的值为（0，0，0），如图13.66所示。

图13.66 建立"锯齿2"的关键帧动画

步骤10 此时按空格键或小键盘上的"0"键可预览两个锯齿层的动画，其中几帧的预览效果如图13.67所示。

图13.67 锯齿动画的预览效果

步骤11 选择"锯齿3.psd"素材层，调整时间到00:00:05:22帧的位置，单击Scale（缩放）左侧的码表按钮，在当前建立关键帧，修改X Rotation（X轴旋转）的值为-50，Y Rotation（Y轴旋转）的值为25，Z Rotation（Z轴旋转）的值为-18，修改Opacity（不透明度）的值为35%，如图13.68所示。

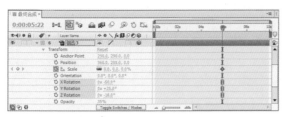

图13.68 设置"锯齿3"层的属性

步骤12 调整时间到00:00:06:03帧的位置，修改Scale（缩放）属性的值为（106，106，106）；调整时间到00:00:06:06帧的位置，修改Scale（缩放）属性的值为（85，85，85），单击X Rotation（X轴旋转）属性、Y Rotation（Y轴旋转）属性、Z Rotation（Z轴旋转）属性左侧的码表按钮，添加关键帧，如图13.69所示。

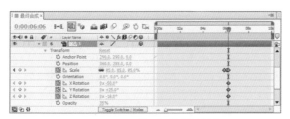

图13.69 设置"锯齿3"的关键帧

步骤13 调整时间到00:00:09:24帧的位置，修改X Rotation（X轴旋转）属性的值为-36，Y Rotation（Y轴旋转）属性的值为12，Z Rotation（Z轴旋转）属性的值为112，如图13.70所示。

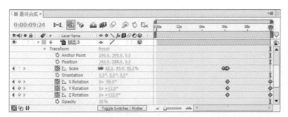

图13.70 设置"锯齿3"的旋转属性

步骤14 调整时间到00:00:05:16帧的位置，选中"锯齿4"素材层，打开Transform（转换）选项组，单击Scale（缩放）属性左侧的码表按钮，修改值为（0，0，0）；调整时间到00:00:05:24帧的位置，修改Scale（缩放）的值为（37，37，37）；调

整时间到00:00:06:02帧的位置，修改Scale（缩放）的值为（31，31，31），单击Z Rotation（Z轴旋转）属性左侧的码表按钮，在当前建立关键帧。调整时间到00:00:09:24帧的位置，修改Z Rotation（Z轴旋转）属性的值为180，如图13.71所示。

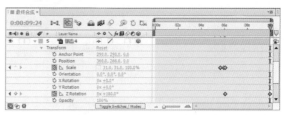

图13.71 设置"锯齿4"的关键帧

步骤15 选中"Music动画"层，打开三维动画开关，在Effects & Presets（特效面板）中展开Perspective（透视）特效组，然后双击Drop Shadow（投影）特效，如图13.72所示。

步骤16 在Effect Controls（特效控制）面板中，修改Drop Shadow（投影）的特效参数，修改Direction（方向）的角度为257，修改Distance（距离）的值为40，修改Softness（柔化）的值为45，如图13.73所示。

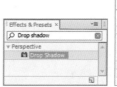

图13.72 添加特效　　图13.73 修改参数

步骤17 在Effects & Presets（特效面板）中展开Color Correction（色彩校正）特效组，然后双击Brightness & Contrast（亮度和对比度）特效，如图13.74所示。

步骤18 在Effect Controls（特效控制）面板中，修改Brightness（亮度）值为18，如图13.75所示。

图13.74 添加特效　　图13.75 修改数值

步骤19 在Effects & Presets（特效面板）中展开Blur & Sharpen（模糊与锐化）特效组，然后双击Gaussian Blur（高斯模糊）特效，如图13.76所示。

步骤20 调整时间到00:00:00:00帧的位置，在Effect Controls（特效控制）面板中，单击Blurriness（模糊

量）左侧的码表🕐按钮建立关键帧，并修改Blurriness（模糊量）值为8，如图13.77所示。

图13.76 添加特效　　　图13.77 修改关键帧

步骤21 调整时间到00:00:00:16帧的位置，修改Blurriness（模糊量）的值为0；调整时间到00:00:04:16帧的位置，单击时间线面板中Blurriness（模糊量）左侧的在当前添加或删除关键帧◇按钮；调整时间到00：00：05：04帧的位置，修改Blurriness（模糊量）的值为8，如图13.78所示。

图13.78 创建模糊关键帧

步骤22 选中"Music动画"合成层，按Ctrl+D组合键复制合成层，并重命名为"Music动画2"，并将"Music动画2"合成层移动到"光线"层与"光"层之间，将"Music动画2"的入点调整到00:00:07:01帧的位置，如图13.79所示，在Effect Controls（特效控制）面板中删除Gaussian Blur（高斯模糊）特效。

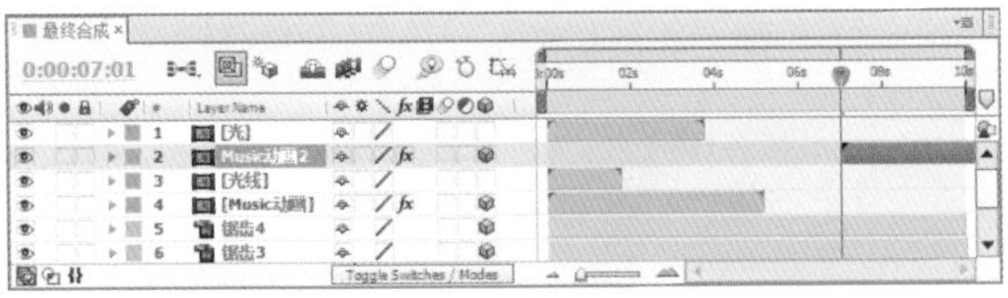

图13.79 调整"Music动画2"的位置

步骤23 调整时间到00:00:02:12帧的位置，拖动时间线中的"光线"层，调整入点为当前时间，如图13.80所示。

图13.80 调整"光线"层的持续时间条位置

步骤24 调整时间到00:00:06:05帧的位置，拖动时间线中的"光"层，调整入点为当前时间，如图13.81所示。

图13.81 调整"光"层的持续时间条位置

步骤25 调整完"光"层的持续时间条位置后全部的Music动画就制作完成了，按空格键或小键盘上的"0"键，在合成窗口中预览动画。其中几帧的效果如图13.82所示。

图13.82 其中几帧的动画效果

13.2 神秘宇宙探索宣传片

难易程度： ★★★☆☆

实例说明： "神秘宇宙探索"是一个有关探索类节目的电视频道包装，本例的制作主要应用了Trapcode为After Effects生产的光、3D笔触、星光和粒子插件组合，通过这些插件的运用，制作出了发光字体，带有光晕的流动线条以及辐射状的粒子效果，为读者展示了一个融合有Trapcode强大魅力的探索类宣传片。本例最终的动画流程效果，如图13.83所示。

工程文件： 第13章\神秘宇宙探索宣传片

视频位置： movie\13.2 神秘宇宙探索宣传片.avi

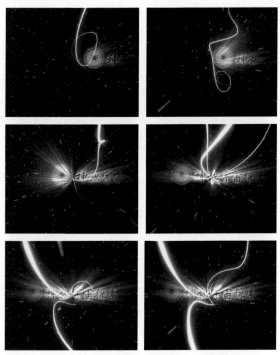

图13.83 神秘宇宙探索最终动画流程效果

知识点

- 学习绚丽光线的处理方法
- 掌握粒子辐射效果的制作技巧
- 掌握主题宣传片头艺术表现。

13.2.1 制作文字运动效果

步骤01 执行菜单栏中的File（文件）| Import（导入）| File（文件）命令，打开Import File（导入文件）对话框，选择配套资源中的"工程文件\第13章\神秘宇宙探索宣传片\Logo.psd"素材，如图13.84所示。

图13.84 导入文件对话框

步骤02 单击【打开】按钮，将打开"Logo.psd"对话框，在Import Kind（导入类型）下拉菜单中选择Composition（合成）选项，将素材以合成的方式导入，如图13.85所示。单击OK（确定）按钮，素材将导入到Project（项目）面板中。

图13.85 导入素材

步骤03 在Project（项目）面板中选择"Logo"合成，如图13.86所示。按Ctrl+K组合键，打开Composition Settings（合成设置）对话框，设置Duration（持续时间）为00:00:10:00秒，如图13.87所示。

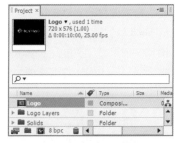

图13.86 选择"Logo"合成

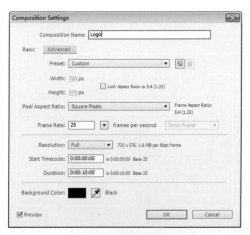

图13.87 设置持续时间

步骤04 打开"Logo"合成的时间线面板,选择"Logo"层,在Effects & Presets(效果和预置)面板中展开Stylize(风格化)特效组,然后双击Glow(发光)特效,如图13.88所示。

图13.88 添加特效

步骤05 在Effect Controls(特效控制)面板中,将Glow Based On(发光基于)下拉菜单中选择Alpha Channel(Alpha通道),设置Glow Threshold(发光阈值)的值为65%,Glow Radius(发光半径)的值为23,Glow Intensity(发光强度)的值为5.2,在Composite Original(合成原始图像)下拉菜单中选择On Top(在上面),从Glow Colors(发光色)下拉菜单中选择A & B Color(A和B颜色),如图13.89所示。

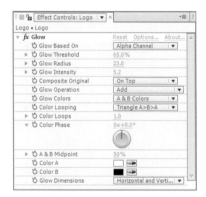

图13.89 参数设置

步骤06 设置完成Glow(发光)特效后,合成窗口中的画面效果,如图13.90所示。在"Logo"层的Effect Controls(特效控制)面板中,复制Glow(发光)特效,然后将其粘贴到"神秘宇宙探索"层,此时的画面效果,如图13.91所示。

图13.90 添加特效后的效果

图13.91 文字效果

步骤07 将时间调整到00:00:00:00帧的位置,选择"Logo"层,展开Transform(转换)选项组,设置Anchor Point(定位点)的值为(149,266),Position(位置)的值为(149,266),然后单击Rotation(旋转)左侧的码表按钮,在当前位置设置关键帧,并修改Rotation(旋转)的值为2x,如图13.92所示。

图13.92 在当前位置设置关键帧

步骤08 将时间调整到00:00:09:24帧的位置,修改Rotation(旋转)的值为0,如图13.93所示。

图13.93 修改Rotation(旋转)的值为0

步骤09 执行菜单栏中的Composition(合成)| New Composition(新建合成)命令,打开Composition Settings(合成设置)对话框,设置Composition Name(合成名称)为"运动的文字",Width(宽)为"720",Height(高)为"576",Frame Rate(帧率)为"25",并设置Duration(持续时间)为00:00:10:00秒,如图13.94所示。

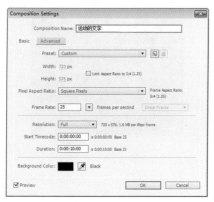

图13.94 合成设置

步骤10 在Project（项目）面板中，选择"Logo"合成，将其拖动到时间线面板中。将时间调整到00:00:07:00帧的位置，按P键，打开该层的Position（位置）选项，然后单击Position（位置）左侧的码表⏱按钮，在当前位置设置关键帧，如图13.95所示。

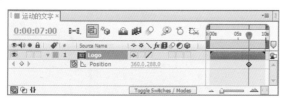

图13.95 在00:00:07:00帧的位置设置关键帧

步骤11 将时间调整到00:00:00:00帧的位置，设置Position（位置）的值为（767，288），如图13.96所示。

图13.96 设置Position（位置）的值

步骤12 这样就完成了文字的运动效果，拖动时间滑块，在合成窗口中观看动画，其中几帧的画面效果，如图13.97所示。

图13.97 其中几帧的画面效果

13.2.2 制作发光字

步骤01 执行菜单栏中的Composition（合成）| New Composition（新建合成）命令，打开Composition Settings（合成设置）对话框，新建一个Composition Name（合成名称）为"变幻发光字"，Width（宽）为"720"，Height（高）为"576"，Frame Rate（帧率）为"25"，Duration（持续时间）为00:00:10:00秒的合成。

步骤02 按Ctrl+Y组合键，打开Solid Settings（固态层设置）对话框，设置Name（名称）为背景，Color（颜色）为蓝色（R:0，G:66，B:134），如图13.98所示。

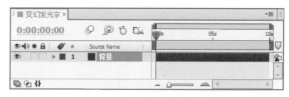

图13.98 新建"背景"固态层

步骤03 选择"背景"固态层，单击工具栏中的Ellipse Tool（椭圆工具）⬤按钮，在"变幻发光字"合成窗口中单击的同时按住Ctrl键，从合成的中心绘制一个椭圆，如图13.99所示。

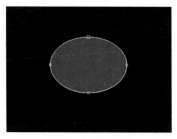

图13.99 绘制椭圆

提示 拖动光标的同时按住Ctrl键，可以从中心绘制椭圆形。

步骤04 确认当前选择为"背景"固态层，按F键，打开该层的Mask Feather（蒙版羽化）选项，设置Mask Feather（蒙版羽化）的值为（360，360），完成后的效果，如图13.100所示。

图13.100 设置蒙版羽化的值为（360，360）

步骤05 在Project（项目）面板中，选择"运动的文字"合成，将其拖动到"变幻发光字"合成的时间线面板的顶层，如图13.101所示。

图13.101 添加合成素材

步骤06 选择"运动的文字"合成层，在Effects & Presets（效果和预置）面板中展开Trapcode特效组，然后双击Shine（光）特效，如图13.102所示。

图13.102 添加Shine（光）特效

步骤07 在Effect Controls（特效控制）面板中，展开Pre-Process（预设）选项组，勾选Use Mask（使用蒙版）复选框，设置Mask Radius（蒙版半径）的值为150，Mask Feather（蒙版羽化）的值为95，Ray Length（光线长度）的值为8，Boost Light（光线亮度）的值为8；展开Colorize（着色）选项组，从Colorize（着色）下拉菜单中选择3 - Color Gradient（三色渐变），设置Midtones（中间色）为蓝色（R:40，G:180，B:255），Shadows（阴影）的颜色为深蓝色（R:30，G:120，B:165），如图13.103所示。其中一帧的画面效果，如图13.104所示。

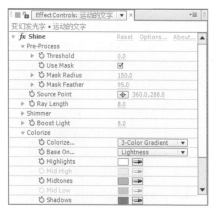

图13.103 参数设置

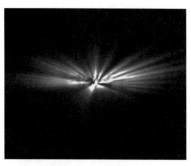

图13.104 画面效果

13.2.3 制作绚丽光线效果

步骤01 按Ctrl+Y组合键，新建一个名为"光线"，Color（颜色）为黑色的固态层，如图13.105所示。

图13.105 新建固态层

步骤02 选择"光线"固态层，单击工具栏中的Pen Tool（钢笔工具）按钮，绘制一个如图13.106所示的路径。

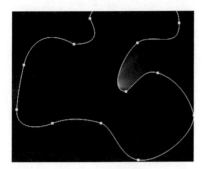

图13.106 绘制路径

步骤03 在Effects & Presets（效果和预置）面板中展开Trapcode特效组，然后双击3D Stroke（3D笔触）特效，如图13.107所示。添加后的默认效果，如图13.108所示。

图13.107 添加3D笔触特效

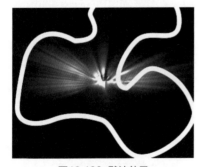

图13.108 默认效果

步骤04 将时间调整到00:00:00:00帧的位置，在Effect Controls（特效控制）面板中，设置Color（颜色）为浅蓝色（R:186，G:225，B:255），Thickness（厚度）的值为2，End（结束）的值为50，单击Offset（偏移）左侧的码表按钮，在当前位置设置关键帧，并勾选Loop（循环）复选框，如图13.109所示。设置后的画面效果，如图13.110所示。

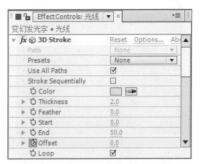

图13.109 参数设置

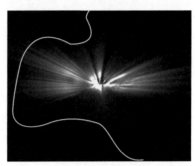

图13.110 画面效果

步骤05 展开Taper（锥形）选项组，勾选Enable（启用）复选框；展开Transform（转换）选项组，设置Bend（弯曲）的值为4.6，单击Bend Axis（弯曲轴）左侧的码表按钮，在00:00:00:00帧的位置设置关键帧；设置Z Position（Z轴位置）的值为-50，X Rotation（X轴旋转）的值为-5，Y Rotation（Y轴旋转）的值为100，Z Rotation（Z轴旋转）的值为30，如图13.111所示。设置完成后的画面效果，如图13.112所示。

图13.111 参数设置

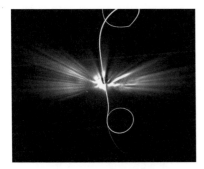

图13.112 画面效果

步骤06 将时间调整到00:00:08:00帧的位置，设置Offset（偏移）的值为340，Bend Axis（弯曲轴）的值为70，系统将在当前位置自动创建关键帧，如图13.113所示。

图13.113 在00：00：08：00帧的位置修改参数

步骤07 为"光线"固态层添加Starglow（星光）特效。在Effects & Presets（效果和预置）面板中展开Trapcode特效组，然后双击Starglow（星光）特效，如图13.114所示。其中一帧的画面效果，如图13.115所示。

图13.114 添加特效

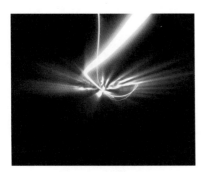

图13.115 画面效果

步骤08 在Effect Controls（特效控制）面板中，设置Boost Light（光线亮度）的值为0.6；展开Colormap A（颜色图A）选项组，设置Midtones（中间色）为蓝色（R:40，G:180，B:255），Shadows（阴影）为天蓝色（R:40，G:120，B:255）；展开Colormap B（颜色图B）选项组，设置Midtones（中间色）为淡紫色（R:136，G:79，B:255），Shadows（阴影）为紫色（R:85，G:0，B:222），如图13.116所示。其中一帧的画面效果，如图13.117所示。

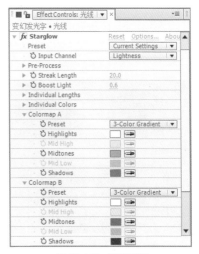

图13.116 参数设置

图13.117画面效果

13.2.4 制作粒子辐射效果

步骤01 在Project（项目）面板中选择"运动的文字"合成，将其拖动到"变幻发光字"合成的时间线面板的顶层，然后将其重命名为"运动的文字1"，并将"运动的文字1"和"光线"固态层的Mode（模式）修改为Screen（屏幕），如图13.118所示。

图13.118 修改图层的模式

步骤02 选择 "运动的文字1"合成层，单击工具栏中的Ellipse Tool（椭圆工具）○按钮，在合成窗口中单击的同时按住Ctrl键，从合成的中心绘制一个椭圆，完成后的效果，如图13.119所示。然后按F键，打开该层的Mask Feather（蒙版羽化）选项，设置Mask Feather（蒙版羽化）的值为（150，150），完成后的画面效果，如图13.120所示。

图13.119 绘制椭圆蒙版

图13.120 设置羽化值

技巧 使用Ellipse Tool（椭圆工具）绘制圆形时，拖动光标的同时按住Shift键，可以绘制正圆形；拖动光标的同时按住Shift + Ctrl快捷键，可以从中心绘制正圆形。

步骤03 新建"粒子"固态层。按Ctrl+Y组合键，新建一个名为"粒子"，Color（颜色）为黑色的固态层。

步骤04 选择"粒子"固态层，在Effects & Presets（效果和预置）面板中展开Trapcode特效组，然后双击Particular（粒子）特效，如图13.121所示。其中一帧的画面效果，如图13.122所示。

图13.121 添加特效

图13.122 画面效果

步骤05 在Effect Controls（特效控制）面板中，展开Emitter（发射器）选项组，设置Particles/sec（每秒发射的粒子数量）为400，从Emitter Type（发射器类型）下拉菜单中选择Box（盒子），Position Z（Z轴位置）数值为891，Velocity（速度）为0，Emitter Size X（发射器X轴大小）数值为1353，Emitter Size Y（发射器Y轴大小）数值为1067，如图13.123所示。此时其中一帧的画面效果，如图13.124所示。

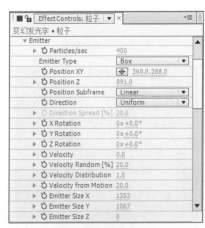

图13.123 特效参数设置

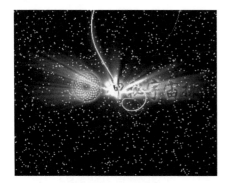

图13.124 画面效果

步骤06 在Effect Controls（特效控制）面板中，展开
Particle（粒子）选项组，设置Life（生命）数值为
4，Sphere Feather（球形羽化）数值为57，Size（大
小）数值为3，如图13.125所示。

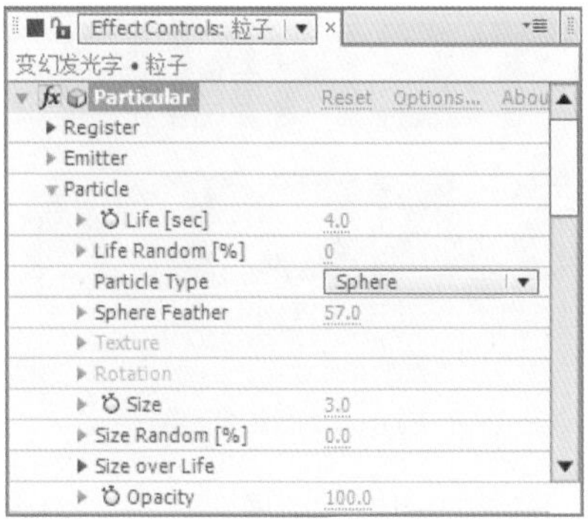

图13.125 Particle（粒子）参数设置

步骤07 展开Physics（物理学）|Air（空气）选项
组，设置Wind Z（Z轴风力）数值为–1000，如图
13.126所示。

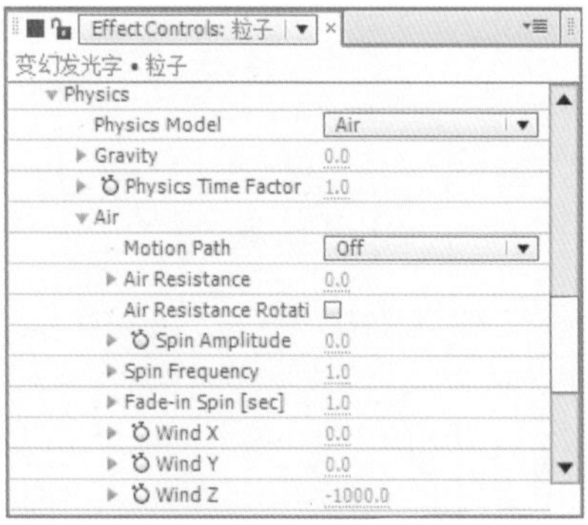

图13.126 参数设置

步骤08 这样就完成了"神秘宇宙探索"的整体制
作，按小键盘上的0键播放预览。最后将文件保存并
输出成动画。

13.3 公益宣传片

难易程度：★★★★☆

实例说明：本例主要讲解公益宣传片的制作。首先
利用文本的Animator（动画）属性及More Options
（更多选项）制作不同的文字动画效果，然后通过
不同的切换手法及Motion Blur（运动模糊）的应
用，制作出文字的动画效果，最后通过场景的合成
及蒙版手法的使用，完成公益宣传片效果的制作。
本例最终的动画流程效果，如图13.127所示。

工程文件：第13章\公益宣传片

视频位置：movie\13.3 公益宣传片.avi

图13.127 动画流程画面

知识点

● 学习文本Animator（动画）属性的使用
● 学习文本More Options（更多选项）属性的使用
● 掌握Motion Blur（运动模糊）特效的使用
● 掌握Drop Shadow（投影）特效的使用

13.3.1 制作合成场景一动画

步骤01 执行菜单栏中的Composition（合成）| New Composition（新建合成）命令，打开Composition Settings（合成设置）对话框，设置Composition Name（合成名称）为"合成场景一"，Width（宽）为"720"，Height（高）为"405"，Frame Rate（帧率）为"25"，并设置Duration（持续时间）为00：00：04：00秒，如图13.128所示。

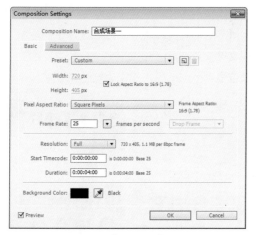

图13.128 "合成设置"对话框

步骤02 执行菜单栏中的Layer（层）|New（新建）|Text（文本）命令，创建文字层，在合成窗口中分别创建文字"ETERNITY"，"IS"，"NOT"，"A"，设置字体为JQCuHeiJT，字体大小为130，字体颜色为墨绿色（R:0，G:50，B:50），如图13.129所示。

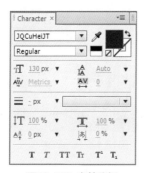

图13.129 字符面板

步骤03 选择所有文字层，按P键，展开Position（位置）选项，设置"ETERNITY"层的Position（位置）的值为（40，185），"IS"层Position（位置）的值为（92，273），"NOT"层Position（位置）的值为

（208，314），"A"层Position（位置）的值为（514，314），如图13.130所示。

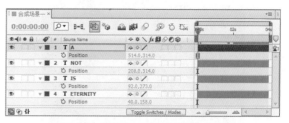

图13.130 设置Position（位置）的参数

步骤04 为了便于观察，在合成窗口下单击Toggle Transparency Grid（设置背景透明）按钮，如图所示。在合成窗口中预览效果，如图13.131所示。

图13.131 文字效果

步骤05 在时间线面板，选择"IS"，"NOT"，"A"层单击眼睛按钮，将其隐藏，以便制作动画，如图13.132所示。

图13.132 隐藏层

步骤06 选择"ETERNITY"层，在时间线面板中展开文字层，单击Text（文本）右侧的 Animate:◉（动画）按钮，在弹出的菜单中选择Rotation（旋转）命令，设置Rotation（旋转）的值为4x，调整时间到00:00:00:00帧的位置，单击Rotation（旋转）左侧的码表按钮，在此位置设置关键帧，如图13.133所示。

图13.133 设置参数

步骤07 调整时间到00:00:00:12帧的位置，设置 Rotation（旋转）的值为0，系统自动添加关键帧，如 图13.134所示。

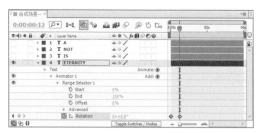

图13.134 设置Rotation（旋转）参数

步骤08 调整时间到00:00:00:00帧的位置，按T键，展 开Opacity（不透明度）选项，设置Opacity（不透明 度）的值为0%，单击Opacity（不透明度）左侧的码 表 ⏱ 按钮，在此位置设置关键帧，调整时间到 00:00:00:12帧的位置，设置Opacity（不透明度）的 值为100%，系统自动添加关键帧，如图13.135所示。

图13.135 设置Opacity（不透明度）

步骤09 选择"ETERNITY"层，在时间线面板中展 开Text（文本）|More Options（更多选项）选项组， 从Anchor Point Grouping（定位点编辑组）的下拉列 表中选择All（全部），如图13.136所示。

图13.136 中选择All（全部）

步骤10 选择"ETERNITY"层，在时间线面板中展 开Text（文本）|Animator1（动画1）|Range Selector1 （范围选择器1）|Advanced（高级）选项组，从Shape （形状）的下拉列表中选择Triangle（三角形），如图 13.137所示。

图13.137 选择Triangle（三角形）

步骤11 这样就完成了"ETERNITY"层的动画效果 制作，在合成窗口按小键盘0键预览效果，如图13.138 所示。

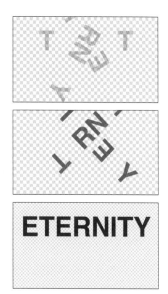

图13.138 在合成窗口预览效果

步骤12 在时间线面板，选择"IS"层，单击眼睛 👁 按 钮，将其显示，按A键展开Anchor Point（定位点）， 设置Anchor Point（定位点）的值为（40，-41），如 图13.139所示。

图13.139 设置Anchor Point（定位点）参数

步骤13 调整时间到00:00:00:12帧的位置，按S键，展开Scale（缩放）选项，设置Scale（缩放）的值为5000，并单击Scale（缩放）左侧的码表🕙按钮，在此位置设置关键帧，调整时间到00:00:00:24帧的位置，设置Scale（缩放）的值为100，系统自动添加关键帧，如图13.140所示。

图13.140 设置Scale（缩放）参数

步骤14 在时间线面板，选择"NOT"层，单击眼睛👁按钮，将其显示，在时间线面板中展开文字层，单击Text（文本）右侧的 Animate:▶（动画）按钮，在弹出的菜单中选择Opacity（不透明度）命令，设置Opacity（不透明度）的值为0%，单击Animator1（动画1）右侧 Add:▶ 的（添加）按钮，在弹出的菜单中选择Property（特性）|Character Offset（字符偏移）命令，设置Character Offset（字符偏移）的值20，如图13.141所示。

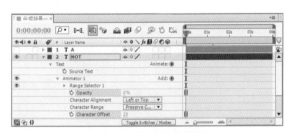

图13.141 设置字符偏移

步骤15 调整时间到00:00:00:24帧的位置，展Range Selector1（范围选择器1），设置Start（开始）的值为0%，单击Start（开始）码表🕙按钮，在此位置设置关键帧，调整时间到00:00:01:17帧的位置，设置Start（开始）的值为100%，系统自动添加关键帧，如图13.142所示。

图13.142 设置Start（开始）的值

步骤16 调整时间到00:00:01:19的位置，按P键，展开Position（位置）选项，设置Position（位置）的值为（308，314），单击Position（位置）的码表🕙按钮，在此位置设置关键帧，按R键，展开Rotation（旋转）选项，单击Rotation（旋转）的码表🕙按钮，在此位置设置关键帧，按U键展开所有关键帧，如图13.143所示。

图13.143 添加关键帧

步骤17 调整时间到00:00:01:23帧的位置，设置Rotation（旋转）的值为-6，系统自动添加关键帧，调整时间到00:00:01:25帧的位置，设置Position（位置）的值为（208，314），系统自动添加关键帧，设置Rotation（旋转）的值为0，系统自动添加关键帧，如图13.144所示。

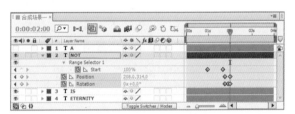

图13.144 添加关键帧

步骤18 在时间线面板，选择"A"层，单击眼睛👁按钮，将其显示，调整时间到00:00:01:20帧的位置，按P键，展开Position（位置）选项，单击，并单击Position（位置）的码表🕙按钮，在此位置设置关键帧，调整时间到00:00:01:17帧的位置，设置Position（位置）的值为（738，314），如图13.145所示。

图13.145 设置Position（位置）的值

步骤19 在时间线面板中单击Motion Blur（运动模糊）按钮，并启用所有图层中的Motion Blur（运动模糊）按钮，如图13.146所示。

图13.146 开启Motion Blur（运动模糊）

步骤20 这样"合成场景一"动画就完成了，按小键盘上的0键，在合成窗口中预览动画效果，如图13.147所示。

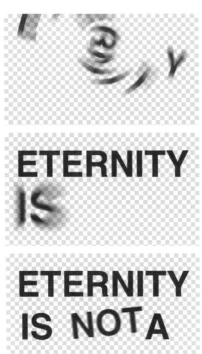

图13.147 合成窗口中预览效果

13.3.2 制作合成场景二动画

步骤01 执行菜单栏中的Composition（合成）| New Composition（新建合成）命令，打开Composition Settings（合成设置）对话框，设置Composition Name（合成名称）为"合成场景二："，Width（宽）为"720"，Height（高）为"405"，Frame Rate（帧率）为"25"，并设置Duration（持续时间）为00:00:04:00秒，如图13.148所示。

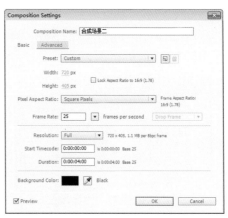

图13.148 "合成设置"对话框

步骤02 按Ctrl+Y组合键，打开Solid Settings（固态层设置）对话框，设置固态层Name（名称）为"背景"，Color（颜色）为"黑色"，如图13.149所示。

图13.149 "固态层设置"对话框

步骤03 选择"背景"层，在Effects & Presets（效果和预置）面板中展开Generate（创造）特效组，双击Ramp（渐变）特效，如图13.150所示。

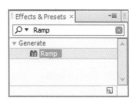

图13.150 添加Ramp（渐变）特效

步骤04 在Effect Controls（特效控制）面板中修改Ramp（渐变）特效参数，设置Start of Ramp（渐变开始）的值为（368，198），Start Color（开始色）为白色，End of Ramp（渐变结束）的值为（-124，

522），End Color（结束色）为墨绿色（R:0，G:68，B:68），Ramp Shape（渐变类型）为Radial Ramp（径向渐变），如图13.151所示。

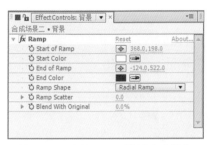

图13.151 设置Ramp（渐变）参数值

步骤05 在项目面板中选择"合成场景一"合成，拖动到"合成场景二"合成中，在Effects & Presets（效果和预置）面板中展开Perspective（透视）特效组，双击Drop Shadow（阴影）特效，如图13.152所示。

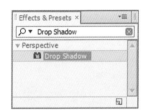

图13.152 添加Drop Shadow（阴影）特效

步骤06 在Effect Controls（特效控制）面板中修改Drop Shadow（阴影）特效参数，设置Shadow Color（阴影颜色）的值为墨绿色（R:0，G:50，B:50），Distance（距离）的值为11，Softness（柔和）的值为18，如图13.153所示。

图13.153 设置Drop Shadow（阴影）特效参数

步骤07 调整时间到00:00:02:00帧的位置，按P键，展开Position（位置）选项，单击Position（位置）的码表🕛按钮，在此位置设置关键帧，按S键，展看Scale（缩放）选项，单击Scale（缩放）的码表🕛按钮，在此位置设置关键帧，按U键，展开所有关键帧，如图13.154所示。

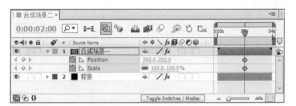

图13.154 添加关键帧

步骤08 调整时间到00:00:02:04帧的位置，设置Position（位置）的值为（360，202.5），系统自动添加关键帧，设置Scale（缩放）的值为38，系统自动添加关键帧，如图13.155所示。

图13.155 设置参数

步骤09 执行菜单栏中的Layer（层）|New（新建）|Text（文本）命令，创建文字层，在合成窗口中分别创建文字"DISTANCE"，"A"，设置字体为JQCuHeiJT，字体大小为130，字体颜色为墨绿色（R:0，G:50，B:50），如图13.156所示。

步骤10 创建文字"BUT DECISION"，设置字体为JQCuHeiJT，字体大小为39，字体颜色为墨绿色（R:0，G:50，B:50）如图13.157所示。

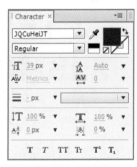

图13.156 设置字母A　　　图13.157 字符面板

步骤11 选择所有文字层，按P键，展开Position（位置）选项，设置"DISTANCE"层的Position（位置）的值为（30，248），"A"层Position（位置）的值为（328，248），"BUT DECISION"层Position（位置）的值为（402，338），"A"层Position（位置）的值为（514，314），如图13.158所示。

图13.158 设置Position（位置）的参数

步骤12 调整时间到00:00:02:04帧的位置，选择"DISTANCE"层，单击Position（位置）的码表按钮，在此位置设置关键帧，调整时间到00:00:02:00帧的位置，设置Position（位置）的值为（716，248），系统自动添加关键帧，如图13.159所示。

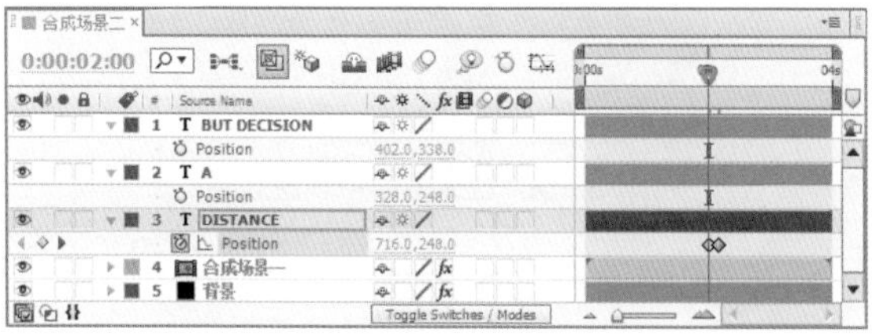

图13.159 设置Position（位置）参数

步骤13 调整时间到00:00:02:04帧的位置，选择"A"层，按T键，展开Opacity（不透明度）选项，设置Opacity（不透明度）的值为0%，单击Opacity（不透明度）的码表按钮，在此位置设置关键帧，调整时间到00:00:02:05帧的位置，设置Opacity（不透明度）的值为100%，系统自动添加关键帧，如图13.160所示。

图13.160 设置Opacity（不透明度）的参数

步骤14 按A键，展开Anchor Point（定位点）选项，设置Anchor Point（定位点）的值为（3，0），如图13.161所示。

图13.161 中心点设置

步骤15 按R键，展开Rotation（旋转）选项，调整时间到00:00:02:05帧的位置，单击Rotation（旋转）的码表按钮，在此位置设置关键帧；调整时间到00:00:02:28帧的位置，设置Rotation（旋转）的值为163，系统自动添加关键帧；调整时间到00:00:02:11帧的位置，设置Rotation（旋转）的值为100，系统自动添加关键帧，调整时间到00:00:02:13帧的位置，设置Rotation（旋转）的值为159；调整时间到00:00:02:15帧的位置，设置Rotation（旋转）的值为159；调整时间到00:00:02:17帧的位置，设置Rotation（旋转）的值为121；调整时间到00:00:02:19帧的位置，设置Rotation（旋转）的值为147；调整时间到00:00:02:21帧的位置，设置Rotation（旋转）的值为131，系统自动添加关键帧，如图13.162所示。

图13.162 设置Rotation（旋转）的值

步骤16 选择"BUT DECISION"层，在时间线面板中展开文字层，单击Text（文本）右侧的 Animate: （动画）按钮，在弹出的菜单中选择Position（位置）命令，设置Position（位置）的值为（0，-355），如图13.163所示。

图13.163 添加Position（位置）命令

步骤17 展开Range Selector1（范围选择器1）调整时间到00:00:02:07帧的位置，单击Start（开始）的码表按钮，在此位置添加关键帧，调整时间到00:00:02:23帧的位置，设置Start（开始）的值为100%，系统自动添加关键帧，如图13.164所示。

图13.164 设置Start（开始）的值

步骤18 在时间线面板中单击Motion Blur（运动模糊）按钮，除"背景"层外，启用其他图层的Motion Blur（运动模糊），如图13.165所示。

图13.165 开启Motion Blur（运动模糊）

步骤19 选择"合成场景一"合成层，在Effect Controls（特效控制）面板中选择Drop Shadow（投影）特效，按Ctrl+C组合键，复制Drop Shadow（投影）特效，选择文字层，如图13.166所示，按Ctrl+V组合键将Drop Shadow（投影）特效粘贴于文字层，如图13.167所示。

图13.166 选择文字层

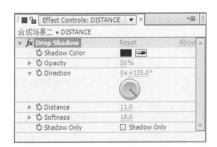

图13.167 将Drop Shadow（投影）特效粘贴与文字层

步骤20 这样"合成场景一"动画就完成了，按小键盘上的0键，在合成窗口中预览动画效果，如图13.168所示。

图13.168 合成窗口中预览效果

13.3.3 最终合成场景动画

步骤01 执行菜单栏中的Composition（合成）|New Composition（新建合成）命令，打开Composition Settings（合成设置）对话框，设置Composition Name（合成名称）为"最终合成场景"，Width（宽）为"720"，Height（高）为"405"，Frame Rate（帧率）为"25"，并设置Duration（持续时间）为00:00:04:00秒，如图13.169所示。

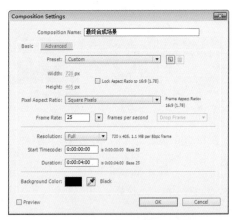

图13.169 "合成设置"对话框

步骤02 打开"合成场景二"合成，将"合成场景二"合成中的背景，按Ctrl+C组合键，复制与"最终合成场景"合成中，如图13.170所示。

图13.170 复制背景到"合成场景二"合成

步骤03 在项目面板中，选择"合成场景二"合成，将其拖动到"最终合成场景"合成中，如图13.171所示。

图13.171 将"合成场景二"合成其拖动到"最终合成场景"合成中

步骤04 在时间线面板中按Ctrl+Y组合键，打开Solid Settings（固态层设置）对话框，设置固态层Name（名称）为"字框"，Color（颜色）为墨绿色（R:0，G:80，B:80），如图13.172所示。

图13.172 "固态层设置"对话框

步骤05 选择"字框"层，双击菜单栏中Rectangle Tool（矩形工具）按钮，连按两次M键，展开Mask1（蒙版1）选项组，设置Mask Expansion（蒙版扩展）的值为-33，如图13.173所示。

图13.173 设置Mask Expansion（蒙版扩展）的值

步骤06 按S键，展开"字框"层的Scale（缩放）选项，设置Scale（缩放）的值为（110，120），如图13.174所示。

图13.174 设置Scale（缩放）的值

步骤07 选择"字框"层，做"合成场景二"合成层的子物体连接，如图13.175所示。

图13.175 子物体连接

步骤08 调整时间到00:00:03:04帧的位置，按S键，展开Scale（缩放）选项，单击Scale（缩放）选项的码表按钮，在此添加关键帧，按R键，展开Rotation（旋转）选项，单击Rotation（旋转）选项的码表按钮，在此添加关键帧，按U键，展开所有关键帧，如图13.176所示。

图13.176 添加关键帧

步骤09 调整时间到00:00:03:12帧的位置，设置Scale（缩放）的值为50，系统自动添加关键帧，设置Rotation（旋转）的值为1x，系统自动添加关键帧，如图13.177所示。

图13.177 添加关键帧

步骤10 执行菜单栏中的Layer（层）|New（新建）|Text（文本）命令，创建文字层，在合成窗口输入"DECISION"，设置字体为JQCuHeiJT，字体大小

为130，字体颜色为墨绿色（R:0，G:46，B:46），如图13.178所示。

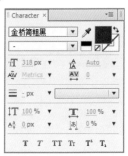

图13.178 字符面板

步骤11 选择"DECISION"层，按R键，展开Rotation（旋转）选项，设置Rotation（旋转）的值为-12，如图13.179所示。

图13.179 设置Rotation（旋转）的值

步骤12 在时间线面板中按Ctrl+Y组合键，打开Solid Settings（固态层设置）对话框，设置固态层Name（名称）为"波浪"，Color（颜色）为"墨绿色"（R:0，G:68，B:68），如图13.180所示。

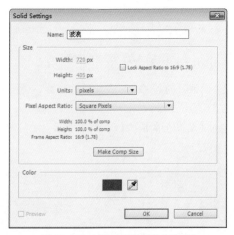

图13.180 "固态层设置"对话框

步骤13 在Effects & Presets（效果和预置）面板中展开Distort（扭曲）特效组，双击Ripple（波纹）特效，如图13.181所示。

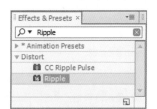

图13.181 添加Ripple（波纹）特效

步骤14 在Effect Controls（特效控制）面板中修改Ripple（波纹）特效参数，设置Radius（半径）的值为100，Center of Conversion（波纹中心点）的值为（360，160），Wave Speed（波速）的值为2，Wave Width（波幅）的值为49，Wave Height（波长）的值为46，如图13.182所示。

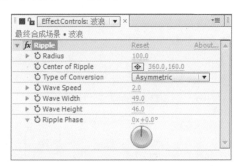

图13.182 设置Ripple（波纹）特效参数

步骤15 选择"波浪"层和文字层，按P键，展开Position（位置）选项，设置"波浪"层Position（位置）的值为（360，636），单击Position（位置）的码表按钮，在此添加关键帧，设置文字层Position（位置）的值为（27，-39），单击Position（位置）的码表按钮，在此添加关键帧，如图13.183所示。

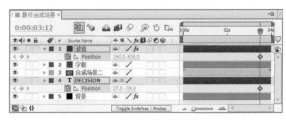

图13.183 设置Position（位置）的值

步骤16 调整时间到00:00:03:13帧的位置，设置"波浪"层Position（位置）的值为（360，471），系统自动添加关键帧，设置文字层Position（位置）的值为（27，348），系统自动添加关键帧，如图13.184所示。

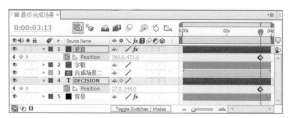

图13.184 设置Position（位置）的值

图13.185 开启Motion Blur（运动模糊）

步骤17 在时间线面板中单击Motion Blur（运动模糊）按钮，除"背景"层外，单击其他图层的Motion Blur（运动模糊）按钮，如图13.185所示。

步骤18 这样就完成了"公益宣传片"的整体制作，按小键盘的0键，在合成窗口预览动画。

第14章

动漫合成特效表现

内容摘要

　　本章主要讲解动漫特效合成及场景合成特效的制作，通过3个具体的案例，详细讲解了动漫特效合成及场景合成的制作技巧。

教学目标

- 学习上帝之光特效的制作
- 学习星光之源特效的制作
- 掌握魔法火焰魔法场景的合成技术

14.1 星光之源

难易程度： ★★☆☆☆

实例说明： 本例主要讲解Fractal Noise（分形噪波）特效、Curves（曲线）特效、Bezier Warp（贝塞尔曲线变形）特效的应用以及Mask（蒙版）命令的使用。本例最终的动画流程效果如图14.1所示。

工程文件： 第14章\星光之源

视频位置： movie\14.1 星光之源.avi

图14.1 星光之源最终动画流程效果

知识点

- 学习Curves（曲线）特效、Bezier Warp（贝塞尔曲线变形）特效的参数设置
- 掌握星光之源的制作

14.1.1 制作绿色光环

步骤01 执行菜单栏中的Composition（合成）| New Composition（新建合成）命令，打开Composition Settings（合成设置）对话框，设置Composition

Name（合成名称）为"绿色光环"，Width（宽）为"1024"，Height（高）为"576"，Frame Rate（帧率）为"25"，并设置Duration（持续时间）为00:00:05:00秒，如图14.2所示。

图14.2 合成设置

步骤02 执行菜单栏中的File（文件）| Import（导入）| File（文件）命令，打开Import File（导入文件）对话框，选择配套资源中的"工程文件\第14章\星光之源\背景.png、人物.png"素材，如图14.3所示。单击打开按钮，"背景.png、人物.png"素材将导入到Project（项目）面板中。

图14.3 导入文件对话框

步骤03 在Project（项目）面板中，选择"人物.png"素材，将其拖动到"绿色光环"合成的时间线面板中，如图14.4所示。

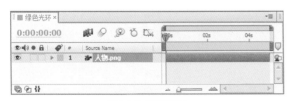

图14.4 添加素材

步骤04 执行菜单栏中的Layer（层）|New（新建）|Solid（固态层）命令，打开Solid Settings（固态层设置）对话框，设置Name（名称）为"绿环"，Width（宽度）数值为1024px，Height（高度）数值为576px，Color（颜色）值为绿色（R:144，G:215，B:68），如图14.5所示。

图14.5 固态层设置

步骤05 选中"绿环"层，选择工具栏里的Ellipse Tool（椭圆工具），在"绿色光环"合成窗口绘制椭圆蒙版，如图14.6所示。

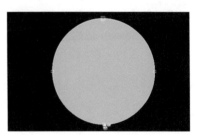

图14.6 绘制蒙版

提示 使用标准形状的蒙版工具可以直接在合成素材上拖动绘制，系统会自动按蒙版的区域进行去除操作。

步骤06 选中"绿环"层，按F键展开Mask Feather（蒙版羽化）属性，设置Mask Feather（蒙版羽化）数值为（5，5），如图14.7所示。

图14.7 Mask Feather（蒙版羽化）数值设置

步骤07 为了制作出圆环效果，再次选择选择工具栏里的Ellipse Tool（椭圆工具），在合成窗口绘制椭圆蒙版，如图14.8所示。

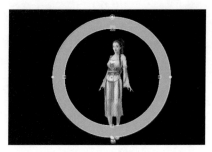

图14.8 绘制蒙版

步骤08 选中"Mask2"层，按F键展开Mask Feather（蒙版羽化）属性，设置Mask Feather（蒙版羽化）数值为（75，75），效果如图14.9所示。

图14.9 蒙版羽化

步骤09 选中"绿环"层，单击三维层⬛按钮将三维层打开，设置Orientation（方向）的值为（262，0，0），如图14.10所示。

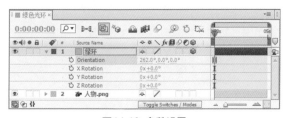

图14.10 参数设置

步骤10 选中"绿环"层，将时间调整到00:00:00:00帧的位置，按S键展开Scale（缩放）属性，设置Scale（缩放）数值为（0，0，0），单击码表⏱按钮，在当前位置添加关键帧；将时间调整到00:00:00:14帧的位置，设置Scale（缩放）数值为（599，599，599），系统会自动创建关键帧，如图14.11所示。

图14.11 Scale（缩放）关键帧设置

步骤11 将时间调整到00:00:00:11帧的位置，按T键展开Opacity（不透明度）属性，设置Opacity（不透明度）数值为100%，单击码表⏱按钮，在当前位置添加关键帧；将时间调整到00:00:00:17帧的位置，设置Opacity（不透明度）数值为0%，系统会自动创建关键帧，如图14.12所示。

图14.12 Opacity（不透明度）关键帧设置

步骤12 选中"绿环"层，设置其Mode（模式）为Screen（屏幕），如图14.13所示。

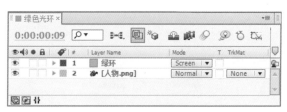

图14.13 叠加模式设置

步骤13 为了使绿环与人物之间产生遮罩效果，执行菜单栏中的Layer（层）|New（新建）|Solid（固态层）命令，打开Solid Settings（固态层设置）对话框，设置Name（名称）为"蒙版"，Width（宽度）数值为1024px，Height（高度）数值为576px，Color（颜色）值为黑色，如图14.14所示。

图14.14 固态层设置

步骤14 为了操作的方便。选中"蒙版"层,按T键展开Opacity(不透明度)属性,设置Opacity(不透明度)为0%,如图14.15所示。

图14.15 Opacity(不透明度)设置

步骤15 选中"蒙版"层,选择选择工具栏里的Pen Tool(钢笔工具),在合成窗口绘制椭圆蒙版,如图14.16所示。

图14.16 绘制蒙版

步骤16 绘制完成后,将蒙版显示出来,按T键展开Opacity(不透明度)属性,设置Opacity(不透明度)为100%,效果如图14.17所示。

图14.17 不透明度设置

步骤17 选中"蒙版"层,设置其Mode(模式)为Silhouette Alpha(轮廓Alpha),如图14.18所示。

图 14.18 设置叠加模式

步骤18 这样"绿色光环"合成就制作完成了,其中几帧效果如图14.19所示。

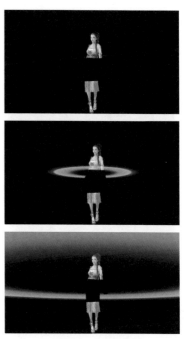

图14.19 动画流程

14.1.2 制作星光之源合成

步骤01 执行菜单栏中的Composition(合成)| New Composition(新建合成)命令,打开Composition Settings(合成设置)对话框,设置Composition Name(合成名称)为"星光之源",Width(宽)为"1024",Height(高)为"576",Frame Rate(帧率)为"25",并设置Duration(持续时间)为00:00:05:00秒。

步骤02 在Project(项目)面板中,选择"背景.png"素材,将其拖动到"星光之源"合成的时间线面板中,如图14.20所示。

图14.20 添加素材

步骤03 选择"背景.png"层,在Effects & Presets(效果和预置)面板中展开Color Correction(色彩校正)特效组,双击Curves(曲线)特效,如图14.21所示,默认Curves(曲线)形状如图14.22所示。

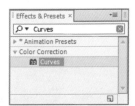

图14.21 添加曲线特效

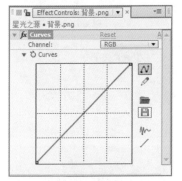

图14.22 默认曲线形状

提示 Curves（曲线）特效可以通过调整曲线的弯曲度或复杂度来调整图像的亮区和暗区的分布情况。

步骤04 在Effect Controls（特效控制）面板中，从Channel（通道）下拉菜单中选择Red（红色）通道，调整Curves（曲线）形状如图14.23所示，效果如图14.24所示。

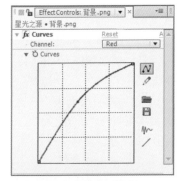

图14.23 红色通道曲线调整

图14.24 效果图

步骤05 从Channel（通道）下拉菜单中选择Blue（蓝色）通道，调整Curves（曲线）形状如图14.25所示，效果如图14.26所示。

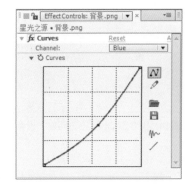

图14.25 蓝色通道曲线调整

图14.26 效果图

步骤06 执行菜单栏中的Layer（层）|New（新建）|Solid（固态层）命令，打开Solid Settings（固态层设置）对话框，设置Name（名称）为"光线"，Width（宽度）数值为1024px，Height（高度）数值为576px，Color（颜色）值为黑色，如图14.27所示。

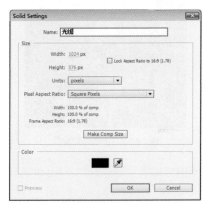

图14.27 固态层设置

步骤07 选择"光线"层，在Effects & Presets（效果和预置）面板中展开Noise & Grans（噪波和杂点）特效组，双击Fractal Noise（分形噪波）效果，如图14.28所示。

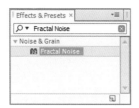

图14.28 添加分形噪波特效

步骤08 在Effect Controls（特效控制）面板中，设置Contrast（对比度）数值为300，Brightness（亮度）数值为-47；展开Transform（转换）选项组，取消勾选Uniform Scaling（等比缩放）复选框，设置Scale Width（缩放宽度）数值为7，Scale Height（缩放高度）数值为1394，如图14.29所示，效果如图14.30所示。

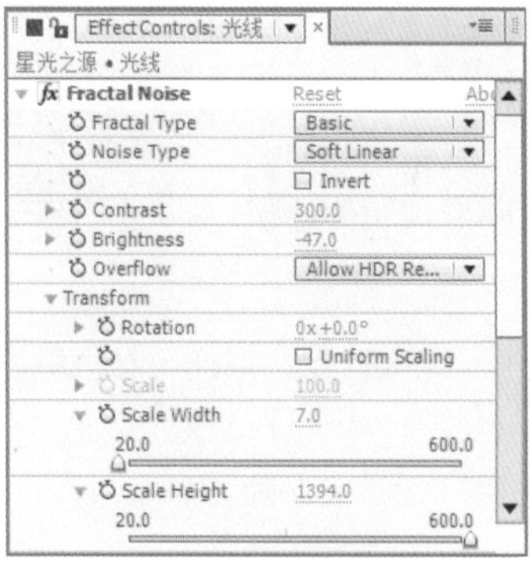

图14.29 参数设置

图14.30 效果图

步骤09 在Effect Controls（特效控制）面板中，按Alt键的同时用鼠标左键单击Evolution（进化）左侧的码表按钮，在"星光之源"时间线面板中输入"Time*500"，如图14.31所示。

图14.31 表达式设置

> **提示** 使用Fractal Noise（分形噪波）特效，还可以轻松制作出各种云雾效果，并可以通过动画预置选项，制作出各种常用的动画画面。

步骤10 选择"光线"层，设置其Mode（模式）为Screen（屏幕），如图14.32所示。

图14.32 叠加模式设置

步骤11 调整光线颜色，在Effects & Presets（效果和预置）面板中展开Color Correction（色彩校正）特效组，双击Curves（曲线）特效，如图14.33所示。默认Curves（曲线）形状如图14.34所示。

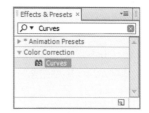

图14.33 添加曲线特效

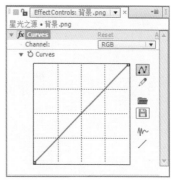

图14.34 默认曲线形状

步骤12 在Effect Controls（特效控制）面板中，从Channel（通道）下拉菜单中选择RGB（RGB）通道，调整Curves（曲线）形状如图14.35所示，效果如图14.36所示。

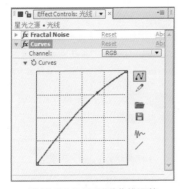

图14.35 RGB通道曲线调整

图14.36 效果图

步骤13 从Channel（通道）下拉菜单中选择Green（绿色）通道，调整Curves（曲线）形状如图14.37所示，效果如图14.38所示。

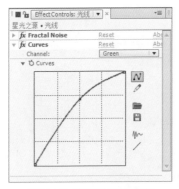

图14.37 绿色通道曲线调整

图14.38 效果图

步骤14 选择"光线"层，在Effects & Presets（效果和预置）面板中展开Stylize（风格化）特效组，双击Glow（发光）特效，如图14.39所示，效果如图14.40所示。

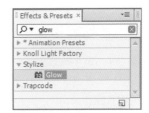

图14.39 添加发光特效

图14.40 效果图

步骤15 选中"光线"层，选择工具栏里的Rectangle Tool（矩形工具）▭，在"星光之源"合成窗口中绘制矩形蒙版，如图14.41所示。

图14.41 绘制蒙版

步骤16 选中"光线"层，按F键展开Mask Feather（蒙版羽化）属性，设置Mask Feather（蒙版羽化）数值为（45，45），如图14.42所示。

图14.42 Mask Feather（蒙版羽化）设置

步骤17 选择"光线"层，在Effects & Presets（效果和预置）面板中展开Distort（扭曲）特效组，双击Bezier Warp（贝塞尔曲线变形）特效，如图14.43所示。默认Bezier Warp（贝塞尔曲线变形）形状如图14.44所示。

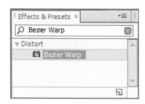

图14.43 添加特效

图14.44 默认形状

提示 Bezier Warp（贝塞尔曲线变形）特效是在层的边界上沿一个封闭曲线来变形图像，图像每个角有3个控制点，角上的点为顶点，用来控制线段的位置，顶点两侧的两个点为切点，用来控制线段的弯曲曲率。

步骤18 调整Bezier Warp（贝塞尔曲线变形）形状，如图14.45所示。

图14.45 调整后的形状

步骤19 执行菜单栏中的Layer（层）|New（新建）|Solid（固态层）命令，打开Solid Settings（固态层设置）对话框，设置Name（名称）为"中间光"，Width（宽度）数值为1024px，Height（高度）数值为576px，Color（颜色）值为白色，如图14.46所示。

图14.46 固态层设置

步骤20 选中"中间光"层，单击工具栏中的Rectangle Tool（矩形工具）按钮，在合成窗口中，绘制矩形蒙版，如图14.47所示。

图14.47 绘制矩形蒙版

步骤21 选中"中间光"层，按F键展开Mask Feather（蒙版羽化）属性，设置Mask Feather（蒙版羽化）数值为（25，25），如图14.48所示。

图14.48 Mask Feather（蒙版羽化）设置

步骤22 选中"中间光"层，按P键展开Position（位置）属性，设置Position（位置）数值为（568，274），如图14.49所示。

图14.49 Position（位置）参数设置

步骤23 为"中间光"添加高光效果，选中"中间光"层，在Effects & Presets（效果和预置）面板中展开Stylize（风格化）特效组，双击Glow（发光）特效，如图14.50所示，效果如图14.51所示。

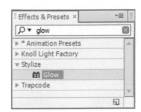

图14.50 添加发光特效

图14.51 效果图

> **提示** Glow（发光）特效可以寻找图像中亮度比较大的区域，然后对其周围的像素进行加亮处理，从而产生发光效果。

步骤24 在Effect Controls（特效控制）面板中，设置Glow Threshold（发光阈值）数值为0%，Glow Radius（发光半径）数值为43，从Glow Colors（发光色）下拉菜单中选择A & B Colors（A和B颜色），Color A（颜色A）为黄绿色（R:228，G:255，B:2），Color B（颜色B）为黄色（R:252，G:255，B:2），如图14.52所示，效果如图14.53所示。

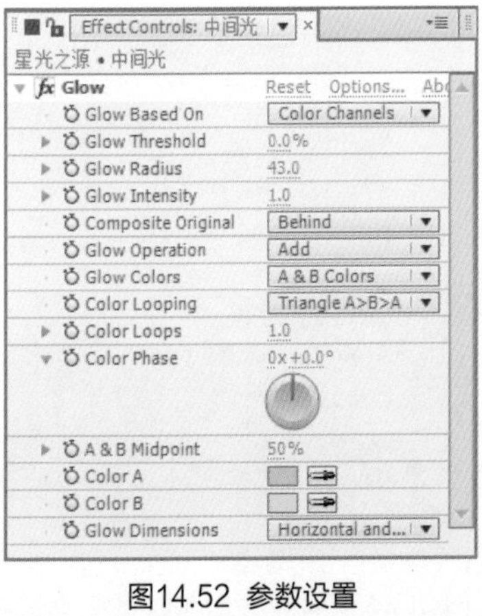

图14.52 参数设置

图14.53 效果图

步骤25 选中"中间光"层，将时间调整到00:00:00:00帧的位置，设置Opacity（不透明度）数值为100%，单击码表按钮，在当前位置添加关键帧，将时间调整到00:00:00:02帧的位置，设置Opacity（不透明度）数值为50%，系统会自动创建关键帧，如图14.54所示。

图14.54 图层排列效果

步骤26 选中两个关键帧，按Ctrl+C组合键进行复制，然后每隔4帧粘贴复制的关键帧，直到00:00:02:22帧的位置，设置Opacity（不透明度）数值为100%，系统会自动创建关键帧，如图14.55所示。

图14.55 关键帧设置

步骤27 在Project（项目）面板中，选择"人物.png、绿色光环"素材，将其拖动到"星光之源"合成的时间线面板中，如图14.56所示。

图14.56 添加素材

步骤28 选中"绿色光环"层，按Enter（回车键）键重命名为"绿色光环1"，如图14.57所示。

图14.57 重命名设置

步骤29 选中"绿色光环1"层，按Ctrl+D组合键复制出"绿色光环2"层，并将"绿色光环2"层的起点设置在00：00：00：19帧的位置，如图14.58所示。

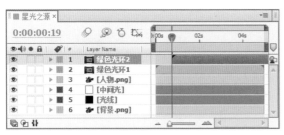

图14.58 "绿色光环2"起点设置

步骤30 选中"绿色光环2"层，按Ctrl+D组合键复制出"绿色光环3"层，并将"绿色光环3"层的起点设置在00:00:01:11帧的位置，如图14.59所示。

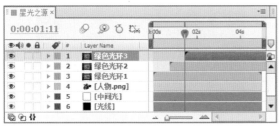

图14.59 "绿色光环3"起点设置

步骤31 执行菜单栏中的Layer（层）|New（新建）|Solid（固态层）命令，打开Solid Settings（固态层设置）对话框，设置Name（名称）为"Particular"，Width（宽度）数值为1024px，Height（高度）数值为576px，Color（颜色）值为黑色，如图14.60所示。

步骤32 选中"Particular"层，在Effects & Presets（效果和预置）面板中展开Trapcode特效组，双击Particular（粒子）特效，如图14.61所示。

图14.60 固态层设置

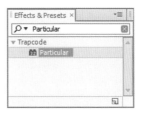

图14.61 添加粒子特效

步骤33 在Effect Controls（特效控制）面板中，展开Emitter（发射器）选项组，设置Particular/Sec（每秒发射的粒子数量）为90；从Emitter Type（发射器类型）下拉菜单中选择Box（盒子），Position XY（XY轴位置）数值为（510，414），设置Velocity（速度）数值为340，Emitter Size X（发射器X轴大小）数值为146，Emitter Size Y（发射器Y轴大小）数值为154，Emitter Size Z（发射器Z轴大小）数值为579，参数设置如图14.62所示，效果如图14.63所示。

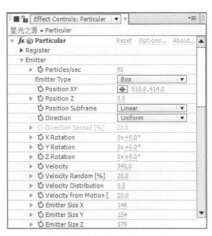

图14.62 发射器参数设置

图14.63 效果图

步骤34 展开Particle（粒子）选项组，设置Life（生命）数值为1，从Particle Type（粒子类型）下拉菜单中选择Star（星形），设置Color Random（颜色随机）数值为31，如图14.64所示，效果如图14.65所示。

图14.64 粒子参数设置

图14.65 效果图

步骤35 为了提高粒子亮度，选中"Particular"层，在Effects & Presets（效果和预置）面板中展开Stylize（风格化）特效组，双击Glow（发光）特效，如图14.66所示，效果如图14.67所示。

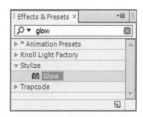

图14.66 添加发光特效

图14.67 效果图

步骤36 在Effect Controls（特效控制）面板中，从Glow Colors（发光色）下拉菜单中选择A & B Colors（A和B颜色），如图14.68所示。此时画面效果如图14.69所示。

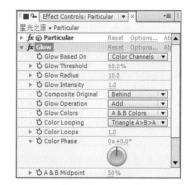

图14.68 参数设置

图14.69 效果图

步骤37 这样"星光之源"合成就制作完成了，按小键盘上的0键预览其中几帧效果，如图14.70所示。

图14.70 动画流程画面

14.2 上帝之光

难易程度：★ ★ ☆ ☆ ☆

实例说明：本例主要讲解Fractal Noise（分形噪波）特效和Bezier Warp（贝塞尔曲线变形）特效的应用以及使用，通过这些特效制作出上帝之光。本例最终的动画流程效果，如图14.71所示。

工程文件：第14章\上帝之光

视频位置：movie\14.2 上帝之光.avi

图14.71 上帝之光最终动画流程效果

知识点

- 学习Fractal Noise（分形噪波）特效的参数设置及使用方法
- 掌握光线的制作。

14.2.1 新建总合成

步骤01 执行菜单栏中的Composition（合成）| New Composition（新建合成）命令，打开Composition Settings（合成设置）对话框，设置Composition Name（合成名称）为"总合成"，Width（宽）为"1024"，Height（高）为"576"，Frame Rate（帧率）为"25"，并设置Duration（持续时间）为00:00:05:00秒，如图14.72所示。

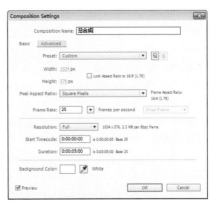

图14.72 合成设置

步骤02 执行菜单栏中的File（文件）| Import（导入）| File（文件）命令，打开Import File（导入文件）对话框，选择配套资源中的"工程文件\第14章\上帝之光\背景图片.jpg"素材，如图14.73所示。单

击打开按钮，"背景图片.jpg"素材将导入到Project（项目）面板中。

图14.73 导入文件对话框

步骤03 执行菜单栏中的Layer（层）|New（新建）|Solid（固态层）命令，打开Solid Settings（固态层设置）对话框，设置Name（名称）为"线光"，Width（宽度）数值为1024px，Height（高度）数值为576px，Color（颜色）值为黑色，如图14.74所示。

图14.74 固态层设置

步骤04 选中"线光"层，在Effects & Presets（效果和预置）面板中展开Noise & Grain（噪波和杂点）特效组，双击Fractal Noise（分形噪波）特效，如图14.75所示。

图14.75 添加特效

步骤05 在Effect Controls（特效控制）面板中，设置Contrast（对比度）数值为257，Brightness（亮度）数值为-65，展开Transform（转换）选项组，取消勾选Uniform Scaling（等比缩放）复选框，设置Scale Width（缩放宽度）数值为35，Scale Height（缩放高度）数值为1686，如图14.76所示，效果如图14.77所示。

图14.76 参数设置

图14.77 效果图

步骤06 将时间调整到00:00:00:00帧的位置，设置Evolution（进化）数值为0，单击码表按钮，在当前位置添加关键帧，将时间调整到00:00:02:16帧的位置，设置Evolution（进化）数值为3x，如图14.78所示。

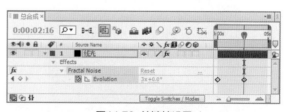

图14.78 关键帧设置

步骤07 选中"线光"层，设置其Mode（模式）为Add（相加），效果如图14.79所示。

图14.79 效果图

步骤08 在Effects & Presets（效果和预置）面板中展开Distort（扭曲）特效组，双击Bezier Warp（贝塞尔曲线变形）特效，如图14.80所示。默认Bezier Warp（贝塞尔曲线变形）形状如图14.81所示。

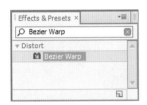

图14.80 添加特效

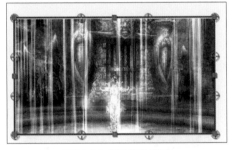

图14.81 默认特效变形

步骤09 调整Bezier Warp（贝塞尔曲线变形）形状，如图14.82所示。

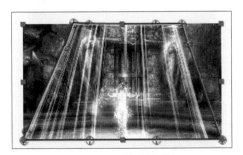

图14.82 调整后的形状

步骤10 选中"线光"层，选择工具栏里的Pen Tool（钢笔工具），绘制闭合蒙版，如图14.83所示。

图14.83 绘制蒙版

步骤11 选中"线光"层，按F键展开Mask Feather（蒙版羽化）属性，设置Mask Feather（蒙版羽化）数值为（236，236），效果如图14.84所示。

图14.84 蒙版羽化

14.2.2 添加粒子特效

步骤01 执行菜单栏中的Layer（层）|New（新建）|Solid（固态层）命令，打开Solid Settings（固态层设置）对话框，设置Name（名称）为"点光"，Width（宽度）数值为1024px，Height（高度）数值为576px，Color（颜色）值为黑色，如图14.85所示。

图14.85 合成设置

步骤02 选中"点光"层，在Effects & Presets（效果和预置）面板中展开Trapcode特效组，双击Particular（粒子）特效，如图14.86所示。

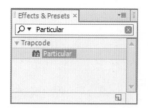

图14.86 粒子特效

步骤03 在Effect Controls（特效控制）面板中，展开Particular（粒子）|Emitter（发射器）选项组，设置Particular/sec（每秒发射的粒子数）为30；在Emitter Type（发射类型）下拉菜单中选择Box（盒子），设置Position XY（*XY*轴位置）的数值为（510，176），Velocity（速度）数值为50，Velocity Random（随机速度）数值为0，Velocity Distribution（速率分布）数值为0，Velocity form Motion（运动速度）数值为0，Emitter Size X（发射器*X*轴大小）数值为212，Emitter Size Y（发射器*Y*轴大小）数值为354，Emitter Size Z（发射器*Z*轴大小）数值为712，参数设置如图14.87所示，效果如图14.88所示。

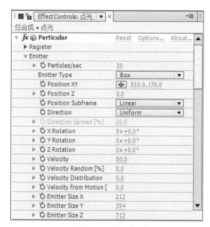

图14.87 发射器参数设置

图14.88 画面效果

步骤04 展开Particle（粒子）选项组，设置Life（生命）数值为2，从Particle Type（粒子类型）下拉菜单

中选择Glow Sphere（发光球体），参数设置如图14.89所示，效果如图14.90所示。

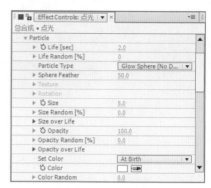

图14.89 粒子参数设置

图14.90 画面效果

步骤05 这样就完成了"上帝之光"的操作，按小键盘上的0键预览其中几帧动画效果，如图14.91所示。

图14.91 动画流程画面

14.3 魔法火焰

难易程度：★ ★ ★ ☆ ☆

实例说明：本例主要讲解CC Particle World（CC粒子世界）特效、Colorama（彩光）特效的应用以及蒙版工具的使用。本例最终的动画流程效果，如图14.92所示。

工程文件：第14章\魔法火焰

视频位置：movie\14.3 魔法火焰.avi

图14.92 魔法火焰最终动画流程效果

知识点

- 学习Colorama（彩光）特效与Curves（曲线）的参数设置及使用方法。
- 掌握爆炸光的色彩调节。

14.3.1 制作烟火合成

步骤01 执行菜单栏中的Composition（合成）| New Composition（新建合成）命令，打开Composition Settings（合成设置）对话框，设置Composition Name（合成名称）为"烟火"，Width（宽）为"1024"，Height（高）为"576"，Frame Rate（帧率）为"25"，并设置Duration（持续时间）为00:00:05:00秒，如图14.93所示。

图14.93 合成设置

步骤02 执行菜单栏中的File（文件）| Import（导入）| File（文件）命令，打开Import File（导入文件）对话框，选择配套资源中的"工程文件\第14章\魔法火焰\烟雾.jpg、背景.jpg"素材，如图14.94所示。单击打开按钮，"烟雾.jpg、背景.jpg"素材将导入到Project（项目）面板中。

图14.94 导入文件对话框

步骤03 执行菜单栏中的Layer（层）|New（新建）|Solid（固态层）命令，打开Solid Settings（固态层设置）对话框，设置Name（名称）为"白色蒙版"，Width（宽度）数值为1024px，Height（高度）数值为576px，Color（颜色）值为白色，如图14.95所示。

图14.95 固态层设置

步骤04 选中"白色蒙版"层，选择工具栏里的Rectangle Tool（矩形工具），在"烟火"合成中绘制矩形蒙版，如图14.96所示。

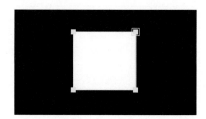

图14.96 绘制蒙版

步骤05 在Project（项目）面板中，选择"烟雾.jpg"素材，将其拖动到"烟火"合成的时间线面板中，如图14.97所示。

图14.97 添加素材

步骤06 选中"白色蒙版"层，设置Track Matte（轨道蒙版）为Luma Inverted Matte（烟雾.jpg），这样单独的云雾就被提出来了，如图14.98所示，效果如图14.99所示。

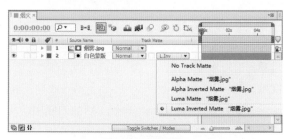

图14.98 通道设置

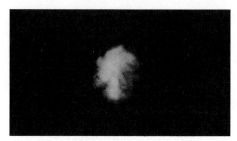

图14.99 效果图

14.3.2 制作中心光

步骤01 执行菜单栏中的Composition（合成）| New Composition（新建合成）命令，打开Composition Settings（合成设置）对话框，设置Composition Name（合成名称）为"中心光"，Width（宽）为"1024"，Height（高）为"576"，Frame Rate（帧率）为"25"，并设置Duration（持续时间）为00:00:05:00秒，如图14.100所示。

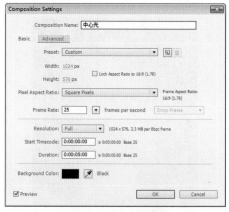

图14.100 合成设置

步骤02 执行菜单栏中的Layer（层）|New（新建）|Solid（固态层）命令，打开Solid Settings（固态层设置）对话框，设置Name（名称）为"粒子"，Width（宽度）数值为1024px，Height（高度）数值为576px，Color（颜色）值为黑色，如图14.101所示。

图14.101 固态层设置

步骤03 选中"粒子"层，在Effects & Presets（效果和预置）面板中展开Simulation（模拟）特效组，双击CC Particle World（CC仿真粒子世界）特效，如图14.102所示，此时画面效果如图14.103所示。

图14.102 粒子世界特效

图14.103 画面效果

步骤04 在Effect Controls（特效控制）面板中，设置Birth Rate（生长速率）数值为1.5，Longevity（寿命）数值为1.5；展开Producer（发生器）选项组，设置Radius X（X轴半径）数值为0，Radius Y（Y轴半径）数值为0.215，Radius Z（Z轴半径）数值为0，如图14.104所示，效果如图14.105所示。

图14.104 发生器参数设置

图14.105 效果图

步骤05 展开Physics（物理学）选项组，从Animation（动画）下拉菜单中选择Twirl（扭转），设置Velocity（速度）数值为0.07，Gravity（重力）数值为−0.05，Extra（额外）数值为0，Extra Angle（额外角度）数值为180，如图14.106所示，效果如图14.107所示。

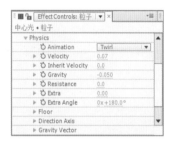

图14.106 物理学参数设置

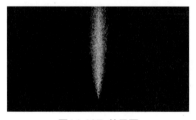

图14.107 效果图

步骤06 展开Particle（粒子）选项组，从Particle Type（粒子类型）下拉菜单中选择Tripolygon（三角形），设置Birth Size（生长大小）数值为0.053，Death Size（消逝大小）数值为0.087，如图14.108所示，效果如图14.109所示。

图14.108 粒子参数设置

图14.109 画面效果

步骤07 执行菜单栏中的Layer（层）|New（新建）|Solid（固态层）命令，打开Solid Settings（固态层设置）对话框，设置Name（名称）为"中心亮棒"，Width（宽度）数值为1024px，Height（高度）数值为576px，Color（颜色）值为橘黄色（R:255，G:177，B:76），如图14.110所示。

图14.110 固态层设置

步骤08 选中"中心亮棒"层，选择工具栏里的Pen Tool（钢笔工具）✍️，绘制闭合蒙版，如图14.111所示。

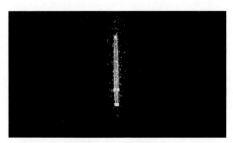

图14.111 画面效果

14.3.3 制作爆炸光

步骤01 执行菜单栏中的Composition（合成）| New Composition（新建合成）命令，打开Composition Settings（合成设置）对话框，设置Composition Name（合成名称）为"爆炸光"，Width（宽）为"1024"，Height（高）为"576"，Frame Rate（帧率）为"25"，并设置Duration（持续时间）为00:00:05:00秒。

步骤02 在Project（项目）面板中，选择"背景"素材，将其拖动到"爆炸光"合成的时间线面板中，如图14.112所示。

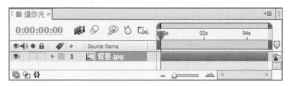

图14.112 添加素材

步骤03 选中"背景"层，按Ctrl+D组合键，复制出另一个"背景"层，按Enter（回车键）键重新命名为"背景粒子"层，设置其Mode（模式）为Add（相加），如图14.113所示。

图14.113 复制层设置

步骤04 选中"背景粒子"层，在Effects & Presets（效果和预置）面板中展开Simulation（模拟）特效组，双击CC Particle World（CC仿真粒子世界）特效，如图14.114所示。此时画面效果如图14.115所示。

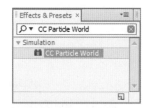

图14.114 添加特效

图14.115 画面效果

步骤05 在Effect Controls（特效控制）面板中，设置 Birth Rate（生长速率）数值为0.2，Longevity（寿命）数值为0.5；展开Producer（发生器）选项组，设置 Position X（X轴位置）数值为-0.07，Position Y（Y轴位置）数值为0.11，Radius X（X轴半径）数值为0.155，Radius Z（Z轴半径）数值为0.115，如图 14.116所示，效果如图14.117所示。

图14.116 发生器参数设置

图14.117 效果图

步骤06 展开Physics（物理学）选项组，设置Velocity（速度）数值为0.37，Gravity（重力）数值为0.05，如图14.118所示，效果如图14.119所示。

图14.118 物理学参数设置

图14.119 效果图

步骤07 展开Particle（粒子）选项组，从Particle Type（粒子类型）下拉菜单中选择Lens Convex（凸透镜），设置Birth Size（生长大小）数值为0.639，Death Size（消逝大小）数值为0.694，如图14.120所示，效果如图14.121所示。

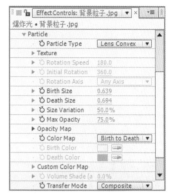

图14.120 粒子参数设置

图14.121 画面效果

步骤08 选中"背景粒子"层，在Effects & Presets（效果和预置）面板中展开Color Correction（色彩校正）特效组，双击Curves（曲线）特效，如图14.122所示，默认曲线形状如图14.123所示。

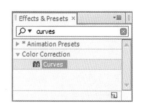

图14.122 添加曲线特效

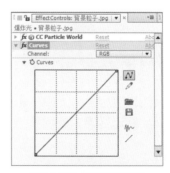

图14.123 默认曲线形状

步骤09 在Effect Controls（特效控制）面板中，调整Curves（曲线）形状，如图14.124所示，效果如图14.125所示。

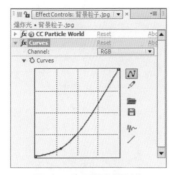

图14.124 调整曲线形状

图14.125 效果图

步骤10 在Project（项目）面板中，选择"中心光"合成，将其拖动到"爆炸光"合成的时间线面板中，如图14.126所示。

图14.126 添加合成

步骤11 选中"中心光"合成，设置其Mode（模式）为Add（相加），如图14.127所示。此时效果如图14.128所示。

图14.127 叠加模式设置

图14.128 效果图

步骤12 因为"中心光"的位置有所偏移，所以设置Position（位置）数值为（471，288），参数设置如图14.129所示，效果如图14.130所示。

图14.129 位置数值设置

图14.130 效果图

步骤13 在Project（项目）面板中，选择"烟火"合成，将其拖动到"爆炸光"合成的时间线面板中，如图14.131所示。

图14.131 添加合成

步骤14 选中"烟火"合成，设置其Mode（模式）为Add（相加），如图14.132所示。此时效果如图14.133所示。

图14.132 叠加模式设置

图14.133 效果图

步骤15 按P键展开Position（位置）属性，设置Position（位置）数值为（464，378），如图14.134所示，效果如图14.135所示。

图14.134 位置设置

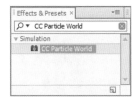

图14.135 效果图

步骤16 选中"烟火"合成，在Effects & Presets（效果和预置）面板中展开Simulation（模拟）特效组，双击CC Particle World（CC粒子仿真世界）特效，如图14.136所示。此时画面效果如图14.137所示。

图14.136 粒子世界特效

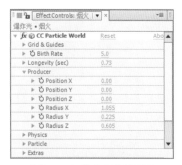

图14.137 画面效果

步骤17 在Effect Controls（特效控制）面板中，设置Birth Rate（生长速率）数值为5，Longevity（寿命）数值为0.73；展开Producer（发生器）选项组，设置Radius X（X轴半径）数值为1.055，Radius Y（Y轴半径）数值为0.225，Radius Z（Z轴半径）数值为0.605，如图14.138所示，效果如图14.139所示。

图14.138 发生器参数设置

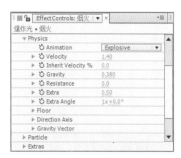

图14.139 效果图

步骤18 展开Physics（物理学）选项组，设置Velocity（速度）数值为1.4，Gravity（重力）数值为0.38，如图14.140所示，效果如图14.141所示。

图14.140 物理学参数设置

图14.141 效果图

步骤19 展开Particle（粒子）选项组，从Particle Type（粒子类型）下拉菜单中选择Lens Convex（凸透镜），设置Birth Size（生长大小）数值为3.64，Death Size（消逝大小）数值为4.05，Max Opacity（最大不透明度）数值为51%，如图14.142所示，效果如图14.143所示。

图14.142 粒子参数设置

图14.143 画面效果

步骤20 选中"烟火"合成，按S键展开Scale（缩放）数值为（50，50），如图14.144所示，效果如图14.145所示。

图14.144 缩放数值设置

图14.145 效果图

步骤21 在Effects & Presets（效果和预置）面板中展开Color Correction（色彩校正）特效组，双击Colorama（彩光）特效，如图14.146所示。此时画面效果如图14.147所示。

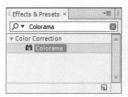

图14.146 彩光特效

图14.147 画面效果

步骤22 在Effect Controls（特效控制）面板中，展开Input Phase（输入相位）选项组，从Get Phase From（获取相位自）下位菜单中选择Alpha（Alpha通道），如图14.148所示。画面效果如图14.149所示。

图14.148 参数设置

图14.149 效果图

步骤23 展开Output Cycle（输出色环）选项组，从Use Preset Palette（使用预置图案）下拉菜单中选择Negative（负片），如图14.150所示，效果如图14.151所示。

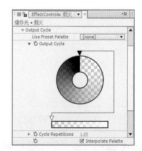

图14.150 参数设置

图14.151 效果图

步骤24 在Effects & Presets（效果和预置）面板中展开Color Correction（色彩校正）特效组，双击Curves（曲线）特效，如图14.152所示。调整Curves（曲线）形状如图14.153所示。

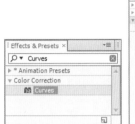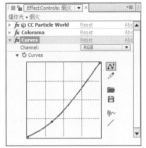

图14.152 添加曲线特效　　图14.153 调整形状

步骤25 在Effect Controls（特效控制）面板中，从Channel（通道）下拉菜单中选择Red（红色），调整形状如图14.154所示。

步骤26 从Channel（通道）下拉菜单中选择Green（绿色），调整形状如图14.155所示。

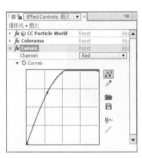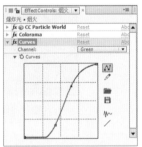

图14.154 红色曲线调整　　图14.155 绿色曲线调整

步骤27 从Channel（通道）下拉菜单中选择Blue（蓝色），调整形状如图14.156所示。

步骤28 从Channel（通道）下拉菜单中选择Alpha（Alpha通道），调整形状如图14.157所示。

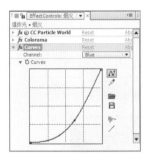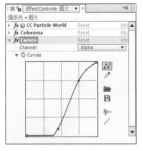

图14.156 曲线调整　　图14.157 Alpha 曲线调整

步骤29 在Effects & Presets（效果和预置）面板中展开Blur & Sharpen（模糊与锐化）特效组，双击CC Vector Blur（CC矢量模糊）特效，如图14.158所示，此时的画面效果图14.159所示。

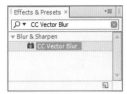

图14.158 添加曲线特效　　图14.159 调整形状

步骤30 在Effect Controls（特效控制）面板中，设置Amount（数量）数值为10，如图14.160所示，效果如图14.161所示。

图14.160 参数设置

图14.161 效果图

步骤31 执行菜单栏中的Layer（层）|New（新建）|Solid（固态层）命令，打开Solid Settings（固态层设置）对话框，设置Name（名称）为"红色蒙版"，Width（宽度）数值为1024px，Height（高度）数值为576px，Color（颜色）值为红色（R:255，G:0，B:0），如图14.162所示。

图14.162 固态层设置

步骤32 选择工具拦里的Pen Tool（钢笔工具）✎，绘制一个闭合蒙版，如图14.163所示。

图14.163 绘制蒙版

步骤33 选中"红色蒙版"层，按F键展开Mask Feather（羽化蒙版）数值为（30，30），如图14.164所示。

图14.164 羽化蒙版

步骤34 选中"烟火"合成，设置跟Track Matte（轨道蒙版）为Alpha Matte "[红色蒙版]"，如图14.165所示。

图14.165 跟踪模式设置

步骤35 执行菜单栏中的Layer（层）|New（新建）|Solid（固态层）命令，打开Solid Settings（固态层设置）对话框，设置Name（名称）为"粒子"，Width（宽度）数值为1024px，Height（高度）数值为576px，Color（颜色）值为黑色，如图14.166所示。

图14.166 固态层设置

步骤36 在Effects & Presets（效果和预置）面板中展开Simulation（模拟）特效组，双击CC Particle World（CC仿真粒子世界）特效，此时画面效果如图14.167所示。

步骤37 在Effect Controls（特效控制）面板中，设置Birth Rate（生长速率）数值为0.5，Longevity（寿命）数值为0.8；展开Producer（发生器）选项组，设置Position Y（Y轴位置）数值为0.19，Radius X（X轴半径）数值为0.46，Radius Y（Y轴半径）数值为0.325，Radius Z（Z轴半径）数值为1.3，如图14.168所示，效果如图14.169所示。

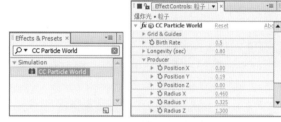

图14.167 添加特效　　图14.168 发生器参数设置

图14.169 效果图

步骤38 展开Physics（物理学）选项组，从Animation（动画）下拉菜单中选择Twirl（扭转），设置Velocity（速度）数值为1，Gravity（重力）数值为-0.05，Extra Angle（额外角度）数值为1x+170，参数设置如图14.170所示，效果如图14.171所示。

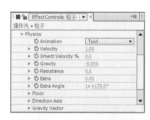

图14.170 参数设置

图14.171 效果图

步骤39 展开Particle（粒子）选项组，从Particle Type（粒子类型）下拉菜单中选择QuadPolygon（四边形），设置Birth Size（生长大小）数值为0.153，Death Size（消逝大小）数值为0.077，Max Opacity（最大不透明度）数值为75%，如图14.172所示，效果如图14.173所示。

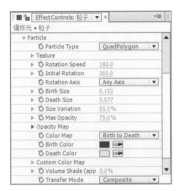

图14.172 粒子参数设置

图14.173 画面效果

步骤40 这样"爆炸光"合成就制作完成了，预览其中几帧动画，如图14.174所示。

图14.174 动画流程画面

14.3.4 制作总合成

步骤01 执行菜单栏中的Composition（合成）| New Composition（新建合成）命令，打开Composition Settings（合成设置）对话框，新建一个Composition Name（合成名称）为"总合成"，Width（宽）为"1024"，Height（高）为"576"，Frame Rate（帧率）为"25"，Duration（持续时间）为00:00:05:00秒的合成。

步骤02 在Project（项目）面板中选择"背景、爆炸光"合成，将其拖动到"总合成"的时间线面板中，使其"爆炸光"合成的入点在00:00:00:05帧的位置，如图14.175所示。

图14.175 添加"背景、爆炸光"素材

步骤03 执行菜单栏中的Layer（层）| New（新建）| Solid（固态层）命令，打开Solid Settings（固态层设置）对话框，设置Name（名称）为"闪电1"，Width（宽度）数值为1024px，Height（高度）数值为576px，Color（颜色）值为黑色。

步骤04 选中"闪电1"层，设置其Mode（模式）为Add（相加），如图14.176所示。

图14.176 叠加模式设置

步骤05 选中"闪电1"层，在Effects & Presets（效果和预置）面板中展开Obsolete（旧版本）特效组，双击Lightning（闪电）特效，如图14.177所示。此时画面效果如图14.178所示。

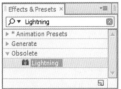

图14.177 闪电特效

图14.178 效果图

步骤06 在Effect Controls（特效控制）面板中，设置Start Point（开始点）数值为（641，433），End Point（结束点）数值为（642，434），Segments（分段数）数值为3，Width（宽度）数值为6，Core Width（核心宽度）数值为0.32，Outside Color（外部颜色）为黄色（R:255，G:246，B:7），Inside Color（内部颜色）为深黄色（R:255，G:228，B:0），如图14.179所示。效果图14.180所示。

图14.179 参数设置

图14.180 画面效果

步骤07 选中"闪电1"层，将时间调整到00:00:00:00帧的位置，设置Start Point（开始点）数值为（641，433），Segments（分段数）的值为3，单击各属性的按钮，在当前位置添加关键帧。

步骤08 将时间调整到00:00:00:05帧的位置，设置Start Point（开始点）的值为（468，407），Segments（分段数）的值为6，系统会自动创建关键帧，如图14.181所示。

图14.181 设置关键帧

步骤09 将时间调整到00:00:00:00帧的位置，按T键展开Opacity（不透明度）属性，设置Opacity（不透明度）数值为0%，单击码表按钮，在当前位置添加

关键帧；将时间调整到00:00:00:03帧的位置，设置Opacity（不透明度）数值为100%，系统会自动创建关键帧；将时间调整到00:00:00:14帧的位置，设置Opacity（不透明度）数值为100%；将时间调整到00:00:00:16帧的位置，设置Opacity（不透明度）数值为0%，如图14.182所示。

图14.182 不透明度关键帧设置

步骤10 选中"闪电1"层，按Ctrl+D组合键复制出另一个"闪电1"层，并按Enter（回车键）键重命名为"闪电2"，如图14.183所示。

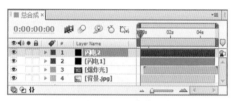

图14.183 复制层

步骤11 在Effect Controls（特效控制）面板中，设置End Point（结束点）数值为（588，443），将时间调整到00:00:00:00帧的位置，设置Start Point（开始点）数值为（584，448）；将时间调整到00:00:00:05帧的位置，设置Start Point（开始点）数值为（468，407），如图14.184所示。

图14.184 开始点关键帧设置

步骤12 选中"闪电2"层，按Ctrl+D组合键复制出另一个"闪电2"层，并按Enter（回车键）键重命名为"闪电3"，如图14.185所示。

图14.185 复制层

步骤13 在Effect Controls（特效控制）面板中，设置End Point（结束点）数值为（599，461）；将时间调整到00:00:00:00帧的位置，设置Start Point（开始点）数值为（584，448）；将时间调整到00:00:00:05帧的位置，设置Start Point（开始点）数值为（459，398），如图14.186所示。

图14.186 开始点关键帧设置

步骤14 选中"闪电3"层，按Ctrl+D组合键复制出另一个"闪电3"层，并按Enter（回车键）键重命名为"闪电4"，如图14.187所示。

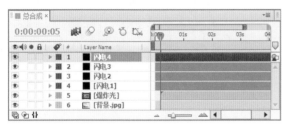

图14.187 复制层

步骤15 在Effect Controls（特效控制）面板中，设置End Point（结束点）数值为（593，455）；将时间调整到00:00:00:00帧的位置，设置Start Point（开始点）数值为（584，448）；将时间调整到00:00:00:05帧的位置，设置Start Point（开始点）数值为（459，398），如图14.188所示。

图14.188 开始点关键帧设置

步骤16 选中"闪电4"层，按Ctrl+D组合键复制出另一个"闪电4"层，并按Enter（回车键）重命名为"闪电5"，如图14.189所示。

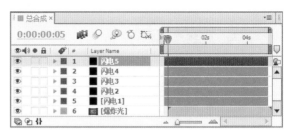

图14.189 复制层

步骤17 在Effect Controls（特效控制）面板中，设置End Point（结束点）数值为（593，455）；将时间调整到00:00:00:00帧的位置，设置Start Point（开始点）数值为（584，448）；将时间调整到00:00:00:05帧的位置，设置Start Point（开始点）数值为（466，392），如图14.190所示。

图14.190 开始点关键帧设置

步骤18 这样"魔法火焰"的制作就完成了，按小键盘上的0键预览其中几帧的效果，如图14.191所示。

图14.191 动画流程画面

第15章

电视栏目包装精彩呈现

内容摘要

　　本章详细讲解了电视栏目包装的呈现。通过理财指南、时尚音乐、京港融智和天天卫视4个电视栏目包装专业动画，全面、细致地讲解了电视栏目包装的制作过程，再现全程制作技法。通过本章的学习，让读者不仅可以看到成品的栏目包装效果，而且可以学习到栏目包装的制作方法和技巧。

教学目标

- 掌握《理财指南》电视栏目包装制作方法
- 掌握《时尚音乐》电视栏目包装制作方法
- 掌握《京港融智》电视栏目包装制作方法
- 掌握《天天卫视》电视栏目包装制作方法

15.1 电视栏目包装——《理财指南》

难易程度：★★★★☆

实例说明：本例重点讲解利用开启After Effects内置的三维效果制作旋转的圆环，使圆环本身层次感分明，立体效果十足，利用层之间的层叠关系更好地表现出场景的立体效果；利用线性擦除特效制作背景色彩条的生长效果，从而完成理财指南的动画制作。本例最终的动画流程效果，如图15.1所示。

工程文件：第15章\理财指南

视频位置：movie\15.1 电视栏目包装——《理财指南》.avii

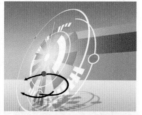

图15.1 《理财指南》电视片头最终动画流程效果

知识点

- 学习通过打开三维开关，建立有层次感动画效果制作
- 学习利用Circle（圆）特效制作圆环动画的方法
- 掌握利用调整持续时间条的入点与出点修改动画的开始时间与持续时间的技巧

15.1.1 导入素材

步骤01 执行菜单栏中的File（文件）| Import（导入）| File（文件）命令，打开Import File（导入文件）对话框，选择配套资源中的"工程文件\第15章\理财指南\箭头 01.psd、箭头 02.psd、镜头 1背景.jpg、素材 01.psd、素材 02.psd、素材 03.psd、文字 01.psd、文字 02.psd、文字 03.psd、文字 04.psd、文字 05.psd、圆点.psd"素材，如图15.2所示。单击OK（确定）键，将素材添加到Project（项目）面板中，如图15.3所示。

图15.2 导入文件

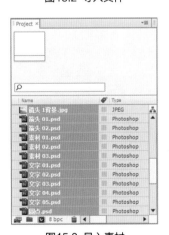

图15.3 导入素材

步骤02 单击Project（项目）面板下方的建立文件夹按钮，新建文件夹并重命名为"素材"，将刚才导入的素材放到新建的素材文件夹中，如图15.4所示。

图15.4 将导入素材放入"素材"文件夹

步骤03 执行菜单栏中的File（文件）| Import（导入）| File（文件）命令，打开Import File（导入文件）对话框，选择配套资源中的"工程文件\第18章\理财指南\风车.psd素材，如图15.5所示。

图15.5 选择"风车.psd"素材

步骤04 单击打开按钮，打开以素材名"风车.psd"命名的对话框，在Import Kind（导入类型）下拉列表框中选择Composition（合成）选项，将素材以合成的方式导入，如图15.6所示。

步骤05 单击OK（确定）键，将素材导入Project（项目）面板中，此系统将建立以"风车"命名的新合成，如图15.7所示。

图15.6 以合成的方式导入素材

图15.7 导入"风车.psd"素材

步骤06 在项目面板中，选择"风车"合成，按Ctrl+K组合键打开Composition Settings（合成设置）对话框，设置Duration（持续时间）为00:00:15:00秒。

15.1.2 制作风车合成动画

步骤01 打开"风车"合成的时间线面板，选中时间线中的所有素材层；打开三维开关，如图15.8所示。

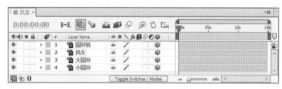

图15.8 开启三维开关

步骤02 调整时间到00:00:00:00帧的位置，单击"小圆环"素材层，按R键，打开Rotation（旋转）属性；单击Z Rotation（Z轴旋转）属性左侧的码表按钮，在当前时间建立关键帧，如图15.9所示。

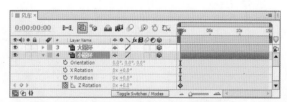

图15.9 Z轴旋转建立关键帧

步骤03 调整时间到00:00:03:09帧的位置，修改Z Rotation（Z轴旋转）的值为200，系统将自动建立关键帧，如图15.10所示。

图15.10 修改Z轴旋转的值

步骤04 调整时间到00:00:00:00帧的位置，单击"小圆环"素材层的Z Rotation（Z轴旋转）文字部分，以选择全部的关键帧，按Ctrl+C复制选中的关键帧；单击"大圆环"，按R键，打开Rotation（旋转）属性，按Ctrl+V粘贴关键帧，如图15.11所示。

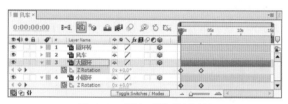

图15.11 粘贴Z轴旋转关键帧

步骤05 调整时间到00:00:03:09帧的位置，单击时间线面板的空白处取消选择，修改"大圆环"Z Rotation（Z轴旋转）的值为-200，如图15.12所示。

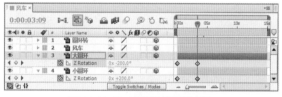

图15.12 修改Z轴旋转属性的值

步骤06 调整时间到00:00:00:00帧的位置，单击"风车"，按Ctrl+V粘贴关键帧，如图15.13所示。

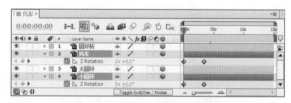

图15.13 粘贴Z轴旋转属性的关键帧

步骤07 确认时间在00:00:00:00帧的位置，单击"大圆环"素材层的Z Rotation（Z轴旋转）文字部分，以选择全部的关键帧，按Ctrl+C复制选中的关键帧，单击"圆环转"，按Ctrl+V粘贴关键帧，如图15.14所示。

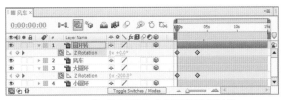

图15.14 为"圆环转"素材层粘贴关键帧

步骤08 这样风车合成层的素材平面动画就制作完毕了，按空格键或小键盘上的0键在合成预览面板播放动画，其中几帧如图15.15所示。

图15.15 风车动画其中几帧的效果

步骤09 平面动画制作完成下面开始制作立体效果，选择"大圆环"素材层，按P键，打开Position（位置）属性，修改Position（位置）的值为（321，320.5，-72）；选择"风车"素材层，按P键，打开Position（位置）属性，修改Position（位置）的值为（321，320.5，-20）；选择"圆环转"素材层，按P键，打开Position（位置）属性，修改Position（位置）的值为（321，320.5，-30），如图15.16所示。

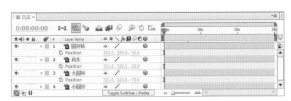

图15.16 修改位置属性的值

步骤10 添加摄像机。执行菜单栏中的Layer（层）| New（新建）| Camera（摄像机）命令，打开Camera Settings（摄像机设置）对话框，设置Preset（预置）为24mm，如图15.17所示。单击OK（确定）按钮，在时间线面板中将会创建一个摄像机。

步骤11 调整时间到00:00:00:00帧的位置，展开Camera 1（摄像机1）的Transform（转换）选项组，单击Point of Interest（中心点）左侧的码表按钮，在当前位置建立关键帧，修改Point of Interest（中心

点）的值为（320，320，0），单击Position（位置）左侧的码表按钮，建立关键帧，修改Position（位置）属性的值为（700，730，-250），如图15.18所示。

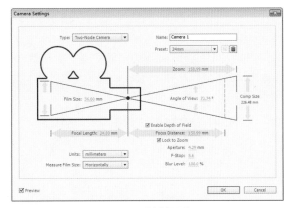

图15.17 创建摄影机

图15.18 建立关键帧动画

步骤12 调整时间到00:00:03:10帧的位置，修改Point of Interest（中心点）的值为（212，226，260），修改Position（位置）属性的值为（600，550，-445），如图15.19所示。

图15.19 修改摄影机 1的属性

步骤13 这样风车合成层的素材立体动画就制作完毕了，按空格键或小键盘上的0键在合成预览面板播放动画，其中几帧如图15.20所示。

图15.20 风车动画其中几帧的效果

15.1.3 制作圆环动画

步骤01 执行菜单栏中的Composition（合成）| New Composition（新建合成）命令，打开Composition Settings（合成设置）对话框，设置Composition Name（合成名称）为"圆环动画"，Width（宽）为"720"，Height（高）为"576"，Frame Rate（帧率）为"25"，并设置Duration（持续时间）为00:00:02:00帧，如图15.21所示。

图15.21 建立合成

步骤02 按Ctrl+Y组合键，打开Solid Settings（固态层设置）对话框，设置Name（名字）为"红色圆环"，修改Color（颜色）为"白色"，如图15.22所示。

图15.22 建立固态层

步骤03 选择"红色圆环"固态层，按Ctrl+D组合键，复制"红色圆环"固态层，并重命名为"白色圆环"固态层，如图15.23所示。

图15.23 复制"红色圆环"固态层

步骤04 选择"红色圆环"固态层，在Effects & Presets（效果和预置）面板中展开Generate（创造）特效组，然后双击Circle（圆）特效，如图15.24所示。

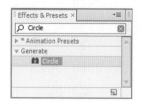

图15.24 添加Circle（圆）特效

步骤05 调整时间到00:00:00:00帧的位置，在Effect Controls（特效控制）面板中，修改Cirde（圆）特效的参数，单击Radius（半径）左侧的码表按钮建立关键帧，修改Radius（半径）的值为0，从Edge（边缘）下拉菜单中选择Edge Radius（边缘半径），设置Color（颜色）为紫色（R:205，G:1，B:111），如图15.25所示。

图15.25 修改圆的值

步骤06 调整时间到00:00:00:14帧的位置，修改Radius（半径）的值为30，单击Edge Radius（边缘半径）左侧的码表按钮，在当前位置建立关键帧，如图15.26所示。

图15.26 修改属性添加关键帧

步骤07 调整时间到00:00:00:20帧的位置，修改Radius（半径）的值为65，Radius（边缘半径）的值为60，如图15.27所示。

图15.27 修改属性

步骤08 选择"白色圆环"固态层,在Effects & Presets(效果和预置)面板中展开Generate(创造)特效组,然后双击Circle(圆)特效,如图15.28所示。

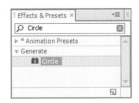

图15.28 添加Circle(圆)特效

步骤09 调整时间到00:00:00:11帧的位置,在Effect Controls(特效控制)面板中,修改Circle(圆)特效的参数,单击Radius(半径)左侧的码表按钮建立关键帧,修改Radius(半径)的值为0,从Edge(边缘)下拉菜单中选择Edge Radius(边缘半径);单击Edge Radius(边缘半径)左侧的码表按钮,在当前位置建立关键帧,设置Color(颜色)为白色,如图15.29所示。

图15.29 修改属性并建立关键帧

步骤10 调整时间到00:00:00:12帧的位置,修改Radius(半径)的值为15,Edge Radius(边缘半径)的值为13,如图15.30所示。

图15.30 修改的属性

步骤11 调整时间到00:00:00:14帧的位置,展开Feather(羽化)选项组,单击Feather Outer Edge(羽化外边缘)左侧的码表按钮,在当前位置建立关键帧,如图15.31所示。

图15.31 建立关键帧

步骤12 调整时间到00:00:00:20帧的位置,修改Radius(半径)的值为86,修改Edge Radius(边缘半径)的值为75,修改Feather Outer Edge(羽化外边缘)的值为15,如图15.32所示。

图15.32 修改圆的属性

步骤13 这样圆环的动画就制作完成了,按空格键或小键盘上的0键在合成预览面板播放动画,其中几帧如图15.33所示。

图15.33 圆环动画其中几帧的效果

15.1.4 制作镜头1动画

步骤01 执行菜单栏中的Composition(合成)| New Composition(新建合成)命令,打开Composition Settings(合成设置)对话框,设置Composition Name(合成名称)为"镜头1",Width(宽)为"720",Height(高)为"576",Frame Rate(帧率)为"25",并设置Duration(持续时间)为00:00:03:10帧,如图15.34所示。

图15.34 建立"镜头1"合成

步骤02 将"文字01.psd""圆环动画""箭头01.psd""箭头02.psd""风车""镜头1背景.jpg"拖入"镜头1"合成的时间线面板中，如图15.35所示。

图15.35 将素材导入时间线

步骤03 调整时间到00:00:00:00帧的位置，单击"风车"右侧的三维开关，选择"风车"合成，按P键，打开Position（位置）属性；单击Position（位置）属性左侧的码表按钮，在当前位置建立关键帧，修改Position（位置）的值为（114，368，160），如图15.36所示。

图15.36 建立关键帧

步骤04 调整时间到00:00:03:07帧的位置，修改Position（位置）的值为（660，200，-560），系统将自动建立关键帧，如图15.37所示。

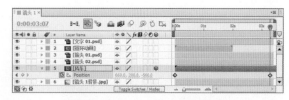

图15.37 修改Position（位置）的值

步骤05 选择"风车"合成层，按Ctrl+D组合键，复制合成并重命名为"风车影子"。在Effects & Presets（效果和预置）面板中展开Perspective（透视）特效组，然后双击Drop Shadow（阴影）特效，如图15.38所示。

图15.38 添加阴影特效

步骤06 在Effect Controls（特效控制）面板中，修改Drop Shadow（阴影）特效的参数，修改Opacity（不透明度）属性的值为36%，Distance（距离）的值为0，Softness（柔化）的值为5，如图15.39所示。

图15.39 设置阴影特效的值

步骤07 在Effects & Presets（效果和预置）面板中展开Distort（扭曲）特效组，然后双击CC Power Pin（CC 四角缩放）特效，如图15.40所示。

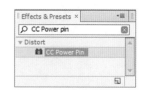

图15.40 添加CC 四角缩放特效

步骤08 在Effect Controls（特效控制）面板中，修改CC Power Pin（CC 四角缩放）特效的参数；修改Top Left（左上角）的值为（15，450）；修改Top Right（右上角）的值为（680，450）；修改Bottom Left（左下角）的值为（15，590）；修改Bottom Right（右下角）的值为（630，590），如图15.41所示。

图15.41 修改CC 四角缩放特效

步骤09 单击"箭头 02.psd"素材层，在Effects & Presets（效果和预置）面板中展开Transition（转换）特效组，然后双击Linear Wipe（线性擦除）特效，如图15.42所示。

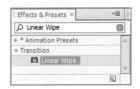

图15.42 添加线性擦除特效

步骤10 调整时间到00:00:00:08帧的位置，在Effect Controls（特效控制）面板中，修改Linear Wipe（线性擦除）特效，单击Transition Completion（完成过渡）左侧的码表🕐按钮，在当前位置建立关键帧。修改Transition Completion（完成过渡）的值为40%，如图15.43所示。

图15.43 修改线性擦除特效的值

步骤11 调整时间00:00:00:22帧的位置，修改Transition Completion（完成过渡）的属性值为10%，如图15.44所示。

图15.44 调整切换完成的值

步骤12 调整时间00:00:02:20帧的位置，按T键，打开Opacity（不透明度）属性，单击Opacity（不透明度）属性左侧的码表🕐按钮，在当前位置建立关键

帧，如图15.45所示。

图15.45 建立关键帧

步骤13 调整时间到00:00:03:02帧的位置，修改Opacity（不透明度）属性的值为0%，如图15.46所示。

图15.46 修改Opacity（不透明度）属性的值

步骤14 单击"箭头 01.psd"素材层，在Effects & Presets（效果和预置）面板中展开Transition（转换）特效组，然后双击Linear Wipe（线性擦除）特效，如图15.47所示。

图15.47 添加线性擦除特效

步骤15 调整时间到00:00:00:08帧的位置，在Effect Controls（特效控制）面板中，修改Linear Wipe（线性擦除）特效，单击Transition Completion（完成过渡）左侧的码表🕐按钮，在当前位置建立关键帧，修改Transition Completion（完成过渡）的值为100%。单击Wipe Angle（擦除角度）左侧的码表🕐按钮，在当前位置建立关键帧，修改Wipe Angle（擦除角度）的值为-150，如图15.48所示。

图15.48 修改线性擦除特效

步骤16 调整时间到00:00:00:12帧的位置，修改Wipe Angle（擦除角度）属性的值为-185，如图15.49所示。

图15.49 设置00:00:00:12帧位置关键帧

步骤17 调整时间到00:00:00:17帧的位置，修改Wipe Angle（擦除角度）属性的值为-248，如图15.50所示。

图15.50 设置00:00:00:17帧关键帧

步骤18 调整时间到00:00:00:22帧的位置，修改Transition Completion（完成过渡）属性的值为0%，如图15.51所示。

图15.51 调整切换完成属性

步骤19 调整时间到00:00:02:20帧的位置，按T键，打开"箭头 01.psd"的Opacity（不透明度）属性，单击Opacity（不透明度）属性左侧的码表 按钮，在当前位置建立关键帧，如图15.52所示。

图15.52 建立不透明度属性关键帧

步骤20 调整时间到00:00:03:02帧的位置，修改Opacity（不透明度）属性的值为0%，系统将自动建立关键帧，如图15.53所示。

图15.53 修改不透明度的值

步骤21 调整时间到00:00:00:18帧的位置，向右拖动"圆环动画"合成层，使入点到当前时间，如图15.54所示。

图15.54 设置"圆环动画"入点

步骤22 调整时间到00:00:01:13帧的位置，展开"圆环动画"的Transform（转换）选项组，修改Position（位置）属性的值为（216，397），单击Scale（缩放）属性左侧的码表 按钮，在当前位置建立关键帧，如图15.55所示。

图15.55 建立缩放属性关键帧

步骤23 调整时间到00:00:01:18帧的位置，修改Scale（缩放）属性的值为（110，110），系统将自动建立关键帧，单击Opacity（不透明度）属性左侧的码表 按钮，在当前位置建立关键帧，如图15.56所示。

图15.56 建立不透明度属性的关键帧

步骤24 调整时间到00:00:01:21帧的位置，修改Opacity（不透明度）属性的值为0%，系统将自动建立关键帧，如图15.57所示。

图15.57 修改不透明度属性

步骤25 选中"圆环动画"合成层，按Ctrl+D组合键，复制"圆环动画"合成层并重命名为"圆环动画2"，调整时间到00:00:00:24帧的位置，拖动"圆环动画2"层，使入点到当前时间；按P键，打开Position（位置）属性，修改Position（位置）属性的值为（293，390），如图15.58所示。

图15.58 复制"圆环动画2"调整位置

步骤26 选中"圆环动画2"合成层，按Ctrl+D组合键，复制"圆环动画"合成层并重命名为"圆环动画3"。调整时间到00:00:01:07帧的位置，拖动"圆环动画3"层，使入点到当前时间；按P键，打开Position（位置）属性，修改Position（位置）属性的值为（338，414），如图15.59所示。

图15.59 复制"圆环动画3"调整位置

步骤27 选中"圆环动画3"合成层，按Ctrl+D组合键，复制"圆环动画"合成层并重命名为"圆环动画4"。调整时间到00:00:01:03帧的位置，拖动"圆环动画4"层，使入点到当前时间。按P键，打开Position（位置）属性，修改Position（位置）属性的值为（201，490），如图15.60所示。

图15.60 复制"圆环动画4"调整位置

步骤28 选中"圆环动画4"合成层，按Ctrl+D组合键，复制"圆环动画"合成层并重命名为"圆环动画5"。调整时间到00:00:01:10帧的位置，拖动"圆环动画5"层，使入点到当前时间；按P键，打开Position（位置）属性，修改Position（位置）属性的值为（329，472），如图15.61所示。

图15.61 复制"圆环动画5"调整位置

步骤29 调整时间到00:00:01:02帧的位置，选中"文字01.psd"素材层，按P键，打开Position（位置）属性，单击Position（位置）属性左侧的码表按钮，在当前位置建立关键帧，修改Position（位置）属性的值为（-140，456），如图15.62所示。

图15.62 建立位置属性的关键帧并修改属性

步骤30 调整时间到00:00:01:08帧的位置，修改Position（位置）属性的值为（215，456），系统将自动建立关键帧，如图15.63所示。

图15.63 修改位置的属性

步骤31 调整时间到00:00:01:12帧的位置，修改Position（位置）属性的值为（175，456），系统将自动建立关键帧，如图15.64所示。

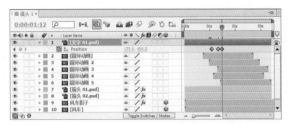

图15.64 修改位置的属性

步骤32 调整时间到00:00:01:15帧的位置，修改 Position（位置）属性的值为（205，456），系统将自动建立关键帧，如图15.65所示。

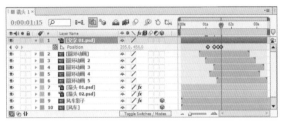

图15.65 修改位置的属性

步骤33 调整时间到00:00:02:19帧的位置，修改 Position（位置）属性的值为（174，456），系统将自动建立关键帧；调整时间到00:00:02:21帧的位置，修改Position（位置）属性的值为（205，456），系统将自动建立关键帧；调整时间到00:00:03:01帧的位置，修改Position（位置）属性的值为（-195，456），系统将自动建立关键帧，如图15.66所示。

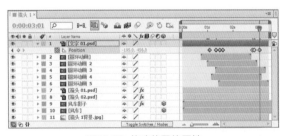

图15.66 修改位置的属性

步骤34 这样"镜头1"的动画就制作完成了，按空格键或小键盘上的0键在合成预览面板播放动画，其中几帧如图15.67所示。

图15.67 "镜头1"动画其中几帧的效果

15.1.5 制作镜头2动画

步骤01 执行菜单栏中的Composition（合成）| New Composition（新建合成）命令，打开Composition Settings（合成设置）对话框，设置Composition Name（合成名称）为"镜头2"，Width（宽）为"720"，Height（高）为"576"，Frame Rate（帧率）为"25"，并设置Duration（持续时间）为00：00：03：05帧，如图15.68所示。

图15.68 建立"镜头2"合成

步骤02 将"文字02.psd""圆环转""风车""大圆环"和"小圆环"导入"镜头2"合成的时间线面板中，如图15.69所示。

图15.69 将素材导入时间线

步骤03 按Ctrl+Y组合键，打开Solid Settings（固态层设置）对话框，设置Name（名字）为"镜头2背景"，设置Color（颜色）为"白色"，如图15.70所示。单击OK（确定）建立固态层。

图15.70 固态层设置对话框

步骤04 选择"镜头2背景"固态层,在Effects & Presets(效果和预置)面板中展开Generate(创造)特效组,然后双击Ramp(渐变)特效,如图15.71所示。

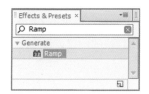

图15.71 添加渐变特效

步骤05 在Effect Controls(特效控制)面板中,修改Ramp(渐变)特效的参数,修改Start of Ramp(渐变开始)为(360,0),修改Start Color(开始色)为深蓝色(R:13,G:90,B:106),修改End of Ramp(渐变结束)为(360,576),修改End Color(结束色)为灰色(R:204,G:204,B:204),如图15.72所示。

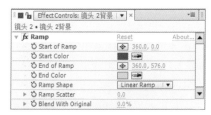

图15.72 设置斜面特效参数

步骤06 打开"圆环转""风车""大圆环"和"小圆环"素材层右侧的三维开关,修改"大圆环"Position(位置)的值为(360,288,-72),"风车"Position(位置)的值为(360,288,-20),"圆环转"Position(位置)的值为(360,288,-30),如图15.73所示。

图15.73 开启三维开关

步骤07 调整时间到00:00:00:00帧的位置,选择"小圆环"合成层,按R键,单开Rotation(旋转)属性,单击Z Rotation(Z轴旋转)属性左侧的码表按钮,在当前时间建立关键帧;调整时间到00:00:03:04帧的位置,修改Z Rotation(Z轴旋转)属性的值为200,如图15.74所示。

图15.74 设置Z轴旋转属性的关键帧

步骤08 调整时间到00:00:00:00帧的位置,单击"小圆环"Z Rotation(Z轴旋转)属性的文字部分,选中Z Rotation(Z轴旋转)属性的所有关键帧,按Ctrl+C组合键,复制选中的关键帧;单击"大圆环"素材层,按Ctrl+V组合键粘贴关键帧,如图15.75所示。

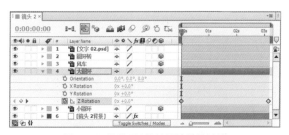

图15.75 粘贴Z轴旋转属性的关键帧

步骤09 调整时间到00:00:03:04帧的位置,选择"大圆环"素材层,修改Z Rotation(Z轴旋转)属性的值为-200,如图15.76所示。

图15.76 修改Z轴旋转属性的值

步骤10 调整时间到00:00:00:00帧的位置，选择"风车"素材层，按Ctrl+V组合键粘贴关键帧，如图15.77所示。

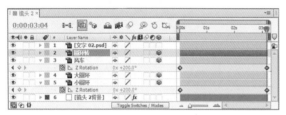

图15.77 在"风车"层复制关键帧

步骤11 调整时间到00:00:00:00帧的位置，单击"大圆环"合成层Z Rotation（Z轴旋转）属性的文字部分，选中Z Rotation（Z轴旋转）属性的所有关键帧，按Ctrl+C组合键，复制选中的关键帧，选择"圆环转"素材层，按Ctrl+V组合键粘贴关键帧，如图15.78所示。

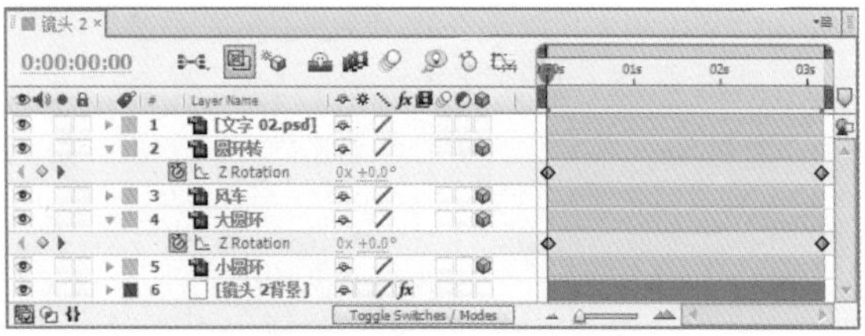

图15.78 在"圆环转"层复制关键帧

步骤12 调整时间到00:00:00:24帧的位置，选择"文字02.psd"素材层，按P键，打开Position（位置）属性，单击Position（位置）属性左侧的，修改Position（位置）的属性的值为（846,127），如图15.79所示。

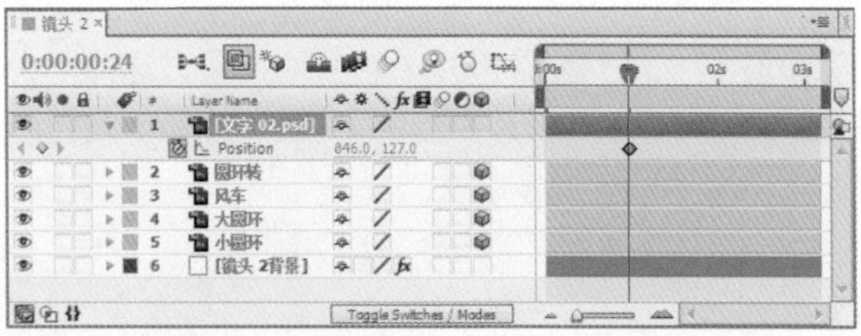

图15.79 建立"文字02.psd"的关键帧

步骤13 调整时间到00:00:01:05帧的位置，修改Position（位置）的属性的值为（511,127）；调整时间到00:00:01:09帧的位置，修改Position（位置）的属性的值为（535,127）；调整时间到00:00:01:13帧的位置，修改Position（位置）的属性的值为（520,127）；调整时间到00:00:02:08帧的位置，单击Position（位置）的属性左侧的添加移除关键帧◇按钮，在当前位置建立关键帧，如图15.80所示。

图15.80 在00:00:02:08帧建立关键帧

步骤14 调整时间到00:00:02:10帧的位置，修改Position（位置）的属性的值为（535,127）；调整时间到00:00:02:11帧的位置，修改Position（位置）的属性的值为（515,127）；调整时间到00:00:02:12帧的位置，修改Position（位置）的属性的值为（535,127）；调整时间到00:00:02:14帧的位置，修改Position（位置）的属性的值为（850,127），如图15.81所示。

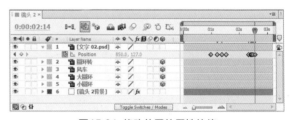

图15.81 修改位置的属性的值

步骤15 添加摄像机。执行菜单栏中的Layer（层）| New（新建）| Camera（摄像机）命令，打开Camera Settings（摄像机设置）对话框，设置Preset（预置）为Custom（自定义），参数设置，如图15.82所示。单击OK（确定）按钮，在时间线面板中将会创建一个摄像机。

步骤16 调整时间到00:00:00:00帧的位置，展开Camera 1（摄影机1）的Transform（转换）选项组，单击Point of Interest（中心点）左侧的码表按钮，在当前位置建立关键帧，修改Point of Interest（中心点）的值为（360,288,0），单击Position（位置）

左侧的码表🕐按钮，建立关键帧，修改Position（位置）的值为（339，669，−57），如图15.83所示。

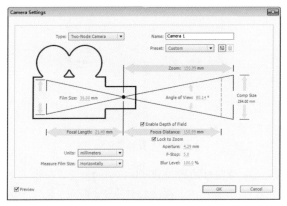

图15.82 添加摄影机

图15.83 设置摄影机 1的关键帧

步骤17 调整时间到00:00:02:05帧的位置，修改Point of Interest（中心点）的值为（372，325，50），修改Position（位置）的值为（331，660，−132），如图15.84所示。

图15.84 修改摄影机 1关键帧的属性

步骤18 调整时间到00:00:03:01帧的位置，修改Point of Interest（中心点）的值为（336，325，50），修改Position（位置）的值为（354，680，−183），如图15.85所示。

图15.85 修改摄影机 1关键帧的属性

步骤19 这样"镜头2"的动画就制作完成了，按空格键或小键盘上的0键在合成预览面板播放动画，其中几帧如图15.86所示。

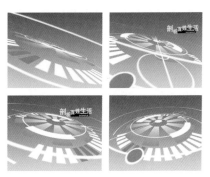

图15.86 "镜头2"动画其中几帧的效果

15.1.6 制作镜头3动画

步骤01 执行菜单栏中的Composition（合成）| New Composition（新建合成）命令，打开Composition Settings（合成设置）对话框，设置Composition Name（合成名称）为"镜头3"，Width（宽）为"720"，Height（高）为"576"，Frame Rate（帧率）为"25"，并设置Duration（持续时间）为00:00:03:06帧，如图15.87所示。

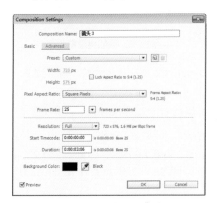

图15.87 建立"镜头3"合成

步骤02 将"圆环动画""文字03.psd"和拖入"镜头3"合成的时间线面板中，如图15.88所示。

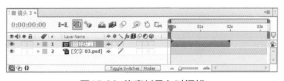

图15.88 将素材导入时间线

步骤03 按Ctrl+Y组合键，打开Solid Settings（固态层设置）对话框，设置Name（名字）为"镜头3背景"，设置Color（颜色）为"白色"，如图15.89所示。单击OK（确定）按钮建立固态层。

图15.89 固态层设置对话框

步骤04 选择"镜头3背景"固态层，在Effects & Presets（效果和预置）面板中展开Generate（创造）特效组，然后双击Ramp（渐变）特效，如图15.90所示。

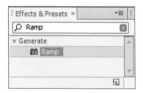

图15.90 添加斜面特效

步骤05 在Effect Controls（特效控制）面板中，修改Ramp（渐变）特效的参数，修改Start of Ramp（渐变开始）的值为（122，110），修改Start Color（开始色）为深蓝色（R:4，G:94，B:119），修改End of Ramp（渐变结束）的值为（720，288），修改End Color（结束色）为浅蓝色（R:190，G:210，B:211），如图15.91所示。

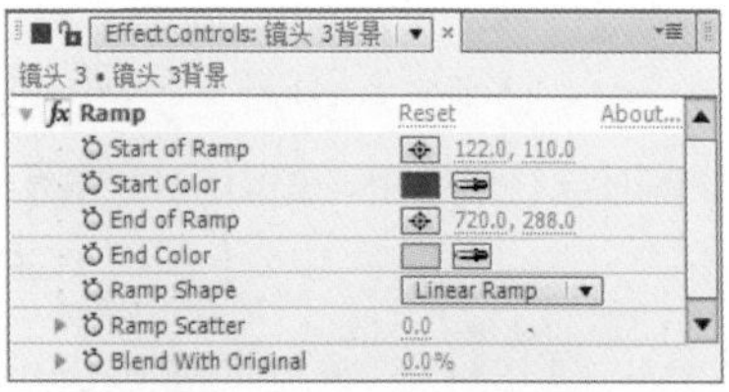

图15.91 设置斜面特效参数

步骤06 打开"镜头2"合成，在"镜头2"合成的时间线面板中选择"圆环转""风车""大圆环"和"小圆环"素材层，按Ctrl+C组合键，复制素材

层。调整时间到00:00:00:00帧的位置，打开"镜头3"合成，按Ctrl+V组合键，将复制的素材层粘贴到"镜头3"合成中，如图15.92所示。

图15.92 粘贴素材层

步骤07 调整时间到00:00:00:11帧的位置，单击"文字03.psd"素材层，按P键，打开Position（位置）属性，单击Position（位置）左侧的码表按钮，在当前位置建立关键帧，修改Position（位置）属性的值为（−143，465），如图15.93所示。

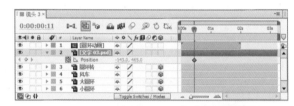

图15.93 设置"文字03.psd"素材层关键帧

步骤08 调整时间到00:00:00:16帧的位置，修改Position（位置）属性的值为（562，465），系统将自动建立关键帧；调整时间到00:00:00:19帧的位置，修改Position（位置）属性的值为（522，465）。

步骤09 调整时间到00:00:00:23帧的位置，修改Position（位置）属性的值为（534，465）；调整时间到00:00:02:08帧的位置，单击Position（位置）属性左侧的添加移除关键帧按钮，在当前位置建立关键帧。

步骤10 调整时间到00:00:02:09帧的位置，修改Position（位置）属性的值为（526，465）；调整时间到00:00:02:13帧的位置，修改Position（位置）属性的值为（551，465）；调整时间到00:00:02:14帧的位置，修改Position（位置）属性的值为（527，465）。

步骤11 调整时间到00:00:02:15帧的位置，修改Position（位置）属性的值为（540，465）；调整时间到00:00:02:19帧的位置，修改Position（位置）属性的值为（867，465），如图15.94所示。

图15.94 修改位置属性并添加关键帧

步骤12 选中"圆环动画"合成层,调整时间到00:00:00:13帧的位置,向右拖动"圆环动画"合成层,使入点到当前时间位置,如图15.95所示。

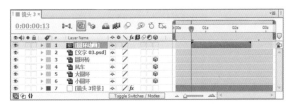

图15.95 调整入点的位置

步骤13 调整时间到00:00:00:23帧的位置,按S键,打开Scale(缩放)属性,单击Scale(缩放)属性左侧的码表 按钮,在当前位置建立关键帧;调整时间到00:00:01:13帧的位置,修改Scale(缩放)属性的值为(143,143),系统将自动建立关键帧,如图15.96所示。

图15.96 修改缩放属性

步骤14 调整时间到00:00:01:14帧的位置,将光标放置在"圆环动画"合成层结束的位置,当光标变成双箭头 时,向左拖动鼠标,将"圆环动画"合成层的出点调整到当前时间,如图15.97所示。

图15.97 设置"圆环动画"合成层的出点

步骤15 选中"圆环动画"合成层,按P键,打开Position(位置)属性,修改Position(位置)的值为(533,442),如图15.98所示。

图15.98 修改位置属性的值

步骤16 确认选中"圆环动画"合成层,按Ctrl+D组合键,复制"圆环动画"合成层并重命名为"圆环动画2",拖动"圆环动画2"到"圆环动画"的下面一层,调整时间到00:00:00:17帧的位置,向右拖动"圆环动画2"合成层使入点到当前时间,如图15.99所示。

图15.99 调整"圆环动画2"合成持续时间

步骤17 确认选中"圆环动画2"合成层,按Ctrl+D组合键,复制"圆环动画2"合成层,系统将自动命名复制的新合成层为"圆环动画3",拖动"圆环动画3"到"圆环动画2"的下面一层,调整时间到00:00:01:00帧的位置,向右拖动"圆环动画3"合成层使入点到当前时间,按P键,打开Position(位置)属性,修改Position(位置)的值为(610,352),如图15.100所示。

图15.100 调整"圆环动画3"合成持续时间

步骤18 确认选中"圆环动画3"合成层,按Ctrl+D组合键,复制"圆环动画3"合成层,系统将自动命名复制的新合成层为"圆环动画4",拖动"圆环动画4"到"圆环动画3"的下面一层,调整时间到00:00:01:05帧的位置,向右拖动"圆环动画4"合成层使入点到当前时间;按P键,打开Position(位置)属性,修改Position(位置)的值为(590,469),如图15.101所示。

图15.101 调整"圆环动画4"合成持续时间

步骤19 确认选中"圆环动画4"合成层，按Ctrl+D组合键，复制"圆环动画4"合成层，系统将自动命名复制的新合成层为"圆环动画5"，拖动"圆环动画5"到"圆环动画4"的下面一层，调整时间到00:00:01:14帧的位置，向右拖动"圆环动画5"合成层使入点到当前时间；按P键，打开Position（位置）属性，修改Position（位置）的值为（515，444），如图15.102所示。

图15.102 调整"圆环动画5"合成持续时间

步骤20 确认选中"圆环动画5"合成层，按Ctrl+D组合键，复制"圆环动画5"合成层，系统将自动命名复制的新合成层为"圆环动画6"，拖动"圆环动画6"到"圆环动画4"的上面一层；调整时间到00:00:01:15帧的位置，向右拖动"圆环动画6"合成层使入点到当前时间；按P键，打开Position（位置）属性，修改Position（位置）的值为（590，469），如图15.103所示。

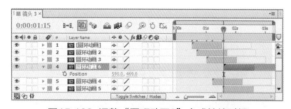

图15.103 调整"圆环动画6"合成持续时间

步骤21 添加摄像机。执行菜单栏中的Layer（层）| New（新建）| Camera（摄像机）命令，打开Camera Settings（摄像机设置）对话框，设置Preset（预置）为24mm，如图15.104所示。单击OK（确定）按钮，在时间线面板中将会创建一个摄像机。

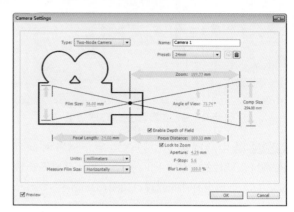

图15.104 添加摄像机

步骤22 调整时间到00:00:00:00帧的位置，选择Camera 1，按P键，打开Position（位置）属性，单击Position（位置）左侧的码表按钮，修改Position（位置）的值为（276，120，-183），如图15.105所示。

图15.105 建立位置属性关键帧

步骤23 调整时间到00:00:03:05帧的位置，修改Position（位置）的值为（256，99，-272），系统将自动建立关键帧，如图15.106所示。

图15.106 修改位置属性的值

步骤24 这样"镜头3"的动画就制作完成了按空格键或小键盘上的0键在合成预览面板播放动画，其中几帧如图15.107所示。

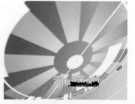

图15.107 "镜头3"动画其中几帧的效果

图15.107 "镜头3"动画其中几帧的效果（续）

15.1.7 制作镜头4动画

步骤01 执行菜单栏中的Composition（合成）| New Composition（新建合成）命令，打开Composition Settings（合成设置）对话框，设置Composition Name（合成名称）为"镜头4"，Width（宽）为"720"，Height（高）为"576"，Frame Rate（帧率）为"25"，并设置Duration（持续时间）为00:00:02:21帧，如图15.108所示。

图15.108 建立合成

步骤02 按Ctrl+Y组合键，打开Solid Settings（固态层设置）对话框，设置Name（名字）为"镜头4背景"，设置Color（颜色）为"白色"，如图15.109所示。

图15.109 建立固态层

步骤03 选择"镜头4背景"固态层，在Effects & Presets（效果和预置）面板中展开Generate（创造）

特效组，然后双击Ramp（渐变）特效，如图15.110所示。

图15.110 添加渐变特效

步骤04 在Effect Controls（特效控制）面板中，修改Ramp（渐变）特效的参数，修改Start of Ramp（渐变开始）的值为（180，120），修改Start Color（开始色）为深蓝色（R:6，G:88，B:109），修改End of Ramp（渐变结束）的值为（660，520），修改End Color（结束色）为淡蓝色（R:173，G:202，B:203），如图15.111所示。

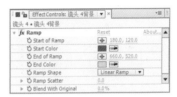

图15.111 设置渐变特效参数

步骤05 将"圆环动画""文字04.psd""圆环转""风车""大圆环"和"小圆环"拖入"镜头4"合成的时间线面板中，如图15.112所示。

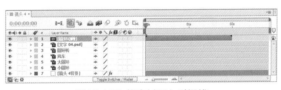

图15.112 将素材导入时间线

步骤06 打开"圆环转""风车""大圆环"和"小圆环"素材层的三维属性，修改"大圆环"Position（位置）的值为（360，288，-72），修改"风车"Position（位置）的值为（360，288，-20），修改"圆环转"Position（位置）的值为（360，288，-30），如图15.113所示。

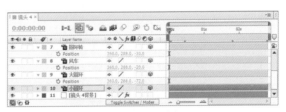

图15.113 打开素材层的三维开关

步骤07 确认时间在00:00:00:00帧的位置，选择"小圆环"素材层，按R键，打开Rotation（旋转）属性，单击Z Rotation（Z轴旋转）左侧的码表按钮，在当前建立关键帧，如图15.114所示。

图15.114 建立Z轴旋转属性的关键帧

步骤08 调整时间到00:00:02:20帧的位置，修改Z Rotation（Z轴旋转）属性的值为200，系统将自动建立关键帧，如图15.115所示。

图15.115 修改Z轴旋转属性的关键帧

步骤09 调整时间到00:00:00:00帧的位置，单击"小圆环"素材层Z Rotation（Z轴旋转）属性的文字部分，以选中该属性的全部关键帧，按Ctrl+C组合键，复制选中的关键帧；选择"大圆环"素材层，按Ctrl+V组合键，粘贴关键帧，如图15.116所示。

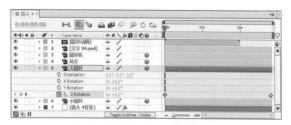

图15.116 粘贴Z轴旋转属性关键帧

步骤10 调整时间到00:00:02:20帧的位置，选择"大圆环"素材层，修改Z Rotation（Z轴旋转）属性的值为-200，如图15.117所示。

步骤11 调整时间到00:00:00:00帧的位置，选择"风车"素材层，按Ctrl+V组合键，粘贴关键帧，如图15.118所示。

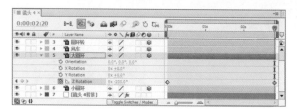

图15.117 修改Z轴旋转属性的值

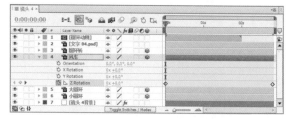

图15.118 粘贴Z轴旋转属性关键帧

步骤12 确认时间在00:00:00:00帧的位置，单击"大圆环"素材层Z Rotation（Z轴旋转）属性的文字部分，以选中该属性的全部关键帧，按Ctrl+C组合键，复制选中的关键帧；选择"圆环转"素材层，按Ctrl+V组合键，粘贴关键帧，如图15.119所示。

图15.119 粘贴Z轴旋转属性关键帧

步骤13 调整时间到00:00:00:07帧的位置，选中"文字04.psd"素材层，展开Transform（转换）选项组，单击Position（位置）左侧的码表按钮，在当前建立关键帧，修改Position（位置）的值为（934，280），如图15.120所示。

图15.120 建立位置属性关键帧

步骤14 调整时间到00:00:00:12帧的位置，修改Position（位置）属性的值为（360，280），系统将自动建立关键帧。单击Scale（缩放）属性左侧的码表按钮，在当前位置建立关键帧，如图15.121所示。

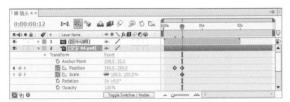

图15.121 建立缩放属性的关键帧

步骤15 调整时间到00:00:02:12帧的位置,修改Scale（缩放）属性的值为（70,70）,系统将自动建立关键帧,如图15.122所示。

图15.122 建立缩放属性的关键帧

步骤16 选中"圆环动画"合成层,调整时间到00:00:00:08帧的位置,向右拖动"圆环动画"合成层,使入点到当前时间位置,如图15.123所示。

图15.123 调整"圆环动画"合成持续时间

步骤17 确认时间在00:00:00:08帧的位置,按S键,打开Scale（缩放）属性,单击Scale（缩放）属性左侧的码表 按钮,在当前位置建立关键帧;调整时间到00:00:01:08帧的位置,修改Scale（缩放）属性的值为（144,144）,系统将自动建立关键帧,如图15.124所示。

图15.124 修改缩放属性的值

步骤18 调整时间到00:00:01:09帧的位置,将光标放置在"圆环动画"合成层持续时间条结束的位置,当光标变成双箭头 时,向左拖动鼠标,将"圆环动画"合成层的出点调整到当前时间,按P键,打开

Position（位置）属性,修改Position（位置）属性的值为（429,243）,如图15.125所示。

图15.125 设置"圆环动画"合成层的出点

步骤19 确认选中"圆环动画"合成层,按Ctrl+D组合键,复制"圆环动画"合成层并重命名为"圆环动画2",拖动"圆环动画2"到"圆环动画"的下面一层;调整时间到00:00:00:10帧的位置,向右拖动"圆环动画2"合成层使入点到当前时间,按P键,打开Position（位置）属性,修改Position（位置）属性的值为（310,255）,如图15.126所示。

图15.126 调整"圆环动画2"合成持续时间

步骤20 确认选中"圆环动画2"合成层,按Ctrl+D组合键,复制"圆环动画2"合成层,系统将自动命名复制的新合成层为"圆环动画3",拖动"圆环动画3"到"圆环动画2"的下面一层,调整时间到00:00:00:14帧的位置,向右拖动"圆环动画3"合成层使入点到当前时间,按P键,打开Position（位置）属性,修改Position（位置）的值为（496,341）,如图15.127所示。

图15.127 调整"圆环动画3"合成持续时间

步骤21 确认选中"圆环动画3"合成层,按Ctrl+D组合键,复制"圆环动画3"合成层,系统将自动命名复制的新合成层为"圆环动画4",拖动"圆环动画4"到"圆环动画3"的下面一层;调整时间到

00:00:00:19帧的位置，向右拖动"圆环动画4"合成层使入点到当前时间，按P键，打开Position（位置）属性，修改Position（位置）的值为（249，253），如图15.128所示。

图15.128 调整"圆环动画4"合成持续时间

步骤22 添加摄像机。执行菜单栏中的Layer（层）| New（新建）| Camera（摄像机）命令，打开Camera Settings（摄像机设置）对话框，设置Preset（预置）为24mm，如图15.129所示。单击OK（确定）按钮，在时间线面板中将会创建一个摄像机。

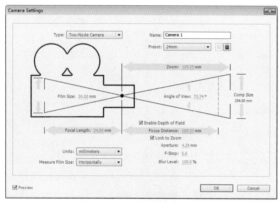

图15.129 添加摄影机

步骤23 调整时间到00:00:00:00帧的位置，单击Camera 1（摄影机1），按P键，打开Position（位置）属性，单击Position（位置）左侧的码表按钮，修改Position（位置）的值为（360，288，−225），如图15.130所示。

图15.130 建立位置属性关键帧

步骤24 调整时间到00:00:02:20帧的位置，修改Position（位置）的值为（360，288，−568），系统将自动建立关键帧，如图15.131所示。

图15.131 修改位置属性的值

步骤25 这样"镜头4"的动画就制作完成了，按空格键或小键盘上的0键在合成预览面板播放动画，其中几帧如图15.132所示。

图15.132 "镜头4"动画其中几帧的效果

15.1.8 制作镜头5动画

步骤01 执行菜单栏中的Composition（合成）| New Composition（新建合成）命令，打开Composition Settings（合成设置）对话框，设置Composition Name（合成名称）为"镜头5"，Width（宽）为"720"，Height（高）为"576"，Frame Rate（帧率）为"25"，并设置Duration（持续时间）为00:00:04:05帧，如图15.133所示。

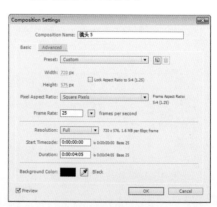

图15.133 建立合成

步骤02 在时间线面板按Ctrl+Y组合键，打开Solid Settings（固态层设置）对话框，设置Name（名字）

为"镜头5背景",设置Color(颜色)为"白色",如图15.134所示。单击OK(确定)建立固态层。

图15.134 建立固态层

步骤03 选择"镜头5背景"固态层,在Effects & Presets(效果和预置)面板中展开Generate(创造)特效组,然后双击Ramp(渐变)特效,如图15.135所示。

图15.135 添加渐变特效

步骤04 在Effect Controls(特效控制)面板中,修改Ramp(渐变)特效的参数,修改Start of Ramp(渐变开始)的值为(128,136),修改Start Color(开始色)为深蓝色(R:13,G:91,B:112),修改End of Ramp(渐变结束)的值为(652,574),修改End Color(结束色)为淡蓝色(R:200,G:215,B:216),如图15.136所示。

图15.136 设置渐变特效参数

步骤05 将"圆环动画""文字05.psd""圆环转""风车""大圆环""小圆环""素材01.psd""素材02.psd""素材03.psd"和"圆点.psd"拖入"镜头5"合成的时间线面板中,如图15.137所示。

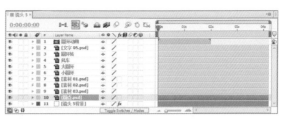

图15.137 将素材导入时间线

步骤06 选择"圆点.psd"层,在Effects & Presets(效果和预置)面板中展开Transition(转换)特效组,然后双击Linear Wipe(线性擦除)特效,如图15.138所示。

图15.138 添加线性擦除特效

步骤07 调整时间到00:00:02:02帧的位置,在Effect Controls(特效控制)面板中,修改Linear Wipe(线性擦除)特效的参数,单击Transition Completion(完成过渡)左侧的码表按钮,在当前位置建立关键帧,修改Transition Completion(完成过渡)的值为100%,修改Feather(羽化)属性的值为50,如图15.139所示。

图15.139 设置线性擦除特效的属性

步骤08 调整时间到00:00:02:14帧的位置,修改Transition Completion(完成过渡)的值为0%,系统将自动建立关键帧,如图15.140所示。

图15.140 修改线性擦除属性

步骤09 调整时间到00:00:02:20帧的位置,修改

Transition Completion（完成过渡）的值为50%，系统将自动建立关键帧，如图15.141所示。

图15.141 修改切换完成属性

步骤10 调整时间到00:00:01:15帧的位置，选择"素材03.psd"，按T键，打开Opacity（不透明度）属性，单击Opacity（不透明度）属性左侧的码表按钮，在当前位置建立关键帧，修改Opacity（不透明度）的值为0%，如图15.142所示。

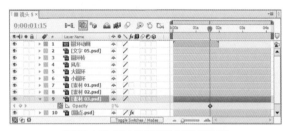

图15.142 建立不透明度属性关键帧

步骤11 调整时间到00:00:03:15帧的位置，修改Opacity（不透明度）的值为80%，系统将自动建立关键帧，如图15.143所示。

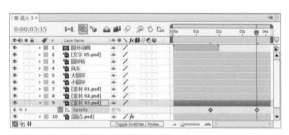

图15.143 修改不透明度属性

步骤12 选择"素材02.psd"素材层，在Effects & Presets（效果和预置）面板中展开Transition（转换）特效组，然后双击Linear Wipe（线性擦除）特效，如图15.144所示。

图15.144 添加线性擦除特效

步骤13 确认时间在00:00:01:05帧的位置，在Effect Controls（特效控制）面板中，修改Linear Wipe（线性擦除）特效的参数，单击Transition Completion（完成过渡）左侧的码表按钮，在当前位置建立关键帧，修改Transition Completion（完成过渡）的值为100%，修改Feather（羽化）属性的值为80，如图15.145所示。

图15.145 设置线性擦除特效的属性

步骤14 调整时间到00:00:04:04帧的位置，修改Transition Completion（完成过渡）的值为0%，系统将自动建立关键帧，如图15.146所示。

图15.146 修改切换完成属性

步骤15 单击"素材01.psd"素材层，在Effects & Presets（效果和预置）面板中展开Transition（转换）特效组，然后双击Linear Wipe（线性擦除）特效，如图15.147所示。

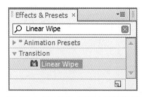

图15.147 添加线性擦除特效

步骤16 调整时间到00:00:00:19帧的位置，在Effect Controls（特效控制）面板中，修改Linear Wipe（线性擦除）特效的参数，单击Transition Completion（完成过渡）左侧的码表按钮，在当前位置建立关键帧，修改Wipe Angle（擦除角度）的值为80，修改Feather（羽化）属性的值为70，如图15.148所示。

图15.148 设置线性擦除特效的属性

步骤17 调整时间到00:00:01:03帧的位置，修改Transition Completion（完成过渡）的值为100%，系统将自动建立关键帧，如图15.149所示。

图15.149 修改切换完成属性

步骤18 调整时间到00:00:00:07帧的位置，确认选中时间线中的"素材01.psd"素材层，按T键，打开Opacity（不透明度）属性，单击Opacity（不透明度）属性左侧的码表按钮，在当前位置建立关键帧，修改Opacity（不透明度）为0%，如图15.150所示。

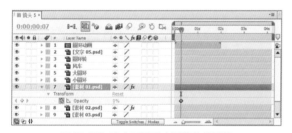

图15.150 建立不透明度属性的关键帧

步骤19 调整时间到00:00:00:08帧的位置，修改Opacity（不透明度）属性的值为100%；调整时间到00:00:00:10帧的位置，修改Opacity（不透明度）属性的值为30%；调整时间到00:00:00:19帧的位置，修改Opacity（不透明度）属性的值为100%，系统将自动建立关键帧，如图15.151所示。

图15.151 修改不透明度属性的关键帧

步骤20 打开"圆环转""风车""大圆环"和"小圆环"素材层的三维属性，修改"大圆环"Position（位置）的值为（360，288，-72），修改"风车"Position（位置）的值为（360，288，-20），修改"圆环转"Position（位置）的值为（360，288，-30），如图15.152所示。

图15.152 打开素材的三维开关

步骤21 调整时间到00:00:00:00帧的位置，单击"小圆环"素材层，按R键，打开Rotation（旋转）属性，单击Z Rotation（Z轴旋转）属性左侧的码表按钮，在当前位置建立关键帧，如图15.153所示。

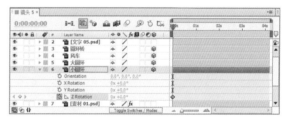

图15.153 建立旋转属性的关键帧

步骤22 调整时间到00:00:04:04帧的位置，修改Z Rotation（Z轴旋转）属性的值为200，系统将自动建立关键帧，如图15.154所示。

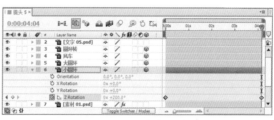

图15.154 修改旋转属性

步骤23 调整时间到00:00:00:00帧的位置，单击"小圆环"素材层Z Rotation（Z轴旋转）属性的文字部分，以选中该属性的全部关键帧，按Ctrl+C组合键，复制选中的关键帧，单击"大圆环"素材层，按Ctrl+V组合键，粘贴关键帧，如图15.155所示。

图15.155 粘贴旋转关键帧

步骤24 调整时间到00:00:04:04帧的位置，选择"大圆环"素材层，修改Z Rotation（Z轴旋转）属性的值为−200，如图15.156所示。

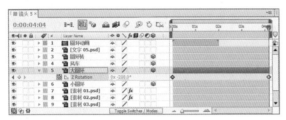

图15.156 修改Z轴旋转属性的值

步骤25 调整时间到00:00:00:00帧的位置，选择"风车"素材层，按Ctrl+V组合键，粘贴关键帧，如图15.157所示。

图15.157 在"风车"层粘贴关键帧

步骤26 调整时间到00:00:00:00帧的位置，单击"大圆环"素材层Z Rotation（Z轴旋转）属性的文字部分，以选中该属性的全部关键帧，按Ctrl+C组合键，复制选中的关键帧；选择"圆环转"素材层，按Ctrl+V组合键，粘贴关键帧，如图15.158所示。

图15.158 在"圆环转"层粘贴关键帧

步骤27 选中"圆环转""风车""大圆环"和"小圆环"素材层，按Ctrl+D组合键复制这4个层，确认复制出的4个层在选中状态，将4个层拖动到"圆环转"层的上面，如图15.159所示。

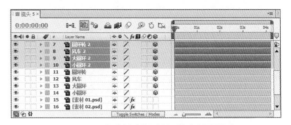

图15.159 复制素材层并调整素材层顺序

步骤28 确认选中这4个素材层，按P键，打开position（位置）属性，修改"小圆环2"的position（位置）属性值为（1281，21，230），修改"大圆环2"的position（位置）属性值为（1281，21，158），修改"风车2"的position（位置）属性值为（1281，21，210），修改"圆环转2"的position（位置）属性值为（1281，21，200），如图15.160所示。

图15.160 修改位置属性

步骤29 选中"圆环转2""风车2""大圆环2"和"小圆环2"素材层，按Ctrl+D组合键复制这4个层，确认复制出的4个层在选中状态，将4个层拖动到"圆环转2"层的上面，如图15.161所示。

图15.161 复制素材层并调整素材层顺序

步骤30 确认选中这4个素材层，按P键，打开position（位置）属性，修改"小圆环3"的position（位置）属性值为（1338，−605，194），修改"大圆环3"的position（位置）属性值为（1338，−605，122），

修改"风车3"的position（位置）属性值为（1338，
-605，174），修改"圆环转3"的position（位置）
属性值为（1338，-605，164），如图15.162所示。

图15.162 修改位置属性

步骤31 调整时间到00:00:01:07帧的位置，选择"文
字05.psd"素材层，按P键，打开Position（位置）属
性，单击Position（位置）属性左侧的码表按钮，
在当前位置建立关键帧，修改Position（位置）的值
为（-195，175）如图15.163所示。

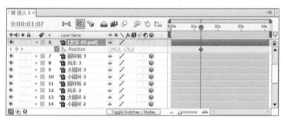

图15.163 在位置属性上设置关键帧

步骤32 调整时间到00:00:01:13帧的位置，修改
Position（位置）的值为（366，175），系统将自动
建立关键帧，如图15.164所示。

图15.164 修改位置的值

步骤33 调整时间到00:00:01:09帧的位置，选中"圆
环动画"合成层，向右拖动"圆环动画"合成层使入
点到当前时间位置，如图15.165所示。

步骤34 确认选中"圆环动画"合成层，按P键，打开
Position（位置）属性，修改Position（位置）属性的
值为（237，122）。按S键，打开Scale（缩放）属性，
单击Scale（缩放）属性左侧的码表按钮，在当
前时间建立关键帧，如图15.166所示。

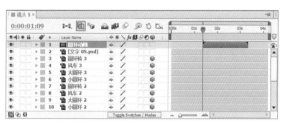

图15.165 调整"圆环动画"合成持续时间

图15.166 建立缩放属性关键帧

步骤35 调整时间到00:00:02:09帧的位置，修改Scale
（缩放）属性的值为（150，150），系统将自动建立
关键帧。调整时间到00:00:02:10将光标放置在"圆环
动画"合成层结束的位置，当光标变成双箭头
时，向左拖动鼠标，将"圆环动画"合成层出点调整
到当前时间，如图15.167所示。

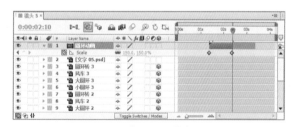

图15.167 设置"圆环动画"合成层的出点

步骤36 确认选中"圆环动画"合成层，按Ctrl+D组
合键，复制"圆环动画"合成层并重命名为"圆环动
画2"，调整时间到00:00:01:10帧的位置，向右拖动
"圆环动画2"合成层使入点到当前时间，按P键，
打开Position（位置）属性，修改Position（位置）属
性的值为（507，181），如图15.168所示。

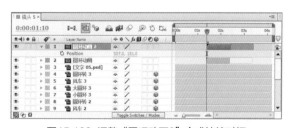

图15.168 调整"圆环动画2"合成持续时间

步骤37 确认选中"圆环动画2"合成层，按Ctrl+D组合键，复制"圆环动画2"合成层，系统将自动命名复制的新合成层为"圆环动画3"，调整时间到00:00:01:11帧的位置，向右拖动"圆环动画3"合成层使入点到当前时间，按P键，打开Position（位置）属性，修改Position（位置）的值为（352，126），如图15.169所示。

图15.169 调整"圆环动画3"合成持续时间

步骤38 确认选中"圆环动画3"合成层，按Ctrl+D组合键，复制"圆环动画3"合成层，系统将自动命名复制的新合成层为"圆环动画4"，调整时间到00:00:01:15帧的位置，向右拖动"圆环动画4"合成层使入点到当前时间，按P键，打开Position（位置）属性，修改Position（位置）的值为（465，140），如图15.170所示。

图15.170 调整"圆环动画4"合成持续时间

步骤39 确认添加摄像机。执行菜单栏中的Layer（层）| New（新建）| Camera（摄像机）命令，打开Camera Settings（摄像机设置）对话框，设置Preset（预置）为24mm，如图15.171所示。

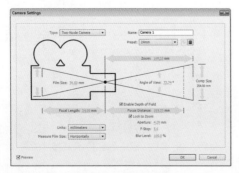

图15.171 建立摄影机

步骤40 调整时间到00:00:00:00帧的位置，单击Camera 1（摄影机1）的Transform（转换）选项组，单击Point of Interest（中心点）左侧的码表按钮，修改Point of Interest（中心点）的值为（660，-245，184），单击Position（位置）属性左侧的码表按钮，修改Position（位置）属性的值为（703，521，126），修改X Rotation（X轴旋转）属性的值为24，单击Z Rotation（Z轴旋转）属性左侧的码表按钮，修改Z Rotation（Z轴旋转）属性的值为115，如图15.172所示。

图15.172 设置摄影机属性

步骤41 调整时间到00:00:00:17帧的位置，修改Point of Interest（中心点）的值为（660，-245，155），修改Position（位置）属性的值为（703，629，36），单击X Rotation（X轴旋转）属性左侧码表按钮，在当前建立关键帧，修改Z Rotation（Z轴旋转）属性的值为0，系统将自动建立关键帧，如图15.173所示。

图15.173 修改摄影机属性

步骤42 调整时间到00:00:02:11帧的位置，修改Point of Interest（中心点）的值为（723，65，-152），修改Position（位置）属性的值为（743，1057，-410），修改X Rotation（X轴旋转）属性的值为0，系统将自动建立关键帧，如图15.174所示。

图15.174 设置摄影机的参数

步骤43 这样"镜头5"的动画就制作完成了，按空格键或小键盘上的0键在合成预览面板播放动画，其中几帧如图15.175所示。

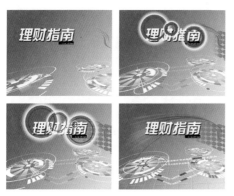

图15.175 "镜头5"动画其中几帧的效果

15.1.9 制作总合成动画

步骤01 执行菜单栏中的Composition（合成）| New Composition（新建合成）命令，打开Composition Settings（合成设置）对话框，设置Composition Name（合成名称）为"总合成"，Width（宽）为"720"，Height（高）为"576"，Frame Rate（帧率）为"25"，并设置Duration（持续时间）为00:00:14:20帧，如图15.176所示。

图15.176 建立新合成

步骤02 将"镜头1""圆环动画""镜头2""镜头3""镜头4"和"镜头5"导入"总合成"合成的时间线面板中，如图15.177所示。

图15.177 导入素材到时间线

步骤03 调整时间到00:00:02:24帧的位置，选中"镜头1"合成层，按T键，打开Opacity（不透明度）属性，单击Opacity（不透明度）属性左侧的码表 按钮，在当前时间建立关键帧；调整时间到00:00:03:07帧的位置，修改Opacity（不透明度）属性的值为0%，如图15.178所示。

图15.178 为"镜头1"建立关键帧

步骤04 调整时间到00:00:04:06帧的位置，选中"圆环动画"，向右拖动"圆环动画"合成层使入点到当前时间，如图15.179所示。

图15.179 调整"圆环动画"持续时间条位置

步骤05 调整时间到00:00:04:18帧的位置，按P键，打开Position（位置）属性，修改打开Position（位置）属性的值为（397，86），按S键，打开Scale（缩放）属性，单击Scale（缩放）属性左侧的码表 按钮，在当前位置建立关键帧，如图15.180所示。

图15.180 建立缩放关键帧

步骤06 调整时间到00:00:05:06帧的位置，修改Scale（缩放）属性的值为（135，135），系统将自动建立关键帧；调整时间到00:00:05:07帧的位置，将光标放置在"圆环动画"合成层结束的位置，当光标变成双箭头 时，向左拖动鼠标，将"圆环动画"合成层的出点设置到当前时间，如图15.181所示。

图15.181 修改缩放属性的值

步骤07 确认选中"圆环动画"合成层，按Ctrl+D组合键，复制"圆环动画"合成层并重命名为"圆环动画2"，将"圆环动画2"层拖动到"圆环动画"的下一层，调整时间到00:00:04:10帧的位置，向右拖动"圆环动画2"合成层使入点到当前时间，按P键，打开Position（位置）属性，修改Position（位置）属性的值为（397，86），如图15.182所示。

图15.182 调整"圆环动画2"

步骤08 确认选中"圆环动画2"合成层，按Ctrl+D组合键，复制"圆环动画"合成层并重命名为"圆环动画3"，将"圆环动画3"层拖动到"圆环动画2"的下一层；调整时间到00:00:04:18帧的位置，向右拖动"圆环动画3"合成层使入点到当前时间，按P键，打开Position（位置）属性，修改Position（位置）属性的值为（470，0），如图15.183所示。

图15.183 调整"圆环动画3"

步骤09 确认选中"圆环动画3"合成层，按Ctrl+D组合键，复制"圆环动画"合成层并重命名为"圆环动画4"，将"圆环动画4"层拖动到"圆环动画3"的下一层；调整时间到00:00:04:23帧的位置，向右拖动"圆环动画4"合成层使入点到当前时间，按P键，打开Position（位置）属性，修改Position（位置）属性的值为（455，102），如图15.184所示。

图15.184 调整"圆环动画4"

步骤10 确认选中"圆环动画4"合成层，按Ctrl+D组合键，复制"圆环动画"合成层并重命名为"圆环动画5"；调整时间到00:00:05:05帧的位置，向右拖动"圆环动画5"合成层使入点到当前时间，如图15.185所示。

图15.185 调整"圆环动画5"

步骤11 调整时间到00:00:02:24帧的位置，选中"镜头2"，向右拖动合成层使入点到当前时间，按T键，打开其Opacity（不透明度）属性，单击Opacity（不透明度）属性左侧的码表按钮，修改Opacity（不透明度）属性的值为0%，如图15.186所示。

图15.186 调整"镜头2"并添加关键帧

步骤12 调整时间到00:00:03:07帧的位置，修改Opacity（不透明度）属性的值为100%；调整时间到00:00:05:16帧的位置，单击Opacity（不透明度）属性左侧的添加移除关键帧按钮，在当前建立关键帧；调整时间到00:00:06:02帧的位置，修改Opacity（不透明度）属性的值为0%，系统将自动建立关键帧，如图15.187所示。

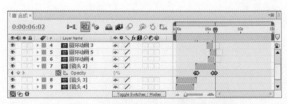

图15.187 修改Opacity（不透明度）属性

步骤13 调整时间到00:00:05:16帧的位置，向右拖动"镜头3"合成层使入点到当前时间；按T键，打开其Opacity（不透明度）属性，单击Opacity（不透明度）左侧的码表🕐按钮，修改Opacity（不透明度）属性的值为0%，如图15.188所示。

图15.188 调整"镜头3"并添加关键帧

步骤14 调整时间到00:00:06:02帧的位置，修改Opacity（不透明度）属性的值为100%；调整时间到00:00:08:08帧的位置，单击Opacity（不透明度）左侧的添加移除关键帧按钮，在当前位置建立关键帧；调整时间到00:00:08:21帧的位置，修改Opacity（不透明度）属性的值为0%，系统将自动建立关键帧，如图15.189所示。

图15.189 修改不透明度属性

步骤15 调整时间到00:00:08:08帧的位置，向右拖动"镜头4"合成层使入点到当前时间；按T键，打开其Opacity（不透明度）属性，单击Opacity（不透明度）左侧的码表🕐按钮，修改Opacity（不透明度）属性的值为0%，如图15.190所示。

图15.190 调整"镜头4"的时续

步骤16 调整时间到00:00:08:21帧的位置，修改Opacity（不透明度）属性的值为100%；调整时间到00:00:10:14帧的位置，单击Opacity（不透明度）属性左侧的添加移除关键帧按钮，在当前位置建立关键帧；调整时间到00:00:11:03帧的位置，修改Opacity

（不透明度）属性的值为0%，系统将自动建立关键帧，如图15.191所示。

图15.191 修改不透明度属性

步骤17 调整时间到00:00:10:15帧的位置，向右拖动"镜头5"合成层使入点到当前时间；按T键，打开其Opacity（不透明度）属性，单击Opacity（不透明度）属性左侧的码表🕐按钮，修改Opacity（不透明度）属性的值为0%，调整时间到00:00:11:03帧的位置，修改Opacity（不透明度）属性的值为100%，如图15.192所示。

图15.192 添加关键帧

步骤18 这样理财指南动画就制作完成了，按空格键或小键盘上的0键在合成窗口预览效果。

15.2 电视栏目包装——时尚音乐

难易程度：★★★★☆

实例说明： 首先在After Effects中通过添加Audio Spectrum（声谱）特效制作跳动的音波合成，然后通过添加Grid（网格）特效，绘制多个蒙版，并且利用蒙版间的叠加方式，制作出滚动的标志，最后将图像素材添加到最终合成，打开图像的三维属性开关，调节三维属性以及摄像机的参数，制作出镜头之间的切换以及镜头的旋转效果。本例最终的动画流程效果，如图15.193所示。

工程文件： 第15章\时尚音乐

视频位置： movie\15.2 电视栏目包装——时尚音乐.avi

图15.193 时尚音乐最终动画流程效果

知识点

- 学习利用音频文件制作音频的方法
- 学习文字路径轮廓的创建方法
- 掌握音乐节目栏目包装的制作技巧

15.2.1 制作跳动的音波

步骤01 执行菜单栏中的Composition（合成）| New Composition（新建合成）命令，打开Composition Settings（合成设置）对话框，设置Composition Name（合成名称）为"跳动的音波"，Width（宽）为"720"，Height（高）为"576"，Frame Rate（帧率）为"25"，并设置Duration（持续时间）为00:00:10:00秒，如图15.194所示。

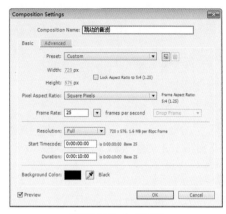

图15.194 合成设置

步骤02 执行菜单栏中的File（文件）| Import（导入）| File（文件）命令，打开Import File（导入文件）对话框，选择配套资源中的"工程文件\第15章\时尚音乐\logo体.psd、乐器1.psd、乐器2.psd、乐器3.psd、人物1.psd、人物2.psd、人物3.psd、榜.psd和音频.wav"素材，如图15.195所示。单击【打开】按钮，素材将导入到Project（项目）面板中。

图15.195 导入文件对话框

步骤03 在Project（项目）面板中选择"音频.wav"素材，将其拖动到时间线面板中，然后将时间调整到00:00:06:00帧的位置，按Alt+[组合键，在当前位置为"音频.wav"层设置入点，然后时间调整到00:00:00:00帧的位置，按[键，将入点调整到00:00:00:00帧的位置，如图15.196所示。

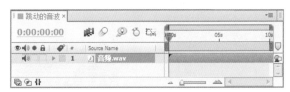

图15.196 添加"音频.wav"素材

步骤04 按Ctrl+Y组合键，打开Solid Settings（固态层设置）对话框，设置Name（名称）为"声谱"，Color（颜色）为"黑色"，如图15.197所示。

图15.197 固态层设置

步骤05 选择"声谱"层，在Effects & Presets（效果和预置）面板中展开Generate（创造）特效组，然后双击Audio Spectrum（声谱）特效，如图15.198所示。

图15.198 添加特效

提示 Audio Layer（音频层）：从下拉菜单中，选择一个合成中的音频参考层。音频参考层要首先添加到时间线中才可以应用。Start Point（开始点）：在没有应用Path选项情况下，指定音频图像的起点位置。End Point（结束点）：在没有应用Path选项情况下，指定音频图像的终点位置。Path（路径）：选择一条路径，让波形沿路径变化。Start Frequency（开始频率）：设置参考的最低音频频率。以HZ为单位。End Frequency（结束频率）：设置参考的最高音频频率。以HZ为单位。Frequency Bands（频率波段）：设置音频频谱显示的数量。值越大，显示的音频频谱越多。Maximum Height（最大高度）：指定频谱显示的最大振幅。Thickness（厚度）：设置频谱线的粗细程度。

步骤06 在Effect Controls（特效控制）面板中，在Audio Layer（音频层）下拉菜单中选择"2.音频.wav"，设置Start Point（开始点）的值为（72，576），End Point（结束点）的值为（648，576），Start Frequency（开始频率）的值为10，End Frequency（结束频率）的值为100，Frequency Bands（频率波段）的值为8，Maximum Height（最大高度）的值为4500，Thickness（厚度）的值为50，参数设置，如图15.199所示。设置完成后的画面效果，如18.200图所示。

图15.199 参数设置

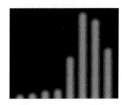

图15.200 画面效果

步骤07 在时间线面板中"声谱"层右侧的属性栏中，单击Quality（质量）按钮，此时Quality（质量）按钮将会改变，如图15.201所示。此时的画面效果，如图15.202所示。

图15.201 单击质量按钮

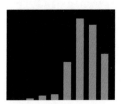

图15.202 画面效果

步骤08 按Ctrl+Y组合键，打开Solid Settings（固态层设置）对话框，新建一个Name（名称）为"渐变"，Color（颜色）为"黑色"的固态层，将其放在"声谱"层的下一层。

步骤09 选择"渐变"层，在Effects & Presets（效果和预置）面板中展开Generate（创造）特效组，然后双击Ramp（渐变）特效，如图15.203所示。

步骤10 在Effect Controls（特效控制）面板中，设置Start of Ramp（渐变开始）的值为（360，288），Start Color（开始色）为黄色（R:255，G:210，B:0），End of Ramp（渐变结束）的值为（360，576），End Color（结束色）为绿色（R:13，G:170，B:21），如图15.204所示。

图15.203 添加特效　　图15.204 渐变参数设置

步骤11 设置完成Ramp（渐变）特效的参数后，合成窗口中的画面效果，如图15.205所示。在Effects & Presets（效果和预置）面板中展开Generate（创造）特效组，然后双击Grid（网格）特效，如图15.206所示。

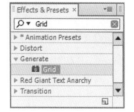

图15.205 画面效果　　图15.206 添加特效

步骤12 在Effect Controls（特效控制）面板中，设置Anchor（定位点）的值为（-10，0），Corner（边角）的值为（720，20），Border（边框）的值为18，勾选Invert Grid（反转网格）复选框，设置Color（颜色）为黑色，Blending Mode（混合模式）为Normal（正常），如图15.207所示。此时的画面效果，如图15.208所示。

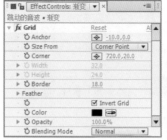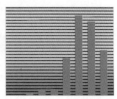

图15.207 参数设置　　图15.208 画面效果

提示 Anchor（定位点）：通过右侧的参数，可以调整网格水平和垂直的网格数量。Corner（边角）：通过后面的参数设置，修改网格的边角位置及网格的水平和垂直数量。Width（宽度）：在Size From（大小来自）选项选择Width Slider（宽度滑块）项时，该项可以修改整个网格的比例缩放；在Size From（大小来自）选项选择Width & Height Sliders（宽度和高度滑块）项时，该项可以修改网格的宽度大小。Height（高度）：修改网格的高度大小。Border（边框）：设置网格的粗细。nvert Grid（反转网格）：勾选该复选框，将反转显示网格效果。

步骤13 在时间线面板中，设置"渐变"层Track Matte（轨道蒙版）为Alpha Matte "[声谱]"，如图15.209所示。

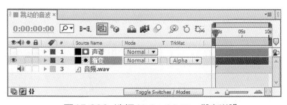

图15.209 选择Alpha Matte "[声谱]"

步骤14 这样就完成了"跳动的音波"的制作，拖动时间滑块，在合成窗口中观看动画，其中几帧的画面效果，如图15.210所示。

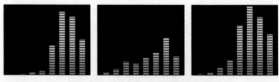

图15.210 其中几帧的画面效果

15.2.2 制作文字合成

步骤01 执行菜单栏中的Composition（合成）| New Composition（新建合成）命令，打开Composition

Settings（合成设置）对话框，新建一个Composition Name（合成名称）为"文字1"，Width（宽）为"720"，Height（高）为"576"，Frame Rate（帧率）为"25"，Duration（持续时间）为00:00:10:00秒的合成。

步骤02 单击工具栏中的Horizontal Type Tool（横排文字工具）![T]按钮，在"文字1"合成窗口中输入"SHISHANG"，设置字体为Arial Black，Fill Color（填充颜色）为白色，Stroke Color（描边颜色）为白色，字符大小为70px，字符间距![AV]为17，并设置描边样式为Fill Over Stroke（在描边上填充），Stroke Width（描边宽度）![三]为8px，如图15.211所示。画面效果如图15.212所示。

图15.211 参数设置　　　　图15.212 字体效果

步骤03 按P键，打开"SHISHANG"层的Position（位置）选项，设置Position（位置）的值为（186，319），然后按Crtl + D组合键，将"SHISHANG"层复制一层，并将其重命名为"SHISHANG2"，如图15.213所示。

图15.213 复制图层

步骤04 选择"SHISHANG2"层，在Character（字符）面板中，设置Fill Color（填充颜色）为深绿色（R:43，G:165，B:5），Stroke Width（描边宽度）![三]为0px，如图15.214所示。画面效果如图15.215所示。

步骤05 按Ctrl+Y组合键，打开Solid Settings（固态层设置）对话框，新建一个Name（名称）为"Ramp"，Color（颜色）为黑色的固态层，将其放在"SHISHANG"层的上一层。

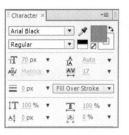 

图15.214 字体设置　　　　图15.215 画面效果

步骤06 为"Ramp"层添加Ramp（渐变）特效。在Effects & Presets（效果和预置）面板中展开Generate（创造）特效组，然后双击Ramp（渐变）特效。

步骤07 在Effect Controls（特效控制）面板中，设置Start of Ramp（渐变开始）的值为（360，288），Start Color（开始色）为绿色（R:44，G:142，B:46），End of Ramp（渐变结束）的值为（363，690），End Color（结束颜色）为白色，Ramp Shape（渐变形状）为Radial Ramp（放射渐变），如图15.216所示。此时的画面效果如图15.217所示。

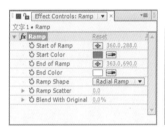 

图15.216 参数设置　　　　图15.217 画面效果

步骤08 在"Ramp"层右侧的Track Matte（轨道蒙版）属性栏里选择Alpha Matte "[SHISHANG2]"，如图15.218所示。

图15.218 选择Alpha Matte "【SHISHANG2】"

步骤09 这样就完成"文字1"合成的制作，画面效果。用制作"文字1"合成的方法分别制作"文字2""文字3"合成，完成后的画面效果，如图15.219所示。

图15.219 合成的画面

15.2.3 制作滚动的标志

步骤01 执行菜单栏中的Composition（合成）| New Composition（新建合成）命令，打开Composition Settings（合成设置）对话框，新建一个Composition Name（合成名称）为"标志"，Width（宽）为"720"，Height（高）为"576"，Frame Rate（帧率）为"25"，Duration（持续时间）为00:00:10:00秒的合成。

步骤02 按Ctrl + Y组合键，打开Solid Settings（固态层设置）对话框，设置Name（名称）为"网格"，Color（颜色）为"黑色"，如图15.220所示。

图15.220 固态层设置

步骤03 选择"网格"固态层，在Effects & Presets（效果和预置）面板中展开Generate（创造）特效组，然后双击Grid（网格）特效，如图15.221所示。

图15.221 添加特效

步骤04 在Effect Controls（特效控制）面板中，设置Anchor（定位点）的值为（359，288），从Size From（大小来自）下拉菜单中选择Width Slider（宽度滑块），设置Width（宽度）的值为10，Border（边框）的值为6，勾选Invert Grid（反转网格）复

选框，设置Color（颜色）为绿色（R:21，G:179，B:0），Blending Mode（混合模式）为Add（相加），如图15.222所示。此时的画面效果如图15.223所示。

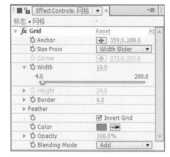

图15.222 参数设置

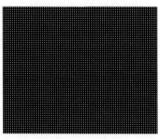

图15.223 画面效果

步骤05 单击工具栏中的Ellipse Tool（椭圆工具）按钮，按住Shift键，绘制一个正圆蒙版，如图15.224所示。

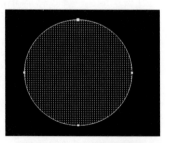

图15.224 绘制正圆蒙版

步骤06 按M键，打开该层的Mask 1（蒙版1）选项，选择Mask 1（蒙版1），按Ctrl+D组合键，复制蒙版，并将复制的Mask 2（蒙版2）右侧的Mode（模式）修改为Subtract（减去），如图15.225所示。

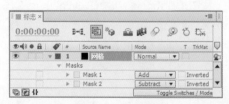

图15.225 复制蒙版

技巧 按Ctrl + D组合键，可以快速复制图层或者Mask（蒙版）。

步骤07 展开Mask 2（蒙版2）选项组，设置Mask Expansion（蒙版扩展）的值为-42，如图15.226所示。此时的画面效果如图15.227所示。

图15.226 设置蒙版扩展

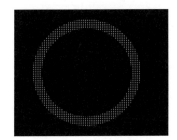

图15.227 画面效果

步骤08 单击工具栏中的Horizontal Type Tool（横排文字工具）T按钮，输入"GO"，设置字体为Arial Black，Fill Color（填充颜色）为白色，字符大小为207px，如图15.228所示。画面效果如图15.229所示。

图15.228 文字设置

图15.229 画面效果

步骤09 选择"GO"层，执行菜单栏中的Layer（层）| Create Masks from Text（从文字创建轮廓线）命令，在时间线面板中，将会创建一个"GO Outlines"层，如图15.230所示。此时的画面效果如图15.231所示。

图15.230 创建轮廓层

图15.231 画面效果

步骤10 按M键，打开该层的3个Mask（蒙版），选择"G""O"和"O"3个蒙版，按Ctrl + C组合键，复制蒙版，然后选择"网格"层，按Ctrl + V组合键，将复制的"G""O"和"O"3个蒙版，粘贴到"网格"层上，如图15.232所示，然后单击"GO Outlines"层左侧的眼睛图标将其隐藏，此时的画面效果如图15.233所示。

图15.232 复制粘贴蒙版

图15.233 画面效果

步骤11 按Ctrl+Y组合键，打开Solid Settings（固态层设置）对话框，新建一个Name（名称）为"运动拼贴"，Color（颜色）为黑色的固态层，然后将其放在"网格"层的上一层。

步骤12 选择"运动拼贴"层，在Effects & Presets（效果和预置）面板中展开Generate（创造）特效组，然后双击Ramp（渐变）特效。

步骤13 在Effect Controls（特效控制）面板中，设置Start of Ramp（渐变开始）的值为（360，0），End of Ramp（渐变结束）的值为（360，288），如图15.234所示。此时的画面效果，如图15.235所示。

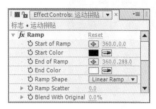 

图15.234 渐变参数设置　　图15.235 画面效果

步骤14 添加Motion Tile（运动拼贴）特效。在Effects & Presets（效果和预置）面板中展开Stylize（风格化）特效组，然后双击Motion Tile（运动拼贴）特效，如图15.236所示。

步骤15 将时间调整到00:00:00:00帧的位置，在Effect Controls（特效控制）面板中，单击Tile Center（拼贴中心）左侧的码表按钮，在当前位置设置关键帧，并设置Tile Height（拼贴高度）的值为18，参数设置，如图15.237所示。

 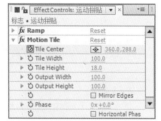

图15.236 添加特效　　图15.237 参数设置

> **提示** Tile Center（拼贴中心）：设置拼贴的中心点位置。Tile Width（拼贴宽度）：设置拼贴图像的宽度大小。Tile Height（拼贴高度）：设置拼贴图像的高度大小。Output Width（输出宽度）：设置图像输出的宽度大小。Output Height（输出高度）：设置图像输出的高度大小。Mirror Edges（镜像边缘）：勾选该复选框，将对拼贴的图像进行镜像操作。Phase（相位）：设置垂直拼贴图像的位置。Horizontal Phase Shift（水平相位控制）：勾选该复选框，可以通过修改Phase（相位）值来控制拼贴图像的水平位置。

步骤16 将时间调整到00:00:09:24帧的位置，修改Tile Center（拼贴中心）的值为（360，3500），如图15.238所示。此时的画面效果如图15.239所示。

图15.238 拼贴中心值　　图15.239 画面效果

步骤17 选择"网格"层，在"Ramp"层的Track Matte（轨道蒙版）属性栏里选择Luma Matte"[运动拼贴]"，如图15.240所示。

图15.240 选择Luma Matte"[运动拼贴]"

步骤18 这样就完成了"滚动的标志"的制作，在合成窗口中观看动画，其中几帧的画面效果，如图15.241所示。

图15.241 其中几帧的画面效果

15.2.4 制作镜头1图像的倒影

步骤01 执行菜单栏中的Composition（合成）| New Composition（新建合成）命令，打开Composition Settings（合成设置）对话框，新建一个Composition Name（合成名称）为"最终合成"，Width（宽）为"720"，Height（高）为"576"，Frame Rate（帧率）为"25"，Duration（持续时间）为00:00:10:00秒的合成。

步骤02 按Ctrl+Y组合键，打开Solid Settings（固态层设置）对话框，新建一个Name（名称）为"背景"，Color（颜色）为黑色的固态层。

步骤03 选择"背景"固态层，在Effects & Presets

（效果和预置）面板中展开Generate（创造）特效组，然后双击Ramp（渐变）特效。

步骤04 在Effect Controls（特效控制）面板中，设置Start of Ramp（渐变开始）的值为（360，288），Start Color（开始色）为绿色（R:21，G:139，B:2），End of Ramp（渐变结束）的值为（360，672），End Color（结束颜色）为深灰色（R:50，G:50，B:50），设置Ramp Shape（渐变形状）为Radial Ramp（放射渐变），如图15.242所示。此时的画面效果如图15.243所示。

图15.242 渐变参数设置

图15.243 画面效果

技巧 Ramp（渐变）特效在影视后期片头的制作中应用比较普遍，希望读者可以根据自己的想法使用Ramp（渐变）特效。

步骤05 在Project（项目）面板中，选择"文字1""人物1.psd""乐器1.psd"和"标志"4个素材，将其拖动到时间线面板中，并打开4个素材的三维属性开关，如图15.244所示。此时的画面效果如图15.245所示。

图15.244 添加素材

图15.245 画面效果

步骤06 按S键，打开该层的Scale（缩放）选项，然后在时间线面板的空白处单击，取消选择。分别修改"文字1"层的Scale（缩放）的值为（50，50，50），"人物1.psd"层的Scale（缩放）的值为（19，19，19），"乐器1.psd"层的Scale（缩放）的值为（15，15，15），"标志"层的Scale（缩放）的值为（71，71，71），如图15.246所示，将"标志"层的Mode（模式）修改为Add（相加）。

图15.246 修改Scale（缩放）的值

步骤07 选择"文字1""人物1.psd""乐器1.psd"和"标志"4个层，按P键，打开所选层的Position（位置）选项，然后在时间线面板的空白处单击，取消选择。分别修改"文字1"层的Position（位置）的值为（362，275，-561），"人物1.psd"层的Position（位置）的值为（395，297，-551），"乐器1.psd"层的Position（位置）的值为（304，276，-552），"标志"层的Position（位置）的值为（446，60，-40），如图15.247所示。

图15.247 Position（位置）的参数设置

步骤08 选择"文字1""标志"层，按R键，打开Rotation（旋转）选项，然后分别设置"文字1"层的Orientation（方向）的值为（351，357，353），Y Rotation（Y轴旋转）的值为-19；"标志"层的Orientation（方向）的值为（0，38，0），X Rotation（X轴旋转）的值为-19，Y Rotation（Y轴旋转）的值为13，如图15.248所示。此时的画面效果如图15.249所示。

图15.248 修改旋转值

图15.249 画面效果

步骤09 选择"文字1""人物1.psd""乐器1.psd"和"标志"4个层，按Ctrl+D组合键，将复制出4个层，并将复制层分别重命名为"文字1 倒影""人物1 倒影""乐器1 倒影""标志 倒影"，如图15.250所示。

图15.250 重命名图层

步骤10 选择"文字1 倒影""人物1 倒影""乐器1 倒影"和"标志 倒影"层，按S键，打开Scale（缩放）选项，分别设置"文字1 倒影"层的Scale（缩放）的值为（50，−50，50），"人物1 倒影"层的Scale（缩放）的值为（19，−19，19），"乐器1 倒影"层的Scale（缩放）的值为（15，−15，15），"标志 倒影"层的Scale（缩放）的值为（71，−71，71），如图15.251所示。

图15.251 修改Scale（缩放）的值

步骤11 选择"文字1 倒影""人物1倒影""乐器1倒影"和"标志 倒影"层，按P键，打开Position（位置）选项，分别设置"文字1 倒影"层的Position（位置）的值为（370，374，−576），"人物1 倒影"层的Position（位置）的值为（395，419，−551），"乐器1 倒影"层的Position（位置）的值为（304，387，−552），"标志 倒影"层的Position（位置）的值为（446，645，−40），如图15.252所示。

图15.252 修改Position（位置）的值

步骤12 选择"文字1 倒影""人物1 倒影""乐器1 倒影"和"标志 倒影"层，按T键，打开所选层的Opacity（不透明度）选项，设置Opacity（不透明度）的值为50%，如图15.253所示。此时的画面效果如图15.254所示。

图15.253 不透明度设置

图15.254 画面效果

> **技巧** 在制作倒影时最关键的调节是Opacity（不透明度）的调节。

15.2.5 制作镜头1动画

步骤01 在Project（项目）面板中，选择"音频.wav"素材，将其拖动到时间线面板中"背景"层的下一层。

步骤02 然后按Ctrl+Y组合键，打开Solid Settings（固态层设置）对话框，设置Name（名称）为"波形1"，Color（颜色）为"黑色"，如图15.255所示。

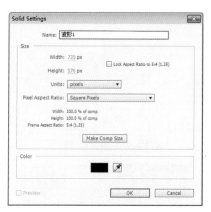

图15.255 固态层设置

步骤03 选择"波形1"固态层，在Effects & Presets（效果和预置）面板中展开Generate（创造）特效组，然后双击Audio Waveform（音波）特效，如图15.256所示。

图15.256 添加特效

步骤04 在Effect Controls（特效控制）面板中，在Audio Layer（音频层）下拉菜单中选择"音频.wav"，设置Maximum Height（最大高度）的值为150，Audio Duration（音频长度）的值为5500，Softness（柔化）的值为0%，Inside Color（内部颜色）为浅绿色（R:72，G:255，B:0），Outside Color（外围颜色）为绿色（R:56，G:208，B:44），并从Display Option（显示选项）下拉菜单中选择Digital（数字），如图18.257所示。画面效果如图15.258所示。

图15.257 音波参数设置

图15.258 画面效果

> **提示** Audio Layer（音频层）：从右侧的下拉菜单中，选择一个合成中的声波参考层。声波参考层要首先添加到时间线中才可以应用。Start Point（起点位置）：在没有应用Path选项情况下，指定声波图像的起点位置。End Point（结束点）：在没有应用Path选项情况下，指定声波图像的终点位置。Path（路径）：选择一条路径，让波形沿路径变化。Audio Duration（音频持续时间）：指定声波保持时长，以毫秒为单位。Audio offset（音频偏移）：指定显示声波的偏移量，以毫秒为单位。Softness（柔化）：设置声波线的软边程度。值越大，声波线边缘越柔和。Random Seed（随机数量）：设置声波线的随机数量值。Inside Color（内部颜色）：设置声波线的内部颜色，类似图像填充颜色。Outside Color（外围颜色）：设置声波线的外部颜色，类似图像描边颜色。

步骤05 确认当前选择为"波形1"层，打开该层的三维属性开关，展开Transform（转换）选项组，设置Position（位置）的值为（155，16，0），Orientation（方向）的值为（0，302，0），如图15.259所示。此时的波形效果如图15.260所示。

图15.259 打开三维属性

图15.260 画面效果

步骤06 添加摄像机。执行菜单栏中的Layer（层）| New（新建）| Camera（摄像机）命令，打开Camera Settings（摄像机设置）对话框，设置Preset（预置）为Custom（自定义），参数设置，如图15.261所示。单击OK（确定）按钮，在时间线面板中将会创建一个摄像机。

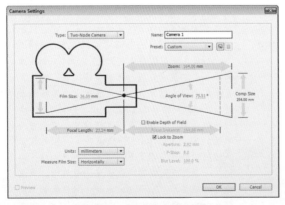

图15.261 摄像机设置对话框

步骤07 将时间调整到00:00:00:00帧的位置，选择"Camera 1"层，展开Transform（转换）、Camera

Options（摄像机选项）选项组，然后单击Position（位置）左侧的码表按钮，在当前位置设置关键帧，并设置Position（位置）的值为（360，288，-189），Zoom（缩放）的值为747，Focus Distance（焦距）的值为1067，Aperture（光圈）的值为25，如图15.262所示。

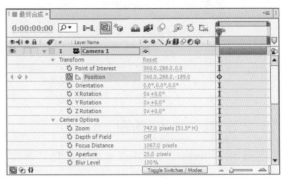

图15.262 Camera的参数设置

步骤08 将时间调整到00:00:00:20帧的位置，修改Position（位置）的值为（360，288，-820），如图15.263所示。此时的画面效果如图15.264所示。

图15.263 修改位置的值

图15.264 画面效果

步骤09 将时间调整到00:00:02:00帧的位置，单击Point of Interest（中心点）左侧的码表按钮，在当前位置设置关键帧，并单击Position（位置）左侧的Add or remove keyframe at current time（在当前时间添加或删除关键帧）按钮，为Position（位置）添加一个保持关键帧，如图15.265所示。

图15.265 为中心点设置关键帧

步骤10 将时间调整到00:00:03:00帧的位置，设置Point of Interest（中心点）的值为（360，22，0），Position（位置）的值为（360，385，−1633），如图15.266所示。此时的画面效果，如图15.267所示。

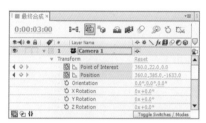

图15.266 改参数值

图15.267 画面效果

步骤11 添加调整层。执行菜单栏中的Layer（层）| New（新建）| Adjustment Layer（调整层）命令，在时间线面板中将会创建一个"Adjustment Layer1"调整层，将其拖放到"Camera 1"层的下一层。

技巧 按Ctrl+Alt+Y组合键，可以快速添加Adjustment Layer（调整层）。

步骤12 选择"Adjustment Layer1"层，在Effects & Presets（效果和预置）面板中展开Blur & Sharpen（模糊与锐化）特效组，然后双击Fast Blur（快速模糊）特效，如图15.268所示。

步骤13 将时间调整到00:00:02:10帧的位置，在Effect Controls（特效控制）面板中，单击Blurriness（模糊量）左侧的码表按钮，在当前位置设置关键帧，参

数设置，如图15.269所示。

图15.268 添加特效

图15.269 设置关键帧

步骤14 将时间调整到00:00:03:00帧的位置，修改Blurriness（模糊量）的值为12，如图15.270所示。此时的画面效果，如图15.271所示。

图15.270 模糊值为12

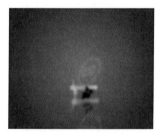

图15.271 画面效果

15.2.6 制作镜头2图像的倒影

步骤01 在Project（项目）面板中，选择"跳动的音波""文字2""人物2.psd""乐器2.psd"和"标志"5个素材，将其拖动到时间线面板中，并打开5个素材的三维属性开关，如图15.272所示。此时的画面效果如图15.273所示。

图15.272 添加素材

图15.273 画面效果

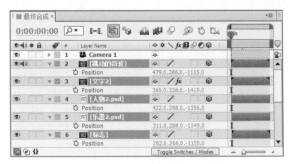

图15.275 Position（位置）的参数设置

步骤02 按S键，打开该层的Scale（缩放）选项，然后在时间线面板的空白处单击，取消选择。分别修改"跳动的音波"层的Scale（缩放）的值为（30，30，30），"文字2"层的Scale（缩放）的值为（40，40，40），"人物2.psd"层的Scale（缩放）的值为（15，15，15），"乐器2.psd"层的Scale（缩放）的值为（17，17，17），"标志"层的Scale（缩放）的值为（52，52，52），如图15.274所示，并将"跳动的音波"和"标志"层的Mode（模式）修改为Add（相加）。

步骤04 选择"文字2"层，在Effects & Presets（效果和预置）面板中展开Obsolete（旧版本）特效组，然后双击Basic 3D（基本3D）特效，如图15.276所示。

步骤05 在Effect Controls（特效控制）面板中，设置Swivel（扭转）的值为-50，Tilt（倾斜）的值为-15，如图15.277所示。

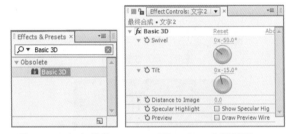

图15.276 添加特效　　　　图15.277 参数设置

步骤06 选择"跳动的音波"和"标志"层，按R键，打开Rotation（旋转）选项，然后分别设置"跳动的音波"层的Y Rotation（Y轴旋转）的值为-38，"标志"层的Y Rotation（Y轴旋转）的值为-40，如图15.278所示。此时的画面效果如图15.279所示。

图15.274 修改Scale（缩放）的值

步骤03 选择"跳动的音波""文字2""人物2.psd""乐器2.psd"和"标志"5个层，按P键，打开所选层的Position（位置）选项，然后在时间线面板的空白处单击，取消选择。分别修改"跳动的音波"层的Position（位置）的值为（479，288，-1115），"文字2"层的Position（位置）的值为（365，328，-1419），"人物2.psd"层的Position（位置）的值为（422，298，-1356），"乐器2.psd"层的Position（位置）的值为（311，288，-1349），"标志"层的Position（位置）的值为（282，266，-1155），如图15.275所示。

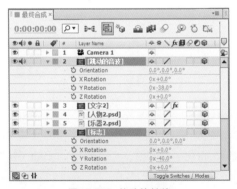

图15.278 修改旋转值

图15.279 画面效果

步骤07 然后再次选择"跳动的音波""文字2""人物2.psd""乐器2.psd"和"标志"5个层，按Ctrl+D组合键，将复制出5个层，并将复制层分别重命名为"跳动的音波 倒影""文字2 倒影""人物2 倒影""乐器2 倒影"和"标志 倒影"，如图15.280所示。

图15.280 重命名图层

步骤08 选择"跳动的音波 倒影""文字2 倒影"、"人物2 倒影""乐器2 倒影"和"标志 倒影"层，按S键，打开Scale（缩放）选项，分别设置"跳动的音波 倒影"层的Scale（缩放）的值为（30，-30，30），"文字2 倒影"层的Scale（缩放）的值为（40，-40，40），"人物2 倒影"层的Scale（缩放）的值为（15，-15，15），"乐器2 倒影"层的Scale（缩放）的值为（17，-17，17），"标志 倒影"层的Scale（缩放）的值为（52，-52，52），如图15.281所示。

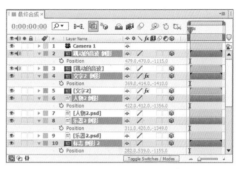

图15.281 修改Scale（缩放）的值

步骤09 选择"跳动的音波 倒影""文字2 倒影""人物2 倒影""乐器2 倒影"和"标志 倒影"层，按P键，打开Position（位置）选项，分别设置"跳动的音波 倒影"层的Position（位置）的值为（479，470，-1115），"文字2 倒影"层的Position（位置）的值为（369，414，-1410），"人物2 倒影"层的Position（位置）的值为（422，412，-1356），"乐器2 倒影"层的Position（位置）的值为（311，420，-1349），"标志 倒影"层的Position（位置）的值为（282，539，-1155），如图15.282所示。

图15.282 修改Position（位置）的值

步骤10 选择"跳动的音波 倒影""文字2 倒影""人物2 倒影""乐器2 倒影"和"标志 倒影"层，按T键，打开所选层的Opacity（不透明度）选项，设置Opacity（不透明度）的值为50%，如图15.283所示。此时的画面效果如图15.284所示。

图15.283 不透明度设置

图15.284 画面效果

技巧　如果同时选择了多个图层，在修改其中一层的Opacity（不透明度）的值时，其他层的Opacity（不透明度）的值也会改变。

15.2.7　制作镜头2动画

步骤01　制作声波。然后按Ctrl+Y组合键，打开Solid Settings（固态层设置）对话框，设置Name（名称）为"波形2"，Color（颜色）为"黑色"，如图15.285所示。

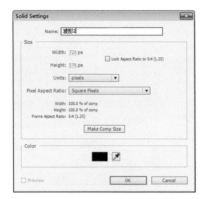

图15.285　固态层设置

步骤02　选择"波形2"固态层，在Effects & Presets（效果和预置）面板中展开Generate（创造）特效组，然后双击Audio Spectrum（声谱）特效，如图15.286所示。

图15.286　添加特效

步骤03　在Effect Controls（特效控制）面板中，在Audio Layer（音频层）下拉菜单中选择"音频.wav"，设置End Frequency（结束频率）的值为5100，Frequency bands（频率波段）的值为610，Maximum Height（最大高度）的值为19500，Audio Duration（音频长度）的值为8480，Inside Color（内部颜色）为浅绿色（R:72，G:255，B:0），Outside Color（外围颜色）为绿色（R:56，G:208，B:44），从Display Option（显示选项）下拉菜单中选择Analog Dots（模拟频点式），勾选Duration

Averaging（长度均化）复选框，如图15.287所示。画面效果如图15.288所示。

图15.287　声谱参数设置　　　　图15.288　画面效果

步骤04　确认当前选择为"波形2"层，打开该层的三维属性开关，展开Transform（转换）选项组，设置Position（位置）的值为（560，185，−1295），Y Rotation（Y轴旋转）的值为30，如图15.289所示。此时的波形效果如图15.290所示。

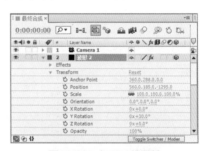

图15.289　打开三维属性

图15.290　画面效果

步骤05　将时间调整到00:00:04:10帧的位置，选择"Camera 1"层，将展开Transform（转换）选项组，单击Point of Interest（中心点）、Position（位置）左侧的Add or remove keyframe at current time（在当前时间添加或删除关键帧）按钮，为Point of Interest（中心点）、Position（位置）添加一个保

持关键帧，然后单击Z Rotation（Z轴旋转）左侧的码表🕐按钮，在当前位置设置关键帧，如图15.291所示。

图15.291 Camera的参数设置

步骤06 将时间调整到00:00:05:05帧的位置，修改Position（位置）的值为（1535，385，−2030），Z Rotation（Z轴旋转）的值为1x，如图15.292所示。此时的画面效果如图15.293所示。

图15.292 修改位置的值

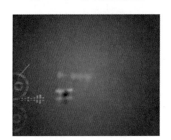

图15.293 画面效果

步骤07 添加调整层。执行菜单栏中的Layer（层）| New（新建）| Adjustment Layer（调整层）命令，在时间线面板中将会创建一个"Adjustment Layer2"调整层，将其拖放到"Camera 1"层的下一层。

步骤08 选择"Adjustment Layer2"层，在Effects & Presets（效果和预置）面板中展开Blur & Sharpen（模糊与锐化）特效组，然后双击Fast Blur（快速模糊）特效，如图15.294所示。

步骤09 将时间调整到00:00:04:22帧的位置，在Effect Controls（特效控制）面板中，单击Blurriness（模糊量）左侧的码表🕐按钮，在当前位置设置关键帧，参

数设置，如图15.295所示。

图15.294 添加特效

图15.295 设置关键帧

步骤10 将时间调整到00:00:05:17帧的位置，修改Blurriness（模糊量）的值为50，如图15.296所示。此时的画面效果如图15.297所示。

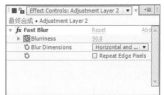

图15.296 模糊为50

图15.297 画面效果

15.2.8 制作镜头3动画

步骤01 在Project（项目）面板中，选择"文字3""乐器3.psd""人物3.psd"和"标志"4个素材，将其拖动到时间线面板中，并打开4个素材的三维属性开关，如图15.298所示。此时的画面效果如图15.299所示。

图15.298 添加素材

图15.299 画面效果

步骤02 按S键，打开该层的Scale（缩放）选项，然后在时间线面板的空白处单击，取消选择。分别修改

"文字3"层的Scale（缩放）的值为（50，50，50），"乐器3.psd"层的Scale（缩放）的值为（15，15，15），"人物3.psd"层的Scale（缩放）的值为（20，20，20），"标志"层的Scale（缩放）的值为（30，30，30），如图15.300所示，并将"标志"层的Mode（模式）修改为Add（相加）。

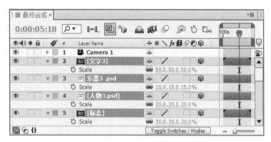

图15.300 修改Scale（缩放）的值

步骤03 选择"文字3""乐器3.psd""人物3.psd"和"标志"4个层，按P键，打开所选层的Position（位置）选项，分别修改"文字3"层的Position（位置）的值为（1382，288，-1778），"乐器3.psd"层的Position（位置）的值为（1489，358，-1831），"人物3.psd"层的Position（位置）的值为（1306，342，-1807），"标志"层的Position（位置）的值为（1455，304，-1768），如图15.301所示。

图15.301 Position（位置）的参数设置

步骤04 选择"人物3.psd"层，按R键，打开该层的Rotation（旋转）选项，设置Y Rotation（Y轴旋转）的值为-50，如图15.302所示。此时的画面效果如图15.303所示。

图15.302 修改旋转值

图15.303 画面效果

步骤05 选择"文字3""乐器3.psd""人物3.psd"和"标志"4个层，按Ctrl+D组合键，将复制出4个层，并将复制层分别重命名为"文字3 倒影""乐器3 倒影""人物3 倒影"和"标志 倒影"，如图15.304所示。

图15.304 重命名图层

步骤06 选择"文字3 倒影""乐器3 倒影""人物3 倒影"和"标志 倒影"层，按S键，打开Scale（缩放）选项，分别设置"文字3 倒影"层的Scale（缩放）的值为（50，-50，50），"乐器3 倒影"层的Scale（缩放）的值为（15，-15，15），"人物3 倒影"层的Scale（缩放）的值为（20，-20，20），"标志 倒影"层的Scale（缩放）的值为（30，-30，30），如图15.305所示。

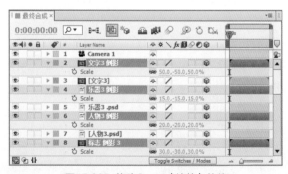

图15.305 修改Scale（缩放）的值

步骤07 选择"文字3 倒影""乐器3 倒影""人物3 倒影"和"标志 倒影"层，按P键，打开Position（位置）选项，分别设置"文字3 倒影"层的

Position（位置）的值为（1382，449，−1778），"乐器3 倒影"层的Position（位置）的值为（1489，447，−1831），"人物3 倒影"层的Position（位置）的值为（1290，495，−1790），"标志 倒影"层的Position（位置）的值为（1455，480，−1768），如图15.306所示。

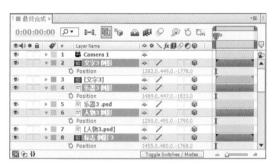

图15.306 修改Position（位置）的值

步骤08 选择"文字3 倒影""乐器3 倒影""人物3 倒影"和"标志 倒影"层，按T键，打开所选层的Opacity（不透明度）选项，设置Opacity（不透明度）的值为50%，如图15.307所示。此时的画面效果如图15.308所示。

图15.307 不透明度设置

图15.308 画面效果

步骤09 制作声波。然后按Ctrl+Y组合键，打开Solid Settings（固态层设置）对话框，设置Name（名称）为"波形3"，Color（颜色）为"黑色"，如图15.309所示。

步骤10 选择"波形3"固态层，在Effects & Presets（效果和预置）面板中展开Generate（创造）特效组，然后双击Audio Spectrum（声谱）特效，如图15.310所示。

图15.309 固态层设置　　图15.310 添加特效

步骤11 在Effect Controls（特效控制）面板中，在Audio Layer（音频层）下拉菜单中选择"音频.wav"，设置Start Point（起点位置）的值为（−249，8），End Point（结束点）的值为（1035，439），Start Frequency（开始频率）的值为4101，Maximum Height（最大高度）的值为28450，Audio Duration（音频长度）的值为140，Inside Color（内部颜色）为浅绿色（R:72，G:255，B:0），Outside Color（外围颜色）为绿色（R:56，G:208，B:44），从Display Option（显示选项）下拉菜单中选择Analog Lines（模拟谱线式），如图15.311所示。画面效果如图15.312所示。

图15.311 声谱参数设置　　图15.312 画面效果

步骤12 确认当前选择为"波形3"层，打开该层的三维属性开关，展开Transform（转换）选项组，设置Position（位置）的值为（1487，356，−1907），Y Rotation（Y轴旋转）的值为1x +81，如图15.313所示。此时的波形效果如图15.314所示。

图15.313 三维属性开关

图15.314 画面效果

步骤13 将时间调整到00:00:06:20帧的位置，选择"Camera 1"层，按U键，打开该层的所有关键帧，单击Point of Interest（中心点）、Position（位置）左侧的Add or remove keyframe at current time（在当前时间添加或删除关键帧）按钮，为Point of Interest（中心点）、Position（位置）添加一个保持关键帧，如图15.315所示。

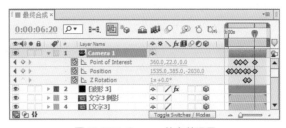

图15.315 Camera的参数设置

步骤14 将时间调整到00:00:07:20帧的位置，修改Point of Interest（中心点）的值为（217，-307，0），Position（位置）的值为（843，576，-2927），如图15.316所示。此时的画面效果如图15.317所示。

图15.316 修改位置值

图15.317 画面效果

15.2.9 制作镜头4动画

步骤01 在Project（项目）面板中，选择"榜.psd""logo.psd"和"标志"3个素材，将其拖动到时间线面板中，并打开3个素材的三维属性开关，如图15.318所示。此时的画面效果如图15.319所示。

图15.318 添加素材

图15.319 画面效果

步骤02 按S键，打开该层的Scale（缩放）选项，分别修改"榜.psd"层的Scale（缩放）的值为（43，43，43），"logo.psd"层的Scale（缩放）的值为（40，40，40），"标志"层的Scale（缩放）的值为（138，138，138），如图15.320所示，并将"标志"层的Mode（模式）修改为Add（相加）。

图15.320 修改Scale（缩放）的值

步骤03 选择"榜.psd""logo.psd"和"标志"3个层，按P键，打开所选层的Position（位置）选项，分别修改"榜.psd"层的Position（位置）的值为（729，393，−2945），"logo.psd"层的Position（位置）的值为（723，335，−2339），"标志"层的Position（位置）的值为（700，290，−2192），如图15.321所示。

图15.321 Position（位置）的参数设置

步骤04 选择"标志"层，按R键，打开该层的Rotation（旋转）选项，设置Y Rotation（Y轴旋转）的值为16，如图15.322所示。此时的画面效果如图15.323所示。

图15.322 修改旋转的值

图15.323 画面效果

步骤05 选择"榜.psd"和"logo.psd"层，按Ctrl+D组合键，将复制出2个层，并将复制层分别重命名为"榜 倒影"和"logo 波纹"，如图15.324所示。

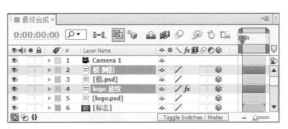

图15.324 重命名图层

步骤06 选择"logo 波纹"层，在Effects & Presets（效果和预置）面板中展开Stylize（风格化）特效组，然后双击Roughen Edges（粗糙边缘）特效，如图15.325所示。

步骤07 将时间调整到00:00:07:01帧的位置，在Effect Controls（特效控制）面板中，设置Border（边框）的值为70，Edge Sharpness（边缘锐化）的值为10，Scale（缩放）的值为400，并单击Offset（偏移）左侧的码表 ⏱ 按钮，在当前位置设置关键帧，参数设置，如图15.326所示。

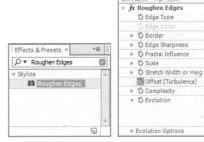

图15.325 添加特效　　　图15.326 参数设置

提示 Edge Type（边缘类型）：可从右侧的下拉菜单中，选择用于粗糙边缘的类型。Edge color（边缘颜色）：指定边缘粗糙时所使用的颜色。Border（边框）：用来设置边缘的粗糙程度。Edge Sharpness（边缘锐化）：用来设置边缘的锐化程度。Fractal Influence（不规则碎片）：用来设置边缘的不规则程度。Scale（缩放）：用来设置不规则碎片的大小。Stretch Width or Height：用来设置边缘碎片的拉伸强度。正值水平拉伸；负值垂直拉伸。Offset（偏移）：用来设置边缘在拉伸时的位置。Complexity（复杂性）：用来设置边缘的复杂程度。

步骤08 将时间调整到00:00:09:24帧的位置，设置Offset（偏移）的值为（320，0），如图15.327所示。此时的画面效果如图15.328所示。

图15.327 设置偏移值

图15.328 画面效果

步骤09 选择"榜 倒影"和"榜.psd"层，将时间调整到00:00:08:15帧的位置，按P键，打开Position（位置）选项，单击Position（位置）左侧的码表按钮，在当前位置设置关键帧，如图15.329所示。

图15.329 设置关键帧

步骤10 将时间调整到00:00:08:22帧的位置，修改"榜 倒影"层的Position（位置）的值为（743，567，−2352），"榜.psd"层的Position（位置）的值为（743，423，−2352），如图15.330所示。

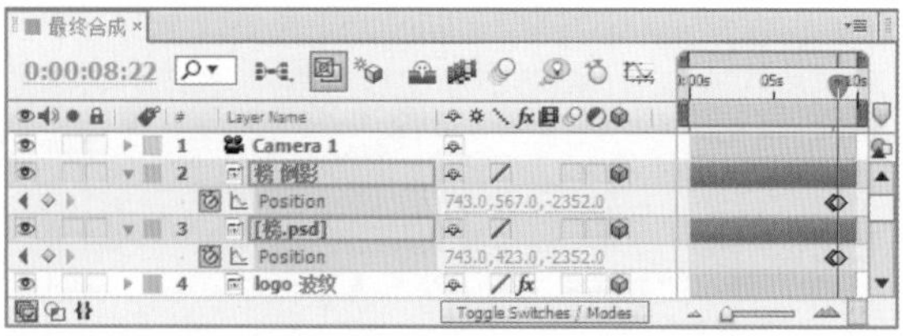

图15.330 修改Position（位置）的值

步骤11 选择"榜 倒影"层，按S键，打开该层的Scale（缩放）选项，设置Scale（缩放）的值为（43，−43，43），如图15.331所示。

图15.331 修改Scale（缩放）的值

步骤12 按T键，打开"榜 倒影"层的Opacity（不透明度）选项，将时间调整到00:00:08:16帧的位置，单击Opacity（不透明度）左侧的码表按钮，在当前位置设置关键帧，并设置Opacity（不透明度）的值为0%，将时间调整到00:00:09:05帧的位置，修改Opacity（不透明度）的值为50%，如图15.332所示。

图15.332 为Opacity（不透明度）设置关键帧

步骤13 这样就完成了"时尚音乐"的整体制作，按小键盘上的0键播放预览。最后将文件保存并输出成动画。

15.3 电视栏目包装——京港融智

难易程度：★★★★☆

实例说明：京港融智栏目包装效果是平面效果与3D动画的完美结合，运用了大量的3D序列帧使画面更加美观，更富有科技感。本例学习电视栏目包装——京港融智的制作，首先通过导入三维素材制作紫金花的动画，然后通过添加AE素材制作出背景动画，使用Shine（光）特效制作"定版文字"的扫光效果。本例最终的动画流程效果，如图15.333所示。

工程文件：第15章\京港融智

视频位置：movie\15.3 电视栏目包装——京港融智.avi

图15.333 京港融智动画流程效果

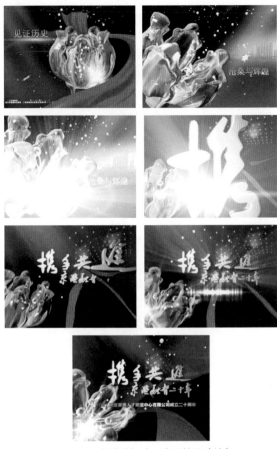

图15.333 京港融智动画流程效果（续）

知识点

- 导入.jpg、.png、.mov、.tga等多种格式素材的方法
- Brightness & Contrast（亮度和对比度）调色命令的使用
- Hue/Saturation（色相/饱和度）调色命令的使用
- 利用Fill（填充）特效制作背景的红色光带
- 添加Curves（曲线）特效调整镜花素材的亮度

15.3.1 导入素材

步骤01 执行菜单栏中的Composition（合成）| New Composition（新建合成）命令，打开Composition Settings（合成设置）对话框，设置Composition Name（合成名称）为"镜头2"，Width（宽）为"320"，Height（高）为"240"，Frame Rate（帧率）为"25"，并设置Duration（持续时间）为00:00:02:02秒，如图15.334所示。单击OK（确定）按钮，在Project（项目）面板中，将会新建一个名为

"镜头2"的合成，如图15.335所示。

图15.334 合成设置

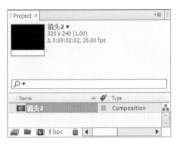

图15.335 新建合成

步骤02 执行菜单栏中的File（文件）| Import（导入）| File（文件）命令，打开Import File（导入文件）对话框，选择配套资源中的"工程文件\第15章\京港融智\京港声音.wav、光斑.jpg、光芒.mov、小字下.png、楼.jpg、灯.jpg、点修饰物.avi和蓝绿色光.jpg"8个素材，如图15.336所示。

图15.336 导入文件对话框

步骤03 单击"打开"按钮，将8个素材导入到Project（项目）面板中。在Project（项目）面板中，单击鼠

标右键，在弹出的快捷菜单中选择New Folder（新建文件夹）选项，然后将新建的文件夹重命名为"AE素材"，将导入的8个素材全部放到"AE素材"文件夹中，如图15.337所示。

图15.337 项目面板

步骤04 导入JPEG序列素材。执行菜单栏中的File（文件）| Import（导入）| File（文件）命令，打开Import File（导入文件）对话框，选择配套资源中的"工程文件\第15章\京港融智\亮光\光.000.jpg"素材，然后勾选JPEG Sequence（JPEG序列）复选框，如图15.338所示。单击"打开"按钮，"光.{000-049}.jpg"序列将导入到Project（项目）面板中。

图15.338 选择素材

步骤05 用相同的方法，将配套资源中的"工程文件\第17章\京港融智\出现文字的虚光\虚光_000.jpg"素材，"工程文件\第17章\京港融智\动点\点_0001.jpg"素材，"工程文件\第15章\京港融智\弧光\弧光.020.rla"素材以合成的方式导入到Project（项目）面板中，全部导入后的效果，如图15.339所示。然后将导入的序列拖动到"AE素材"文件夹中。

图15.339 导入合成素材

步骤06 导入三维素材。执行菜单栏中的File（文件）| Import（导入）| File（文件）命令，打开Import File（导入文件）对话框，选择配套资源中的"工程文件\第15章\京港融智\1镜绸子\1镜绸子.tga"素材，然后勾选Targa Sequence（TGA序列）复选框，如图15.340所示。

图15.340 选择素材

步骤07 单击"打开"按钮，此时将打开"Interpret Footage：1镜绸子.[001-030].tga"对话框，在Alpha（透明）通道选项组中选择Premultiplied-Matted With Color单选按钮，设置颜色为黑色，如图15.341所示。单击OK（确定）按钮，将素材黑色背景抠除。素材将以序列的方式导入到Project（项目）面板中。

图15.341 导入素材

步骤08 使用相同的方法将"2镜绸子""2镜花""3镜粒子""3镜绸子""3镜花""4镜粒子""4镜花""定版文字"和"定版绸子"文件夹中的三维素材导入到Project（项目）面板中。然后在Project（项目）面板中，新建一个名为"三维素材"的文件夹，将导入的三维序列，放入到"三维素材"文件夹中。

15.3.2 制作镜头2中的紫金花动画

步骤01 打开"镜头2"合成的时间线面板，在Project（项目）面板中的三维素材文件夹中选择"3镜粒子""2镜花"素材，将其拖动到时间线面板中，如图15.342所示。

图15.342 添加素材

步骤02 在时间线面板的空白处单击，取消选择。然后选择"2镜花"层，在Effects & Presets（效果和预置）面板中展开Color Correction（色彩校正）特效组，然后双击Brightness & Contrast（亮度和对比度）特效，如图15.343所示。此时的画面效果如图15.344所示。

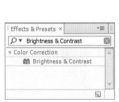 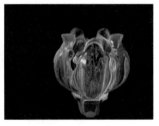

图15.343 添加特效　　　　图15.344 画面效果

步骤03 在Effects Controls（特效控制）面板中，修改Brightness & Contrast（亮度和对比度）特效的参数，设置Brightness（亮度）的值为29，Contrast（对比度）的值为39，如图15.345所示。此时的画面效果如图15.346所示。

图15.345 特效的参数

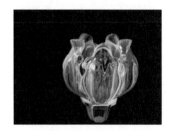

图15.346 画面效果

提示　Brightness（亮度）：用来调整图像的亮度，正值亮度提高，负值亮度降低。Contrast（对比度）：用来调整图像色彩的对比程度，正值加强色彩对比度，负值减弱色彩对比度。

步骤04 为"2镜花"层添加Hue/Saturation（色相/饱和度）特效。在Effects & Presets（效果和预置）面板中展开Color Correction（色彩校正）特效组，然后双击Hue/Saturation（色相/饱和度）特效，如图15.347所示。

步骤05 在Effects Controls（特效控制）面板中，修改Hue/Saturation（色相/饱和度）特效的参数，设置Master Hue（主色相）的值为-10，参数设置，如图15.348所示。

图15.347 添加特效　　　图15.348 修改参数

步骤06 确认当前选择为"2镜花"层，按Ctrl + D组合键，复制出一份"2镜花"层，然后将复制出的图层重命名为"小花"，如图15.349所示。

图15.349 复制图层

步骤07 展开"小花"层的Transform（变换）选项组，设置Anchor Point（定位点）的值为（160，120），Position（位置）的值为（258，196），Scale

（缩放）的值为（28，28），如图15.350所示。此时的画面效果如图15.351所示。

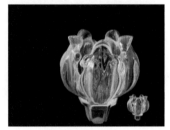

图15.350 设置参数

图15.351 画面效果

步骤08 为"小花"层设置入点。将时间调整到00：00：01：16帧的位置，按Alt+[组合键，在当前位置为"小花"层设置入点，完成效果，如图15.352所示。

图15.352 为"小花"层设置入点

步骤09 旋转"3镜粒子"层，将其右侧的Stretch（拉伸）的值修改为65%，完成效果，如图15.353所示。

图15.353 修改Stretch（拉伸）的值为65%

步骤10 展开"3镜粒子"层的Transform（变换）选项组，设置Position（位置）的值为（207，81），Rotation（旋转）的值为-36，参数设置，如图15.354所示。其中一帧的画面效果，如图15.355所示。

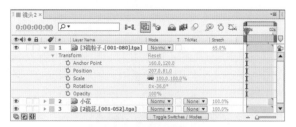

图15.354 设置参数

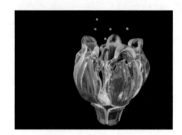

图15.355 画面效果

步骤11 复制"3镜粒子"层，按Ctrl+D组合键，将"3镜粒子"层复制出一层，并将复制出的"3镜粒子"层重命名为"粒子2"，然后将其右侧的Mode（模式）修改为Add（相加），如图15.356所示。叠加后的画面效果如图15.357所示。

图15.356 复制图层

图15.357 画面效果

15.3.3 制作镜头3的背景动画

步骤01 执行菜单栏中的Composition（合成）| New Composition（新建合成）命令，打开Composition Settings（合成设置）对话框，新建一个Composition Name（合成名称）为"镜头3"，Width（宽）为"320"，Height（高）为"240"，Frame Rate（帧率）为"25"，Duration（持续时间）为00:00:03:05

秒的合成。

步骤02 打开"镜头3"合成的时间线面板,在Project(项目)面板中的"AE素材"文件夹中,选择"弧光{020-070}.rla""光芒.mov"和"楼.jpg"3个素材,然后将其拖动到"镜头3"合成的时间线面板中,并将"光芒.mov"右侧的Mode(模式)修改为Screen(屏幕),如图15.358所示。

图15.358 添加素材并修改模式

步骤03 将时间调整到00:00:00:00帧的位置,选择"楼.jpg"素材,按P键,打开Position(位置)选项,设置Position(位置)的值为(157,104),然后单击Position(位置)左侧的码表按钮,在当前位置设置关键帧,如图15.359所示。此时的画面效果如图15.360所示。

图15.359 修改参数

图15.360 画面效果

步骤04 将时间调整到00:00:03:03帧的位置,修改Position(位置)的值为(128,104),然后按Ctrl+D组合键,将"楼.jpg"层复制一层,将复制出的图层重命名为"楼2",并将其右侧的Mode(模式)修改为Screen(屏幕),如图15.361所示。此时的画面效果如图15.362所示。

图15.361 复制层

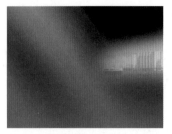

图15.362 画面效果

步骤05 选择"光芒.mov"层,展开该层的Transform(变换)选项,设置Scale(缩放)的值为(-55,55),Opacity(不透明度)的值为83%,参数设置,如图15.363所示。此时的画面效果如图15.364所示。

图15.363 设置参数

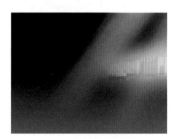

图15.364 画面效果

步骤06 选择"弧光"层,展开Transform(变换)选项组,设置Position(位置)的值为(186,129),Scale(缩放)的值为(36,36),如图15.365所示。此时的画面效果如图15.366所示。

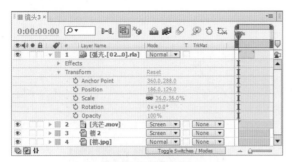

图15.365 修改参数

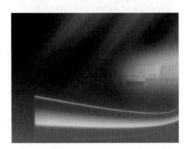

图15.366 画面效果

步骤07 选择"弧光"层，在Effects & Presets（效果和预置）面板中展开Generate（创造）特效组，然后双击Fill（填充）特效，如图15.367所示。此时的画面效果如图15.368所示。

图15.367 添加特效

图15.368 画面效果

步骤08 在Effects Controls（特效控制）面板中，修改Fill（填充）特效的参数，设置填充颜色为蓝绿色（R:26，G:123，B:144），参数设置，如图15.369所示。其中一帧的画面效果如图15.370所示。

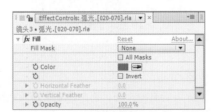

图15.369 设置参数

图15.370 画面效果

步骤09 将时间调整到00:00:00:10帧的位置，然后拖动"弧光"层的素材条，将其入点设置到当前位置，效果如图15.371所示。

图15.371 将"弧光"层的入点设置到当前位置

步骤10 复制"弧光"层。确认当前选择"弧光"层，按Ctrl+D组合键，将其复制一层，并将复制出的图层重命名为"弧光2"，然后将"弧光2"右侧的Mode（模式）修改为Screen（屏幕），如图15.372所示。此时的画面效果如图15.373所示。

图15.372 修改模式

图15.373 画面效果

15.3.4 制作镜头3的三维动画

步骤01 在Project（项目）面板中的"三维素材"文件夹中，选择"3镜粒子"和"3镜花"，将其拖动到"镜头3"合成的时间线面板中，如图15.374所示。

图15.374 添加 "3镜粒子" "3镜花" 素材

步骤02 在时间线面板的空白处单击，取消选择。然后选择 "3镜花" 层，在Effects & Presets（效果和预置）面板中展开Color Correction（色彩校正）特效组，然后双击Curves（曲线）特效，如图15.375所示。此时其中一帧的画面效果如图15.376所示。

图15.375 添加特效　　图15.376 画面效果

步骤03 在Effects Controls（特效控制）面板中，调节Curves（曲线）的形状，如图15.377所示。此时的画面效果如图15.378所示。

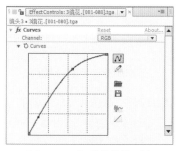

图15.377 调节曲线的形状

图15.378 画面效果

步骤04 复制 "3镜花" 层。在时间线面板中，确认当前选项为 "3镜花" 层，按Ctrl+D组合键，将其复制

一份。并将复制出的图层重命名为 "3镜花2"，然后将其右侧的Mode（模式）修改为Add（相加），如图15.379所示。此时的画面效果如图15.380所示。

图15.379 修改叠加模式

图15.380 画面效果

步骤05 为 "3镜花2" 层添加Brightness & Contrast（亮度和对比度）特效。在Effects & Presets（效果和预置）面板中展开Color Correction（色彩校正）特效组，然后双击Brightness & Contrast（亮度和对比度）特效，如图15.381所示。

图15.381 添加特效

步骤06 在Effects Controls（特效控制）面板中，修改Brightness & Contrast（亮度和对比度）特效的参数，设置Brightness（亮度）的值为-24，如图15.382所示。

图15.382 修改参数

步骤07 选择 "3镜粒子" 层，将其拖动到 "3镜花2" 层的下一层，然后按Ctrl+D组合键，将其复制一层。将复制出的图层重命名为 "3镜粒子2"，并将其右侧的Mode（模式）修改为Add（相加），如图

15.383所示。此时的画面效果如图15.384所示。

图15.383 复制层

图15.384 画面效果

步骤08 单击工具栏中的Horizontal Type Tool（横排文字工具）**T**按钮，在合成窗口中输入文字"沧桑与辉煌"，设置字体为FZBaoSong-Z04S，Fill Color（填充颜色）为白色，字符大小为17px，并单击粗体**T**按钮，参数设置如图15.385所示。画面效果如图15.386所示。

图15.385 字符设置面板

图15.386 画面效果

步骤09 选择"沧桑与辉煌"文字层，在Effects & Presets（效果和预置）面板中展开Generate（创造）特效组，然后双击Ramp（渐变）特效，如图15.387所示。

图15.387 添加特效

步骤10 在Effects Controls（特效控制）面板中，修改Ramp（渐变）特效的参数，设置Start of Color（开

始色）为橙色（R:255，G:126，B:0），End of Color（结束色）为黄色（R:255，G:236，B:20），Start of Ramp（渐变开始）的值为（242，150），End of Ramp（渐变结束）的值为（242，160），参数设置如图15.388所示。

图15.388 修改特效的参数

步骤11 将时间调整到00:00:00:00帧的位置，在时间线面板中，展开"沧桑与辉煌"文字层的Transform（转换）选项组，设置Position（位置）的值为（205，160），Opacity（不透明度）的值为0%，然后分别单击Scale（缩放）和Opacity（不透明度）左侧的码表 ⏱ 按钮，在当前位置设置关键帧，如图15.389所示。

图15.389 设置关键帧

步骤12 将时间调整到00:00:00:12帧的位置，修改Opacity（不透明度）的值为100%；将时间调整到00:00:03:00帧的位置，修改Scale（缩放）的值为（110，110），如图15.390所示。

图15.390 修改缩放的值

步骤13 这样就完成了"镜头3"的制作，按小键盘上的0键，在合成窗口中观看动画，其中几帧的画面效果，如图15.391所示。

图15.391 其中几帧的画面效果

15.3.5 制作镜头4的合成动画

步骤01 执行菜单栏中的Composition（合成）| New Composition（新建合成）命令，打开Composition Settings（合成设置）对话框，新建一个Composition Name（合成名称）为"镜头4"，Width（宽）为"320"，Height（高）为"240"，Frame Rate（帧率）为"25"，Duration（持续时间）为00:00:04:06秒的合成。

步骤02 打开"镜头4"合成的时间线面板，在Project（项目）面板中的"三维素材"文件夹中，选择"定版文字""4镜粒子""4镜花"和"定版绸子"层，将其拖动到"镜头4"合成的时间线面板中，如图15.392所示。

图15.392 添加素材

步骤03 选择"定版绸子"层，展开该层的Transform（转换）选项组，设置Position（位置）的值为（174，118），Scale（缩放）的值为（-50，50），然后修改"定版绸子"右侧的Stretch（拉伸）的值为176%，如图15.393所示。其中一帧的画面效果如图15.394所示。

图15.393 设置参数

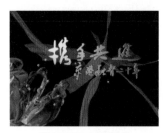

图15.394 画面效果

步骤04 为"定版绸子"层添加Linear Wipe（线性擦除）特效。在Effects & Presets（效果和预置）面板中展开Transition（转换）特效组，然后双击Linear Wipe（线性擦除）特效，如图15.395所示。

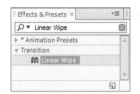

图15.395 添加特效

步骤05 在Effects Controls（特效控制）面板中，修改Linear Wipe（线性擦除）特效的参数，设置Transition Completion（转换程度）的值为50%，Wipe Angle（擦除角度）的值为-127，Feather（羽化）的值为185，如图15.396所示。

图15.396 修改特效的参数

步骤06 设置完成Linear Wipe（线性擦除）特效的参数后的画面效果，如图15.397所示。复制"定版绸子"层，确认当前选择为"定版绸子"层，按Ctrl+D组合键，复制出一份"定版绸子"层，然后将复制出的图层，重命名为"定版绸子2"，如图15.398所示。

图15.397 画面效果

图15.398 复制层

步骤07 选择"4镜花"和"4镜粒子"层，按Ctrl+D组合键，复制所选图层，然后将复制出的图层，分别重命名为"4镜花2"和"4镜粒子2"，并将其右侧的Mode（模式）修改为Add（相加），如图15.399所示。此时其中一帧的画面效果如图15.400所示。

图15.399 复制层

图15.400 画面效果

步骤08 选择"4镜花2"层，将其拖动到"4镜粒子2"层的上一层，如图15.401所示。

图15.401 调整层位置

步骤09 选择"定版文字"层，为其添加Curves（曲线）特效，在Effects & Presets（效果和预置）面板中展开Color Correction（色彩校正）特效组，然后双击Curves（曲线）特效，如图15.402所示。

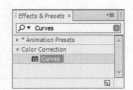

图15.402 添加特效

步骤10 在Effects Controls（特效控制）面板中，调节Curves（曲线）的形状，如图15.403所示。此时的画面效果，如图15.404所示。

步骤11 为"定版文字"层添加Drop Shadow（投影）特效。在Effects & Presets（效果和预置）面板中展开Perspective（透视）特效组，然后双击Drop Shadow（阴影）特效，如图15.405所示。

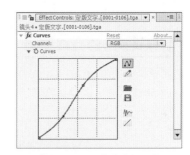

图15.403 调节曲线的形状

图15.404 文字效果

图15.405 添加阴影特效

步骤12 在Effects Controls（特效控制）面板中，修改Drop Shadow（阴影）特效的参数，设置Softness（柔和）的值为5，如图15.406所示。

图15.406 设置参数

步骤13 确认当前选择为"定版文字"层，按Ctrl + D组合键，将其复制一份，然后将复制出的图层重命名为"定版文字2"，并将其右侧的Mode（模式）修改为Screen（屏幕），如图15.407所示。此时的画面效果如图15.408所示。

步骤14 为"定版文字2"层添加Shine（光）特效。选择"定版文字2"层，在Effects & Presets（效果和预置）面板中展开Trapcode特效组，然后双击Shine（光）特效，如图15.409所示。

图15.407 复制层

图15.408 画面效果

图15.409 添加特效

步骤15 将时间调整到00:00:01:12帧的位置，在Effects Controls（特效控制）面板中，修改Shine（光）特效的参数，设置Source Point（源点）的值为（142，105），Ray Length（光线长度）的值为2，Shine Opacity（光透明度）的值为0，并为这3个选项设置关键帧，在Transfer Mode（转换模式）右侧的下拉菜单中选择Multiply（正片叠底）；然后展开Colorize（着色）选项组，在Colorize（着色）右侧的下拉菜单中选择One Color（单色），在Base On（基于）右侧的下拉菜单中选择Alpha Edges，设置Color（颜色）为青色（R:181，G:238，B:250），参数设置如图15.410所示。

图15.410 参数设置

步骤16 将时间调整到00:00:02:10帧的位置，在时间线面板中按U键，显示"定版文字2"层的所有关键帧，修改Source Point（源点）的值为（212，105），Ray Length（光线长度）的值为4，Shine Opacity（光透明度）的值为100，系统将在当前位置自动设置关键帧，如图15.411所示。此时的画面效果如图15.412所示。

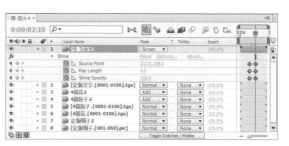

图15.411 修改参数

图15.412 画面效果

步骤17 将时间调整到00:00:02:24帧的位置，修改Source Point（源点）的值为（254，105），Ray Length（光线长度）的值为0，Shine Opacity（光透明度）的值为0，如图15.413所示。

图15.413 在00：00：02：24帧的位置修改参数

15.3.6 为镜头4添加点缀素材

步骤01 在Project（项目）面板中的AE素材文件夹中，选择"灯.jpg""光芒.mov""光斑.jpg""小字下.png"和"虚光_{000-036}.jpg"5个素材，将其拖动到时间线面板中，如图15.414所示。

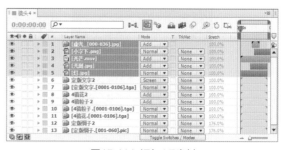

图15.414 添加AE素材

步骤02 在时间线面板的空白处单击，取消选择。然后选择"灯.jpg"，按S键，打开该层的Scale（缩放）选项，设置Scale（缩放）的值为（43，43），如图15.415所示。此时的画面效果如图15.416所示。

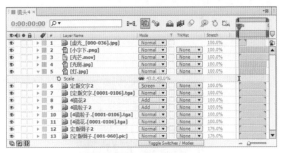

图15.415 设置参数

图15.416 画面效果

步骤03 选择"光斑.jpg"层，将其拖动到"定版文字"层的下一层，然后将其右侧的Mode（模式）修改为Add（相加），如图15.417所示。此时的画面效果如图15.418所示。

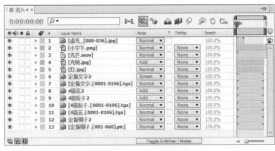

图15.417 修改模式

图15.418 画面效果

步骤04 将时间调整到00:00:01:11帧的位置，展开

"光斑.jpg"层的Transform（转换）选项组，设置Position（位置）的值为（4，210），Scale（缩放）的值为（52，52），然后单击Position（位置）左侧的码表按钮，在当前位置设置关键帧，如图15.419所示。此时的画面效果如图15.420所示。

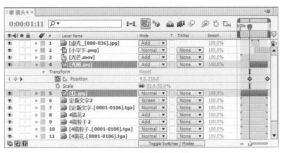

图15.419 设置参数

图15.420 画面效果

步骤05 将时间调整到00:00:04:04帧的位置，修改Position（位置）的值为（46，223），如图15.421所示。此时的画面效果如图15.422所示。

图15.421 修改参数

图15.422 画面效果

步骤06 为"光斑.jpg"层设置入点。将时间调整到00:00:01:11帧的位置，按Alt+[组合键，在当前位置设置入点，如图15.423所示。

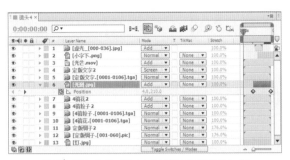

图15.423 在00:00:01:11帧的位置设置入点

步骤07 选择"光芒.mov"层,将其拖动到"定版文字2"的上一层,并将其右侧的Mode(模式)修改为Add(相加);然后展开Transform(变换)选项组,设置Scale(缩放)的值为(55,55),Opacity(不透明度)的值为60%,如图15.424所示。此时的画面效果如图15.425所示。

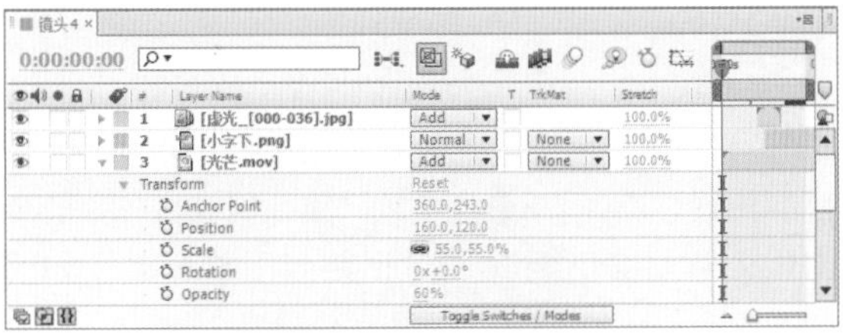

图15.424 修改的参数

图15.425 光芒效果

步骤08 选择"小字下.png"层,将其拖动到"光芒.mov"层的上一层,然后展开该层的Transform(变换)选项组,设置Position(位置)的值为(174,124),Scale(缩放)的值为(40,40),如图15.426所示。此时的画面效果如图15.427所示。

图15.427 小字效果

步骤09 单击工具栏中的Rectangle Tool(矩形工具)□按钮,在合成窗口中为"小字下.png"层,绘制一个遮罩,如图15.428所示。将时间调整到00:00:03:00帧的位置,按M键,打开该层的Mask Path(遮罩形状)选项,单击Mask Path(遮罩形状)左侧的码表按钮,在当前位置设置关键帧,如图15.429所示。

图15.428 绘制遮罩

图15.429 设置关键帧

步骤10 将时间调整到00:00:02:02帧的位置,在当前位置修改遮罩形状,如图15.430所示。然后按F键,打开该层的Mask Feather(遮罩羽化)选项,设置Mask Feather(遮罩羽化)的值为(60,60),如图15.431所示。

图15.430 遮罩形状

図15.426 设置参数

图15.431 设置遮罩羽化值

步骤11 为"小字下.png"层设置入点。按Alt+[组合键，在00:00:02:02帧的位置设置入点，完成效果如图15.432所示。

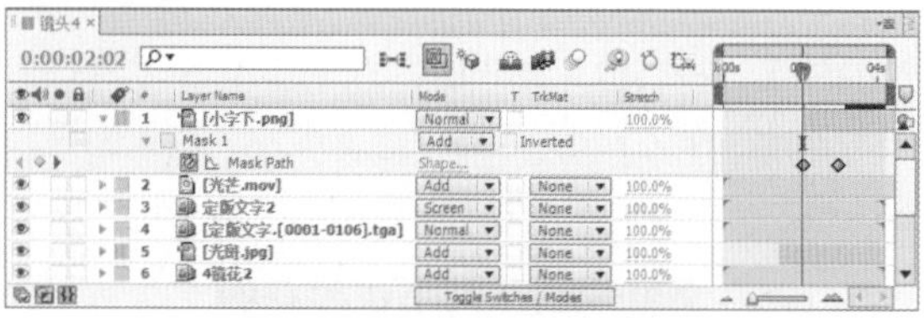

图15.432 在00：00：02：02帧的位置设置入点

步骤12 选择"虚光.jpg"层，将其拖动到"小字下.png"的上一层，修改其右侧的Mode（模式）为Add（相加）；然后展开Transform（变换）选项组，设置Position（位置）的值为（174，158），Scale（缩放）的值为（45，12），如图15.433所示。

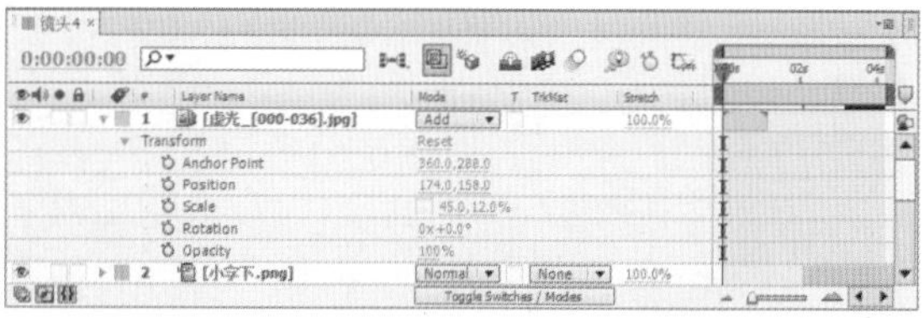

图15.433 设置"虚光.jpg"层的参数

步骤13 为"虚光.jpg"层设置入点。将时间调整到00:00:01:18帧的位置，拖动"虚光.jpg"层的素材条，将其入点调整到当前位置，如图15.434所示。

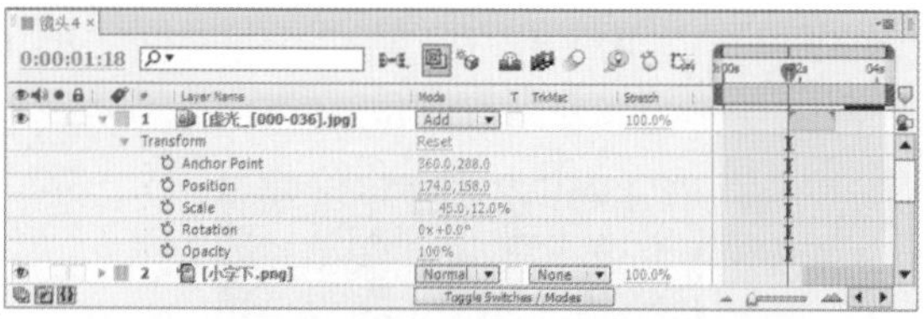

图15.434 调整"虚光.jpg"层的入点位置

15.3.7 制作京港融智合成

步骤01 执行菜单栏中的Composition（合成）| New Composition（新建合成）命令，打开Composition Settings（合成设置）对话框，新建一个Composition

Name（合成名称）为"京港融智"，Width（宽）为"320"，Height（高）为"240"，Frame Rate（帧率）为"25"，Duration（持续时间）为00:00:09:22秒的合成。

步骤02 打开"京港融智"合成的时间线面板，在Project（项目）面板中的三维素材文件夹中，选择"1镜绸子""2镜绸子"和"3镜绸子"3个序列素材，将其拖动到"京港融智"合成的时间线面板中；然后在Project（项目）面板中选择"镜头2""镜头3"和"镜头4"3个合成拖动到时间线面板中，如图15.435所示。

图15.435 添加素材

步骤03 调整图层的入点。将时间调整到00:00:00:17帧的位置，选择"2镜绸子""镜头2"层，拖动2个图层的素材条，将其入点调整到当前位置，如图15.436所示。

图15.436 调整"2镜绸子"层和"镜头2"层的入点位置

步骤04 用同样的方法，将"3镜绸子"层和"镜头3"层的入点调整到00:00:02:18帧的位置；将"镜头4"层的入点调整到00:00:05:16帧的位置，完成后的效果如图15.437所示。

图15.437 调整其他图层的入点位置

步骤05 将时间调整到00:00:00:23帧的位置，选择"1镜绸子"层，按Alt+]组合键，为"1镜绸子"层，设置出点位置。在Project（项目）面板中的AE素材文件夹中，选择"光芒.mov""京港声音"素材，将其拖动到时间线面板中，如图15.438所示。

图15.438 添加AE素材

步骤06 将时间调整到00:00:02:18帧的位置，选择"光芒.mov"层，按Alt+]组合键，在当前位置为"光芒.mov"层设置出点，如图15.439所示。

图15.439 为"光芒.mov"层设置出点

步骤07 制作"背景"。在时间线面板中，按Ctrl+Y组合键，打开Solid Settings（固态层设置）对话框，设置Name（名称）为背景，Color（颜色）为青色（R:8，G:147，B:177），如图15.440所示。单击OK（确定）按钮，在时间线面板中将会新建一个名为"背景"的固态层，然后将"背景"固态层，调整到"镜头4"层的下一层。

图15.440 固态层设置

步骤08 选择"背景"固态层，单击工具栏中的Pen Tool（钢笔工具）按钮，在合成窗口中，绘制一个遮罩，如图15.441所示。

图15.441 绘制遮罩

步骤09 按F键，打开"背景"固态层的Mask Feather（遮罩羽化）选项，设置Mask Feather（遮罩羽化）的值为（80，80），然后按T键，打开该层的Opacity（不透明度）选项，设置Opacity（不透明度）的值为40%，如图15.442所示。此时的画面效果如图15.443所示。

图15.442 设置透明度

图15.443 画面效果

步骤10 在Project（项目）面板中的AE素材文件夹中，选择"点_{0001-0201}.jpg""弧光.{020-070}.rla"素材，将其拖动到时间线面板中"镜头4"层的下一层，然后修改"点.jpg"层的Mode（模式）为Add（相加），Stretch（拉伸）值为33%，如图15.444所示。

图15.444 修改"点.jpg"层的模式和拉伸值

步骤11 打开"点.jpg"层的Transform（变换）选项组，设置Position（位置）的值为（60，225），Scale（缩放）的值为（16，16），如图15.445所示。此时的画面效果如图15.446所示。

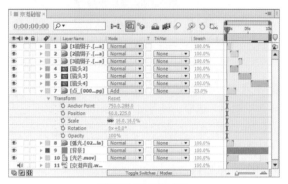

图15.445 设置参数

图15.446 画面效果

步骤12 选择"弧光.rla"层，展开该层的Transform（转换）选项组，设置Position（位置）的值为（87，156），Scale（缩放）的值为（-20，-38），Rotation（旋转）的值为-16，如图15.447所示。此时的画面效果如图15.448所示。

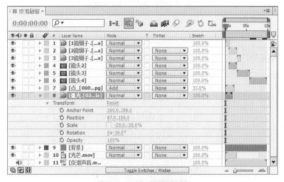

图15.447 设置参数

图15.448 画面效果

步骤13 为"弧光.rla"层添加Fill（填充）特效。在Effects & Presets（效果和预置）面板中展开Generate（创造）特效组，然后双击Fill（填充）特效，如图15.449所示。此时的画面效果如图15.450所示。

图15.449 添加特效

图15.450 画面效果

步骤14 在Effects Controls（特效控制）面板中，修改Fill（填充）特效的参数，设置Color（颜色）为青色（R:26，G:121，B:148），如图15.451所示。设置参数后的画面效果如图15.452所示。

图15.451 设置参数

图15.452 画面效果

步骤15 在Project（项目）面板中的AE素材文件夹中，选择"点修饰物.avi""蓝绿色光.jpg""光.{000-049}.jpg"3个素材，将其拖动到时间线面板中"3镜绸子"的下一层，然后将3个素材层右侧的Mode（模式）修改为Add（相加），如图15.453所示。

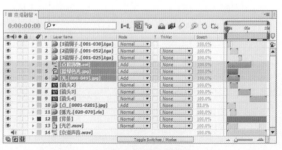

图15.453 添加素材

步骤16 将时间调整到00:00:05:22帧的位置，选择"点修饰物.avi"层，按Alt+]组合键，在当前位置为"点修饰物.avi"层设置出点；然后按P键，打开该层的Position（位置）选项，设置Position（位置）的值为（165，144），如图15.454所示。

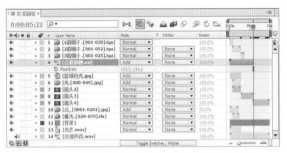

图15.454 设置图层的出点并修改位置的值参数

步骤17 将时间调整到00:00:02:17帧的位置，选择"蓝绿色光.jpg"层，按Alt+]组合键，为"蓝绿色光.jpg"层在当前位置设置出点；展开该层的Transform（转换）选项组，设置Position（位置）的值为（113，82），Scale（缩放）的值为（73，17），Opacity（不透明度）的值为72%，然后单击Position（位置）左侧的码表按钮，在当前位置设置关键帧，如图15.455所示。

图15.455 在00:00:02:17帧的位置设置关键帧

步骤18 将时间调整到00:00:00:00帧的位置，修改Position（位置）的值为（33，82），如图15.456所示。此时的画面效果如图15.457所示。

图15.456 修改参数

图15.457 画面效果

步骤19 将时间调整到00:00:00:17帧的位置，选择"光.jpg"层，拖动该层的素材条，将其入点调整到当前位置，然后修改其右侧的Stretch（拉伸）的值为190%；展开该层的Transform（变换）选项组，设置Position（位置）的值为（212，159），Scale（缩放）的值为（30，30），Rotation（旋转）的值为63，并单击Rotation（旋转）左侧的码表按钮，在当前位置设置关键帧，如图15.458所示。

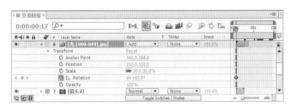

图15.458 修改Stretch（拉伸）的值为190%

步骤20 将时间调整到00:00:02:17帧的位置，修改Rotation（旋转）的值为32；然后在当前位置，按Alt+]组合键，为"光.jpg"层设置出点，如图15.459所示。

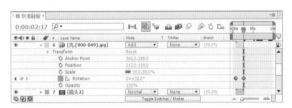

图15.459 在00:00:02:17帧的位置设置出点

步骤21 按Ctrl+D组合键，将"光.jpg"层复制一层，然后将复制出的图层重命名为"光2"，并将其右侧的Stretch（拉伸）值修改为48%，如图15.460所示。

图15.460 修改"光2"的拉伸值为48%

步骤22 将时间调整到00:00:05:10帧的位置，按[键，将"光2"层的入点设置到当前位置，然后展开该层的Transform（变换）选项组，设置Position（位置）的值为（356，142），Scale（缩放）的值为（-416，-416），并分别单击Position（位置）、Scale（缩放）左侧的码表按钮，在当前位置设置关键帧；然后单击Rotation（旋转）左侧的码表按钮，取消所有关键帧，并修改Rotation（旋转）的值为0，如图15.461所示。此时的画面效果如图15.462所示。

图15.461 设置关键帧

图15.462 画面效果

步骤23 将时间调整到00:00:05:21帧的位置，修改Position（位置）的值为（160，176），Scale（缩放）的值为（-62，-62），如图15.463所示。此时的画面效果如图15.464所示。

图15.463 修改参数

图15.464 画面效果

步骤24 将时间调整到00:00:00:00帧的位置，单击工具栏中的Horizontal Type Tool（横排文字工具）T.

按钮，在合成窗口中输入文字"见证历史"，设置字体为FZBaoSong-Z04S，Fill Color（填充颜色）为白色，字符大小为17px，并单击粗体T按钮，参数设置，如图15.465所示，画面效果如图15.466所示。

图15.465 字符设置面板　　图15.466 画面效果

步骤25 选择"见证历史"文字层，在Effects & Presets（效果和预置）面板中展开Generate（创造）特效组，然后双击Ramp（渐变）特效，如图15.467所示。

图15.467 添加特效

步骤26 在Effects Controls（特效控制）面板中，修改Ramp（渐变）特效的参数，设置Start of Color（开始色）为橙色（R:255，G:126，B:0），End of Color（结束色）为黄色（R:255，G:236，B:20），Start of Ramp（渐变开始）的值为（71，60），End of Ramp（渐变结束）的值为（71，72），参数设置如图15.468所示。

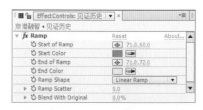

图15.468 修改参数

步骤27 将时间调整到00:00:00:00帧的位置，在时间线面板中，展开"见证历史"文字层的Transform（变换）选项组，设置Anchor Point（定位点）的值为（36，-6），Position（位置）的值为（66，66），Opacity（不透明度）的值为0%，然后分别单击Scale（缩放）和Opacity（不透明度）左侧的码表按钮，在当前位置设置关键帧，如图15.469所示。

图15.469 设置关键帧

步骤28 将时间调整到00:00:00:10帧的位置，修改Opacity（不透明度）的值为100%；将时间调整到00:00:02:17帧的位置，修改Scale（缩放）的值为（115，115），如图15.470所示。

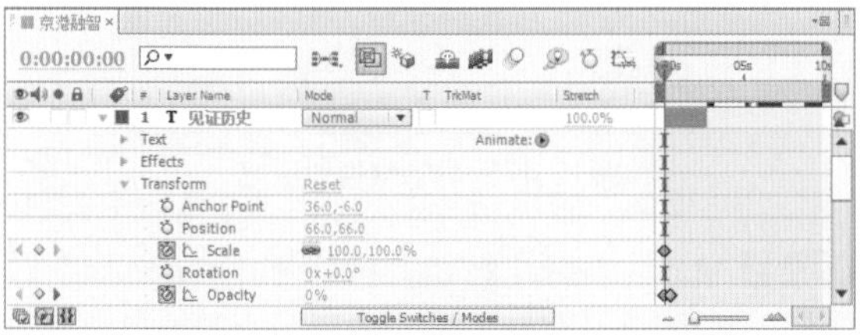

图15.470 修改参数

步骤29 按Alt+]组合键，在00:00:02:17帧的位置，为"见证历史"文字层设置出点，如图15.471所示。

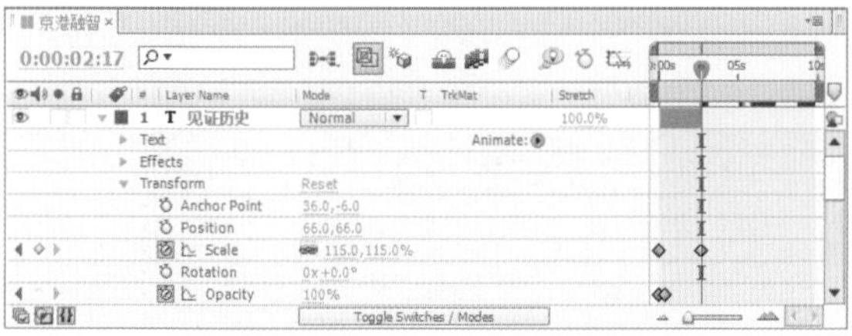

图15.471 为"见证历史"文字层设置出点

步骤30 这样就完成了"电视栏目包装——京港融智"的整体制作，按小键盘上的0键，在合成窗口中预览动画。

15.4 电视栏目包装——天天卫视

难易程度：★★★☆☆

实例说明： "天天卫视"是一个关于Logo演绎的电视栏目包装，如今的电视频道都很注重包装，这样可以使观众更加清楚、深刻地记住该频道，首先

利用Fractal Noise（分形噪波）、Colorama（色彩渐变映射）等特效制作出彩光效果，然后通过添加Shatter（碎片）特效，以及配合力场和动力学参数的调整，制作出图像碎片的效果，最后通过添加虚拟物体，制作出Logo旋转动画。本例最终的动画流程效果，如图15.472所示。

工程文件： 第15章\天天卫视

视频位置： movie\15.4 电视栏目包装——天天卫视.avi

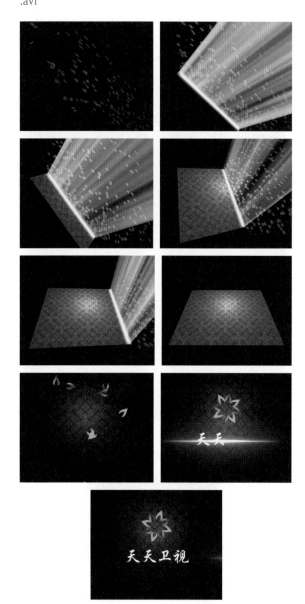

图15.472 天天卫视最终动画流程效果

知识点

- 学习彩色光效的制作方法以及如何利用碎片特效制作画面粉碎效果
- 掌握切割特效的制作技巧
- 掌握电视栏目包装的制作技巧

15.4.1 导入素材

步骤01 执行菜单栏中的Composition（合成）| New Composition（新建合成）命令，打开Composition Settings（合成设置）对话框，设置Composition Name（合成名称）为"彩光"，Width（宽）为"720"，Height（高）为"576"，Frame Rate（帧率）为"25"，并设置Duration（持续时间）为00:00:06:00秒，如图15.473所示。单击OK（确定）按钮，在Project（项目）面板中，将会新建一个名为"彩光"的合成，如图15.474所示。

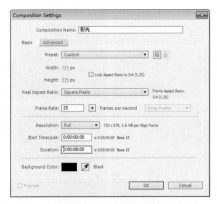

图15.473 合成设置

图15.474 新建合成

> **技巧** 按Ctrl+N组合键，也可以打开Composition Settings（合成设置）对话框。

步骤02 执行菜单栏中的File（文件）| Import（导入）| File（文件）命令，打开Import File（导入文件）对话框，选择配套资源中的"工程文件\第18章\天天卫视\Logo.psd"素材，如图15.475所示。

图15.475 导入文件对话框

步骤03 单击【打开】按钮，将打开"Logo.psd"对话框，在Import Kind（导入类型）的下拉列表中选择Composition（合成）选项，将素材以合成的方式导入，如图15.476所示。单击OK（确定）按钮，素材将导入到Project（项目）面板中。

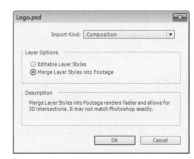

图15.476 导入素材

步骤04 执行菜单栏中的File（文件）| Import（导入）| File（文件）命令，打开Import File（导入文件）对话框，选择配套资源中的"工程文件\第18章\天天卫视\光线.jpg、扫光图片.jpg"素材，单击【打开】按钮，将"光线.jpg""扫光图片.jpg"导入到Project（项目）面板中。

15.4.2 制作彩光效果

步骤01 按Ctrl+Y组合键，打开Solid Settings（固态层设置）对话框，设置Name（名称）为"噪波"，Color（颜色）为"黑色"，如图15.477所示。

图15.477 固态层设置

步骤02 选择"噪波"固态层，在Effects & Presets（效果和预置）面板中展开Noise & Grain（噪波和杂点）特效组，然后双击Fractal Noise（分形噪波）特效，如图15.478所示。

图15.478 添加分形噪波

步骤03 在Effect Controls（特效控制）面板中，设置Contrast（对比度）的值为120；展开Transform（转换）选项组，取消勾选Uniform Scaling（等比缩放）复选框，设置Scale Width（缩放宽度）的值为5000，Scale Height（缩放高度）的值为100，Complexity（复杂性）的值为4；将时间调整到00:00:00:00帧的位置，分别单击Offset Turbulence（乱流偏移）和Evolution（进化）左侧的码表 ⏱ 按钮，在当前位置设置关键帧，并设置Offset Turbulence（乱流偏移）的值为（3600，288），Evolution（进化）的值为0，如图15.479所示。完成后的画面效果如图15.480所示。

图15.479 分形噪波参数设置　　图15.480 画面效果

提示 Transform（转换）：该选项组主要控制图像的噪波的大小、旋转角度、位置偏移等设置。Rotation（旋转）：设置噪波图案的旋转角度。Uniform Scaling（等比缩放）：勾选该复选框，对噪波图案进行宽度、高度的等比缩放。Scale（缩放）：设置图案的整体大小。在勾选Uniform Scaling（等比缩放）复选框时可用。Scale Width/Height（缩放宽度/高度）：在没有勾选Uniform Scaling（等比缩放）复选框时，可用通过这两个选项，分别设置噪波图案的宽度和高度的大小。Offset Turbulence（乱流偏移）：设置噪波的动荡位置。Complexity（复杂性）：设置分形噪波的复杂程度。值越大，噪波越复杂。

步骤04 将时间调整到00:00:05:24帧的位置，设置Offset Turbulence（乱流偏移）的值为（-3600，288），Evolution（进化）的值为1x，如图15.481所示。

图15.481 在00:00:05:24帧的位置修改参数

步骤05 在Effects & Presets（效果和预置）面板中展开Style（风格化）特效组，然后双击Strobe Light（闪光灯）特效，为"噪波"层添加Strobe Light（闪光灯）特效，如图15.482所示。

步骤06 在Effect Controls（特效控制）面板中，设置Strobe Color（闪光色）的值为白色，Blend With Original（与原始图像混合）的值80%，Strobe Duration（闪光长度）的值为0.03，Strobe Period（闪光周期）的值为0.06，Random Strobe Probablity（随机闪光概率）的值为30%，并设置Strobe（闪光）的方式为Makes Layer Transparent（层透明），如图15.483所示。

图15.482 添加特效

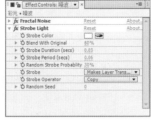

图15.483 参数设置

提示 Strobe Color（闪光色）：设置闪光灯的闪光颜色。Blend With Original（与原始图像混合）：设置闪光效果与原始素材的融合程度。越值大越接近原图。Strobe Duration（闪光长度）：设置闪光灯的持续时间，单位为秒。Strobe Period（闪光周期）：设置闪光灯两次闪光之间的间隔时间，单位为秒。Random Strobe Probablity（随机闪光概率）：设置闪光灯闪光的随机概率。Strobe（闪光）：设置闪光的方式。Strobe Operator（闪光操作）：设置闪光的运算方式。Random Seed（随机种子）：设置闪光的随机种子量。值越大，颜色产生的不透明度越高。

步骤07 按Ctrl+Y组合键，新建一个Name（名称）为"光线"，Color（颜色）为黑色的固态层，如图15.484所示。

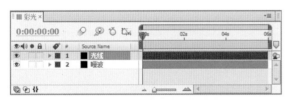

图15.484 新建"光线"固态层

步骤08 选择"光线"固态层，在Effects & Presets（效果和预置）面板中展开Generate（创造）特效组，然后双击Ramp（渐变）特效，如图15.485所示，Ramp（渐变）特效的参数使用默认值。

步骤09 在Effects & Presets（效果和预置）面板中展开Color Correction（色彩校正）特效组，然后双击Colorama（彩光）特效，如图15.486所示。Colorama（彩光）的参数使用默认值。

图15.485 渐变特效

图15.486 彩光特效

提示 Start of Ramp（渐变开始）：设置渐变开始的位置。Start Color（开始色）：设置渐变开始的颜色。End of Ramp（渐变结束）：设置渐变结束的位置。End Color（结束色）：设置渐变结束的颜色。Ramp Shape（渐变形状）：选择渐变的方式。包括Linear Ramp（线性渐变）和Radial Ramp（径向渐变）两种方式。Ramp Scatter（渐变扩散）：设置渐变的扩散程度。值过大时将产生颗粒效果。Blend With Original（与原始图像混合）：设置渐变颜色与原图像的混合百分比。

步骤10 在时间线面板中将"光线"层的Mode（模式）修改为Color（颜色），画面效果，如图15.487所示。

步骤11 按Ctrl+Y组合键，新建一个Name（名称）为"蒙版遮罩"，Color（颜色）为黑色的固态层。选择"蒙版遮罩"固态层，单击工具栏中的Rectangle Tool（矩形工具）□按钮，在合成窗口中绘制一个矩形蒙版，如图15.488所示。

图15.487 画面效果

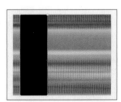

图15.488 绘制矩形蒙版

技巧 在调整蒙版的形状时，按住Ctrl键，遮罩将以中心对称的形式进行变换。

步骤12 按F键，打开"蒙版遮罩"固态层的Mask Feather（蒙版羽化）选项，设置Mask Feather（蒙版羽化）的值为（250，250），如图15.489所示。此时的画面效果如图15.490所示。

图15.489 设置蒙版羽化

图15.490 画面效果

步骤13 选择"光线"固态层,从Track Matte(轨道蒙版)下拉菜单中选择Alpha Matte"蒙版遮罩",如图15.491所示。

图15.491 设置图层模式和蒙版模式

步骤14 这样就完成了彩光效果的制作,在合成窗口中观看,其中几帧的画面效果如图15.492所示。

图15.492 其中几帧的画面效果

15.4.3 制作蓝色光带

步骤01 执行菜单栏中的Composition(合成)| New Composition(新建合成)命令,打开Composition Settings(合成设置)对话框,设置Composition Name(合成名称)为"蓝色光带",Width(宽)为"720",Height(高)为"576",Frame Rate(帧率)为"25",并设置Duration(持续时间)为00:00:06:00秒,如图15.493所示。

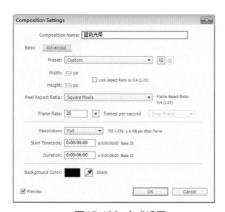

图15.493 合成设置

步骤02 按Ctrl+Y组合键,打开Solid Settings(固态层设置)对话框,设置Name(名称)为"蓝光条",Color(颜色)为蓝色(R:50,G:113,B:255),如图15.494所示。

图15.494 固态层设置

步骤03 选择"蓝光条"层,单击工具栏中的Rectangle Tool(矩形工具)█按钮,在"蓝色光带"合成窗口中绘制一个长条矩形,如图15.495所示。

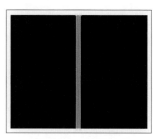

图15.495 绘制矩形

步骤04 按F键,打开该层的Mask Feather(蒙版羽化)选项,设置Mask Feather(蒙版羽化)的值为(25,25),如图15.496所示。

图15.496 设置蒙版羽化的值

步骤05 在Effects & Presets(效果和预置)面板中展开Style(风格化)特效组,然后双击Glow(发光)特效,如图15.497所示。

图15.497 添加Glow(发光)特效

步骤06 在Effect Controls（特效控制）面板中，设置Glow Threshold（发光阈值）的值为28%，Glow Radius（发光半径）的值为20，Glow Intensity（发光强度）的值为2，从Glow Colors（发光色）下拉菜单中选择A & B Colors（A和B颜色），设置Color B（颜色B）为白色，如图15.498所示。

图15.498 Glow（发光）特效的参数设置

> **提示** Glow Based On（发光基于）：选择发光建立的位置。Glow Threshold（发光阈值）：设置产生发光的极限。值越大，发光的面积越大。Glow Radius（发光半径）：设置发光的半径大小。Glow Intensity（发光强度）：设置发光的亮度。Glow Operation（发光操作）：设置发光与原图的混合模式。Glow Colors（发光色）：设置发光的颜色。Color Loops（色彩循环）：设置发光颜色的循环次数。Glow Dimensions（发光维度）：设置发光的方式。

步骤07 这样就完成了蓝色光带的制作，此时Composition（合成）窗口中的画面效果，如图15.499所示。

图15.499 调节完成参数后的画面效果

> **技巧** 调节完成后的图像外部为蓝色的光带，由于在绘制时遮罩的大小不同，调节Glow（发光）特效的参数时也会不同，如果完成后的效果不满意，只需要调节Glow Threshold（发光阈值）的值即可。

15.4.4 制作碎片效果

步骤01 执行菜单栏中的Composition（合成）| New Composition（新建合成）命令，新建一个Composition Name（合成名称）为"渐变"，Width（宽）为"720"，Height（高）为"576"，Frame Rate（帧率）为"25"，Duration（持续时间）为00:00:06:00秒的合成。

步骤02 按Ctrl+Y组合键，新建一个名为"Ramp渐变"，Color（颜色）为黑色的固态层，如图15.500所示。

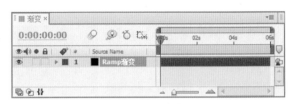

图15.500 新建固态层

步骤03 选择"Ramp渐变"固态层，在Effects & Presets（效果和预置）面板中展开Generate（创造）特效组，然后双击Ramp（渐变）特效，为其添加Ramp（渐变）特效。

步骤04 在Effect Controls（特效控制）面板中，设置Start of Ramp（渐变开始）的值为（0，288），End of Ramp（渐变结束）的值为（720，288），如图15.501所示。完成后的画面效果如图15.502所示。

图15.501 渐变参数设置　　　　图15.502 画面效果

步骤05 执行菜单栏中的Composition（合成）| New Composition（新建合成）命令，打开Composition Settings（合成设置）对话框，设置Composition Name（合成名称）为"碎片"，Width（宽）为"720"，Height（高）为"576"，Frame Rate（帧率）为"25"，并设置Duration（持续时间）为00:00:06:00秒，如图15.503所示。

图15.503 合成设置

步骤06 在Project（项目）面板中，选择"扫光图片.jpg"和"渐变"合成2个素材，将其拖放到"碎片"时间线面板中，单击"渐变"合成层左侧的眼睛👁图标，将"渐变"合成层隐藏，如图15.504所示。

图15.504 添加素材

步骤07 在时间线面板的空白处单击鼠标右键，在弹出的快捷菜单中，选择New（新建）| Camera（摄像机）命令，打开Camera Settings（摄像机设置）对话框，在Preset（预置）下拉菜单中选择24mm，如图15.505所示。

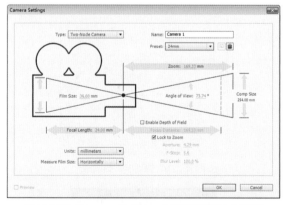

图15.505 Camera Settings（摄像机设置）对话框

> **技巧** 在时间线面板中按Ctrl+Alt+Shift+C组合键，可以快速打开Camera Settings（摄像机设置）对话框。

步骤08 选择"扫光图片.jpg"素材层，在Effects & Presets（效果和预置）面板中展开Simulation（模拟）特效组，然后双击Shatter（碎片）特效，如图15.506所示。此时，由于当前的渲染形式是网格，所以当前合成窗口中显示的是网格效果，如图15.507所示。

图15.506 添加碎片特效   图15.507 画面效果

步骤09 在Effect Controls（特效控制）面板中，从View（视图）下拉菜单中，选择Rendered（渲染），如图15.508所示；此时，拖动时间滑块，可以看到一个碎片爆炸的效果，其中一帧的画面效果，如图15.509所示。

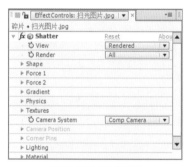

图15.508 渲染设置

图15.509 显示设置

> **技巧** 要想看到图像的效果，注意在时间线面板中拖动时间滑块，如果时间滑块位于0帧的位置，则看不到图像效果。

步骤10 设置图片的蒙版。在Effect Controls（特效控制）面板中，展开Shape（形状）选项组，设置Pattern（图案）为Squares（正方形），设置

Repetitions（重复）的值为40，Extrusion Depth（挤压深度）的值为0.05，如图15.510所示。完成后的画面效果如图15.511所示。

图15.510 Shape（形状）设置

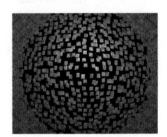

图15.511 图像效果

技巧 在设置Shatter（碎片）特效的Pattern（图案）时，也可以根据自己的喜好选择其他碎片图案。

步骤11 设置力场和渐变层参数。在Effect Controls（特效控制）面板中，展开Force 1（力场 1）选项组，设置Depth（深度）的值为0.2，Radius（半径）的值为1，Strength（强度）的值为5；将时间调整到00:00:01:05帧的位置，展开Gradient（渐变）选项组，单击Shatter Threshold（碎片极限）左侧的码表🕙按钮，在当前位置设置关键帧，并设置Shatter Threshold（碎片极限）的值为0%，然后在Gradient Layer（渐变层）下拉菜单中选择"渐变"，如图15.512所示。

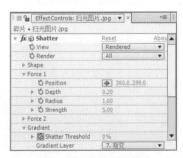

图15.512 力场和渐变层

步骤12 将时间调整到00:00:04:00帧的位置，修改Shatter Threshold（碎片极限）的值为100%，如图15.513所示。

图15.513 碎片极限

步骤13 设置动力学参数。在Effect Controls（特效控制）面板中，展开Physics（物理学）选项组，设置Rotation Speed（旋转速度）的值为0，Randomness（随机度）的值为0.2，Viscosity（黏度）的值为0，Mass Variance（变量）的值为20%，Gravity（重力）的值为6，Gravity Direction（重力方向）的值为90，Gravity Inclination（重力倾斜）的值为80；从Camera System（摄像机系统）下拉菜单中选择Comp Camera（合成摄像机），如图15.514所示。此时，拖动时间滑块，从合成窗口中，可以看到动力学影响下的图片产生了很大的变化，其中一帧的画面，如图15.515所示。

图15.514 物理学参数设置

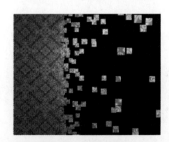

图15.515 画面效果

15.4.5 虚拟物体控制摄像机

步骤01 在Project（项目）面板中，选择"蓝色光带"和"彩光"两个合成素材，将其拖放到时间线面板中的"camera 1"层的下一层，如图15.516所示。

图15.516 添加合成素材

步骤02 打开"蓝色光带"和"彩光"合成层三维属性开关。将时间调整到00:00:01:00帧的位置，选择"彩光"合成层，展开该层的Transform（转换）选项组，设置Anchor Point（定位点）的值为（0，288，0），Orientation（方向）的值为（0，90，0），Opacity（不透明度）的值为0%，并单击Opacity（不透明度）左侧的码表⏱按钮，在当前位置设置关键帧，如图15.517所示。

图15.517 在00:00:01:00帧的位置设置关键帧

> **技巧** 只有打开三维属性开关的图层，才会跟随摄像机的运动而运动。

步骤03 将时间调整到00:00:01:05帧的位置，单击Position（位置）左侧的码表⏱按钮，在当前位置设置关键帧，并设置Position（位置）的值为（740，288，0），Opacity（不透明度）的值为100%，如图15.518所示。

步骤04 将时间调整到00:00:04:00帧的位置，修改Position（位置）的值（-20，288，0），单击Opacity（不透明度）左侧的Add or remove keyframe at current time（在当前位置添加或删除关键帧）按

钮，添加一个保持关键帧。将时间调整到00:00:04:05帧的位置，修改Opacity（不透明度）的值为0%，如图15.519所示。

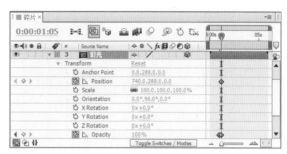

图15.518 在00:00:01:05帧的位置设置关键帧

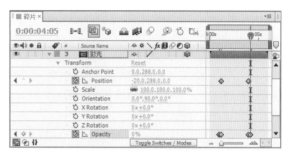

图15.519 在00:00:04:00帧的位置修改参数

> **技巧** 如果在某个关键帧之后的位置，单击Add or remove keyframe at current time（在当前位置添加或删除关键帧）⏱按钮，则将添加一个保持关键帧，即当前帧的参数设置，与上一帧的参数设置相同。

步骤05 在时间线面板的空白处单击鼠标右键，在弹出的快捷菜单中，选择New（新建）| Null Object（虚拟物体）命令，时间线面板中将会创建一个Null 1层，然后打开该层的三维属性开关，如图15.520所示。

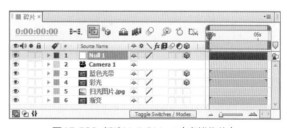

图15.520 新建Null Object（虚拟物体）

> **技巧** 在时间线面板中，按Ctrl+Alt+Shift+Y组合键，可以快速创建Null Object（虚拟物体），或在时间线面板中单击鼠标右键，在弹出的快捷菜单中执行New（新建）| Null Object（虚拟物体）命令，也可创建Null Object（虚拟物体）。

步骤06 在Camera1层右侧Parent（父级）属性栏中选择"Null 1"层，将"Null 1"父化给Camera1，如图15.521所示。

图15.521 建立父子关系

技巧 建立父子关系后，子物体会跟随父物体一起运动。

步骤07 将时间调整到00:00:00:00帧的位置，选择"Null 1"层，按R键，打开该层的旋转选项组，单击Orientation（方向）左侧的码表按钮，在当前位置设置关键帧，如图15.522所示。

图15.522 为Orientation（方向）设置关键帧

步骤08 将时间调整到00:00:01:00帧的位置，修改Orientation（方向）的值为（4，0，0），并单击Y Rotation（Y轴旋转）左侧的码表按钮，在当前位置设置关键帧，如图15.523所示。

图15.523 为Y Rotation（Y轴旋转）设置关键帧

步骤09 将时间调整到00:00:05:24帧的位置，修改Y Rotation（Y轴旋转）的值为120，系统将在当前位置自动设置关键帧，如图15.524所示。

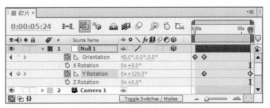

图15.524 修改Y Rotation（Y轴旋转）的值为120

步骤10 将"Null 1"层的4个关键帧全部选中，按F9键，使曲线平缓的进入和离开，完成后的效果，如图15.525所示。

图15.525 使曲线平缓地进入和离开

技巧 完成操作后，会发现关键帧的形状发生了变化，这样可以使曲线平缓的进入和离开，并使其不是匀速运动。执行菜单栏中的Animation（动画）|Keyframe Assistant（关键帧助理）|Easy Ease命令，也可使关键帧的形状进行改变。

15.4.6 制作摄像机动画

步骤01 将时间调整到00:00:00:00帧的位置，选择"Camera1"层，按P键，打开该层的Position（位置）选项，单击Position（位置）左侧的码表按钮，在当前位置设置关键帧，并设置Position（位置）的值为（0，0，-800），如图15.526所示。

图15.526 修改Position（位置）的值为（0，0，-800）

步骤02 将时间调整到00:00:01:00帧的位置，单击Position（位置）左侧的Add or remove keyframe at current time（在当前位置添加或删除关键帧）按钮，添加一个保持关键帧，如图15.527所示。

图15.527 添加一个保持关键帧

步骤03 将时间调整到00:00:05:24帧的位置，设置 Position（位置）的值为（0，−800，−800）；选择该层的后两个关键帧，按F9键，完成后的效果，如图15.528所示。

图15.528 设置位置的值为（0，−800，−800）

步骤04 将时间调整到00:00:01:00帧的位置，选择"彩光"层，按U键，打开该层的所有关键帧，将其全部选中，按Ctrl+C组合键，复制关键帧，然后选择"蓝色光带"层，按Ctrl+V组合键，粘贴关键帧，然后按U键，效果如图15.529所示。

图15.529 复制关键帧

步骤05 将"蓝色光带"和"彩光"层Mode（模式）修改为Screen（屏幕），并将"Null 1"层隐藏，如图15.530所示。

图15.530 修改图层的叠加模式

步骤06 在Project（项目）面板中选择"扫光图片.jpg"素材，将其拖动到时间线面板中，使其位于"彩光"合成层的下一层，并将其重命名为"扫光图片1"，如图15.531所示。

图15.531 添加"扫光图片1"素材

步骤07 确认当前选择为"扫光图片1"层，将时间调整到00:00:00:24帧的位置，按Alt+]组合键，为"扫光图片1"层设置出点，如图15.532所示。

图15.532 设置"扫光图片1"层的出点位置

技巧 按Ctrl+]组合键，可以为选中的图层，设置出点。

步骤08 将时间调整到00:00:01:00帧的位置，在时间线面板中，选择除"扫光图片1"层以外的所有图层，然后按[键，为所选图层设置入点，完成后的效果如图15.533所示。

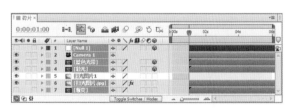

图15.533 为图层设置入点

步骤09 选择"扫光图片1"层，按S键，打开该层的Scale（缩放）选项，在00:00:01:00帧的位置单击Scale（缩放）左侧的码表按钮，在当前位置设置关键帧，并修改Scale（缩放）的值为（68，68），如图15.534所示。

图15.534 修改Scale（缩放）的值为（68，68）

步骤10 将时间调整到00:00:00:15帧的位置，修改Scale（缩放）的值为（100，100），如图15.535所示。

图15.535 修改Scale（缩放）的值

15.4.7 制作花瓣旋转

步骤01 在项目面板中选择"Logo"合成，按Ctrl+K组合键，打开Composition Settings（合成设置）对话框，设置Duration（持续时间）为00:00:03:00秒，如图15.536所示，双击打开"Logo"合成，单击OK（确定）按钮。此时合成窗口中的画面效果如图15.537所示。

图15.536 设置持续时间

图15.537 画面效果

技巧 单击时间线面板右上角的按钮，从弹出的菜单中选择Composition Settings（合成设置）命令，也可打开Composition Settings（合成设置）对话框。

步骤02 在时间线面板中，选择"花瓣""花瓣 副本""花瓣 副本2""花瓣 副本3""花瓣 副本4""花瓣 副本5""花瓣 副本6"和"花瓣 副本7"8个素材层，按A键，打开所选层的Anchor Point（定位点）选项，设置Anchor Point（定位点）的值为（360，188），如图15.538所示。此时的画面效果如图15.539所示。

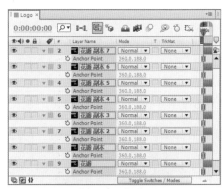

图15.538 设置中心点

图15.539 画面效果

步骤03 按P键，打开所选层的Position（位置）选项，设置Position（位置）的值为（360，188），如图15.540所示。画面效果如图15.541所示。

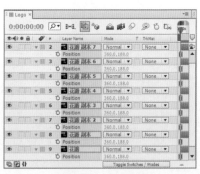

图15.540 设置位置

图15.541 画面效果

步骤04 将时间调整到00:00:01:00帧的位置，单击Position（位置）左侧的码表按钮，在当前位置设置关键帧，如图15.542所示。

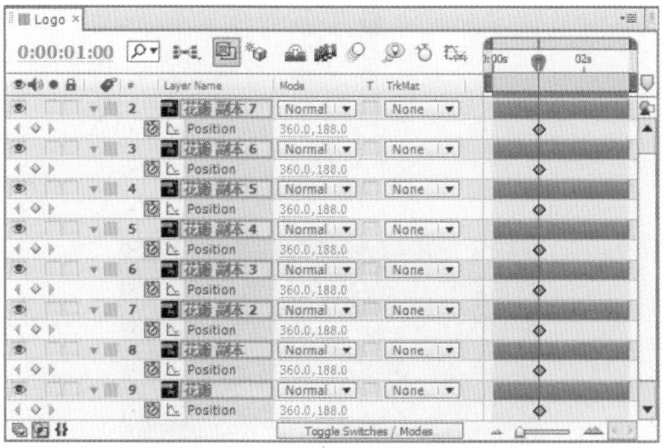

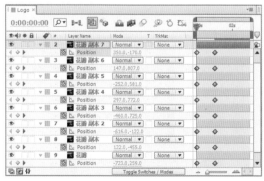

图15.542 在00:00:01:00帧的位置设置关键帧

步骤05 将时间调整到00:00:00:00帧的位置，分别修改"花瓣"层Position（位置）的值为（-723，259），"花瓣 副本"层Position（位置）的值为（122，-455），"花瓣 副本2"层Position（位置）的值为（-616，-122），"花瓣 副本3"层Position（位置）的值为（-460，725），"花瓣 副本4"层Position（位置）的值为（297，772），"花瓣 副本5"层Position（位置）的值为（-252，-581），"花瓣 副本6"层Position（位置）的值为（147，807），"花瓣 副本7"层Position（位置）的值为（350，-170），参数设置，如图15.543所示。

图15.543 修改Position（位置）的值

> **技巧** 本步中采用倒着设置关键帧的方法，制作动画。这样制作是为了在00:00:00:00帧的位置，读者也可以根据自己的需要随便调节图像的位置，制作出另一种风格的汇聚效果。

步骤06 执行菜单栏中的Layer（层）| New（新建）| Null Object（虚拟物体）命令，创建一个"Null 2"层，按A键，打开该层的Anchor Point（定位点）选项，设置Anchor Point（定位点）的值为（50，50），如图15.544所示。画面效果如图15.545所示。

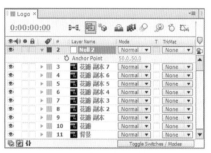

图15.544 设置定位点

图15.545 画面效果

> **技巧** 默认情况下，Null Object（虚拟物体）的定位点在左上角，如果需要其围绕中心点旋转，必须调整定位点的位置。

步骤07 按P键，打开该层的Position（位置）选项，设置Position（位置）的值为（360，188），如图15.546所示。此时虚拟物体的位置如图15.547所示。

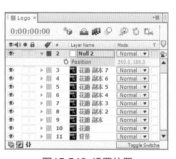

图15.546 设置位置

图15.547 虚拟物体的位置

步骤08 选择"花瓣""花瓣 副本""花瓣 副本2""花瓣 副本3""花瓣 副本4""花瓣 副本5""花瓣 副本6"和"花瓣 副本7"8个素材层，在所选层右侧的Parent（父级）属性栏中选择"Null 2"选项，建立父子关系。选择"Null 2"层，按R键，打开该层的Rotation（旋转）选项，将时间调整到00:00:00:00帧的位置，单击Rotation（旋转）左侧的码表按钮，在当前位置设置关键帧，如图15.548所示。

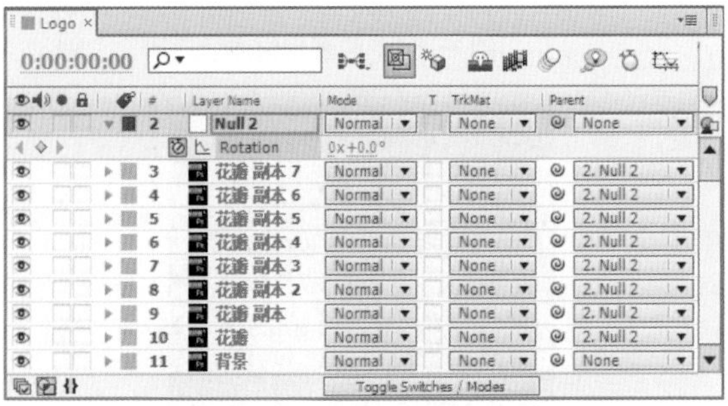

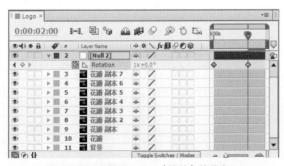

图15.548 在00:00:00:00帧的位置设置关键帧

> **技巧** 建立父子关系后，为"Null 2"层调整参数，设置关键帧，可以带动子物体层一起运动。

步骤09 将时间调整到00:00:02:00帧的位置，设置Rotation（旋转）的值为1x，将"Null 2"层隐藏，如图15.549所示。

图15.549 设置Rotation（旋转）的值为1x

15.4.8 制作Logo定版

步骤01 在Project（项目）面板中，选择"光线.jpg"素材，将其拖动到时间线面板中"天天卫视"的上一层，并修改"光线.jpg"层的Mode（模式）为Add（相加），如图15.549所示。此时的画面效果如图15.550所示。

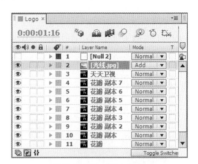

图15.550 添加素材

图15.551 画面效果

> **技巧** 在图层背景是黑色的前提下，修改图层的Mode（模式），可以将黑色背景滤去，只留下图层中的图像。

步骤02 按S键，打开该层的Scale（缩放）选项，单击Scale（缩放）右侧的Constrain Proportions（约束比例）按钮取消约束，并设置Scale（缩放）的值为（100，50），如图15.552所示。

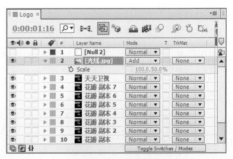

图15.552 设置缩放

步骤03 将时间调整到00:00:01:00帧的位置，按P键，打开该层的Position（位置）选项，单击Position（位置）左侧的码表🕙按钮，设置Position（位置）的值为（-421，366），如图15.553所示。

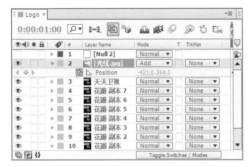

图15.553 设置"光线"位置参数

步骤04 将时间调整到00:00:01:16帧的位置，设置Position（位置）的值为（1057，366），如图15.554所示。拖动时间滑块，其中一帧的画面效果如图15.555所示。

图15.554 设置位置

图15.555 画面效果

步骤05 选择"天天卫视"层，单击工具栏中的Rectangle（矩形工具）🔲按钮，在合成窗口中绘制一个蒙版，如图15.556所示。

图15.556 绘制蒙版

步骤06 将时间调整到00:00:01:13帧的位置，按M键，打开"天天卫视"层的Mask Path（蒙版路径）选项，单击Mask Path（蒙版路径）左侧的码表🕙按钮，在当前位置设置关键帧，如图15.557所示。

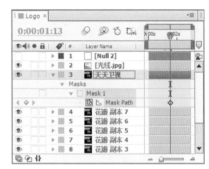

图15.557 设置关键帧

步骤07 将时间调整到00:00:01:04帧的位置，修改Mask Path（蒙版路径）的形状，如图15.558所示。拖动时间滑块，其中一帧的画面效果如图15.559所示。

图15.558 修改蒙版路径　　　图15.559 画面效果

> **技巧** 在修改矩形蒙版的形状时，可以使用Selection Tool（选择工具），在蒙版的边框上双击，使其出现选框，然后拖动选框的控制点，修改矩形蒙版的形状。

15.4.9 制作最终合成

步骤01 执行菜单栏中的Composition（合成）| New Composition（新建合成）命令，新建一个

Composition Name（合成名称）为"最终合成"，Width（宽）为"720"，Height（高）为"576"，Frame Rate（帧率）为"25"，设置Duration（持续时间）为00:00:08:00秒的合成。

步骤02 在Project（项目）面板中，选择"Logo""碎片"合成，将其拖动到"最终合成"的时间线面板中，如图15.560所示。

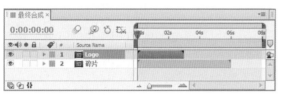

图15.560 添加"Logo""碎片"合成素材

步骤03 将时间调整到00:00:05:00帧的位置，选择"Logo"层，将其入点设置到当前位置，如图15.561所示。

图15.561 调整"Logo"层的入点

> **技巧** 在调整图层入点位置时，可以按住Shift键，拖动素材块，这样具有吸附功能，便于操作。

步骤04 按T键，打开该层的Opacity（不透明度）选项，单击Opacity（不透明度）左侧的码表按钮，在当前位置设置关键帧，并设置Opacity（不透明度）的值为0%。

步骤05 将时间调整到00:00:05:08帧的位置，修改Opacity（不透明度）的值为100%，如图15.562所示。

图15.562 设置Opacity（不透明度）的值为0%

步骤06 选择"碎片"合成层，按Ctrl+Alt+R组合键，将"碎片"的时间倒播，完成效果如图15.563所示。

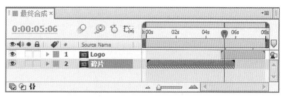

图15.563 修改时间

步骤07 这样就完成了"天天卫视"的整体制作，按小键盘上的0键播放预览。最后将文件保存并输出成动画。

第 16 章

常见格式的输出与渲染

内容摘要

本章主要讲解影片渲染和输出的相关设置。在影视动画制作过程中，渲染是经常要用到的，一部制作完成的动画要按照需要的格式渲染输出，制作成电影作品。渲染及输出的时间长度与影片的长度、内容的复杂和画面的大小等方面有关，不同的影片输出有时需要的时间相差很大，本章主要讲解常见格式的输出与渲染技巧。

教学目标

- 了解渲染面板的参数属性
- 掌握常见动画及图像格式输出
- 掌握音频的输出

16.1 渲染工作区的设置

难易程度： ★☆☆☆☆

实例说明： 制作的动画有时并不需要将全部动画输出，此时可以通过设置渲染工作区设置输出的范围，以输出自己最需要的动画部分，本例讲解渲染工作区的设置方法。

工程文件： 第16章\舞动的精灵

视频位置： movie\16.1 渲染工作区的设置.avi

知识点

- 了解渲染工作区的设置

操作步骤

步骤01 执行菜单栏中File（文件）|Open Project（打开项目）命令，弹出"打开"对话框，选择配套资源中的"工程文件\第16章\舞动的精灵\舞动的精灵.aep"文件。

步骤02 渲染工作区位于时间线窗口中，由Work Area Start（开始工作区）和Work Area End（结束工作区）控制渲染区域，如图16.1所示。

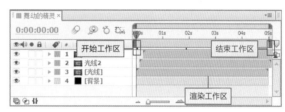

图16.1 渲染区域

步骤03 在时间线窗口中，将光标放在Work Area Start（开始工作区）位置，当光标变成双箭头时按住鼠标向左或向右拖动，即可修改开始工作区的位置，操作方法如图16.2所示。

图16.2 手动操作开始工作区

步骤04 使用同样的方法，将光标放在Work Area End（结束工作区）位置，当光标变成双箭头时按住鼠标向左或向右拖动，即可修改结束工作区的位置，如图16.3所示。调整完成后，渲染工作区即被修改，这样在渲染时，就可以通过设置渲染工作区来渲染工作区内的动画。

图16.3 手动操作结束工作区

16.2 输出SWF格式

难易程度：★ ☆ ☆ ☆ ☆

实例说明：使用After Effects制作的动画，有时候需要发布到网络上，网络发布的视频越小，显示的速度也就越快，这样就会大大提高浏览的概率，而网络上应用即小又多的格式就是SWF格式，本例讲解SWF格式的输出方法。

工程文件：第16章\延时光线

视频位置：movie\16.2 输出SWF格式.avi

知识点

● 学习SWF格式的输出方法

操作步骤

步骤01 执行菜单栏中File（文件）|Open Project（打开项目）命令，弹出"打开"对话框，选择配套资源中的"工程文件\第16章\延时光线\延时光线.aep"文件。

步骤02 执行菜单栏中File（文件）|Export（输出）|Adobe Flash Player（SWF）命令，打开"另存为"对话框，如图16.4所示。

图16.4 设置"另存为"对话框

步骤03 在"另存为"对话框中，设置合适的文件名称及保存位置，然后单击【保存】按钮，打开SWF Settings（SWF设置）对话框，如图16.4所示，设置好保存位置和名称后，单击【保存】按钮，将打开SWF Settings（SWF设置）对话框，一般在网页中，动画都是循环播放的，所以这里要选择Loop Continuously（循环播放）复选框，如图16.5所示。

图16.5 设置SWF 设置对话框

提示 ▶ JPEG Quality（图像质量）：设置SWF动画质量。可以通过直接输入数值来修改图像质量，值越大，质量也就越好。还可以直接通过选项来设置图像质量，包括Low（低）、Medium（中）、High（高）和Maximum（最佳）4个选项。

▶ Unsupported Features（不支持特效）：该项是对SWF格式文件不支持的调整方式。其中Ignore（忽略）表示忽略不支持的效果，Rasterize（栅格化）表示将不支持的效果栅格化，保留特效。

▶ Audio（音频）：主要用于对输出的SWF格式文件的音频质量设置。

▶ Loop Continuously（循环播放）：选中该复选框，可以将输出的SWF文件连续热循环播放。

▶ Prevent Import（防止导入）：选中该复选框，可以防止导入程序文件。

▶ Include Object Names（包含对象名称）：选中该复选框，可以保留输出的对象名称。

▶ Include Layer Marker Web Links（包含层链接信息）：选中该复选框，将保留层中标记的网页链接信息，可以直接将文件输出到互联网上。

▶ Flatten Illustrator Artwork：如果合成项目中包括有固态层或Illustrator素材，建议选中该复选框。

步骤04 参数设置完成后，单击OK（确定）按钮，完成输出设置，此时，会弹出一个输出对话框，显示输出的进程信息，如图16.6所示。

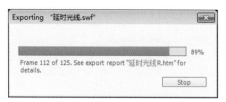

图16.6 输出进程对话框

步骤05 输出完成后，打开资源管理器，找到输出的文件位置，可以看到输出的Flash动画效果，如图16.7所示。

图16.7 渲染后效果

提示　将影片输出后，如果计算机中没有安装Flash播放器，将不能打开该文件，可以安装一个播放器后在进行浏览。

16.3　输出AVI格式文件

难易程度： ★☆☆☆☆

实例说明： AVI格式是视频中非常常用的一种格式，它不但占用空间少，而且压缩失真较小，本例讲解将动画输出成AVI格式的方法。

工程文件： 第16章\流光线条

视频位置： movie\16.3 输出AVI格式文件.avi

知识点
- 学习AVI格式的输出方法

操作步骤

步骤01 执行菜单栏中File（文件）|Open Project（打开项目）命令，弹出"打开"对话框，选择配套资源中的"第16章\流光线条\流光线条.aep"文件。

步骤02 执行菜单栏中Composition（合成）|Add to Render Queue（添加到渲染队列）命令，或按Ctrl+M组合键，打开Render Queue（渲染队列）对话框，如图16.8所示。

图16.8 设置Render Queue（渲染队列）对话框

步骤03 单击Output Module（输出模块）右侧lossless（无损）的文字部分，打开Output Module Settings（输出模块设置）对话框，从Format（格式）下拉菜单选择AVI格式，单击OK（确定）按钮，如图16.9所示。

图16.9 设置输出模板

步骤04 单击Output To（输出到）右侧的文件名称文字部分，打开Output Movie To（输出影片到）对话框选择输出文件放置的位置。

步骤05 输出的路径设置好后，单击Render（渲染）按钮开始渲染影片，渲染过程中Render Queue（渲染组）面板上方的进度条会走动，渲染完毕后会有声音提示，如图16.10所示。

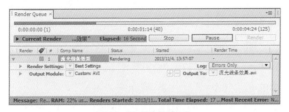

图16.10 设置渲染中

步骤06 渲染完毕后，在路径设置的文件夹里可找到AVI格式文件，如图16.11所示。双击该文件，可在播放器中打开看到影片。

图16.11 渲染后效果

16.4 输出单帧图像

难易程度：★☆☆☆☆

实例说明：对于制作的动画，有时需要将动画中某个画面输出，比如电影中的某个精彩画面，即单帧图像的输出，本例就讲解单帧图像的输出方法。

工程文件：第16章\滴血文字

视频位置：movie\16.4 输出单帧图像.avi

知识点

● 学习单帧图像的输出方法

操作步骤

步骤01 执行菜单栏中File（文件）|Open Project（打开项目）命令，弹出"打开"对话框，选择配套资源中的"工程文件\第16章\滴血文字\滴血文字.aep"文件。

步骤02 在时间线面板中，将时间调整到要输出的画面单帧位置，执行菜单栏中Composition（合成）|

Save Frame As（单帧另存为）| File（文件）命令，打开Render Queue（渲染队列）对话框，如图16.12所示。

图16.12 渲染对话框

步骤03 单击Output Module（输出模块）右侧Photoshop文字，打开Output Module Settings（输出模块设置）对话框，从Format（格式）下拉菜单选择某种图像格式，比如JPG Sequence格式，单击OK（确定）按钮，如图16.13所示。

图16.13 设置输出模块

步骤04 单击Output To（输出到）右侧的文件名称文字部分，打开Output Movie To（输出影片到）对话框选择输出文件放置的位置。

步骤05 输出的路径设置好后，单击Render（渲染）按钮开始渲染影片，渲染过程中Render Queue（渲染组）面板上方的进度条会走动，渲染完毕后会有声音提示，如图16.14所示。

图16.14 渲染图片

步骤06 渲染完毕后，在路径设置的文件夹里可找到 JPG格式单帧图片，如图16.15所示。

图16.15 渲染后单帧图片

16.5 输出序列图片

难易程度：★☆☆☆☆

实例说明： 序列图片在动画制作中非常实例，特别是与其他软件配合时，如在3d max、Maya等软件中制作特效然后应用在After Effects中时，有时也需要After Effects中制作的动画输出成序列用于其他用途，本例就来讲解序列图片的输出方法。

工程文件： 第16章\数字人物

视频位置： movie\16.5 输出序列图片.avi

知识点

● 学习序列图片的输出方法

操作步骤

步骤01 执行菜单栏中File （文件）|Open Project（打开项目）命令，弹出"打开"对话框，选择配套资源中的"工程文件\第16章\数字人物\数字人物.aep"文件。

步骤02 执行菜单栏中Composition（合成）| Add to Render Queue（添加到渲染队列）命令，或按Ctrl+M组合键，打开Render Queue（渲染队列）对话框，如图16.16所示。

图16.16 打开渲染对话框

步骤03 单击Output Module（输出模块）右侧lossless（无损）的文字部分，打开Output Module Settings（输出模块设置）对话框，从Format（格式）下拉菜单选择Targa Sequence格式，单击OK（确定）按钮，如图16.17所示。

图16.17 设置Tga格式

步骤04 单击Output To（输出到）右侧的文件名称文字部分，打开Output Movie To（输出影片到）对话框选择输出文件放置的位置。

步骤05 输出的路径设置好后，单击Render（渲染）按钮开始渲染影片，渲染过程中Render Queue（渲染组）面板上方的进度条会走动，渲染完毕后会有声音提示，如图16.18所示。

图16.18 渲染中

步骤06 渲染完毕后，在路径设置的文件夹里可找到Tga格式序列图，如图16.19所示。

图16.19 渲染后序列图

16.6 输出音频文件

难易程度：★ ☆ ☆ ☆ ☆

实例说明：对于动画来说，有时候并不需要动画画面，而只需要动画中的音乐，如对一个电影或动画中音乐非常喜欢，想将其保存下来，此时就可以只将音频文件输出，本例就来讲解音频文件的输出方法。

工程文件：第16章\电光线效果

视频位置：movie\16.6 输出音频文件.avi

知识点

● 学习音频文件的输出方法

操作步骤

步骤01 执行菜单栏中File （文件）|Open Project（打开项目）命令，弹出"打开"对话框，选择配套资源中的"工程文件\第16章\电光线效果\电光线效果.aep"文件。

步骤02 在时间线面板中，执行菜单栏中Composition（合成）|Add to Render Queue（添加到渲染队列）命令，或按Ctrl+M组合键，打开Render Queue（渲染队列）对话框，如图16.20所示。

图16.20 设置Render Queue（渲染队列）对话框

步骤03 单击Output Module（输出模块）右侧lossless（无损）的文字部分，打开Output Module Settings（输出模块设置）对话框，从Format（格式）下拉菜单选择WAV格式，单击OK（确定）按钮，如图16.21所示。

步骤04 单击Output To（输出到）右侧的文件名称文字部分，打开Output Movie To（输出影片到）对话框选择输出文件放置的位置。

步骤05 输出的路径设置好后，单击Render（渲染）按钮开始渲染影片，渲染过程中Render Queue（渲染组）面板上方的进度条会走动，渲染完毕后会有声音提示。

图16.21 设置参数

步骤06 渲染完毕后，在路径设置的文件夹里可找到WAV格式文件，如图16.22所示。双击该文件，可在播放器中打开听到声音，如图16.23所示。

图16.22 渲染后

图16.23 播放中音频